U0174967

现代地震海啸预警技术

于福江　原　野　王培涛　徐志国 等　著

科学出版社
北　京

内 容 简 介

海啸一词源自日语“津波”，即“港池内的波浪”。与伴随着狂风骤雨的风浪和风暴潮不同，海啸的发生常伴随着强烈的海底地震、火山爆发和大范围的海底滑坡。结合国际、国内海啸预警技术发展的实际，本书系统总结了现代地震海啸预警技术的发展和业务实践，探讨了地震海啸的生成、传播和演化机制；介绍了海啸数值计算方法，特别是对我国自主开发的 CTSU 海啸模型进行了论述；利用当前主流的实时海啸预警技术进行了实践，探索了海啸风险评估的技术路线；基于上述技术与方法，借鉴国际经验，阐述了海啸监测预警系统业务化运行的规则。

本书具有重要的理论研究意义和实践应用价值，既可作为专门从事海啸预警工作人员的学习教材，又可供防灾减灾、应急管理等相关领域的研究人员和工程技术人员参考使用。

图书在版编目（CIP）数据

现代地震海啸预警技术 / 于福江等著 . —北京：科学出版社，2020.6

ISBN 978-7-03-063598-3

Ⅰ. ①现… Ⅱ. ①于… Ⅲ. ①海啸 - 海洋水文预报 - 研究 Ⅳ. ① P731.36

中国版本图书馆 CIP 数据核字（2019）第 273153 号

责任编辑：朱 瑾 习慧丽 / 责任校对：郑金红
责任印制：肖 兴 / 封面设计：无极书装

科学出版社 出版
北京东黄城根北街16号
邮政编码:100717
http://www.sciencep.com
三河市春园印刷有限公司 印刷
科学出版社发行 各地新华书店经销
*
2020年6月第 一 版 开本：787 × 1092 1/16
2020年6月第一次印刷 印张：20 1/2
字数：486 000

定价：308.00元

（如有印装质量问题，我社负责调换）

《现代地震海啸预警技术》
著者名单

于福江　原　野　王培涛　徐志国
赵联大　侯京明　王君成　李宏伟
范婷婷　高　义　任智源　孙立宁
王宗辰　史健宇

序

进入21世纪以来，全球范围内海啸巨灾频发。2004年印度洋海啸肆虐，造成了22万余人死亡或失踪；2011年日本海啸席卷太平洋，仅在日本就造成近2万人伤亡，并引发核泄漏灾难；2018年9月，在我国负责的南中国海海啸预警责任区南端的印度尼西亚中苏拉威西省发生局地海啸，数分钟内造成当地2000余人死亡或失踪。频频发生的海啸灾害激发了全球沿海国家对地震海啸观测系统建设和实时预警技术研究的热潮。联合国教育、科学及文化组织政府间海洋学委员会也积极整合成员国与组织的力量，大力推动在全球各大洋建立海啸预警与减灾系统。

海啸与风暴潮、海浪等其他海洋灾害不同，海啸预警是与时间赛跑的“游戏”。需要在数分钟之内制作完成海啸预警产品，这对海啸监测预警技术提出了很高的要求。正因为如此，国内外对海啸科学的研究热点主要集中在快速、实时的海啸预警技术上。国家海洋环境预报中心是国内最早开展地震海啸预警技术研发的部门，早在20世纪90年代末就成功研制了我国第一个地震海啸数值模型，我国第一批核电站的海工设计论证均采用该模型进行海啸波高极值演算。在科学技术部“十一五”科技攻关项目支持下，国家海洋环境预报中心还自主开发了定量海啸预警情景数据库等先进的实时海啸预警系统。在2004年印度洋海啸和2011年日本海啸应急过程中，上述模型或数据库系统均发挥了重要作用。

海啸预警系统建设是一项涉及多学科协作的系统工程，包括全球海底强震和水位监测、海啸数值模型研制、海量情景数据库构建、自动化和智能化信息软件开发等工作。自2012年以来，隶属原国家海洋局的北海分局、东海分局和南海分局和国家海洋技术中心，以及沿海28个海洋站均参与了我国新一代海啸预警系统的建设工作。联合国教育、科学及文化组织政府间海洋学委员会、世界气象组织GTS系统、中国气象局、中国地震局等国际组织和国内部委也给予了大力支持。

在良好的外部条件下，国家海洋环境预报中心海啸预警业务团队经过十多年的努力，实现了地震海啸监测预警业务“从0到1”的突破。2012年中央编制办公室批准设立国家海洋局海啸预警中心（现更名为自然资源部海啸预警中心）。2019年11月联合国教育、科学及文化组织政府间海洋学委员会南中国海区域海啸预警中心落户北京并承担为南中国海周边9个国家提供地震海啸监测预警产品的职责。上述中心所采用的海啸业务系统、模型和软件均为该团队自主研发，均具备自主知识产权，是地地道道的国产装备。

该书是国家海洋环境预报中心（自然资源部海啸预警中心）研究团队历时5年撰写完成的国内首部关于地震海啸灾害预警与减灾技术的专著，具有理论性和实用性兼备的显著特点。书中内容涵盖了全球地震海啸空间分布特征、海啸波产生和传播原理、海啸数值模拟技术、地震海啸监测和实时预警技术、海啸灾害风险评估与区划，以及海啸预警中心建设等方面，是对该团队长期业务实践的系统总结。该书对于从事海洋灾害研究的研究生、青年学者及海洋预报的工作人员均有参考价值。

在该书正式出版之际，我对为我国海啸预警事业发展作出贡献的各位作者表示衷心祝贺，并期盼我国海洋预报减灾业务工作取得更多的“从0到1”的突破。

2019年5月

前　言

海啸是一种发生概率低但危害巨大的海洋灾害。历史上的海啸事件中，大约82%发生在太平洋，10%发生在东北大西洋（含地中海），5%发生在加勒比海，3%发生在印度洋。20世纪后半叶，仅在太平洋范围内发生的灾害性越洋海啸就有5次。进入21世纪后，已经发生了两次空前巨大的海啸灾害，分别是2004年的印度洋海啸事件和2011年的日本海啸事件。2004年印度洋海啸后，全球掀起了对海啸科学、海啸观测与预警技术研究的热潮。联合国教育、科学及文化组织政府间海洋学委员会也着手在印度洋、地中海、北大西洋及加勒比海等区域建立海啸预警与减灾系统。

近十多年来，海啸预警与减灾领域的科学研究取得了飞跃发展，国际科学界对海啸的生成、传播和沿岸致灾过程有了很多新的认识。海啸研究的根本宗旨是更好地应对海啸灾害、提升海啸预警和减灾服务水平，本书的侧重点在于梳理和总结现代成熟的地震海啸预警技术与业务实践，而不是对地震海啸前沿的科学研究进行综述。本书各章的主要内容如下所述。

第1章主要介绍海啸的基本概念和海啸的分类、生成与传播的基本物理特征。同时，简要介绍地震海啸预警技术的发展历程和全球海啸预警与减灾系统的建设现状。

第2章详细介绍海底地震与海啸的时空分布特征。由于绝大多数海啸是由地震及其引发的滑坡造成的，因此历史海啸的时空分布特征与全球主要地震带的分布有相似性。目前，美国国家地球物理数据中心维护着一套全球历史海啸数据库。从数据完整性和现实性来讲，该数据库是开展全球海啸危险性评估的重要数据源。通过对历史海啸的成因、位置、强度和伤亡等因素进行统计分析，探讨全球海啸的发生规律。此外，本章还罗列了20世纪以来重大的历史海啸事件。

第3章重点探讨地震海啸的生成机制、海啸波的传播和近岸爬坡等物理过程。对于大地震而言，其释放的能量只有不到1%的部分转化为海啸波能，最初的转化过程是通过改变上覆水体的重力势能来实现的。地震海啸数值模拟将海底地形的同震形变作为海面高度的初始场，并利用其来驱动产生一个长周期重力波。地震源的时空特征、地震矩的释放过程等均会对海啸的生成和传播产生重要影响，尤其是对于近场局地海啸，地震源的时空特征很大程度上决定了沿岸海啸的分布特征。在一定假设条件下，海啸波的传播可采用不可压缩无旋流体的浅水方程来描述。根据海啸波幅、波长和水深的关系，应采用不同类型的浅水方程来综合考虑波动的非线性效应和频散效应。

第4章系统介绍海啸数值计算方法和国内外主流海啸数值模型，尤其对我国自主开发的地震海啸数值模型CTSU进行介绍。在海啸预警业务中，通常将基于线性或非线性浅水方程的海啸模型并行化处理后，用于实时快速海啸数值计算；在近岸海啸波动研究中，往往采用考虑非线性效应和频散效应的Boussinesq方程进行数值研究。非线性浅水方程可以模拟海啸波在近岸传播过程中的波前峰变陡、波高增大的变形效应，还可以通过差分的“伪频散”效应来模拟波动在长距离传播过程中的频散现象。本章还对海啸传播时间计算原理、基于深海海啸浮标数据同化反演的海啸预警方法原理及滑坡海啸数值模拟进行了简要介绍。

第5章详细介绍海啸预警情景数据库的原理和应用情况。虽然并行计算技术如今得到了广泛的应用，但十多年前还不能对海啸进行实时快速模拟。因此，采用海啸情景数据库的方法进行快速海啸预警是极为普遍的一种方法。日本、美国、印度尼西亚和澳大利亚等国家分别采用不同的技术路线构建了适用于本国的海啸预警数据库。早期的海啸预警数据库采用如下方法：将地震俯冲带和其他潜在地震源按照一定空间分辨率划分为一定数量的源，并在每个源上“枚举”不同深度、震级的地震场景，进而构建数以万计的海啸情景并入库。近几年来，美国采用如下方法：利用线性波动方程的可叠加性，将地震俯冲带离散为滑移量为1m、一定大小（通常为100km × 50km）的单位源，计算每个单位源的格林函数（传播场）并入库。在实际地震事件发生后，只要获取地震基本参数，利用上述两类数据库，通过简单的算术运算，就可以实时得到海啸预警结果。本章还对海啸情景数据库的准确性和优劣进行了评价。

第6章主要介绍海啸灾害危险性评估的基本原理和技术路线，并详细评估局地、区域和越洋海啸源对我国渤海、东海和南海的潜在海啸威胁性。海啸灾害危险性评估分为确定性和概率性两类方法。确定性海啸灾害危险性评估的技术路线简单，主要依据历史重现和构造类比两个基本原则，确定可能影响评估地区的地震海啸源，进而采用高分辨率海啸数值模型计算海啸淹没区域。对于概率性海啸灾害危险性评估，主要原理是在确定地震海啸源地震震级-年发生频率的基础上，通过蒙特卡罗随机理论方法制造跨度达到10万年以上的地震事件集，并通过实时海啸数值模拟方法对上述事件进行模拟，从而可以获得不同年发生频率（或重现期）下的海啸危险性分布特征。借助“逻辑树”方法，还可以对影响海啸危险性评估结果的震源参量（如最大可能震级、板块地震学耦合参量、岩石刚性模量等）的不确定性进行研究。

第7章主要介绍地震海啸监测预警系统及其业务化运行的有关内容，涉及地震和水位观测网与数据处理方法、地震观测和海啸预警人机交互平台、地震监测业务标准操作流程、海啸预警业务标准操作流程及海啸预警中心建设标准等内容。本章内容可以为某个国家或地区快速搭建一个有效的海啸预警系统以提供有益借鉴。

本书系作者十多年来在海啸预警关键技术、海啸预警与减灾系统建设等方面的研究与应用成果。本研究得到了国家自然科学青年基金项目（49406063）、国家自然科学面上基金项目（40276063）、国家科技支撑计划（2006BAC03B02）及海洋公益性行业科研专项（201405026）等的支持。作者所在单位（国家海洋环境预报中心）为本研究提供了大力支持。衷心感谢所有帮助过我们的专家、同事和领导，衷心感谢所有参加相关工作的青年学者和研究生。项目研究和书稿撰写过程中我们听取并吸收了众多专家学者的建议与意见，在此，我们衷心感谢大家为本书的出版做出的重要贡献。

由于本书内容具有交叉性，涉及流体力学、物理海洋学、地球物理及地震学等方面的交叉知识，书中论述难免存在专业上的局限性，加之著者水平有限，不足在所难免，敬请广大读者指正。

于福江

2019年2月

目　录

第1章 概述

海啸的英文名为tsunami，源自日语“津波”，即“港池内的波浪”。与伴随着狂风骤雨的沿岸风浪和风暴潮不同，海啸常是由海底地震、火山爆发及大范围的海底滑坡引起的。例如，2018年9月28日发生在印度尼西亚中苏拉威西省的7.5级地震在帕卢湾引发了海啸。在强烈的海底震动及大范围的山体滑坡之后，产生的数米高的海啸非破碎涌波（tsunami undular bore）在几分钟之后袭击了帕卢市，造成2000余人死亡或失踪。

对于更多的沿海国家和地区，灾难性的海啸却是悄无声息入侵的。1960年5月22日在智利中南部沿海发生的9.5级地震引发了太平洋越洋海啸，海啸波以将近1000km/h的速度传播到17 000km之外的日本沿岸，在日本观测到的最大海啸爬高超过6m，造成800余人死亡或失踪。再如，2004年12月26日苏门答腊岛海域9.1级地震海啸先后影响了印度尼西亚、马来西亚、泰国、缅甸、孟加拉国、印度、斯里兰卡、马尔代夫，直至非洲大陆的索马里、肯尼亚、坦桑尼亚、莫桑比克和南非等国，该次海啸对环印度洋数十个国家和地区造成灾害损失，73个国家的公民在该次灾害中丧生。绝大多数国家并未收到海啸预警，数以十万计的居民、游客在突如其来的巨浪中丧生。由此可见，海啸灾害的影响范围甚广。大规模的海啸可以快速横扫大洋区域，影响上万千米之外的滨海国家。图1.1即为2010年智利8.8级地震海啸期间中国沿岸典型代表站测得的海啸波动曲线。

在此之前，对于大多数人来讲，海啸是陌生的，甚至是神秘的。在古希腊神话中，天神宙斯的哥哥波塞冬称为海神，手持可以引发地震和海啸的三叉戟。古希腊哲学家柏拉图于公元前360年所描述的“理想国”亚特兰蒂斯（传说中拥有高度文明的一个岛屿）在公元前一万年被海啸淹没，克里特文明就此沉没海底。Nomikou等（2016）的研究结果表明，由火山喷发形成的火山碎屑流可能引发了灾难性海啸。地中海区域位于全球地震带上，地震和火山活动频繁，是海啸灾害发生的重要源地之一。

2004年印度洋海啸激发了全球沿海国家对海啸科学和地震海啸观测预警技术的研究热潮。联合国教育、科学及文化组织政府间海洋学委员会也着手在印度洋、地中海、北大西洋及加勒比海新建区域级海啸预警与减灾系统。经过十多年的发展，人类在海啸成因、海啸传播和近岸淹没、海啸减灾和海啸监测预警技术等方面取得了丰硕的研究成果。得益于全球地震和水位观测系统的建设，如今全球各大洋均建立了完备的地震海啸监测预警系统，已具备在海底地震发生后的10min内对海啸进行早期预警的能力。

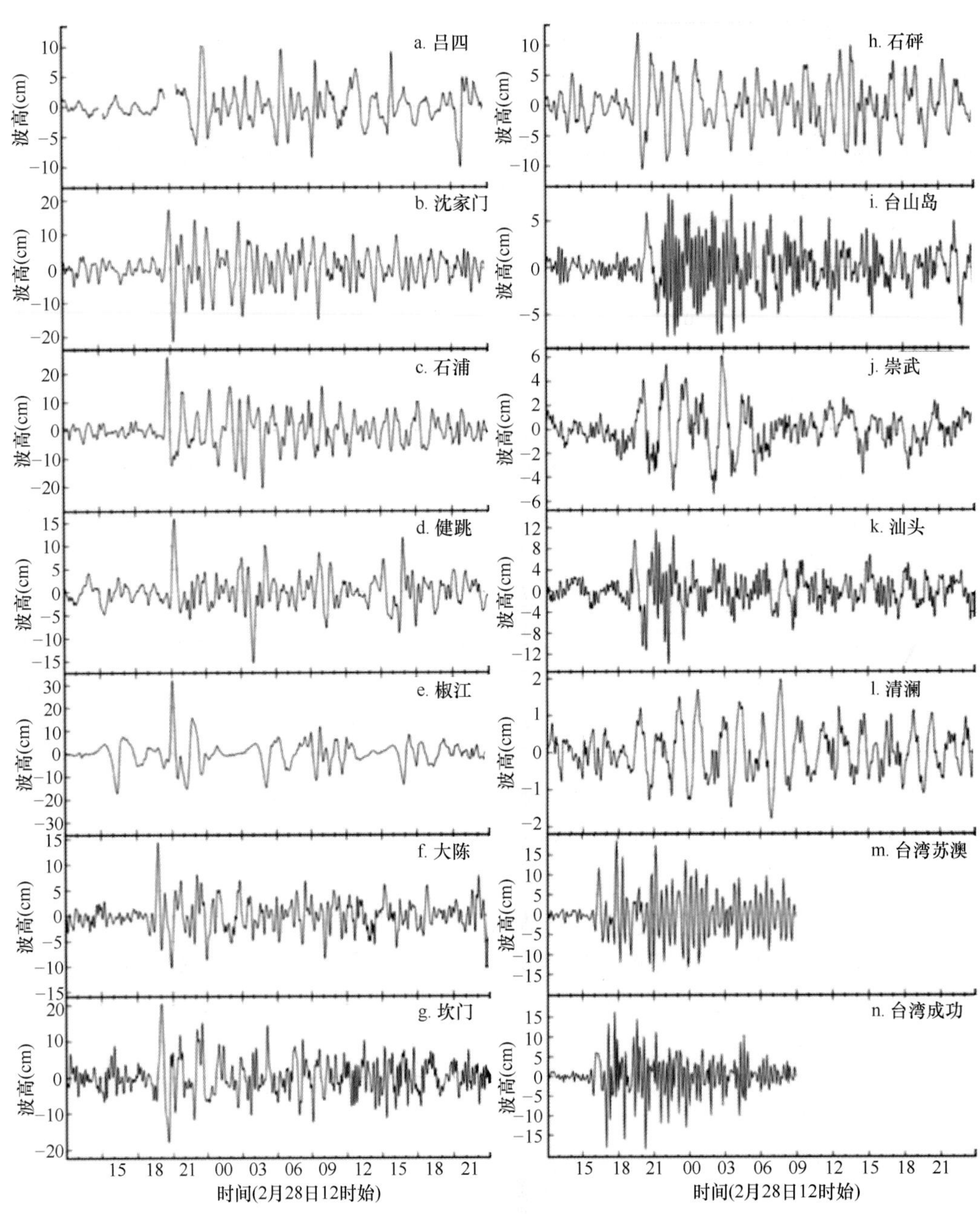

图1.1 2010年智利8.8级地震海啸期间中国沿岸典型代表站测得的海啸波动曲线图

1.1 海啸的基本概念

海啸是由海底地震、火山爆发或水下塌陷和滑坡等所激起的长周期小振幅的重力波，以每小时数百千米的速度传到岸边，形成来势凶猛、危害极大的巨浪。

当地震等现象引发海啸后，海啸以波动的形式从海啸源向四周传播。波速取决于水深，因此海啸波传播经过较深或较浅的大洋时，波速就会增大或减小。在这一过程中，由于折射和散射等现象，波的传播方向会发生变化，波能变得集中或发散。在深海大洋中，海啸波能够以500～1000km/h的速度传播。然而，当靠近海岸时，海啸波时速减小到几十千米。海啸波高也与水深变化相关。在深海大洋中波高只有1m的海啸波传播到近岸时，由于波能通量守恒，波高能够增大至超过10m。与众所周知的由风驱动的大洋波浪（只是海面的扰动）不同，海啸波是整个水体的势能变化造成的海面扰动。在近岸处，水深减小与波速减小引起的海啸波长减小，造成了海啸在垂直方向和水平方向上的能量聚集。

海啸波的周期（单个波动的周期）短至几分钟，长至1h，有时甚至更长。在岸边，海啸波有各种形式，主要取决于波幅大小和周期、近岸水深、岸线形状、潮汐状况及其他因素。在某些情况下，海啸也许只会导致沿海低洼地区轻微的海水漫滩，类似于潮水快速上涨。而在特殊地形条件下，海啸是袭岸的怒涛，是一面裹挟着杂物的水墙（波涌），这是非常具有毁灭性的。大部分情况下，在海啸波峰来临之前海面水位会下降，引发水位线后退，有时后退达1km甚至更多。即使较小的海啸，与之相伴而来的也可能是具有较大流速的海流。日本“3・11”地震海啸在我国东部舟山群岛沈家门附近海域的最大波幅虽然只有55cm，但局部的海流流速高达1m/s以上。

海啸的破坏性体现在三个方面：淹没、侵蚀及波浪对建筑物的作用。当人处于汹涌的充满杂物的海啸波中时，溺水、海水冲击或其他创伤会造成死亡。海啸导致的强流会导致地基的侵蚀、桥梁和海堤的崩塌。海水产生的浮力和应力会挪动房屋，掀翻车辆。漂浮的杂物，如船只、汽车、树木碎片等，会剧烈碰撞建筑物、码头或其他交通设施，从而造成破坏（图1.2）。即使微弱的海啸波也会造成海水的快速涨落，从而破坏船只和港口设施。从受损船只、码头油气存储设施中泄漏的油气往往引发大火，所造成的损害远比海啸的直接破坏要大得多。海啸过后污水和化学品污染会造成其他次生灾害。核电站的进水口、排水口和存储设施的破坏也会带来危险问题。海啸后退造成的潜在影响正逐步受到关注，因为当海水后退时，核电站冷却水进水口就会暴露于外，可能会导致核电站运行故障。

图1.2 日本“3・11”地震海啸场景

1.1.1 海啸分类

按海啸源到灾害地区的距离可以将海啸分为局地海啸、区域海啸和越洋海啸。局地海啸是指海啸源距离受海啸破坏性影响的区域约100km以内（或海啸传播时间不超过1h）的海啸。该海啸波在较短的时间内即可传播至沿岸，有时甚至来不及做出预警及疏散，极易造成灾害。区域海啸是指在一定时空范围内（距离海啸源100～1000km或海啸传播时间为1～3h的）造成破坏的海啸。区域海啸有时也会对区域外造成影响，但影响非常有限。由于局地海啸或区域海啸留给人们可预警和逃生的时间很短、地震近场破裂机制复杂（往往伴随着滑坡等海啸生成机制）、公众对海啸灾害的认知程度和逃生技能较差等，局地海啸或区域海啸往往造成巨大破坏，导致大量人员死亡和巨额财产损失。1970～2017年，共有47次局地海啸或区域海啸引发人员死亡和财产损失，其中34次发生在太平洋及其毗邻海域（表1.1）。

表1.1　1970～2017年发生人员伤亡的海啸灾害

年份	地点	纬度	经度	波幅或爬高（m）	死亡人数
2017	Karrat Fjord	71.813°N	52.569°W	90.00	4
2017	Persian Gulf	27.835°N	51.940°E	3.00	2
2015	central Chile	31.573°S	71.674°W	13.60	8
2013	Santa Cruz Islands	10.766°S	165.114°E	11.00	10
2012	British Columbia	52.788°N	132.101°W	12.98	1
2011	Honshu Island	38.297°N	142.372°E	38.90	18453
2010	Haiti & Dominican	18.457°N	72.533°W	3.21	7
2010	Sumatra Islands	3.487°S	100.082°E	16.90	431
2010	central Chile	36.122°S	72.898°W	29.00	156
2009	Samoa Islands	15.489°S	172.095°W	22.35	192
2007	south of Peru	13.386°S	76.603°W	10.05	3
2007	southern Chile	45.285°S	72.606°W	10.00	8
2007	Solomon Islands	8.460°S	157.044°E	12.10	50
2006	south of Java	9.254°S	107.411°E	20.90	802
2006	Seram Island	3.595°S	127.214°E	3.50	4
2005	Indonesia	2.085°N	97.108°E	4.20	10
2004	w. coast of Sumatra Island	3.316°N	95.854°E	50.90	227899
2001	south of Peru	16.265°S	73.641°W	8.80	26
1999	Vanuatu Islands	16.423°S	168.214°E	6.60	5
1999	Ko-caeli, Turkey	40.760°N	29.970°E	2.52	155
1998	Papua New Guinea	2.943°S	142.582°E	15.03	1636
1996	north of Peru	9.593°S	79.587°W	5.10	12
1996	Irian Jaya	0.891°S	136.952°E	7.70	110

续表

年份	地点	纬度	经度	波幅或爬高（m）	死亡人数
1996	Sulawesi Sea	0.729°N	119.931°E	3.43	9
1995	south of Mexico	19.055°N	104.205°W	11.00	1
1995	Timor Sea	8.452°S	125.049°E	4.00	11
1994	Philippine Islands	13.525°N	121.067°E	7.30	81
1994	Skagway, AK	59.500°N	135.300°W	9.00	1
1994	Halmahera Island	1.258°S	127.980°E	3.00	1
1994	south of Java	10.477°S	112.835°E	13.90	238
1993	Sea of Japan	42.851°N	139.197°E	32.00	208
1992	Flores Sea	8.480°S	121.896°E	26.20	1 169
1992	Nicaragua	11.727°N	87.386°W	9.90	170
1991	Limon, Pandora	9.685°N	83.073°W	3.00	2
1988	Solomon Islands	10.258°S	160.896°E	0.09	1
1983	Noshiro, Japan	40.462°N	139.102°E	14.93	100
1979	Colombia: off shore	1.598°N	79.358°W	6.00	600
1979	French Riviera	43.700°N	7.250°E	10.00	9
1979	Irian Jaya	1.679°S	136.040°E	2.00	100
1979	Lomblen Island [Lembata]	8.600°S	123.500°E	9.00	1 239
1977	Sunda Islands	11.085°S	118.464°E	15.00	189
1976	Moro Gulf	6.292°N	124.090°E	9.00	6 800
1975	Hawaii	19.451°N	155.033°W	14.30	2
1975	Philippine Trench	12.540°N	125.993°E	3.00	1
1971	Solomon Sea	5.500°S	153.900°E	6.00	1
1971	Chungar	11.116°N	76.500°W	30.00	600
1970	Papua New Guinea	4.907°S	145.471°E	3.00	3

数据来源：数据整理于美国国家地球物理数据中心历史海啸数据库

越洋海啸是指能够造成大范围（距离海啸源1000km以上或海啸传播时间为3h以上）影响的海啸。通常越洋海啸开始时会对近场地区造成严重破坏，随后海啸波持续传播至整个大洋，并对大洋其他沿岸区域造成影响。太平洋区域最具破坏性的海啸是由1960年5月22日智利沿海发生的9.5级地震引发的。智利Corral外海的海啸波高达20m，夏威夷希洛岛观测到11m的海啸波，日本局部岸段海啸波有6m高。36°～44°S的所有智利沿海城镇均遭受由地震和海啸引起的严重破坏。该地震和海啸造成的损失包括2000人死亡、3000人受伤、200万人无家可归，经济损失达5.5亿美元；海啸还造成美国夏威夷61人死亡，菲律宾20人死亡，日本139人死亡；经济损失方面，日本约为5000万美元，夏威夷约为2400万美元，美国和加拿大的西海岸也均有数百万美元的损失。

历史上最严重的灾难性海啸是2004年12月26日发生在印度洋的大海啸，当时印度尼西亚苏门答腊岛西北外海发生9.2级地震，地震引发的越洋海啸还重创了印度洋东缘的泰国、马来西亚，海啸波向西传播袭击了斯里兰卡、印度、马尔代夫，随着海啸穿越整个印度洋，非洲东海岸也遭受袭击。海啸造成了约22.8万人丧生，超过百万人流离失所。

按形成原因可将海啸分为地震海啸、火山海啸、滑坡海啸、核爆海啸、气象海啸等。与其他类型的海啸不同，气象海啸是由短期气象因素突变（如冷锋过境、飑线及其他强对流天气）所引起的海面波动现象。在我国渤黄海地区，冷锋过境时，海面气压经常出现一定程度的气压扰动，当东移的冷锋与产生的海面浅水波动具有相近的速度时，会使海面波动产生近共振效应。在我国龙口港，历史上多次观测到周期为1～2h的大振幅港湾波动（图1.3），一般认为气象海啸波动自西向东传播至龙口港后，在港湾内进一步振荡形成耦合共振假潮（刘赞沛等，2001）。气象海啸与风暴潮是在空间、时间尺度上有显著差异的两种海洋现象。风暴潮在一定时间尺度上可认为是向岸风持续吹刮导致海水在近岸堆积的现象，气象海啸在波动周期和空间范围上均比风暴潮小。多数情况下，在近岸局部区域观测到海面异常波动时，并未观测到剧烈的天气过程。当海上强对流天气消散后，引起的气象海啸可以重力波的形式继续向岸传播，在此过程中因地形变化引起波幅增大而造成近岸灾害。本书不对气象海啸灾害做详细介绍。

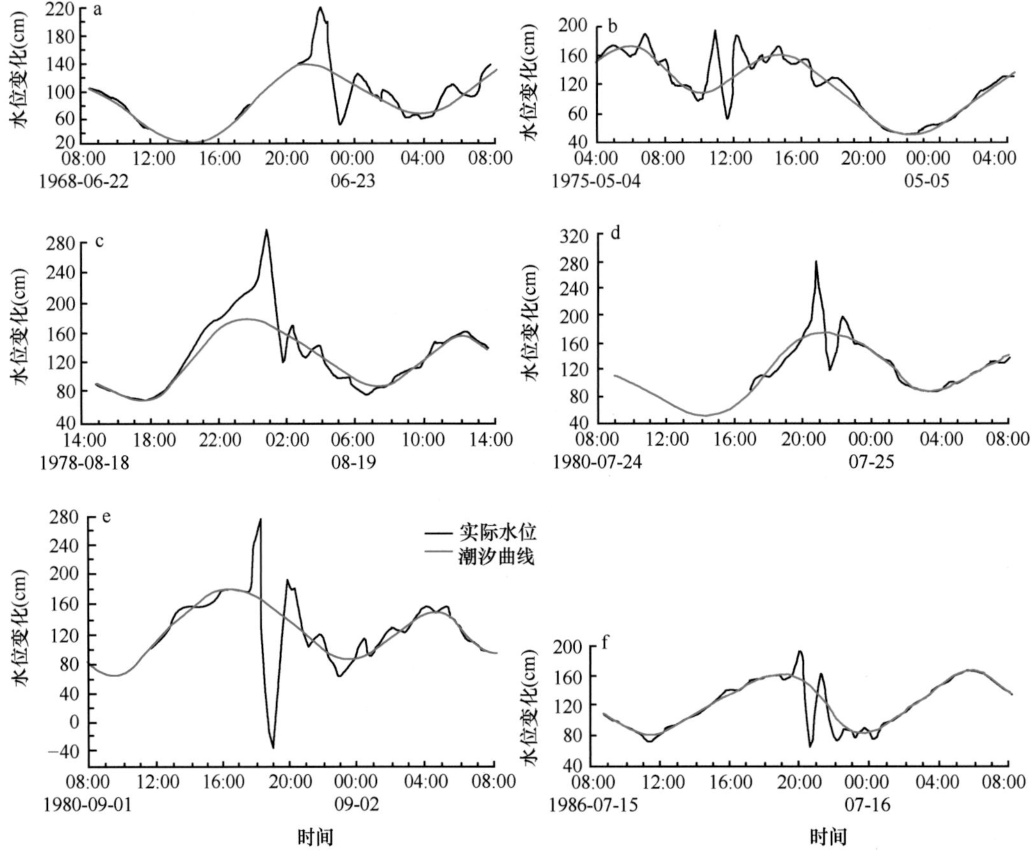

图1.3 我国龙口港观测到的气象海啸现象（假潮）（刘赞沛等，2001）

关于不同类型海啸发生的特点及其分布特征将在本书的第2章进行详细介绍。

1.1.2 地震海啸的生成和传播

地震引发海啸最简单的模型可视为一定面积的海底隆起后抬升上覆的水柱，由于突然改变了海水的重力势能并造成水平方向上水面的倾斜，形成了以重力为恢复力的长周期重力波，并由震源向四周传播。依照该理想模型，海啸波的初始能量本质上来源于震源上覆水柱重力势能的变化。更进一步来看，地震引发海啸的强度，至少与地震破裂的水平空间范围、地震引发的海底垂向位移、地震能量释放的速度等相关。根据矩震级的定义，地震震级正比于地震破裂范围和沿破裂面的滑移量，而根据均质半无限空间计算弹性介质海底位移场的同震位移计算模型中（Mansinha and Smylie，1971；Okada，1985），地震产生的同震地表位移又与地震震源深度及发震机制中的走向角、倾角和滑动角直接相关（图1.4）。影响地震海啸的生成及其破坏力的主要是地震破裂机制、震源深度和震中位置的水深。

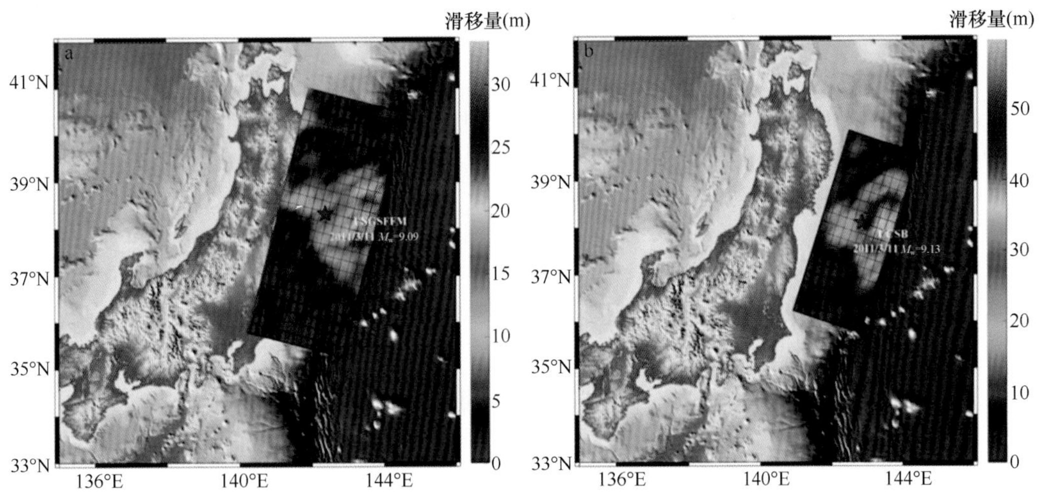

图1.4 2011年日本地震海啸有限断层解滑移量模型

a. 美国地质调查局结果；b. 美国加利福尼亚大学结果

海啸的生成机制历来是海啸研究的重中之重。海底强震尤其是近表层强震的破裂过程，往往导致多种海啸生成。例如，1998年巴布亚新几内亚的7.1级地震引发了海啸，造成大量人员死亡，虽然太平洋海啸预警中心发布了海啸预警，但结论为可能引发轻微海啸。日本组织的灾后调查显示，海底地震引发了大范围海底滑坡，造成了持续强烈的海啸波动。2018年9月28日印度尼西亚帕卢市的地震海啸，初步判断是地震引发的同震位移、海底滑坡和沿岸滑坡等因素导致的异常海啸波动。印度尼西亚在震后34min取消了预警，也导致大量人员伤亡。

由于海啸波幅与大洋水深相比可视为一个小量，因此海啸波在大洋中的传播可忽略非线性对流项和海底摩擦效应项，而采用线性浅水方程进行描述。在海啸波从震源向四周传播的过程中，海啸波的波速只与水深有关，受诸如洋中脊、岛链等地形变化的影响海啸波会产生折射，导致波能汇聚或者发散；由于传播的球面扩散效应，波峰线不断延展，波能和波高也随着减小。这种现象可以通过波射线理论进行模拟。当海啸波在大洋中传播较长时间（如传播10～20个波长距离）后，波动的频散效应就不能忽视了，采用线性Boussinesq方程可以更好地模拟海啸波的频散效应。当海啸波传播至大陆架时，由于水深变浅，波高和水深之比为10^{-2}～10^{-1}，波动的非线性效应不能忽略，具体表现在波周期变短，波前峰变陡，并伴随着高频次生波的出现。在海啸预警中，通常采用非线性浅水方程描述海啸波在大陆架的传播，但从物理上考虑更严谨的是采用Boussinesq方程进行模拟。海啸波在宽广的大陆架传播，还展现出类似孤立波的特征，波谷基本消失，取而代之的是高耸的波峰线。当海啸波传播至近岸后，波前峰急剧变陡，形成海啸非破碎涌波（tsunami undular bore），波面此时已经无法保持平衡，因此出现波破碎现象。由于波浪倒卷，波剖面已经出现了明显的三维结构，采用深度平均的二维非线性浅水方程或Boussinesq方程均无法模拟波破碎现象。对此，一般的处理方法是借鉴湍流黏性项构造一个“波破碎”黏性项，使得近岸海啸波的波高急剧减小。

海啸爬高是指海啸波沿陆地爬升的过程。入射波的波形、近岸地形与坡度等因素是影响海啸爬高的主要因素。由于海啸影响近岸过程中，沿岸潮位观测设施被冲毁，或者超过其可记录的范围，往往缺乏可信的海啸波高观测数据，而通过组织灾后调查，可获取海啸淹没的水痕线，从而测量得到海啸淹没的高度。常用的海啸测量术语如下（图1.5）。

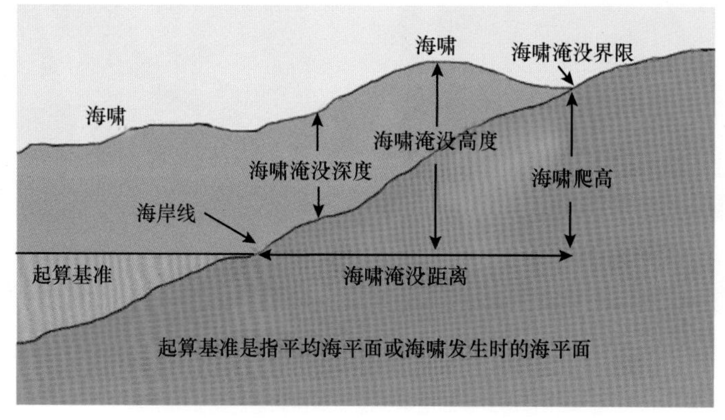

图1.5　海啸爬高及相应的海啸测量术语

（1）海啸波幅：海啸波峰或波谷与未受扰动海平面高度之差的绝对值。

（2）最大海啸波幅：一次海啸过程中某一点出现的海啸波幅的最大值。

（3）海啸淹没深度：海啸在陆地表面上淹没的高度。

（4）海啸淹没距离：海啸从海岸线深入陆地的水平距离。

（5）海啸淹没高度：在某海啸淹没距离上，以当地平均海平面或海啸发生时的海平面为起算基准测出的海水达到的高度。

（6）海啸爬高：海啸淹没界限处的陆面高程与当地平均海平面之差。

历史上，由于缺乏自动化的沿岸潮位观测设施，很少能够记录到最大海啸波幅，因此国际上著名的海啸灾害数据库经常采用海啸爬高作为该事件的最大海啸波幅。本质上两者的定义是完全不同的，而且数值上差异也较大。例如，在日本“3・11”地震海啸中，震中附近日本沿岸潮位站观测到的最大海啸波幅为6～15m，随后部分潮位站被冲毁，但灾后调查显示震中附近的海啸爬高普遍达到了20～39m，远大于潮位站观测结果。灾后媒体普遍利用38.9m作为该次海啸的最大海啸波幅进行报道。通常，海啸爬高要大于潮位站观测的最大海啸波幅。

此外，波幅通常定义为波峰或波谷与平均海平面之差的绝对值，而波高定义为相邻的波峰和波谷之间的差值。前者在海啸监测预警中使用最为广泛，但国内外发表的数据库、期刊中普遍未区分两者概念的差异，混同使用。一般会在首次使用该定义时特别进行明确。

1.2 地震海啸预警技术的发展历程

地震海啸监测网通过近岸地震台网、潮位站、海啸浮标、海底观测系统等监测手段实现对地震和海啸的实时监测与数据实时传输。其中，地震台网主要监测海底地震发生后产生的地层震动，快速确定地震发震时间、震中、震级等震源机制信息；潮位站用于监测海啸影响沿岸及岛屿期间的海啸波幅和海啸波到达时间等信息，主要依托于国家海洋局[①]分钟级潮位站；海啸浮标主要布放在潜在地震断层周边，通过监测水位变化进行海啸波监测和早期海啸预警。此外，美国、日本等近年来利用沿岸GPS观测站实时测定海底地震导致的断层三维位移来确定初始海啸源参数，进而对海啸波影响范围和程度进行数值计算（Blewitt et al.，2009；Xu and Song，2013）。

在地震发生后，地震台网提供地震的位置、深度、震级和其他有关震源特征的信息。海啸预警中心通过分析这些信息，以确定地震是否会引发海啸、是否需要发布海啸信息。

美国拥有完善的海啸监测预警业务体系，建有夏威夷的太平洋海啸预警中心（Pacific Tsunami Warning Center，PTWC）和阿拉斯加的国家海啸预警中心（National Tsunami Warning Center，NTWC）两个业务中心，均隶属于美国国家海洋与大气局（National Oceanic and Atmospheric Administration，NOAA）。两个预警中心互为备份，均采用成熟的海啸预警技术，地震监测信息采用自身测定结果或美国地质调查局（United States Geological Survey，USGS）的测定结果。PTWC成立于1949年，并于1966年成为政府间海洋学委员会（Intergovernmental Oceanographic Commission，IOC）框架下太平洋海啸预警与减灾系统（Pacific tsunami warning and mitigation system，PTWS）的主要业务中心，为太平洋沿岸国家和美国在太平洋的管辖岛屿提供海啸预警服务。NTWC负责为美国本土、阿拉斯加和加拿大的东、西部沿海提供海啸预警服务。NOAA太平洋海洋环境实验室下属的国家海啸研究中心是美国唯一的国家级海啸研究机构，牵头建立了美国新一代的基于海啸浮标数据同化反演的海啸预警系统。

① 2018年3月，根据第十三届全国人民代表大会第一次会议批准的国务院机构改革方案，将国家海洋局的职责整合；组建中华人民共和国自然资源部，自然资源部对外保留国家海洋局牌子；将国家海洋局的海洋环境保护职责整合，组建中华人民共和国生态环境部；将国家海洋局的自然保护区、风景名胜区、自然遗产、地质公园等管理职责整合，组建中华人民共和国国家林业和草原局，由中华人民共和国自然资源部管理；不再保留国家海洋局。

美国自1996年开始的“国家海啸灾害减灾计划”（National Tsunami Hazard Mitigation Program，NTHMP），是美国为应对海啸威胁、由联邦政府和州政府联合发起的一项耗资巨大的综合性工程。该计划包括观测系统建设（主要是深海海啸监测浮标）、预警系统建设（以高性能数值计算为基础的海啸预警系统）和风险评估系统建设（主要是制作海啸潜在威胁区的海啸淹没图和疏散图）。NOAA于1996年开始布放试验性DART（deep-ocean assessment and reporting of tsunami）海啸浮标，至2010年共在太平洋“火环”海域及大西洋（重点在加勒比海）部署了40个业务化海啸监测浮标，建立起一个完善的海啸浮标监测网。NTHMP的核心内容之一是由海啸监测浮标和地震海啸数值模式（MOST）组成的海啸预警系统。该系统是目前世界上最先进的地震海啸预警系统，能够同化来自海啸监测浮标的实时监测数据并迅速做出预警，自2003年以来在多次重大海啸事件中进行了测试检验，预警结果与实际观测结果非常吻合。NOAA还为美国沿海的75个人口工业密集区开发了精细化海啸淹没系统（SIFT）。当海啸警报发出后，警报机构可以直接启动沿岸的高音喇叭，督促沿海民众迅速逃生。2014年以来，PTWC基于快速震源参数评估技术、快速W-phase矩心矩张量解反演计算方法及实时海啸数值预报模型（real-time tsunami forecast model，RIFT）构建了适用于近场、远场的海啸预警系统（图1.6），可为太平洋沿海国家提供定量化预警产品。

图1.6　美国国家海洋与大气局太平洋海啸预警中心（夏威夷）

日本气象厅（Japan Meteorological Agency，JMA）负责日本国内的地震监测和海啸预警业务工作，下辖2个海啸预警中心，分别设在东京和大阪。两个海啸预警中心定期轮换进行海啸预警值班，并互为备份。日本的地震海啸监测系统主要由围绕日本列岛的172个潮位站、8条海底地震海啸监测网、12个GPS海啸监测浮标组成。在海啸预警系统的建设中，采用当前主流的第一代基于情景数据库的海啸预警技术，利用大型计算机对10万个假想的海啸个例进行了数值计算，建立了海量海啸传播情景数据库。该预警系统可以从数据库中快速获取海啸定量数值预报结果，在地震发生后的3min之内快速发布海啸预警信息。

澳大利亚气象局和澳大利亚地球科学中心联合双方在海啸预警服务与地震监测方面的技术优势，合作成立了联合海啸预警中心（JATWC），并在其周边主要地震断层部署了4个海啸监测浮标（图1.7）。在南中国海区域周边国家中，马来西亚和印度尼西亚均建有较为完善的海啸预警系统。其中，马来西亚气象局在印度洋、南中国海布放了3个海啸监测浮标，其沿海也部署了一定数量的地震和潮位观测台站。印度尼西亚气象、气候与地球物理局（Badan Meteorologi, Klimatologi, dan Geofisika，BMKG）负责本国的海啸监测和预警事务。印度尼西亚有多个国家援建的地震台站，其周边沿海建有137个潮位站和多个海啸监测浮标用于监测印度洋海啸。

图1.7 澳大利亚联合海啸预警中心值班平台

自20世纪70年代以来，我国开展了我国历史海啸灾害分布的研究工作。90年代之后，国家海洋环境预报中心研制开发了中国高精度海啸数值模式、全球海啸传播时间模式等。这些成果后期均投入了业务化运行，有些还在我国沿海核电站海啸风险评估、海啸浮标布放选点等工作中进行了应用。

1983年我国加入太平洋海啸预警系统国际协调组后，国家海洋环境预报中心主要根据太平洋海啸预警中心发布的国际地震海啸信息发布我国沿海的海啸警报。2004年印度洋大海啸之后，我国加强了海啸预警系统的建设和沿海地区海啸风险的分析研究，并从2006年开始实行24h海啸值班制度。2011年日本大海啸之后，我国的地震海啸监测预警工作进入快车道。自然资源部海啸预警中心搭建了全球及区域海啸地震自动监测分析系统，通过与中国地震局开展业务合作，接收全球、区域和中国近海地震台网数据，实现全球中强海底地震震源参数的自动测定，该中心实时获取全球800余个潮位站、41个海啸浮标的数据与我国沿岸和岛屿建设的150多个分钟级潮位站的数据，具备在全球范围内监测海啸的能力，还在南海部署了一套海啸监测浮标，实现了对南海潜在地震海啸源区地震海啸的实时监测和预警。我国自主研发的新一代海啸监测预警人机交互平台于2016年正式业务化运行，该平台集成了全球海底地震监测、水位监测、太平洋并行海啸数值模型、海啸情景数据库及产品制作发布等12个子系统，使我国的海啸预警时效大幅缩短至6～12min，显著缩小了与国际先进水平的差距。

地震海啸监测预警目前面临诸多挑战，例如，多数海啸预警系统为了满足海啸快速预警的需求，主要基于对短周期地震波的分析来获取地震参数信息和同震形变场并进行海啸定量预警，随后再根据近海、近岸观测修正海啸预警信息。短周期地震波无法完全捕捉地震能量释放，经常导致地震规模被低估；同样，均一滑动场模型刻画地震破裂形变场分布的精度较低，虽然对远场海啸的影响较小，但对近场海啸的影响较大。另外，对于由地震或火山爆发等引发的滑坡海啸等，目前尚未有业务化的观测预警方法。目前，深水海啸浮标系统、地震台网、高速GPS站、缆式海底压力站（OBPGs）、近岸潮位站及高分辨率卫星高度计等监测手段可以为地震破裂和海啸传播提供实时的观测数据，同时这些观测数据可以用于快速反演（或多源数据联合反演）来估计有限断层形变滑移量分布特征，从而用于近场海啸的预警及灾害评估。

根据2018年太平洋海啸预警与减灾系统指导委员会会议纪要，美国已于2019年开始与美国国家航空航天局（National Aeronautics and Space Administration, USA，NASA）联合开展基于大地测量数据（如GPS）的海啸源实时反演和海啸波预测试验运行。该系统的顺利业务化运行，是海啸预警的又一次重大变革，将显著减少海啸预警的空报率。

1.3 全球海啸预警与减灾系统

世界上第一个区域级海啸预警与减灾系统是成立于1965年的太平洋海啸预警系统国际协调组（International Coordination Group for the Tsunami Warning System in the Pacific，ICG / ITSU）。1964年美国阿拉斯加海域发生9.2级地震并引发越洋海啸。以此为契机，联合国教育、科学及文化组织政府间海洋学委员会（UNESCO/IOC）倡议以位于夏威夷的太平洋海啸预警中心为基础，吸收IOC太平洋范围内的成员国，在太平洋成立区域级海啸预警系统。经2005年政府间海洋学委员会执行理事会第二十届会议（第ITSU-XX.1号）提议，该系统更名为太平洋海啸预警与减灾系统政府间协调组（Intergovernmental Coordination Group for the Pacific Tsunami Warning and Mitigation System，ICG/PTWS），现有46个成员国和组织。

2004年印度洋大海啸引起了世界各国的普遍关注，也让除太平洋区域之外的国家认识到，海啸可以在任何时间发生在任何地点。UNESCO/IOC与其成员国加强协商，并借助已成立的太平洋海啸预警与减灾系统的力量，新建了全球其他3个区域性海啸预警系统，分别是印度洋海啸预警与减灾系统（IOTWS）、加勒比海海啸预警与减灾系统（CARIBE EWS）和东北大西洋、地中海及其相连海域海啸预警与减灾系统（NEA-MTWS）。除此之外，许多次区域级和国家级海啸预警系统/中心也纷纷成立。我国在1983年加入太平洋海啸预警系统国际协调组后，由国家海洋环境预报中心开展了我国的海啸预警业务。目前，国家海洋环境预报中心已成为国家级海啸预警中心，并与太平洋海啸预警中心等多个国际海啸机构合作，承建了南中国海区域海啸预警中心。

1.3.1 国际海啸预警与减灾系统协调机制

在全球海啸预警协调层面，UNESCO/IOC专设海啸预警协调处（Tsunami Unit），负责全球4个区域级海啸预警系统建设和运行的国际协调工作，并为其提供秘书服务。UNESCO/IOC在澳大利亚珀斯还常设办公室，由澳大利亚气象局提供经费资助，负责印度洋海啸预警与减灾系统的国际协调工作。

UNESCO/IOC联合其成员国，在各区域级海啸预警系统中设立政府间协调组（Intergovernmental Coordination Group，ICG），作为其附属的国际协调组织，旨在组织、促进和协调区域性海啸防御工作，包括推动区域地震和水位共享观测网建设，提高以风险评估区划、公众宣传教育为基础的海啸减灾能力，以及建立区域级海啸预警中心并发布海啸预警。

在国际协调方面，UNESCO/IOC要求各区域预警系统的成员国官方指定其国家海啸联系人（tsunami national contact，TNC）、海啸预警联络点（tsunami warning focal point）及国家海啸预警中心（national tsunami warning center，NTWC）。其中，国家海啸联系人是ICG各成员国指定的代表各自国家协调国际海啸预警和减灾活动的人，此人应是该国海啸预警和减灾系统计划的主要负责人之一，来自国家灾害管理机构、预警中心、研究所或预警和减灾职责机构。在我国，国家海啸联系人通常由自然资源部预报减灾主管部门负责人和国家海洋环境预报中心负责人共同担任。海啸预警联络点指处于全天候值守状态的联系人、官方联系点或联系地址，其职责是快速接收和发布海啸事件信息；海啸预警联络点可以是应急部门（民防或是其他公共安全响应机构），也可以是根据国家应急响应流程负责接收和通知重大灾害事件（地震或海啸）的应急联系机构；海啸预警联络点从区域海啸预警中心接收国际海啸警报。从2015年起，UNESCO/IOC还要求各国指定其国家海啸预警中心常设机构，旨在推动各国建设国家海啸预警中心。

各区域级海啸预警与减灾系统，一般每2年召开一次政府间协调组会议，主要目的是梳理地震海啸观测预警、防灾减灾、业务培训等方面的工作进展，制定未来工作计划，并探讨开展区域性合作计划。政府间协调组还下设若干个区域工作组、技术工作组，分别组织开展所属地区和技术领域的工作。各成员国均自愿加入上述工作组，并贡献各自的数据、技术和智慧。

1.3.2　太平洋海啸预警与减灾系统

如前所述，太平洋海啸预警与减灾系统历史悠久，成立于1965年，目前拥有46个成员国和组织，所属的区域业务中心包括位于夏威夷的太平洋海啸预警中心（PTWC，隶属于美国国家海洋与大气局）、位于日本东京的西北太平洋海啸预警中心（NWPTAC，隶属于日本气象厅）和位于我国北京的南中国海区域海啸预警中心（SCSTAC，隶属于中国自然资源部）。

由于1946年阿拉斯加地震海啸事件，太平洋海啸预警中心于1949年在夏威夷成立，它作为太平洋海啸预警与减灾系统的业务运行总部，同时与次区域和国家级海啸预警中心密切合作来监测和评估潜在地震海啸。它为太平洋国家提供远距海啸的国际警报信息，为美国的夏威夷和其他太平洋领地提供国内警报服务。自2005年后，太平洋海啸预警中心为印度洋和加勒比海提供临时性的服务。其中，为印度洋提供的区域海啸预警服务已于2014年停止。日本气象厅于1952年开始海啸预警服务。作为国家海啸预警系统，日本气象厅现在每天24h持续监测在日本境内发生的地震活动，并及时发布地震和海啸信息。2005年，日本开始西北太平洋海啸预警中心（NWPTAC）的业务化运行，为西北太平洋地区成员国提供海啸信息。南中国海区域海啸预警中心由我国联合南中国海区域其他国家共同建设，于2018年起为南海周边9个国家提供海啸预警服务。

此外，UNESCO/IOC和美国国家海洋与大气局于1965年11月共同资助成立了国际海啸信息中心（International Tsunami Information Center，ITIC）。ITIC为成员国提供海啸预警和减灾系统建设的技术支持，并开展大量的业务培训。在太平洋海啸预警与减灾系统框架下，ITIC负责该区域（图1.8）海啸预警技术的推广和应用，联合各成员国举办海啸预警标准业务流程和海啸灾害风险评估区划技术培训班，制作出版海啸防灾减灾的宣传教育材料。

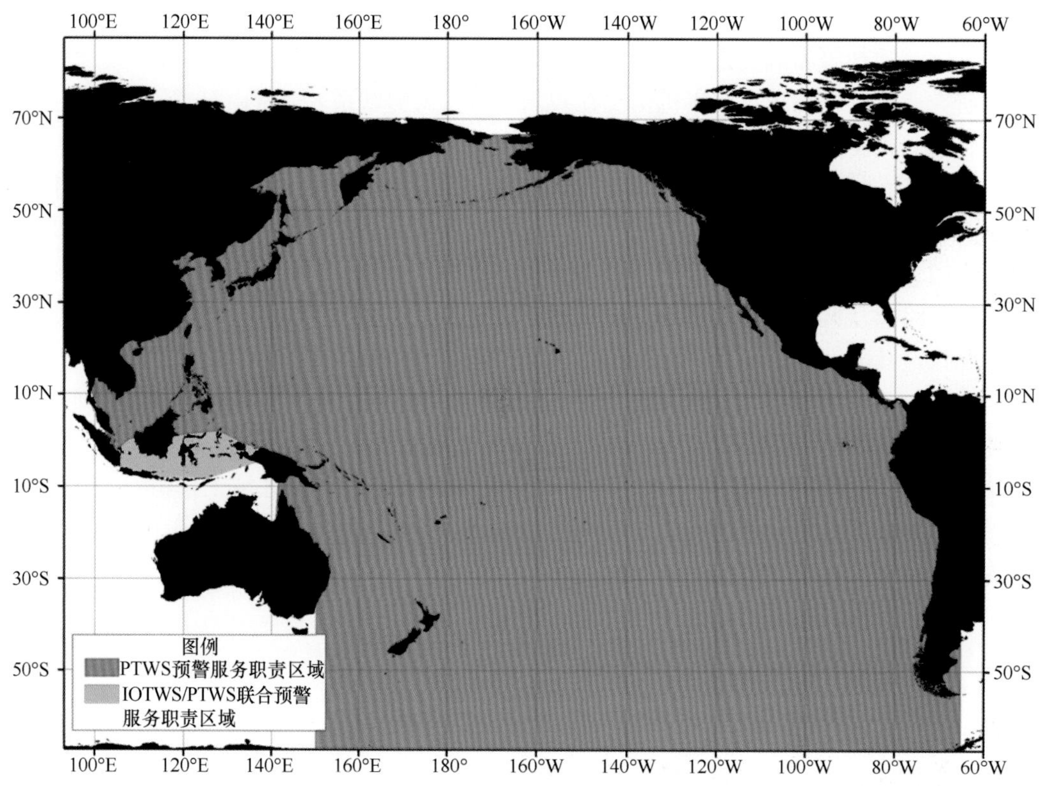

图1.8　太平洋海啸预警与减灾系统职责范围示意图

太平洋海啸预警中心于2014年10月起发布新版的海啸预警产品。这是该中心自成立以来首次对其预警产品进行大规模改动。借助最新的海啸数值模拟技术和震源机制解近实时反演技术，该中心新增了图形产品和针对每个国家的表格产品。产品等级包括海啸信息（没有海啸危险或不会引发海啸）和海啸危险性信息（沿岸海啸波幅大于0.3m）。产品种类包括文字产品、图形产品和表格产品三类。其中，图形产品包括最大波幅预报图、岸段预报图和预警多边形图（图1.9，图1.10）。

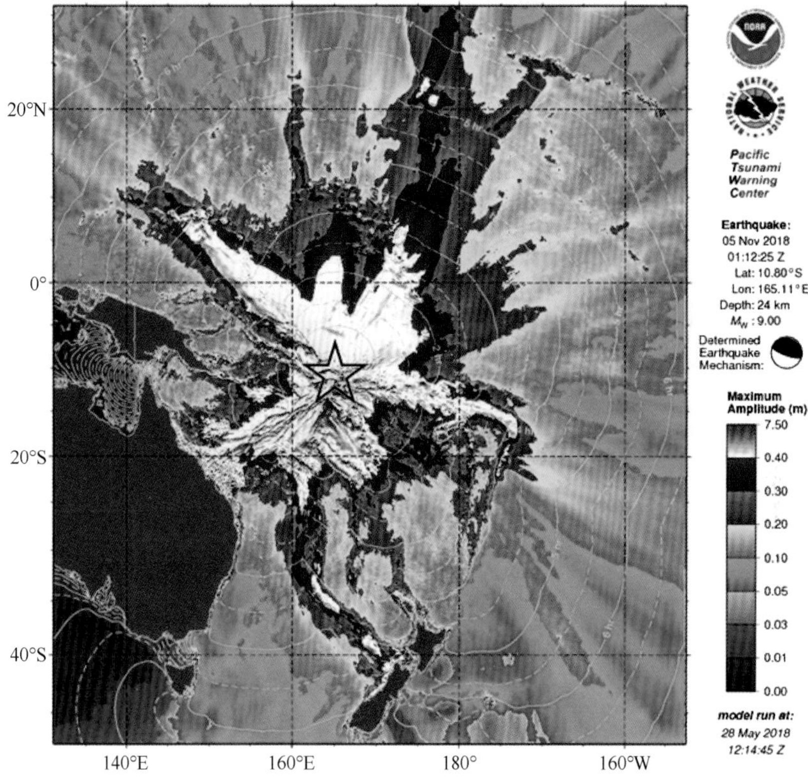

图1.9 太平洋海啸预警中心最大波幅预报图

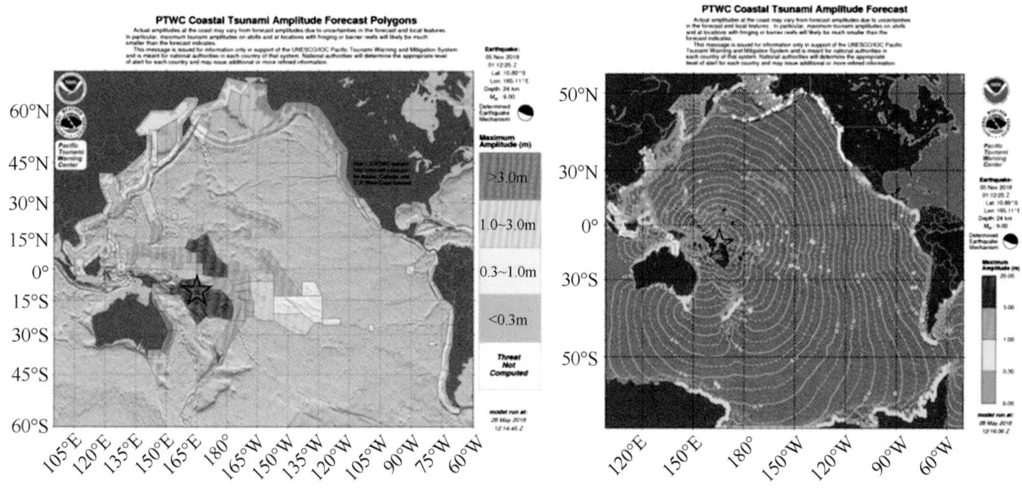

图1.10 太平洋海啸预警中心预警多边形图和岸段预报图

图1.11给出了太平洋海啸预警中心1998年1月至2016年3月海啸预警产品发布延时统计图，黑色粗线表示发布延时中值，圆圈代表其发布的所有地震海啸事件，大小表示震级，圆圈颜色表示震级偏差（与USGS最终结果比较）。PTWC于2016年的产品发布延时约为7min，而短短的10多年前，发布延时为30～75min。这得益于全球地震和水位共享观测网的建设，也得益于全球主要涉海国家积极参与海啸预警与减灾系统建设。

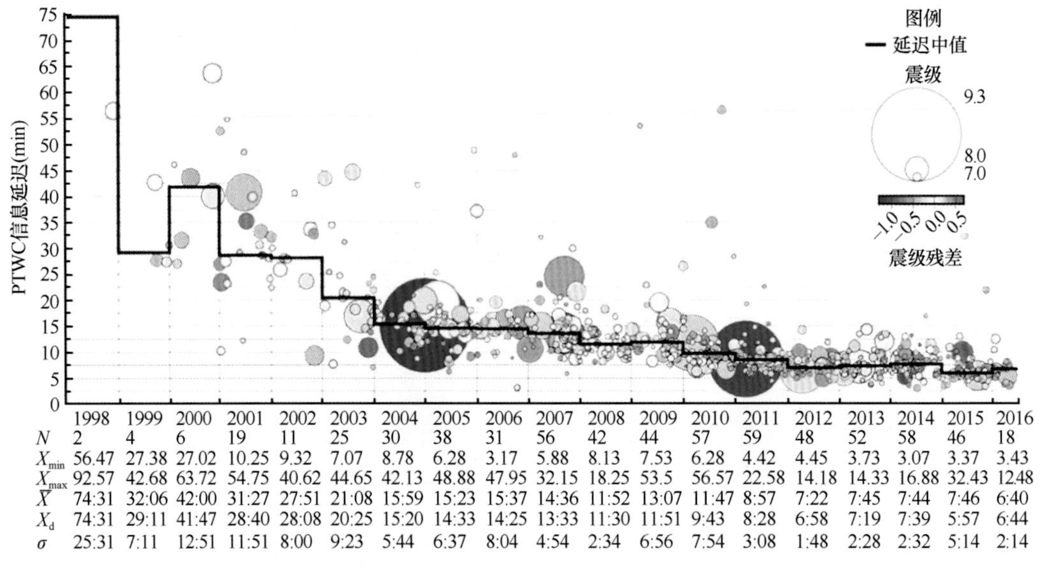

	1998	1999	2000	2001	2002	2003	2004	2005	2006	2007	2008	2009	2010	2011	2012	2013	2014	2015	2016
N	2	4	6	19	11	25	30	38	31	56	42	44	57	59	48	52	58	46	18
X_{min}	56.47	27.38	27.02	10.25	9.32	7.07	8.78	6.28	3.17	5.88	8.13	7.53	6.28	4.42	4.45	3.73	3.07	3.37	3.43
X_{max}	92.57	42.68	63.72	54.75	40.62	44.65	42.13	48.88	47.95	32.15	18.25	53.5	56.57	22.58	14.18	14.33	16.88	32.43	12.48
$\overline{X}$	74:31	32:06	42:00	31:27	27:51	21:08	15:59	15:23	15:37	14:36	11:52	13:07	11:47	8:57	7:22	7:45	7:44	7:46	6:40
X_d	74:31	29:11	41:47	28:40	28:08	20:25	15:20	14:33	14:25	13:33	11:30	11:51	9:43	8:28	6:58	7:19	7:39	5:57	6:44
σ	25:31	7:11	12:51	11:51	8:00	9:23	5:44	6:37	8:04	4:54	2:34	6:56	7:54	3:08	1:48	2:28	2:32	5:14	2:14

图1.11 太平洋海啸预警中心海啸预警产品发布延时统计图

N–数量；X_{min}–最短用时；X_{max}–最长用时；$\overline{X}$–平均用时；X_d–中值；σ–残差

1.3.3 印度洋海啸预警与减灾系统

2005年UNESCO/IOC大会第23次会议第12号决议（XXⅢ-12）通过成立印度洋海啸预警与减灾系统政府间协调组，目前有27个成员国。该系统目前拥有3个业务预警发布中心，并在雅加达设置了印度洋海啸信息中心，由印度尼西亚承建。

虽然印度洋海啸预警与减灾系统于2010年即宣告成立，但是其区域预警服务从2013年才启动，其间一直由PTWC和NWPTAC提供临时性海啸预警服务。印度尼西亚气象、气候与地球物理局、澳大利亚气象局和印度国家海洋信息中心在争取区域级海啸预警中心承办权上，利用各自的技术、人员和资金优势，开展了较长时间的国际协调。此外，德国在印度尼西亚援建了大量的地震和水位观测设施，帮助印度尼西亚开发了SeisComP3地震监测系统和TOAST海啸预警系统（这两个系统也成为目前国际知名的地震海啸监测预警软件系统），在该区域的海啸预警系统建设上发挥了至关重要的作用。毋庸置疑，通过国际社会的援助及该区域成员国的努力，印度洋的地震和水位共享观测网取得了跨越式的进步。如图1.12所示，2004年整个印度洋区域共享的实时水位观测站仅有4个，而截至2014年，已经达到104个，且大部分分布在地震俯冲带附近，具备了海啸发生后的30min内监测到海啸波的能力。同样地，2004年印度洋区域共享的宽频地震台站只有33个，截至2014年，为319个，该区域主要地震俯冲带5级以上地震的监测时间目前只需要1～2min。

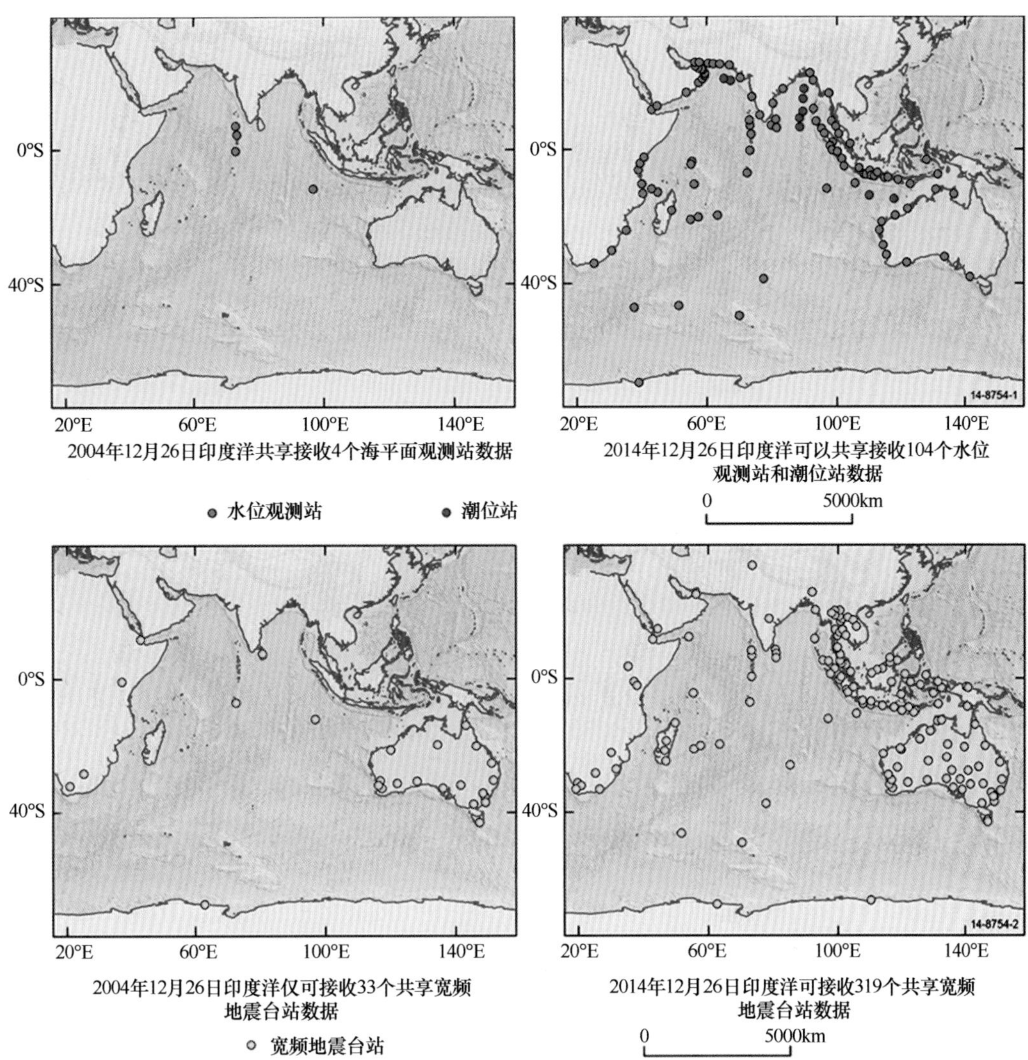

图1.12　印度洋水位和地震共享观测网建设10年进展

参考文献

刘赞沛, 陈则实, 宋万先, 等. 2001. 龙口港湾大振幅假潮的成因分析. 海洋学报, 23(1): 120-126.

闪迪, 王培涛, 孙立宁, 等. 2018. 2010年智利和2011年日本地震海啸在我国东南沿岸诱导的波流特征及危险性分析. 海洋通报, 37(3): 73-82.

Blewitt G, Hammond W C, Kreemer C. 2009. GPS for real-time earthquake source determination and tsunami warning systems. Journal of Geodesy, 83(3-4): 335-343.

Mansinha L, Smylie D E. 1971. The displacements fields of inclined faults. Bulletin of the Seismological Society of America, 61: 1433-1440.

Nomikou P, Druitt T H, Hübscher C, et al. 2016. Post-eruptive flooding of Santorini caldera and implications for tsunami generation. Nature Communications, 7: 13332.

Okada Y. 1985. Surface deformation due to shear and tensile faults in a half-space. Bulletin of the Seismological Society of America, 75(4): 1135-1154.

Xu Z G, Song Y T. 2013. Combining the all-source Green's functions and the GPS-derived source functions for fast tsunami predictions—Illustrated by the March 2011 Japan Tsunami. Journal of Atmospheric & Oceanic Technology, 30(7): 1542-1554.

第2章 海底地震与海啸的分布特征

进入21世纪以来，截至2018年环太平洋和印度洋地震俯冲带上发生了23次震级超过8.0级的大地震，其中15次均引发了灾害性海啸（表2.1）。几乎全部的越洋海啸均由地震俯冲带上的强震引发。本章将详细描述全球主要地震带和海啸事件的时空分布特征。

表2.1 2000年以来8.0级以上地震引发海啸事件列表

序号	年份	地理位置	震级	震源深度（km）	最大海啸波幅或爬高（m）
1	2000	巴布亚新几内亚	8.0	17.0	3.00
2	2001	秘鲁	8.4	33.0	8.80
3	2003	日本北海道	8.3	27.0	4.40
4	2004	苏门答腊岛	9.1	30.0	50.90
5	2005	印度尼西亚	8.7	30.0	4.20
6	2006	库页岛	8.3	10.0	21.90
7	2007	所罗门群岛	8.1	10.0	12.10
8	2007	秘鲁	8.0	39.0	10.05
9	2007	苏门答腊岛	8.4	34.0	5.00
10	2009	萨摩亚群岛	8.1	18.0	22.35
11	2010	智利中部沿岸	8.8	23.0	29.00
12	2011	日本本州岛	9.1	30.0	38.90
13	2014	智利北部	8.2	25.0	4.63
14	2015	智利中部	8.3	22.0	13.60
15	2017	墨西哥	8.2	47.0	2.70

2.1 地震和地震带

2.1.1 地震

70%以上的海啸由海底地震引发，因此有时海啸也特指“地震海啸”。本书的主要内容也针对地震海啸的监测预警技术展开。这里需要对地震的基本概念进行简要陈述。

1. 地震的基本概念

地震普遍采取的定义是，岩石圈物质在地球内动力作用下产生构造活动而发生弹性应变，当应变能量超过岩体强度极限时，就会发生破裂或沿原有的破裂面发生错动滑移，应变能以弹性波的形式突然释放并使地壳震动。衡量地震的几个基本要素如下。

（1）震源：指地球内部发生地震的位置。

（2）震中：指震源上方正对着的地面。

（3）震源深度：指震源垂直向上到地表的距离。全球所有地震能量的释放，有85%来自浅源地震，大部分发生在地表以下30km左右的范围。

（4）发震时刻：指发生地震的时刻，常可表示为O或者T。

（5）震级：指地震的大小，表征地震强度，是以地震仪测定的每次地震活动释放的能量多少来确定的。不同震级地震能量差别很大，震级每增加一级能量就增大33倍。当前，常用的震级标度主要分为三类：一是基于里克特-古登堡震级体系的传统震级标度，包括地方震级M_L、体波震级（短周期体波震级m_b和宽频带体波震级m_B）和面波震级M_s；二是矩震级M_w，是由基本的物理参数计算的震级，表征地震破裂面上滑移量的大小，利用地震波形方法计算得到；三是快速测定震级，为了满足地震速报、地震预警及海啸预警相关工作的需求而发展起来的震级标度，如体波矩震级M_{wp}。关于上述震级标度的说明不在本书中详细介绍。感兴趣的读者请参考《震级的测定》（刘瑞丰等，2015）。

地震时通过地壳岩体在介质内部传播的波称为体波，主要为纵波和横波，如图2.1所示。纵波是压缩波，振动方向与传播方向一致，在地壳中的传播速度为5.5～7.0km/s，最先到达震中，又称初至波（primary wave，P波），它使地面发生上下震动，破坏性较弱。横波是剪切波，振动方向与传播方向垂直。在地壳中的传播速度为3.2～4.0km/s，第二个到达震中，又称次波（secondary wave，S波），它使地面发生前后、左右抖动，破坏性较强。

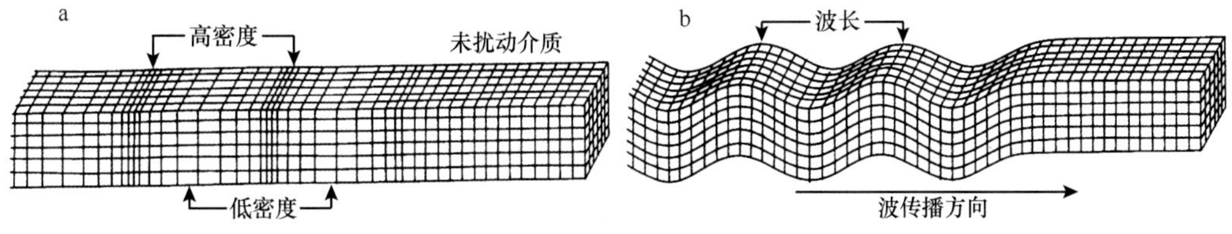

图2.1　P波和S波传播方向与质点振动图

a. P波；b. S波

体波经过折射、反射而沿地面附近传播的波称为面波（图2.2）。面波是由纵波与横波在地表相遇后激发产生的混合波，其波长大、振幅也大，只能沿地面传播，是造成建筑物强烈破坏的主要因素。面波主要为瑞利波（Rayleigh wave，R波）和勒夫波（Love wave，L波）。瑞利波传播时，质点在与传播方向垂直的平面内作逆时针椭圆运动。瑞利波产生的振动使物体发生垂直和水平方向的运动。勒夫波传播时，质点在水平面上垂直于波前进方向作水平振动。勒夫波在层状介质界面传播时，其波速介于上下两层介质横波速度之间。

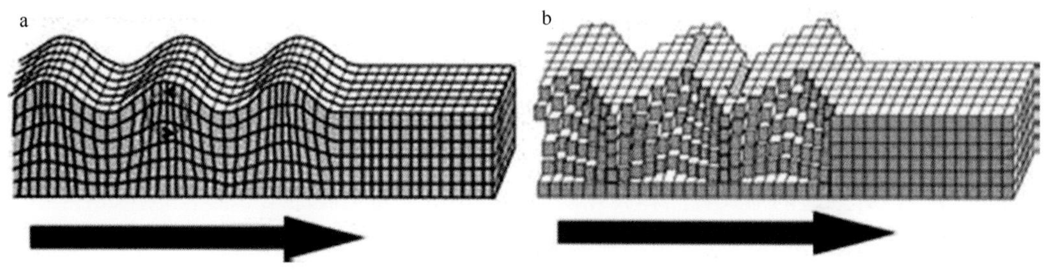

图2.2 瑞利波和勒夫波传播方向与质点振动图

a. 瑞利波；b. 勒夫波

地球内部结构是指地球内部的分层结构。由于地球内部结构十分复杂，地球内部物质不均一，地震波在不同弹性、不同密度的介质中传播速度和通过的状况也就不一样，根据地震波在地下不同深度传播速度的变化，一般将地球内部划分为3个圈层：地壳、地幔和地核。地球的外层是地壳，中间层是地幔，中心层是地核。地壳与地幔之间的分界面为莫霍面，地幔与地核之间的分界面为古登堡面。

地壳平均厚度约17km，其中大陆地壳较厚，平均厚度约为35km；大洋地壳则远比大陆地壳薄，厚度只有几千米。地幔厚度约为2865km，主要由致密的造岩物质构成，这是地球内部体积最大、质量最大的一层。地幔又可分成上地幔和下地幔两层。一般认为上地幔顶部存在一个软流层，推测是由于放射元素大量集中，蜕变放热，将岩石熔融后形成的，可能是岩浆的发源地。软流层以上的地幔部分和地壳共同组成了岩石圈。

关于地震成因，普遍认同的是板块构造学说。板块构造学说认为地球的岩石圈不是整体一块，而是被地壳的生长边界（海岭和转换断层）及地壳的消亡边界（海沟和造山带、地缝合线等一些构造带）分割成许多构造单元，这些构造单元称为板块。全球大体上分为欧亚板块、太平洋板块、美洲板块、印度洋板块、非洲板块和南极洲板块。大板块还可以划分成若干次一级的小板块。这些板块漂浮在“软流圈”之上，处于不断运动中。一般来说，板块内部的地壳比较稳定，板块与板块的交界处，是地壳活动比较活跃的地带，也是火山、地震频发的地带。

2. 地震震级

衡量所产生海啸的大小，所需的最基本的参数是地震震级。常用震级标度包括地方震级、短周期体波震级、宽频带体波震级、矩震级和体波矩震级。其中，矩震级不会像其他震级一样存在饱和问题，目前已成为世界上大多数地震台网、地震观测机构和海啸预警中心优先推荐使用的震级标度。体波矩震级M_{wp}是为满足海啸预警需要而发展起来的震级标度，它已在日本气象厅和太平洋海啸预警中心作为优先震级标度进行使用。

不同震级代表了地震在不同频域中辐射波能的大小。准确地测定地震的震级并非如想象般那么简单，对于特大地震尤其是可能引起海啸的特大地震来说，快速而准确地测定地震的大小是一件很困难的事情。

查尔斯·弗朗西斯·里克特（Charles Francis Richter）震级（里氏震级）最初使用的是在标准的伍德-安德森地震仪（Wood-Anderson seismograph）上测量加利福尼亚州地区事件记录的最大地面运动幅度，这个方法比较简单，直接测定地震最大振幅，通常来说其为剪切波（S波）的最大振幅。里克特确定了地震的震级，称为M_L震级。M_L震级的测定起着非常重要的作用，随后所有的震级相关标度都与其有关，很快在全世界范围内得以推广，从而产生了体波震级和面波震级。在1Hz的短周期P波上测定m_b，以及在20s左右的面波上测定M_s。当地震仪无法测出地震发生时所辐射的周期大于20s的面波振幅时，就会产生震级饱和现象。由于上述震级关系使用了简单的地震震源和波传播模型，这些算法在很大程度上是经验性的结果。

从表2.2和图2.3可以看出，测定震级所使用地震波的优势周期不同，则饱和震级也不同，一般来说，优势周期越短，饱和震级就越小。最早出现饱和的是短周期体波震级m_b，然后是里氏震级M_L和中长周期体波震级m_B，最后达到饱和的是面波震级M_s，而矩震级M_w不会出现饱和现象。

表2.2　各种震级的饱和震级

震级名称	优势周期（s）	饱和震级
m_b	$T\approx1$	6.5
M_L	$T\approx0.1\sim3.0$	7.0
m_B	$T\approx0.5\sim15.0$	8.0
M_s	$T\approx20$	8.5
M_w	$T\approx10\sim\infty$	无

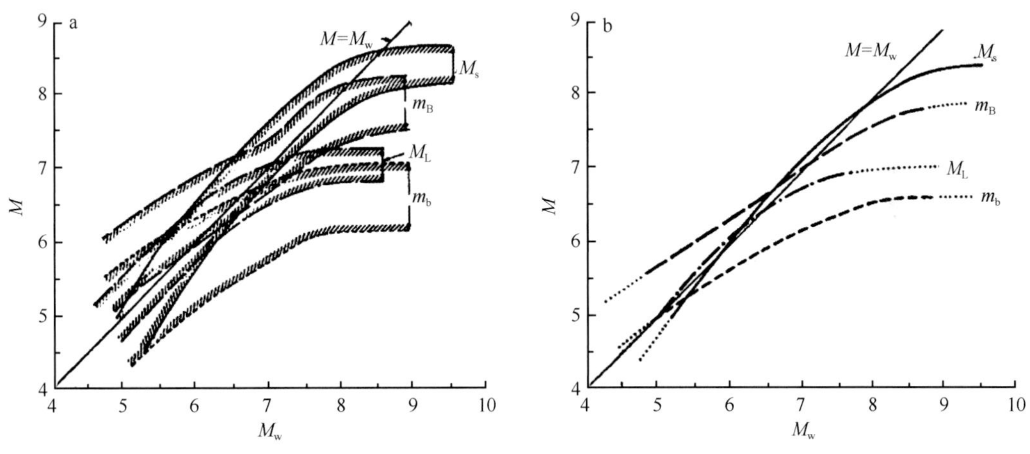

图2.3　各种震级之间的关系（Kanamori，1983）

产生震级饱和的主要原因如下：由于里克特-古登堡震级系统建立在单一频率地震波振幅测定震级的基础上，从某个角度讲，振幅的大小表现了震源所释放能量的大小，地震释放的能量越大，断层越长，激发的面波波长越大，周期越长，携带的能量越丰富。对于近震和小震，我们通常使用的地震仪器对地震体波和20s以内周期的面波记录较好，测出的震级也能比较客观地反映震源所释放的能量。但对于大地震或特大地震，地下岩石破裂的长度达数百千米，激发了更长周期的面波，并且携带更多的能量，而通常的中长周期地震仪受频带的限制，对周期为20s以上的面波记录到的振幅却不再增加，故产生了震级饱和现象。因此，震级饱和现象是震级标度与频率有关的反映。

3. 地震震源机制

海啸数值预报中，除了基本的地震参数，还需要了解地震震源机制。地震震源机制解是指震源区地震发生时的力学过程。通常所说的震源机制是狭义的，即专指研究构造地震的机制。构造地震的机制是震源处介质的破裂和错动。震源机制研究的内容包括确定地震断层面的方位和岩体的错动方向、研究震源处岩体的破裂和运动特征及这些特征与震源所辐射的地震波之间的关系。

对于地震发生机制的研究，一般采用两种震源模型进行解析，一种是点源模型，另一种是非点源模型。当震源空间尺度的大小远小于地震波的波长时，震源可视为点源模型，根据点源的作用力不同，又进一步划分为单力偶震源模型和双力偶震源模型。当震源空间尺度的大小远大于地震波的波长时，震源为非点源，非点源模型可分为有限移动震源模型和位错震源模型两种。以上震源模型，在分析求解后，提供两组力学参数，一组为断层面走向、倾角和滑动角，另一组为主压应力轴（P轴）、主张应力轴（T轴）与中间主应力轴（B轴）的方位和仰角。

地震发生的断层按两盘相对运动方向分为正断层、逆冲断层和走滑断层。

在正断层中，断层面几乎是垂直的。上盘（位于平面上方的岩石块）推动下盘（位于平面下方的岩石块），使之向上移动。反过来，下盘推动上盘，使之向下移动。由于分离板块边界的拉力，地壳被分成两半，从而产生断层。

逆冲断层的断层面也几乎是垂直的，但上盘向上移动，下盘向下移动。该类型的断层是由板块挤压形成的，其主要由水平挤压而成，按断面的倾角又分为高角度逆断层（断面倾角＜45°）、低角度断层（断面倾角＜45°）。其中，倾角更小（断面倾角在30°及以下）的称为逆掩断层。

走滑断层是规模巨大的平移断层，即断层两盘顺断面走向相对运动的断层，其主要特征为断面平直光滑、近于直立，剪切性质突出。

逆冲断层在垂直方向上的运动最为明显，其次是正断层，走滑断层几乎没有垂直运动。海啸主要是由海洋中发生的逆冲断层的地震引起的，逆冲断层的运动在海底突然产生显著的垂直运动，造成上覆海水抬升，从而产生海啸波动。

实际的地震断层由断层的上盘、下盘和断层面构成，其中上盘在断层面的上侧，下盘在断层面的下侧。多数浅源地震为断层的剪切错动，即上盘与下盘之间的相对错动。地震断层通常用断层的倾角δ、走向Φ和滑动角λ三个参数来描述，见图2.4。按目前国际上常用的描述方法，这些参数的定义如下。

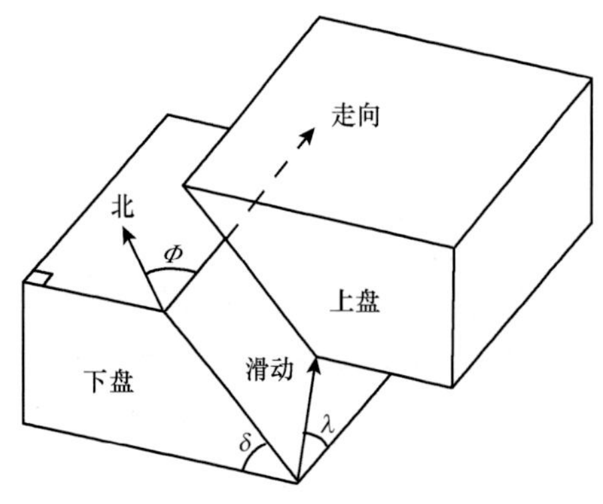

图2.4　断层的参数示意图

（1）倾角δ：断层面与水平面的夹角，范围为$0° < \delta \leq 90°$。

（2）走向Φ：当倾角δ不为0时，存在断层面与水平面的交线，该断层面与水平面交线的方向即为走向。但此交线有两个方向，为唯一确定，当δ不为90°时，按以下原则确定其中之一为断层的走向：观察者沿走向看去，断层上盘在右。走向Φ用从正北顺时针量至走向的角度表示，范围为$0° \leqslant \Phi < 360°$。

（3）滑动角λ：断层上盘相对于下盘的运动方向称作滑动方向，用滑动角λ描述滑动方向，在断层面上度量。从走向逆时针量至滑动方向的角度为正，顺时针量至滑动方向的角度为负，范围为$-180° < \lambda \leqslant 180°$。

走向Φ和倾角δ是断层的几何参数，二者规定了断层的产状。滑动角λ是断层的运动参数，根据这一参数的具体数值，可描述断层的各种运动类型。例如，$\lambda \approx 0°$表示左旋走滑断层（断层水平错动，人在断层一侧面对断层，另一侧向左滑动），$\lambda \approx \pm 180°$表示右旋走滑断层（断层水平错动，人在断层一侧面对断层，另一侧向右滑动），$\lambda \approx +90°$表示逆断层（断层上盘相对于下盘向上方错动），$\lambda \approx -90°$表示正断层（断层上盘相对于下盘向下方错动）。

地震的震源机制解可以用沙滩球、西瓜皮图表示，其是认识和研究发震断层的重要手段，通过分析台站记录的地震波形，可以确定发生地震的断层走向及震源相关力学性质。一般来说，震源膨胀区为深颜色区，压缩区为无颜色区。为了使海啸预警预报技术人员能够根据西瓜皮图直接判断地震震源性质，可以参考以下判断方法：四象限分布较好且圆心位于断层面与辅助面交汇部位的为走滑型地震；存在四象限分布且圆心为深色区（膨胀区）的为走滑兼逆断层型地震；存在四象限分布且圆心为白色区（压缩区）的为走滑兼正断层型地震；如果不存在四象限分布，则为正断层或逆断层型地震；如果圆心为深色区（膨胀区），则为逆断层型地震；如果圆心为白色区（压缩区），则为正断层型地震（图2.5）。

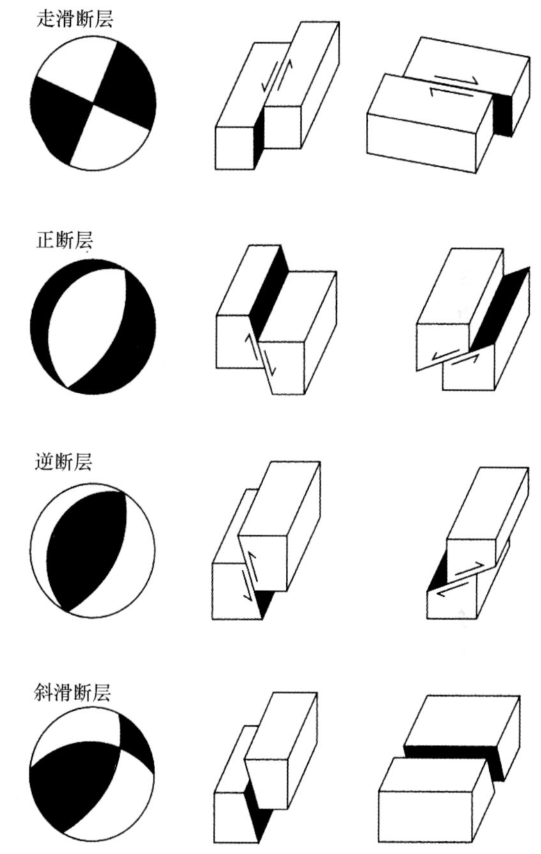

图2.5　不同断层类型对应的震源机制解

2.1.2　全球主要地震带

大体上来讲，地球表面由七大洲、四大洋组成，它们构成6个巨大的板块，分别是太平洋板块、欧亚板块、非洲板块、美洲板块、印度洋板块和南极洲板块。由于6个板块都在缓慢漂移中，板块之间会发生碰撞或挤压，造成地质的断裂或隆起，并且断裂或隆起伴随着巨大能量释放。全球大部分地震发生在板块的交界处，一部分发生在板块内部的活动断裂上。

根据震中的分布（图2.6，图2.7）规律，全球大体可以划分为以下几个地震带。

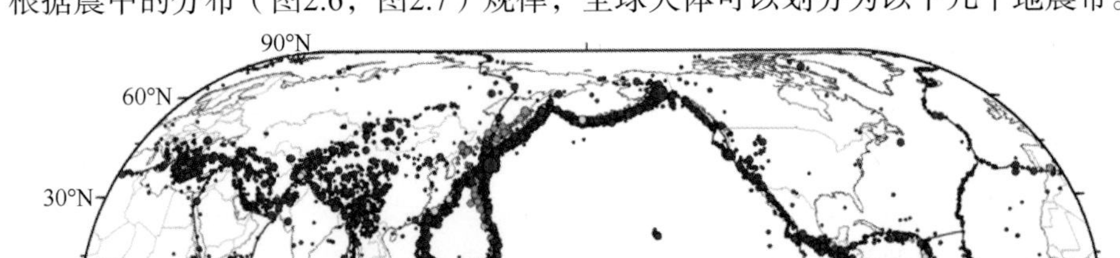
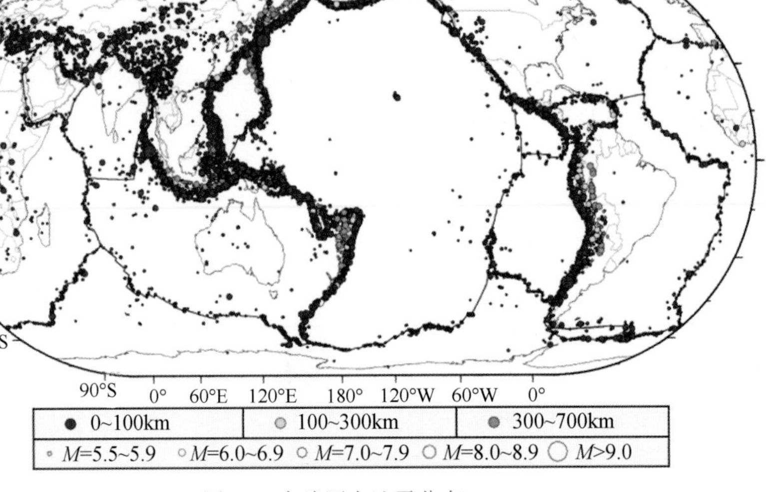

图2.6　全球历史地震分布

圆的大小与震级成比例；圆圈的颜色表示震源深度，红色实线表示板块边界；地震目录数据来源于美国地质调查局（USGS）国家地震信息中心（http://earthquake.usgs.gov/earthquakes/）

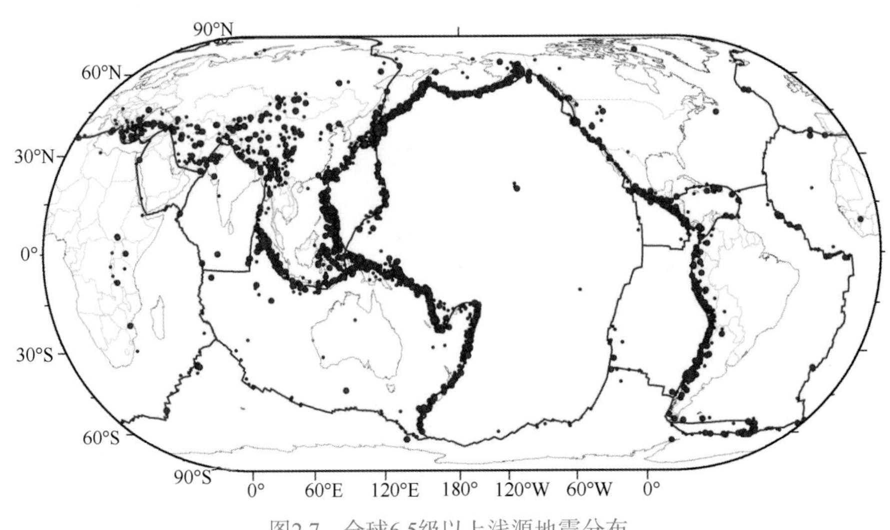

图2.7　全球6.5级以上浅源地震分布

（1）环太平洋地震带：全世界约80%的浅源地震、90%的中源地震和几乎全部深源地震都发生在这一地震带，所释放的地震能量约占全球地震释放总能量的80%。环太平洋地震带在太平洋西部从阿留申群岛，向西沿堪察加半岛、千岛群岛，至日本诸岛、琉球群岛，再至我国台湾岛，继续向南通过菲律宾群岛、新几内亚岛，直至新西兰为止。在太平洋东部，大致从阿拉斯加西岸，向南经美国加利福尼亚、墨西哥（在中美有一分支，称为加勒比海或安的列斯环）、秘鲁，沿智利至南美洲的极南端。这一地震带也是著名的火山带，它与中生代、新生代褶皱带和新构造强烈活动带是一致的。

（2）地中海—喜马拉雅地震带：这是一条横跨欧亚大陆且包括非洲北部，大致呈东西向的地震带，总长约15 000km，宽度各地不一，在大陆部分常有较大的宽度，并有分支现象。除太平洋地震带外几乎其余的较大浅源地震和中源地震都发生在这一地震带，释放能量占全球地震释放总能量的15%。该地震带西起葡萄牙、西班牙和北非海岸，东经意大利、希腊、土耳其、伊朗至帕米尔北边，进入我国西北和西南地区；南边沿喜马拉雅山山麓和印度北部，又经苏门答腊岛、爪哇岛至新几内亚岛，与环太平洋地震带相接，这一带也有许多火山分布。

（3）大洋海岭地震带：该地震带包括大西洋中脊（海岭）地震带、印度洋海岭地震带和东太平洋中隆地震带。大西洋中脊（海岭）地震带自斯匹次卑尔根群岛经冰岛向南沿亚速尔群岛、圣保罗岛等至南桑德韦奇群岛、库佛维尔岛，沿大西洋中脊分布，向东与印度洋南部分叉的海岭地震带相连。印度洋海岭地震带自亚丁湾起，沿阿拉伯-印度海岭，南延至中印度洋海岭；向北在地中海与地中海-南亚地震带（欧亚地震带）相连；到南印度洋分为两支，东支向东南经澳大利亚南部，在新西兰与环太平洋地震带相接；西支向西南绕过非洲南部与大西洋中脊地震带相接。东太平洋中隆地震带，从加拉帕戈斯群岛起向南至复活节岛一带，分为东、西二支，东支向东南在智利南部与环太平洋地震带相接；西支向西南在新西兰以南与环太平洋地震带和印度洋海岭地震带相连。以上三个地震带皆以浅源地震为主。

2.1.3　全球海底地震空间分布特征

在环太平洋和印度洋地区，密度较大的海洋板块边界向大陆板块下面缓慢俯冲，是导致海底地震的主要原因。海底地震分布规律和发生机制的研究，是板块构造理论的重要支柱。海底地震主要分布在活动大陆边缘和大洋中脊，分别相当于洋壳的俯冲破坏与扩张新生地带。两带的地震活动性质截然不同。

（1）活动大陆边缘地震带：位于板块俯冲边界，主体是环太平洋地震带，还包括印度洋的苏门答腊岛和爪哇海沟、大西洋的波多黎各海沟及南桑威奇海沟附近的地震带。环太平洋地震带释放的能量约占全球地震释放总能量的80%。这里既有浅源（＜70km）地震，又有中源（70～300km）地震和深源（300～700km）地震，地震带较宽。震源深度通常自洋侧（海沟附近）向陆侧加深，构成一倾斜的震源带，称为贝尼奥夫地震带。全球几乎所有的深源地震及大多数的中源地震、浅源地震都发生在板块俯冲边界。1960年记录的9.5级地震即发生在环太平洋的智利中部沿岸地区。

（2）洋中脊地震带：该地震带为分离型板块边界，基本为浅源地震，地震带狭窄、连续，宽度仅数十千米，释放的地震能量占全球地震释放总能量的5%。

2.1.4　全球海底地震时间分布特征

根据美国国家地震信息中心1900～2018年地震事件集检索结果（图2.8），其间共发生94次8.0级以上地震，年发生频次大约为0.8次，且这些强震的发生呈现一定的聚集特征，如1915～1925年、21世纪以来的强震发生频次高。另外，1975～1985年为强震的“真空期”，仅发生一次8.0级以上地震。由图2.9可见，在全球范围内6.5～6.9级地震平均每年发生24或25次，7.0～7.4级地震平均年发生频次是7或8次。20世纪中后期至21世纪初，全球共出现了5次9.0级以上的巨震（图2.8），均发生在地震俯冲带上，并且无一例外地引发了海啸巨灾。由图2.10可见，太平洋区域地震发生频次要远高于印度洋区域，前者为后者的9～10倍，不难推断太平洋地震海啸灾害的危险性要高得多。

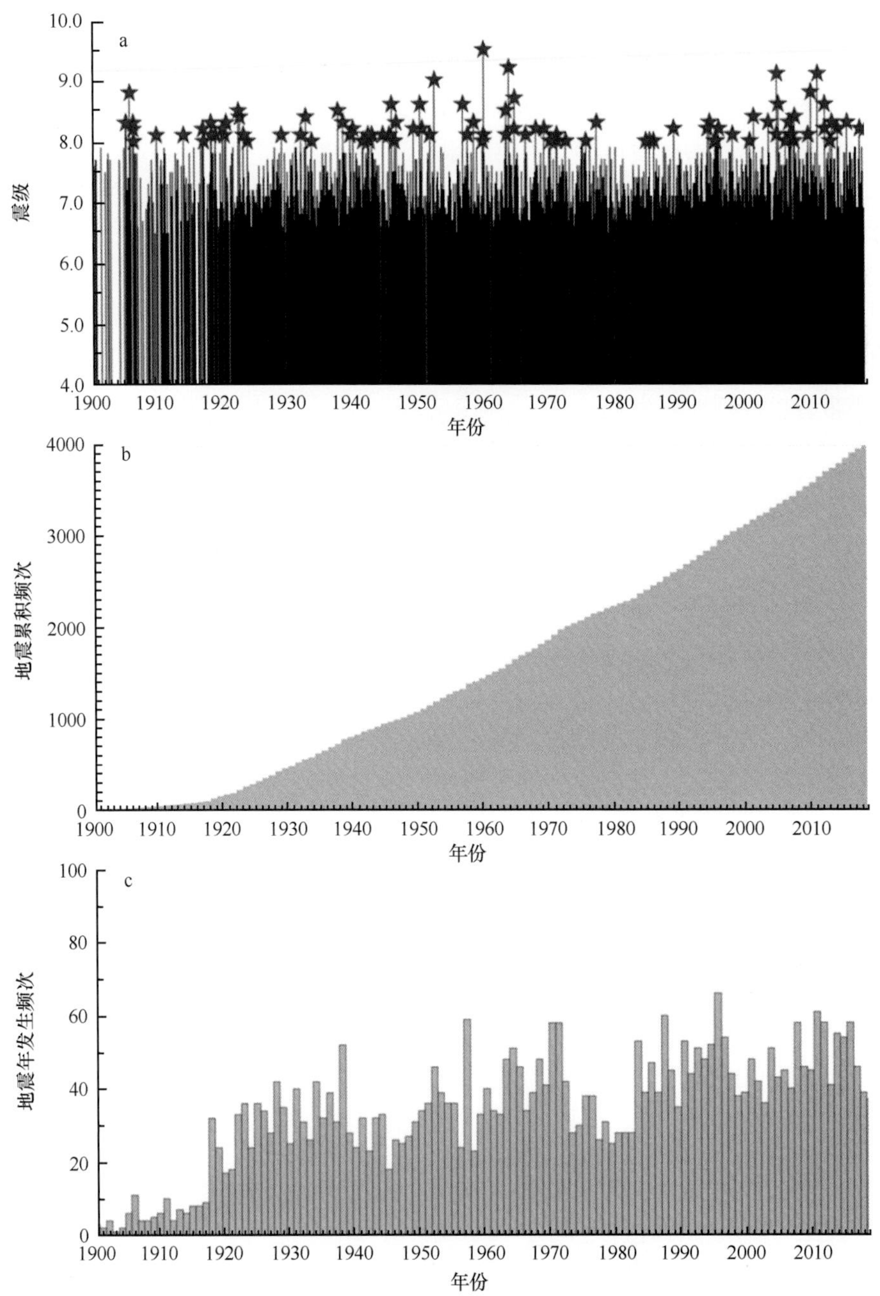

图2.8　1900～2018年全球历史地震随时间分布

a. $M \geqslant 6.5$地震事件震级-时间序列图（五角星表示震级≥8.0级地震）；b. 历史地震事件累积频次图；c. 地震年发生频次图

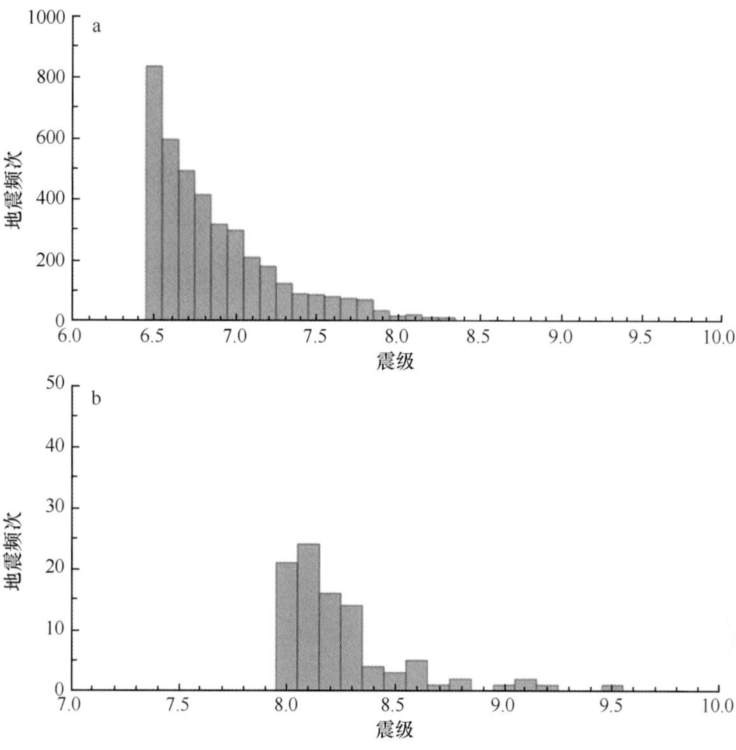

图2.9　历史地震震级频次图

a. 6.5级以上地震频次图；b. 8.0级以上地震频次图

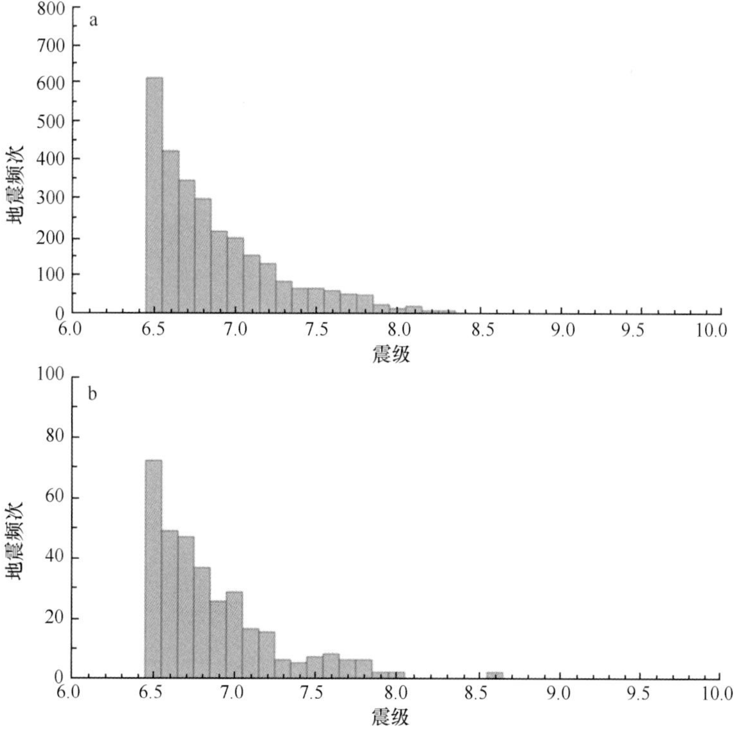

图2.10　6.5级以上地震频次图

a. 太平洋；b. 印度洋

2.2 全球海啸分布特征

2.2.1 历史海啸数据库

单从死亡人数来衡量，海啸并不是灾害性影响最严重的自然灾害。事实上，自有历史资料记载以来，海啸灾害造成的死亡或失踪人数仅为70余万（Gusiakov，2005），排在地震、洪水、台风（及风暴潮）和火山爆发之后。例如，20世纪70年代仅孟加拉国的一次热带气旋风暴潮过程，就造成该国30余万人死亡或失踪。但是，由于世界各国沿海地区经济发达、人口密集，且海啸本身具有突发性、影响范围广等特点，因此海啸具有广泛的社会经济影响。收集、整理及分析历史海啸数据是海啸预警预报业务工作和研究活动的基础，翔实的历史海啸数据，特别是海啸爬高资料，为沿海地区海啸灾害风险评估和灾害防范提供了数据支撑。目前，世界各国（包括美国、俄罗斯、日本、希腊及中国等）海啸预警中心或相关研究机构都在建立全球或区域范围的历史海啸信息库。其中，美国与俄罗斯编辑和整理了时间跨度最长的全球历史海啸数据库，而其他国家主要关注于本国或邻近海啸发生源地的区域历史数据库。

本节主要收集和整理了美国国家地球物理数据中心（National Geophysical Data Center，NGDC）提供的全球历史海啸数据库资料。NGDC全球历史海啸数据库整合了全球历史海啸事件数据和信息，并为用户提供在线查询服务。NGDC全球历史海啸数据库包括从公元前2000年到当前为止发生在太平洋、印度洋、大西洋等地区的所有海啸事件，主要包括海啸发生时间、事件可信度、产生原因、海啸源、海啸强度、海啸爬高及海啸造成的人员死亡或失踪与财产损失等信息。截至2018年7月31日，NGDC全球历史海啸数据库共收集了2624次海啸事件。目前，NGDC全球历史海啸数据库收集所有海啸事件相关的数据信息，并定期更新数据库，以期纳入最新的观测数据或现场调查结果，及时提供权威的海啸事件相关信息。

另外一个重要的全球海啸历史数据库是由俄罗斯科学院新西伯利亚海啸实验室（Novosibirsk Tsunami Laboratory，NTL）编撰的。该数据库结合了海啸观测数据、数值模型结果，详尽地提供了每个事件的原始数据和史料出处，从而为用户使用该数据提供了参考，便于用户甄别事件的真伪和可信度。此外，自20世纪90年代开始，意大利在“欧洲沿岸海啸成因和影响”项目（GITEC）的支持下，系统整理了地中海沿岸历史海啸数据库。

本节所有统计结果主要基于NGDC全球历史海啸数据库的数据，主要原因是该数据库的维护和更新更为及时。

2.2.2　全球历史海啸特征分析

1. 海啸成因类型统计

本小节收集和整理了NGDC全球历史海啸数据库的数据，对发生在公元前2000年到2018年7月31日的2624次海啸事件进行海啸成因类型统计分析。按照数据库中定义的海啸成因机制，大致可以将海啸分为六种类型，即由海底地震引起的地震海啸、海底滑坡引起的滑坡海啸、火山爆发引起的火山海啸、气象变化引起的气象海啸及其他因素引起的海啸，如陨石坠落等引发的海啸，数据中还包括一些未知原因导致的海啸。统计分析结果表明，地震海啸1900次，占总数的72.4%；滑坡海啸195次，占总数的7.4%；火山海啸145次，占总数的5.5%；气象海啸99次，占总数的3.8%；其他因素引发的海啸如陨石坠落和海底爆炸导致的海啸3次，占总数的0.1%；一些未知因素导致的海啸282次，占总数的10.8%（图2.11）。

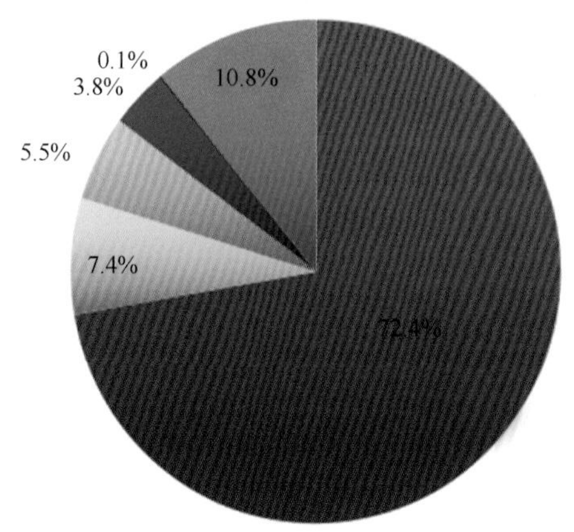

图2.11　全球历史海啸成因类型

2. 全球历史海啸时空分布

整理NGDC全球历史海啸数据库中置信等级在2（可疑）以上的海啸事件，分析地震海啸、滑坡海啸、火山海啸、气象海啸、其他成因海啸及未知成因海啸的时空分布特征。历史海啸空间分布如图2.12所示，可见海啸的空间分布特征与历史地震发生位置具有很好的相关性，主要分布在环太平洋地震带、印度洋苏门答腊岛和爪哇地震带及地中海附近区域，大洋中脊几乎没有发生过海啸。从环太平洋地震带来看，几乎所有地震俯冲带均有海啸发生，可以说海啸可以发生在任何地震俯冲带区域。现阶段，任何针对地震和海啸危险性的判断更多的是基于过去100年系统有效的观测资料，较短的观测时间序列是制约人类对地震、火山和海啸认知的主要因素。

在美国本土大陆的东西沿岸、阿拉斯加沿岸、加勒比海区域及欧洲沿岸发生了相当多的滑坡海啸。地震常使陆坡和海沟处的海底沉积物失稳，从而引发滑坡海啸，因此滑

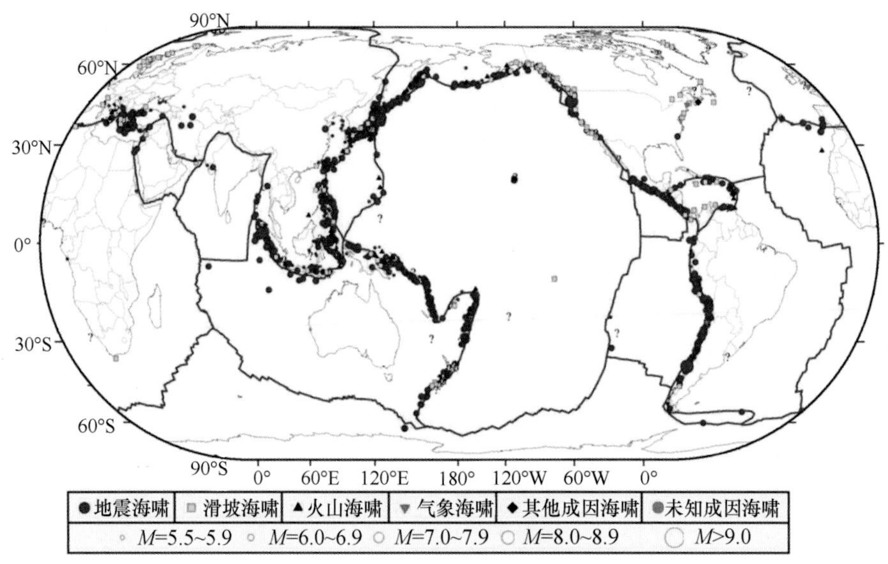

图2.12　全球历史海啸空间分布图

坡海啸的发生位置常与地震带重合。例如，1998年巴布亚新几内亚仅7.0级地震就引发了大约15m的海啸爬高，研究表明该地震引发了较大规模的海底滑坡现象，从而引起了灾害性局地海啸波动。历史上，1964年阿拉斯加大地震不仅因地震本身的同震形变引发了地震海啸，观测表明该地震还引发了局地滑坡海啸，而滑坡海啸是造成人员伤亡的重要原因。历史上最著名的是1958年7月阿拉斯加东南部发生的7.8级地震引发了山体滑坡，造成海水飞溅到对面山体525m的高度上，这也是历史上记载的最大的海啸爬高。此外，在挪威、格陵兰岛、阿拉斯加等高纬度地区也发生了部分滑坡海啸事件，这些海啸往往是由中小尺度气象现象、畸形波和冰山崩塌入海引起的。事实上，全球历史海啸数据库中严重低估了滑坡海啸发生的频次，大部分滑坡海啸事件没有观测和史料记载，原因在于该类型海啸影响范围小（主要是局地海啸），且伴随的地震震级也小。例如，我国1992年海南岛的3.4～3.8级海底群震引发了滑坡海啸，在海南岛最南端的榆林港监测到了78cm的海啸波，在海南岛东部潮位站也有20～40cm的海啸波。

火山海啸主要发生在大洋岛弧带，其发生频次虽然不高，但是造成的人员伤亡是十分严重的。统计结果（表2.3）表明，火山海啸造成的平均人员死亡数量是地震海啸的2倍以上。历史上，1883年印度尼西亚的喀拉喀托（Krakatau）火山海啸造成36 416人死亡；1792年日本九州南部的Unzen火山海啸造成4300人死亡。2018年12月，印度尼西亚的Krakatau火山再次爆发，在其两侧的爪哇岛和苏门答腊岛上造成数百人伤亡。

表2.3　1700年以来部分火山海啸事件

年份	地点	死亡人数	最大海啸爬高（m）
1741	日本北海道	2 000	90.0
1792	日本九州Shimabara湾	14 524	55.0
1883	印度尼西亚Krakatau火山	36 416	41.0
1965	菲律宾吕宋岛Taal火山	355	4.7

将全球主要海啸发生源地划分为印度洋、太平洋和大西洋等区域，其中，太平洋又细分为西北、东北、西南和东南太平洋（图2.13，图2.14），可见太平洋区域（包括南中国海）发生的海啸频次占全球的72%，印度洋区域海啸发生频次占全球的9%，而大西洋则占全球的19%。在太平洋及其周边范围内，包含日本在内的西北太平洋（0°～65°N，105°～180°E）是世界上遭受海啸影响最严重的区域，所占百分比达到了27%；地中海和东北大西洋虽然近年来强震不多，但是在历史上发生了多次重大地震海啸和滑坡海啸事件，不能忽视海啸灾害风险。需要指出的是，虽然印度洋的地震海啸发生频次不到全球

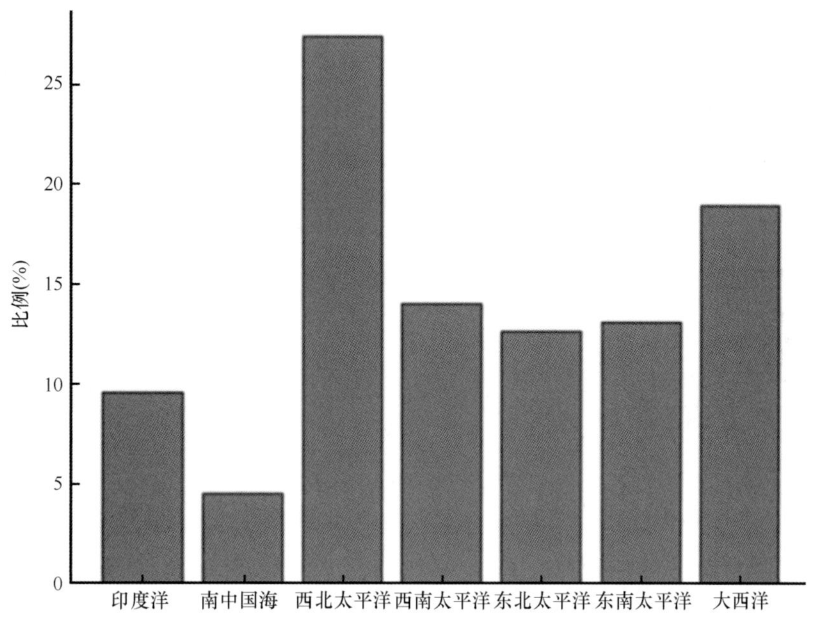

图2.13　全球不同海域历史海啸发生比例分布

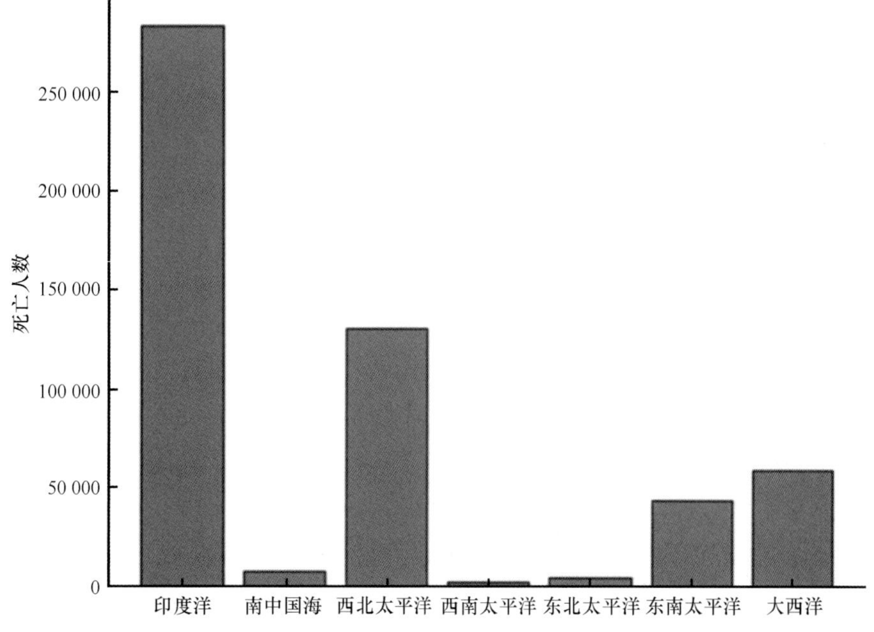

图2.14　全球不同海域历史海啸造成的死亡人数分布

的10%，但因灾死亡人数达到了惊人的282 958人。单个地震、火山或滑坡海啸事件造成的伤亡很严重。

图2.15为历史海啸事件累积频次图，公元前721年至1800年，记录的海啸事件相对较少，资料完整性不足；但在1800年以后，随着观测手段的增多和观测密度的增大，历史海啸事件的数量快速增长，为海啸预警技术研究提供了丰富的数据。如果定义死亡人数超过1人为灾害性海啸过程，有历史记录以来共有330次海啸过程造成人员死亡，即灾害性海啸过程达330次；如果定义死亡人数大于50人为重大灾害性海啸事件，则历史上重大灾害性海啸事件为188次。但是1800年以来，全球重大灾害性海啸事件为91次，平均约2.4年发生一次。因此，也可推断出在1800年之前的海啸事件集是极其不完整的。

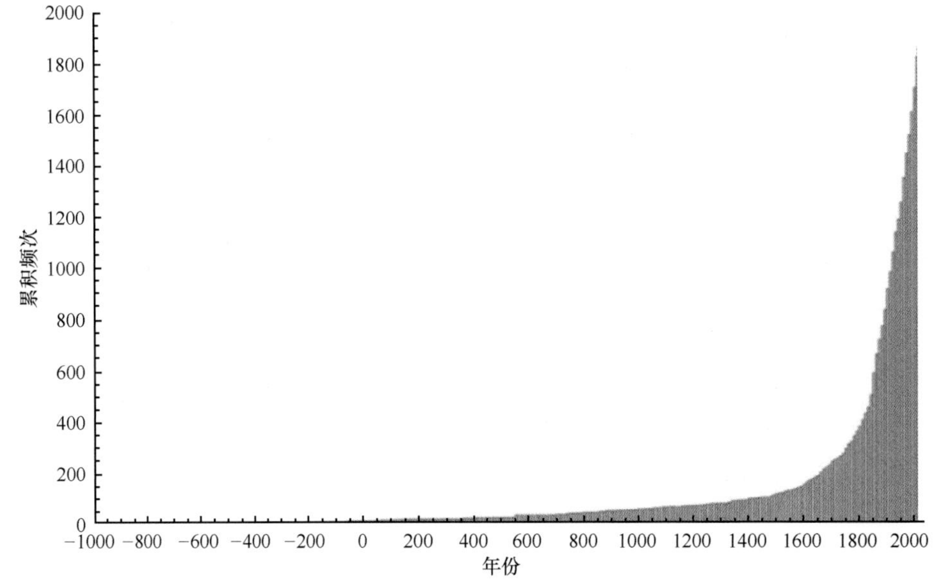

图2.15　历史海啸事件累积频次图

图2.16表示海啸不同成因机制频次图，时间步长为50年。灰色代表地震海啸，黄色代表滑坡海啸，红色代表火山海啸，绿色代表气象海啸及其他成因海啸，蓝色代表未知成因海啸，同样显示了1800年以来观测到的各类海啸事件数量快速增多的趋势，并且发生频次呈现了明显的年代际分布特征。将地震海啸的年发生频次与6.0级以上地震的年发生频次做相关性分析，结果表明两者之间的相关性较好。尤其是在1840年以后，无论是地震海啸还是滑坡海啸的发生频次均大幅增长，很大一部分原因是人类跨入了工业革命、沿海开发和海上扩张的年代，对于海洋观测的需求也大幅增加。

在NGDC全球历史海啸数据库中，每个事件均收录了最大海啸波幅。需要强调的是，这里的最大海啸波幅泛指最大海啸波幅或爬高（runup），既包括潮位站的观测资料，又包括灾后调查的最大爬高值，而两者的概念是截然不同的。如图2.17所示，在阿拉斯加、琉球海沟、地中海、苏门答腊岛—爪哇岛等区域均出现过极端的海啸观测值（大于50m）。结合表2.4所列的1700年以来最大海啸波幅或爬高超过38m的海啸事件，

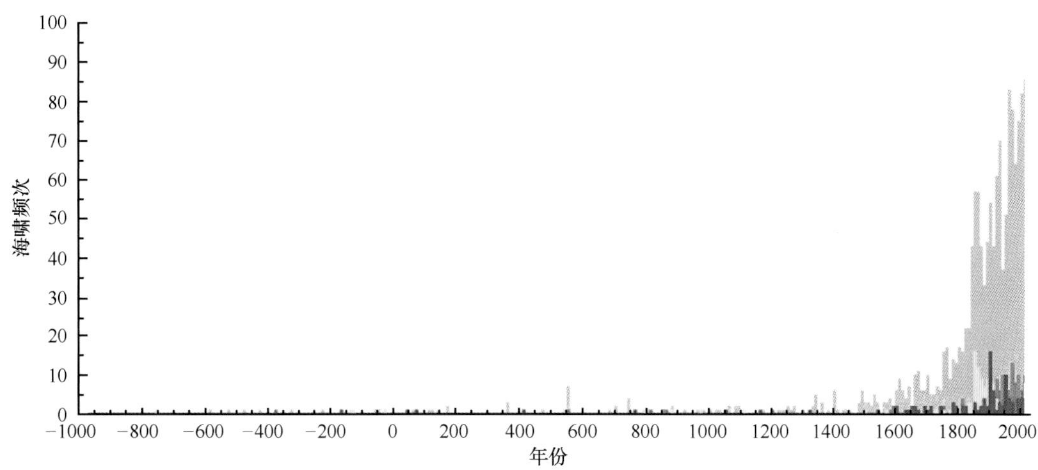

图2.16　海啸不同成因机制频次图

灰色代表地震海啸；黄色代表滑坡海啸；红色代表火山海啸；绿色代表气象海啸及其他成因海啸；蓝色代表未知成因海啸

可见这些极端观测值绝大部分均源自滑坡海啸和火山海啸。滑坡海啸常被认为是一个点源，可以在滑坡附近引发波幅较大的短周期波动，但影响的空间范围十分有限。而强震破裂的空间尺度往往达到几百甚至上千千米，并且发生在深海区域，产生的海啸波无论是从周期还是波能角度来看，均比滑坡海啸大得多。

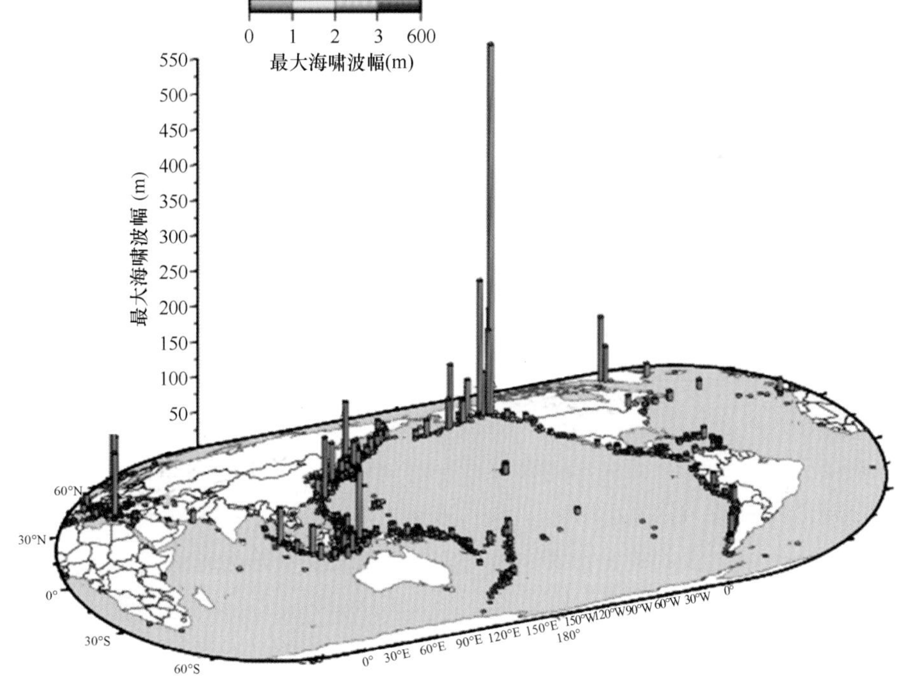

图2.17　历史海啸观测波高

表2.4 1700年以来最大海啸波幅或爬高超过38m的海啸事件列表

年份	地理位置	震级	海啸成因	最大海啸波幅或爬高（m）	死亡人数
1958	southeast of AK	7.8	地震和滑坡	524.00	5
1930	Krakatau	—	火山	500.00	—
1980	Washington	—	火山	250.00	—
1963	Vajont Dam, Vajont River	—	滑坡	235.00	2000
2015	ICY Bay, AK	—	滑坡	190.00	—
1936	Lituya Bay, AK	—	滑坡	149.00	—
1853	Lituya Bay, AK	—	滑坡	120.00	—
2017	Karrat Fjord	—	滑坡	90.00	4
1741	west of Hokkaido Island	6.9	火山	90.00	2000
1788	Shumagin Islands, AK	8.0	地震	88.00	—
1771	Ryukyu Islands	7.4	地震	85.40	13486
1936	Loen	—	滑坡	74.00	73
1934	Tafjord	—	滑坡	62.30	41
1899	Yakutat Bay, AK	8.2	地震和滑坡	60.96	—
1965	southern Chile	—	火山和滑坡	60.00	27
1967	Grewingk, AK	—	滑坡	60.00	—
1792	Shimabara Bay, Kyushu Island	6.4	火山	55.00	14524
1964	Prince William Sound, AK	9.2	地震和滑坡	51.80	124
2004	w. coast of Sumatra Island	9.1	地震	50.90	227899
2000	Paatuut (West Greenland)	—	滑坡	50.00	—
1946	Unimak Island, AK	8.6	地震和滑坡	42.00	167
1883	Krakatau	—	火山	41.00	34417
1905	Loen	—	滑坡	40.50	61
2011	Honshu Island	9.1	地震	38.90	18453
1896	Sanriku	8.3	地震	38.20	27122

注：—代表该项资料缺失

自1900年以来，2004年印度洋9.1级地震海啸和2011年日本东部9.1级地震海啸记录的最大海啸波幅分别为50.90m和38.90m，这与滑坡海啸所引起的最大海啸波幅相去甚远，但是它们所影响的范围和损失是前者不可比拟的。例如，日本海啸影响了整个太平洋地区，在17 000km之外的智利沿岸也监测到了1～2m的海啸波动。2017年6月17日，在格陵兰岛发生了一次滑坡海啸，记录的最大海啸波幅达到了90m，而引发海啸的原因是岸边陡坡发生滑坡后，大量土石泄入1000m深的海中，海面覆盖的冰盖也破碎入海，产生的局地海啸影响了该区域的一个沿海村庄，冲毁了数个房舍，飞溅的海水冲击至岸上90m高程处。2015年，阿拉斯加也发生了类似的滑坡海啸，产生的海啸波冲刷至近200m高程的岸坡上，但未造成任何损失。这些滑坡海啸事件造成的社会影响是十分有限的，影响的空间范围也很小。

Soloviev和Go（1974）、Iida等（1967）提出采用海啸近场最大海啸波幅（包括观测海啸波幅和灾后调查海啸爬高数据）衡量海啸等级（具体计算方法见2.3节）。图2.18统计了1900年以来全球已发生的、置信等级为4级（即确定发生海啸）的部分海啸事件的海啸等级，可见10%的海啸事件（包括地震、火山和滑坡等成因）的最大波幅或爬高超过16m。由于大部分海啸事件没有定量的海啸沿岸观测信息，因此不能计算得到上述海啸等级。

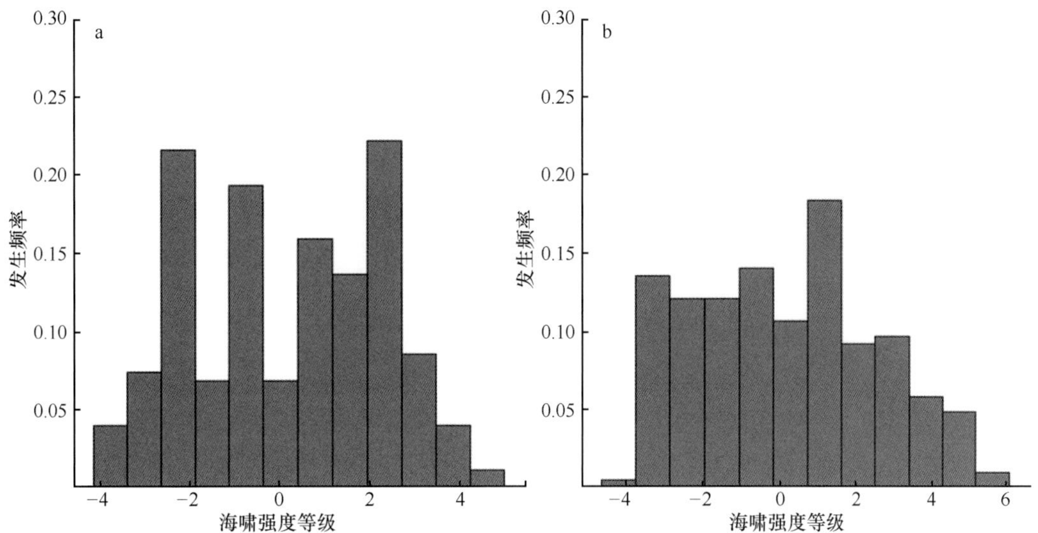

图2.18　1900年以来部分海啸事件（置信等级为4级）的等级分布情况

a. Soloviev海啸强度等级发生频率；b. Iida海啸强度等级发生频率

3. 全球主要越洋海啸事件

海啸是一种发生概率低但危害巨大的海洋灾害。历史上的海啸事件中，大约82%发生在太平洋，10%发生在地中海和东北大西洋，5%发生在加勒比海，3%发生在印度洋。在20世纪后半叶，仅在太平洋范围内发生的灾害性越洋海啸就有5次。进入21世纪后，已经发生了2次空前巨大的海啸灾害，分别是2004年的印度洋大海啸和2011年的日本大海啸。

1）1946年4月1日阿留申地震海啸

这次地震发生在阿拉斯加—阿留申岛链上，据估计震级为8.6级，35m高的海啸波摧毁了位于阿拉斯加乌尼玛克（Unimak）岛上美国海岸警卫队建的一座海拔30m高的钢筋混凝土结构灯塔，仅有的5名队员全部遇难。5h后海啸袭击了夏威夷的希洛岛海滨，由于当时没有建立海啸灾害预警机制，因此海啸对希洛岛造成了非常大的破坏，有159人在海啸中丧生。这次海啸灾害的损失估计达到了2600万美元。正是因为这次海啸灾害，美国于1949年在夏威夷建立了海啸预警中心。

2）1960年5月22日智利中南部地震海啸

20世纪最大的地震于1960年5月22日发生在智利中南部外海，震级为9.5级。这次地震引起了整个太平洋范围内的海啸灾害。智利在这次海啸中约丧生2300人，美国夏威夷、日本等其他太平洋沿岸地区都遭受了巨大损失，其中，海啸袭击了夏威夷的希洛岛海滨且夺走了61人的生命。根据观测，海啸波传播至日本还形成了3～6m的海啸波，造成了严重的人员伤亡和财产损失（图2.19）。这次海啸事件造成的损失估计为5亿美元。

图2.19 1960年智利海啸在日本沿海地区造成灾害

从图2.20可以看出，此次地震引发了越洋海啸。海啸波在智利沿岸普遍引起了1～2m的海啸波。由于近场潮位站分布稀疏，观测资料匮乏，海啸是否引发了更大波幅的海啸波动不得而知，但灾后调查显示，近场海啸爬高超过10m。海啸波传播至夏威夷群岛，引发了1～4m的海啸波，并导致大范围海啸淹没和爬坡，海啸爬高达10m。海啸波大约于26h之后陆续影响日本沿岸，并产生了3～6m的海啸波动。此次海啸对日本的影响范围是日本历史上最大的一次，其东部、南部沿海和琉球群岛均观测到了灾害性海啸波动。

3）1964年3月27～28日阿拉斯加海啸

20世纪北半球的最大地震发生在阿拉斯加附近，震级为9.2级。地震导致震源附近地壳被抬升了15m之多，引发了一次太平洋范围内的海啸。海啸波对阿拉斯加东南方向的海岸造成了强烈的破坏（图2.21），如加拿大的温哥华和美国的华盛顿州、加利福尼亚州和夏威夷州等地。海啸至少夺走了120人的生命并造成了约10亿美元的财产损失。阿拉斯加最大的7个社区中的5个被地震和海啸摧毁。阿拉斯加的渔业和港口相关设施也基本被毁坏。在科迪亚克岛，海啸波把两个海滨的158座房屋卷走，把渔船推到陆地上几百米远。海啸袭击了整个加利福尼亚州海岸，特别是从新奥尔良市到蒙特利市，海啸波幅为2～6m，其中受灾最严重的就是新奥尔良市，海啸波有6m高，摧毁了海滨一半以上的商业区，有11人在海啸中丧生。在圣克鲁兹港，海啸波高达3.3m。在这次大海啸灾害发生后的1965年，美国夏威夷海啸预警中心发展为太平洋海啸预警中心。

从图2.22可以看出，此次地震在北美洲沿岸引发灾害性海啸波动，这也是美国本土、加拿大遭受的最严重的一次海啸灾害。海啸还在夏威夷引发了波幅为4m的海啸波动。此次地震海啸过程有一个显著的特点，即海啸波动由两种因素造成：地震引发的海啸和海底滑坡引发的多次局地海啸，而正是这些局地海啸对阿拉斯加沿岸造成了巨大损失。在震中附近的Shoup湾处，由滑坡引发的海啸爬高达到60m左右。在美国华盛顿州和加利福尼亚州沿岸，海啸也造成了大范围淹没，海啸爬高也达到3～5m。

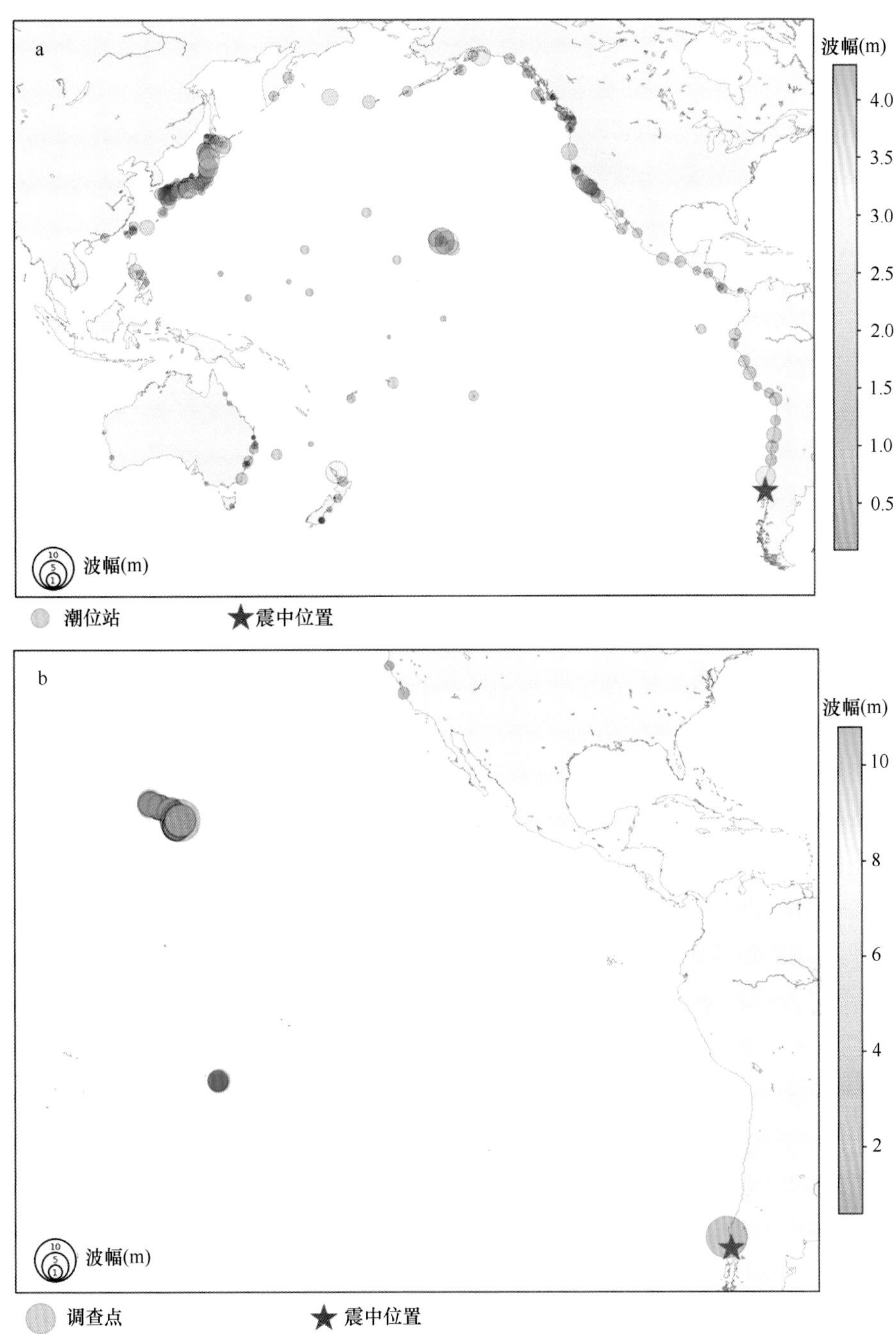

图2.20　1960年智利中南部地震海啸波幅

a. 潮位站观测；b. 海啸爬高调查

4）2004年12月26日印度洋海啸

2004年12月26日印度尼西亚当地时间上午8点，位于苏门答腊岛西北侧的外海发生了9.1级地震。地震沿着俯冲带破裂了1200km长，海底错动位移最大有15m之多，整个破裂过程持续了数分钟，其引发的海啸灾害是近现代历史上最为严重的，超过22万人在这次灾害中丧生。此次地震海啸也警醒全球沿海各国，任一地震俯冲带均有引发重大海啸

图2.21 阿拉斯加海啸美国受灾景象

灾害的可能。印度尼西亚北部的苏门答腊岛亚齐是最先遭受海啸袭击的，斯里兰卡和印度东部海岸在海啸发生后2h左右遭受袭击。虽然泰国西海岸距离震源很近，但是由于安达曼海的水深较浅，海啸波传播速度被限制，因此海啸波到达泰国时用了2h，但损失也极为严重。

此次海啸摧毁了印度尼西亚、斯里兰卡、印度、泰国等国家的海岸，并且一路向西奔袭至4500km之外的非洲东部，包括索马里、肯尼亚、坦桑尼亚、马达加斯加在内的国家都遭受了海啸袭击。由于2005年之前印度洋并没有地震海啸观测预警系统，各国共享的水位观测站资料十分稀少，因此图2.23显示在苏门答腊岛海沟近场几乎没有观测到海啸波幅，印度和斯里兰卡东海岸普遍监测到了1.5～2.5m的海啸波幅。考虑到当时潮位站观测资料缺乏，因此灾后国际社会组织了大规模的海啸淹没调查，在印度尼西亚、泰国、斯里兰卡、印度和非洲东岸得到了大量的海啸爬高调查资料。在印度尼西亚苏门答腊岛最北部和安达曼群岛及其附近区域发生了大范围的海啸淹没，海啸爬高普遍达到10～30m，局部区域甚至达到50m；斯里兰卡南部和印度东部也发生了大范围海啸淹没，海啸爬高达5～10m。

此次海啸之后，印度洋沿海各国开始建立印度洋区域海啸预警与减灾系统，并于2013年开展业务化运行。

5）2011年3月11日日本本州岛地震海啸

2011年3月11日，日本当地时间14时46分位于日本东北部的太平洋海域发生了9.1级地震，地震引发的海啸对日本东北部的岩手县、宫城县、福岛县等地造成了毁灭性破坏，2万余人在这次海啸灾难中遇难。海啸还导致了福岛核电站1号机组于3月12日14时（北京时间）发生爆炸，引发核泄漏事故。

地震发生3min后，事实上地震破裂过程还未完全结束，日本气象厅即向全国发布了

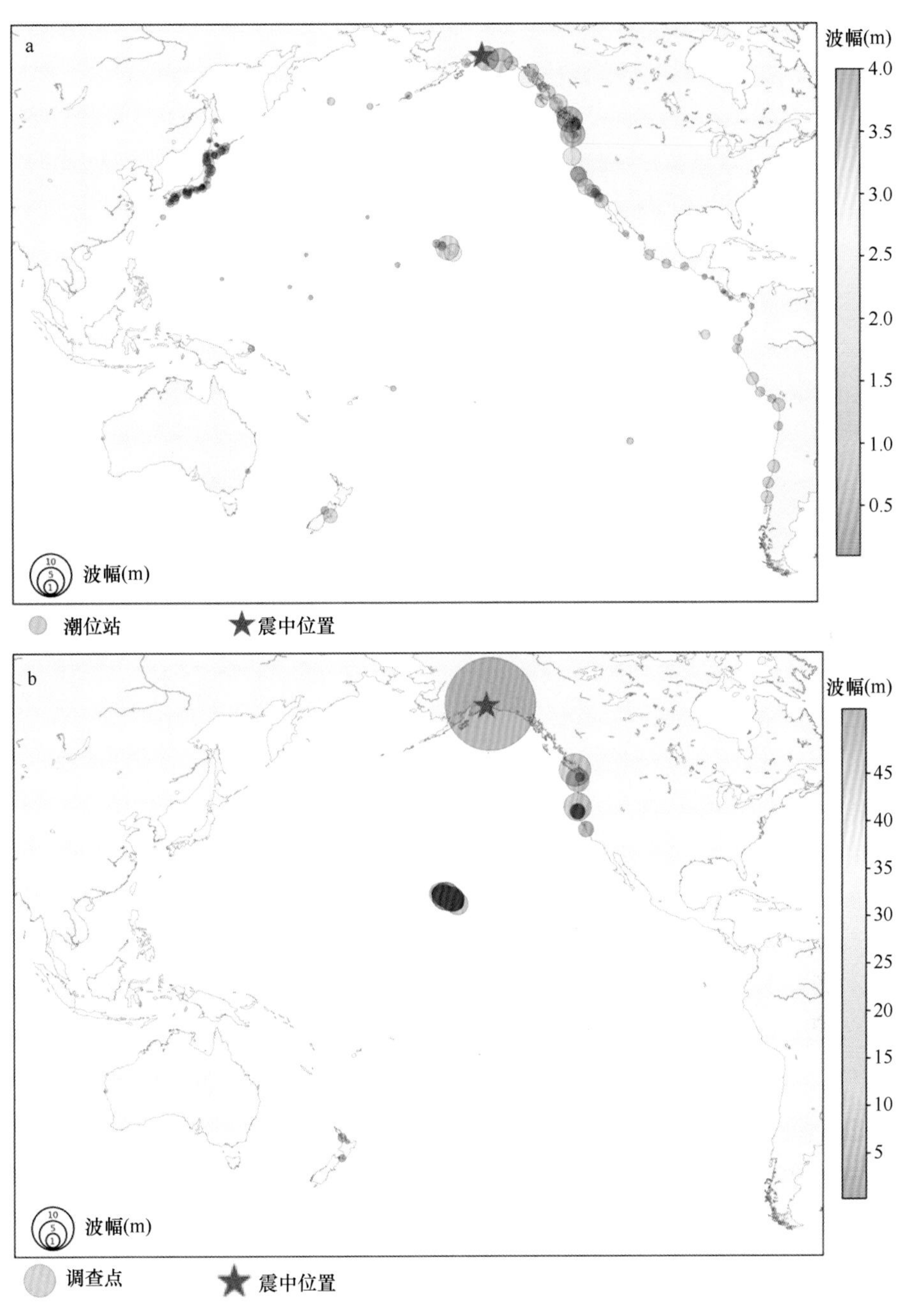

图2.22　1964年阿拉斯加地震海啸波幅

a. 潮位站观测；b. 海啸爬高调查

海啸预警，但震级最初测定为7.9级，随后更正为8.8级，最后定为9.1级。受此影响，海啸预警的级别也是相应逐步提高的。这给日本沿海开展海啸应急疏散和减轻灾害损失带来了一定负面影响。

根据潮位站实时观测（图2.24a），此次地震震中附近的岩手县、宫城县和福岛县监测到了10m以上的海啸波，随后大量潮位站遭到冲毁。根据灾后组织的海啸爬高调查结果（图2.24b），日本沿岸震中附近岸段海啸爬高超过30m。由于岸形影响，最大海啸

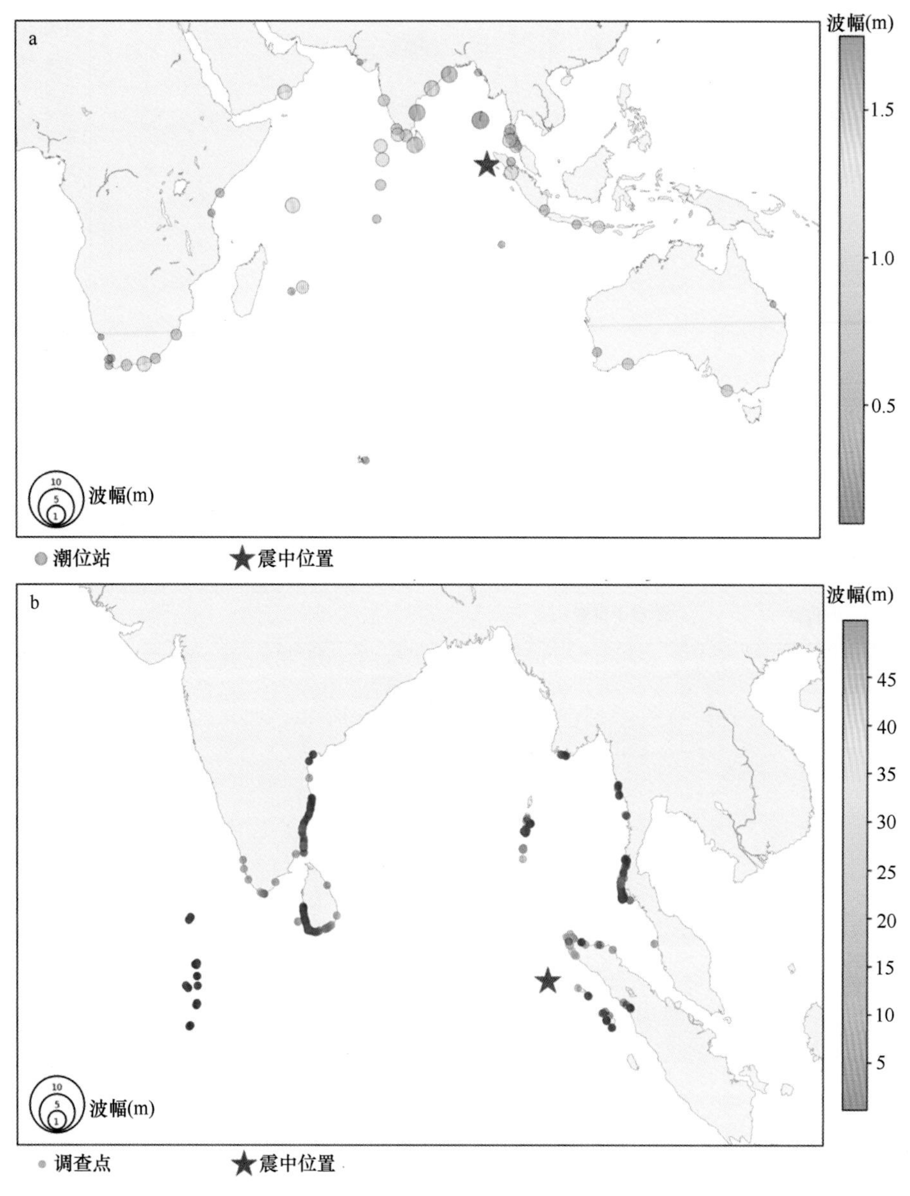

图2.23　2004年印度洋地震海啸波幅

a. 潮位站观测；b. 海啸爬高调查

波幅呈现双峰分布。海啸波横跨太平洋，在北美沿岸观测到的最大海啸波幅达1～3m，在南美智利沿岸海啸波幅也普遍超过1.5m。我国东部舟山群岛沈家门、石浦潮位站也分别监测到了55cm和52cm的海啸波。夏威夷群岛监测到的最大海啸波幅为1～2m；在南大洋，澳大利亚东岸和新西兰普遍监测到10～80cm的海啸波。海啸波还导致南极沿岸巨大冰盖崩塌和破碎。

海啸淹没和爬高是海啸致灾的主要原因，而局地地形和高程是影响海啸爬高的主要因素。在震中附近的仙台市及其邻近区域，是冲积型沿海平原和低地，因此海啸淹没直至内陆地区；在仙台平原北侧，是三陆地区，由于岸形的反射和折射，海啸波幅大，海

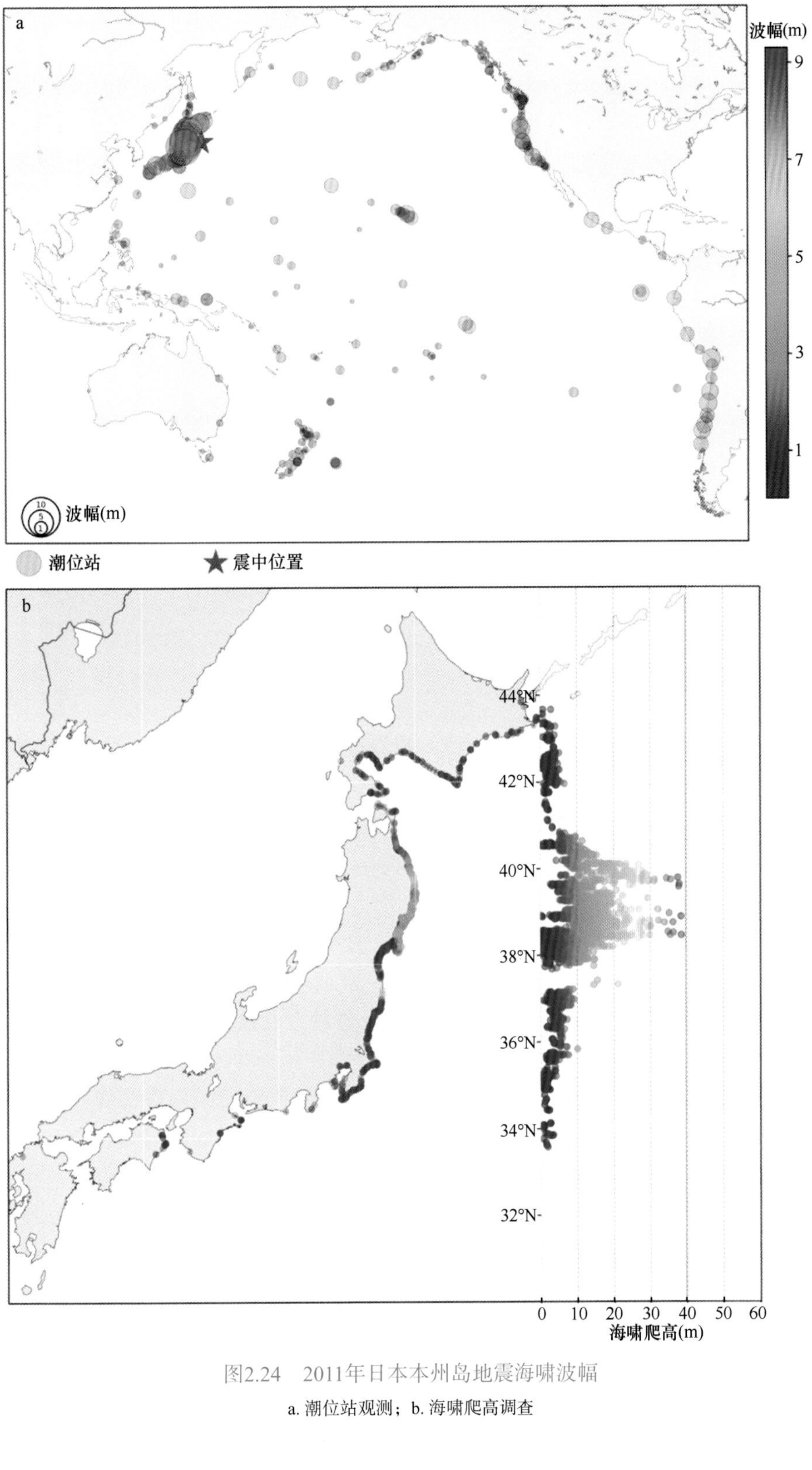

图2.24　2011年日本本州岛地震海啸波幅

a. 潮位站观测；b. 海啸爬高调查

啸波反复冲刷沿海地区，最大海啸爬高出现在该地区岩手县的多个城市。根据灾后海啸爬高调查情况（图2.25），日本地震海啸海啸爬高呈现如下几个特点。

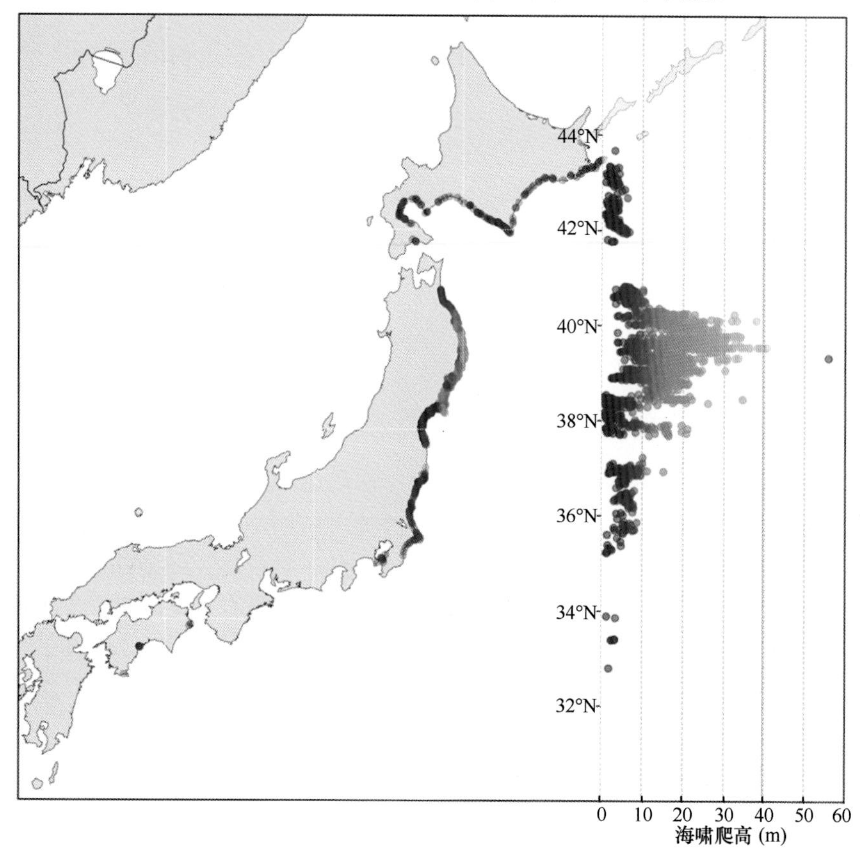

图2.25 2011年日本本州岛海啸爬高调查

（1）宫古市附近出现两个最大海啸波幅，分别是55.88m和39.70m。历史上三陆地区曾发生过1896年明治三陆海啸和1933年昭和三陆海啸（M_w=8.4）。前者记录的最大海啸波幅为38.2m，而后者为28.7m。此次海啸无论是最大波幅，还是海啸淹没影响的陆域面积和海岸线长度，均远大于上述两次海啸。

（2）此次海啸淹没影响的岸线之长，超过有具体资料记录以来任何一次海啸。最大海啸波幅超过5m的岸线超过1000km，超过10m的岸线为425km，而超过20m的岸线为290km，比印度洋2004年大海啸局地（近场）影响的范围还大。

此外，在37.5°N附近的沿岸缺乏海啸灾后调查数据，原因是该区域在福岛核电站发生爆炸后进行了封闭，调查人员无法进入该区域开展大规模调查。但根据零星的视频资料和潮位站观测资料可以推断，该区域的最大海啸波幅也是十分惊人的。

2.3 海啸等级

由地震引发的海啸，根本成因是俯冲带板块间的同震形变导致的海底地形短时间内在垂向和水平方向（主要是垂向）上产生了位移。典型的地震破裂速度是2～4km/s，而海啸波动传播速度一般为200～300m/s，因此假定地震破裂是在海啸波动产生的“一瞬间”完成的。由于海水水柱的近似不可压缩性和惯性力，海啸波得以产生，量纲分析表明海啸能量与地震的地震矩$M_0^{4/3}$成正比，即海啸与地震的板块间滑移量（均一或非均一模型）、破裂面积、震源深度及水深有直接关系。现代地震海啸预警数值计算的基础是采用均匀半无限空间计算弹性介质海底位移场的同震位移计算模型，将计算的断层形变作为海啸数值模型计算的初始场。

2.3.1　海啸等级划分

如何基于历史海啸事件（图2.26）来衡量海啸大小，如何对不同海啸事件的“大小”进行比较是难题。自20世纪七八十年代以来，俄罗斯、日本和美国的科学家提出了若干方法来计算海啸等级。从总体上看，这些方法吸纳了地震震级和地震烈度的概念。地震震级（earthquake magnitude）是表征地震强弱的量度，用以划分震源释放能量的大小；地震烈度（earthquake intensity）是指地震引起的地面震动及其影响的强弱程度，通常与地表建筑物的损坏程度、人类对地震震动的感应等现象有直接联系。一个地震通常有一个唯一的地震震级来表征其强弱，但地震烈度是因地而异的，不同的地点由于其距震中远近和方位的不同，地震烈度是不同的。更简单地讲，描述自然灾害的“大小”，既可以从其本身蕴含（或释放）能量的大小来刻画，又可以通过其对不同地理区域的灾害影响来描述。前者是自然灾害本身的属性，而后者与致灾因子本身、承灾体脆弱性及其暴露性直接相关。

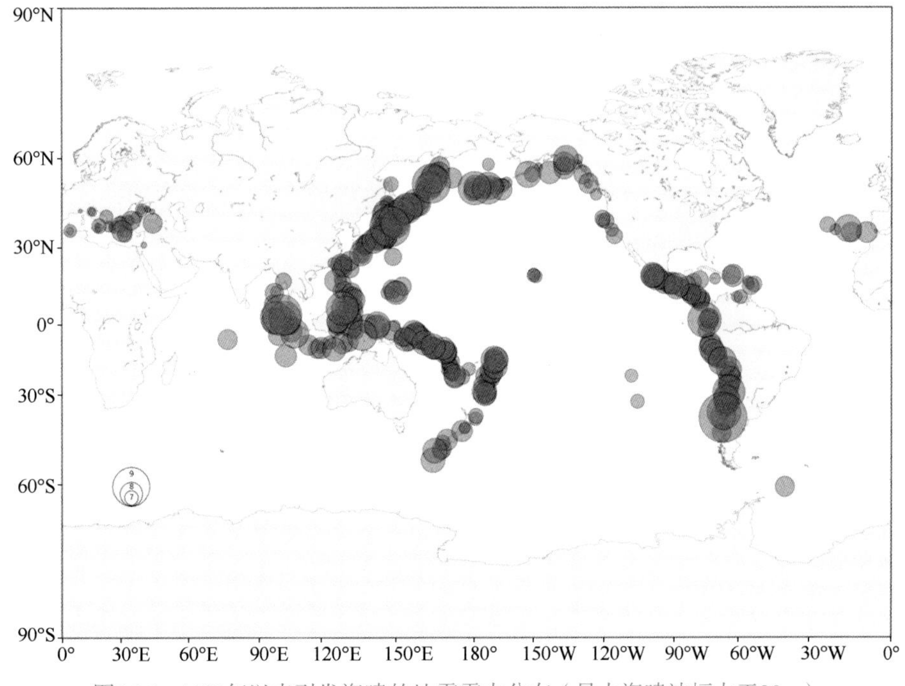

图2.26　1900年以来引发海啸的地震震中分布（最大海啸波幅大于20m）

1. 海啸等级定义的发展

早在1923年Sieberg和Gutenberg就提出了海啸强度等级表，根据对海啸的致灾描述将海啸强度划分为4个等级，其中并不包括任何关于海啸爬高等定量的描述。Ambraseys（1962）在此基础上进行了修改并将其拓展至6个等级（表2.5）。Imamura（1942）将海啸致灾描述和最大海啸波幅结合起来，提出了6个等级的海啸强度划分标准（表2.6）。

表2.5 Sieberg-Ambraseys海啸强度等级表

等级	总体描述	致灾描述
1	非常轻微	轻微海啸波，只能通过潮位站观测得到
2	轻微	长期居住在平直海滩的人们可以注意到
3	较强	可以显著观测到海啸波，包括缓变坡度的海滩出现漫滩、小型船舶随流移动、沿岸小型建筑物遭受轻微损坏，河口地区可能看到河水上溯现象
4	强	发生显著漫滩；建筑物、护岸和海堤遭到破坏；小型和中型船舶冲向近海或岸上；海岸堆满废墟
5	非常强	发生大面积漫滩；小型建筑物被冲毁；沿岸海堤损毁；大量废墟堆积；大量小型和中型船只损毁；海湾和河口地区出现海啸“涌潮”现象；港口设施损毁；海啸波伴随着隆隆巨响
6	毁灭性	海岸带所有构筑物损毁；发生大范围漫滩；所有船舶严重损毁；防护林损毁；大量人员伤亡

表2.6 Imamura海啸强度等级表

<table>
<tr><td>海啸强度</td><td>0</td><td>1</td><td colspan="2">2</td><td>3</td><td>4</td><td>5</td></tr>
<tr><td>最大海啸波幅（m）</td><td>1</td><td>2</td><td colspan="2">4</td><td>8</td><td>16</td><td>32</td></tr>
<tr><td rowspan="2">海啸波特征</td><td>轻微海表面坡度</td><td>传播至海岸时海面上涨</td><td colspan="2">海滨处形成“水墙”、拍岸浪</td><td colspan="2" rowspan="2">陡峭的巨浪，在波峰处破碎</td><td rowspan="2">海啸先导波形成巨浪</td></tr>
<tr><td>波流</td><td>强流</td><td colspan="2">强流</td></tr>
<tr><td>声音</td><td></td><td colspan="2"></td><td colspan="4">波峰破碎发出持续响声（隆隆声）</td></tr>
<tr><td></td><td colspan="3"></td><td colspan="3">大浪卷挟着碎波冲向岸边，有巨响（雷声）</td><td></td></tr>
<tr><td></td><td colspan="4"></td><td colspan="2">海浪撞击岸边，有巨大的声音（雷声、呼啸的风暴声音，远处也可听到）</td><td></td></tr>
<tr><td colspan="2">木屋</td><td>部分损毁</td><td colspan="5">完全损毁</td></tr>
<tr><td colspan="2">砖砌房屋</td><td colspan="3">无恙</td><td colspan="2">—</td><td>完全损毁</td></tr>
<tr><td colspan="2">混凝土结构建筑</td><td colspan="4">无恙</td><td>—</td><td>完全损毁</td></tr>
<tr><td colspan="2">渔船</td><td>—</td><td colspan="2">出现损坏</td><td colspan="2">50%渔船损坏</td><td>全部渔船损毁</td></tr>
<tr><td colspan="2">海岸防护林损毁情况</td><td colspan="3">轻微</td><td colspan="2">部分损毁</td><td>全部损毁</td></tr>
<tr><td colspan="2">海岸防护林的作用</td><td colspan="3">减轻海岸带损失、阻滞浮木</td><td colspan="2">阻滞浮木</td><td>无任何作用</td></tr>
<tr><td colspan="2">筏式海水养殖</td><td colspan="6">受影响</td></tr>
<tr><td colspan="2">沿岸村庄</td><td></td><td colspan="2">淹没，出现灾害</td><td colspan="2">村内50%房屋淹没受灾</td><td>全部房屋受灾</td></tr>
</table>

Iida（1963）提出将海啸强度等级m与观测的最大海啸波幅H_{max}联系起来，即所谓的Imamura-Iida海啸强度等级：

$$m=\log_2 H_{max}$$

虽然该公式广泛应用于海啸等级的计算中，但是该式采用了一次过程中唯一的最大海啸波幅，因此本质上是它对应了类似地震震级（earthquake magnitude）的概念。Shuto（1993）提倡借鉴地震的术语概念，在海啸定级中区分海啸强度（tsunami intensity，对应地震烈度）和海啸等级（tsunami magnitude，对应地震震级），因此他将上式中的H_{max}替换为某一岸段的最大海啸波幅或爬高H，用于定义任意地区或岸段的海啸强度。

Soloviev（1972）建议采用地震震中近场的平均海啸波幅（或爬坡）H_{av}来计算海啸等级。他认为采用平均值可以更好地刻画海啸能量，而且对于观测资料极为稀少的海啸事件，该公式的结果较为稳定：

$$m=\log_2\left(\frac{1}{2}+H_{av}\right)$$

Abe（1979）提出基于潮位站观测资料和引入距离校正因子来定义海啸等级M_t：

$$M_t=a\log_{10}H+b\log_{10}R+D$$

式中，H是潮位站观测的最大海啸波幅；R是观测站距离震中的距离（km）；其他3个常数与地震矩震级M_w有关，通过将M_t与M_w进行拟合得到。该方法的局限性在于对于大部分历史地震海啸事件，并没有潮位站观测资料，仅有少许的灾后爬高调查资料。

历史上对于大部分海啸事件均采用海啸爬高计算海啸等级，根本原因是潮位站观测资料不足且分布不均匀，震中附近往往缺乏最大海啸波幅观测资料。即便震中近场有潮位站分布，但如果站位在港湾内或者海湾岬角处，所观测到的海啸波幅也可能相差数倍，因此海啸定级结果十分不稳定。采用海啸爬高定级也存在类似问题，该值很大程度上取决于沿岸陆地地形坡度、海堤等构筑物，也无法准确地衡量海啸的大小。因此，Murty和Loomis（1980）提出利用海啸能量来对海啸等级进行评估，给出海啸大小的唯一量度，即

$$M_L=2(\log_{10}E_t-19)$$

式中，E_t为海啸势能；常数19实际上为E_t的对数和M_w的拟合参数。该式从海啸能量出发，可以唯一地衡量海啸的大小。但是在该式刚提出时，计算海啸产生时的初始海啸势能十分困难，制约了该式的推广应用。现在借助于地震有限断层解，可以轻易地计算海啸初始水位场，进而计算其势能。

2. 我国海啸等级的定义

需要注意的是，尽管M_L在物理上是衡量海啸大小最适宜的量度，但不能直接反映海啸对沿岸产生的破坏性，还取决于沿岸的地形、海啸源场的水深和其他特殊要素。此外，利用沿岸波幅（爬高）来衡量海啸的大小，虽然可以直接反映该海啸对当地的影响，但无法准确地给出海啸本身能量的大小。因此将两者结合起来，可以更全面地刻画海啸等级特征。

为此，我国将海啸定级分为海啸强度（tsunami intensity）和海啸能级（tsunami magnitude），前者定义为一次海啸过程中沿岸某地点或区域受海啸影响的程度，可基于沿岸潮位站观测到的海啸波幅进行划分；后者定义为对海啸产生过程中自然能量释放的分级描述，类比于地震震级，每个海啸事件应具有唯一的海啸能级。对于地震海啸，可

通过地震引发的海底垂向位错（vertical displacement of sea floor）来估算海啸势能，进而确定海啸能级。

海啸强度等级取决于海啸源与受影响区域的距离、海啸波能的传播方向、海底地形、岸线等因素。具体计算方法如下。

海啸强度计算中，依据海啸波幅大小来计算海啸强度：

$$I=\frac{1}{2}+\log_2 H_{av}$$

式中，I表示海啸强度；H_{av}为某一岸段内潮位站观测到的平均海啸波幅，单位为米（m）。根据沿岸不同地点或区域海啸的平均波幅及海啸可能导致的宏观影响，将其分为6个级别，分别对应Ⅰ、Ⅱ、Ⅲ、Ⅳ、Ⅴ和Ⅵ级，见表2.7。

表2.7 我国采用的海啸强度（tsunami intensity）等级

海啸等级	平均海啸波幅（m）	影响描述
Ⅰ	0.0～0.3	非常轻微。无人或极少数小船上的人能感觉到，不需撤离，对海上和沿岸物体与建筑物没有任何影响
Ⅱ	0.3（含）～1.0	轻微。部分岸上和船上的人可感觉到，少数小型船只受沿岸波流影响，建筑物没有任何破坏
Ⅲ	1.0（含）～3.0	中等。所有人可感觉到，小型船只冲上海岸，相互冲撞或翻转，海水淹没近岸低洼地带，岸边建筑物和防护设施遭受轻微破坏
Ⅳ	3.0（含）～10.0	强烈。部分人被海水冲走，大部分小型船只毁坏或冲向外海，部分大型船舶相互撞击，沿岸漂浮大量残垣碎片，海岸防护林轻微破坏，大量海水养殖设施受到影响，岸边大部分木质结构建筑物遭受破坏或坍塌，砖砌和混凝土建筑物遭受轻微破坏
Ⅴ	10.0（含）～20.0	非常强烈。沿岸大部分人被海水冲走，发生人员伤亡，大部分大型船舶冲上海岸，海滨极其杂乱，耕田冲毁，海岸防护林部分毁坏，大量海水养殖设施冲向外海，港口工程严重破坏。大量砖砌建筑物遭受严重破坏，部分混凝土建筑物遭受破坏
Ⅵ	≥20.0	重大灾难。众多人员伤亡，船舶严重毁坏，各类生命线工程损毁，海水大量侵入内陆，火灾、危化品泄漏等各类次生灾害严重，海岸防护林无作用。所有砖砌建筑物坍塌，大部分混凝土建筑物遭受严重破坏

依据海啸产生过程中自然能量释放的大小，利用下式计算海啸能级：

$$M_t=0.4134\log_{10}E_t-0.3761$$

式中，M_t为海啸能级；E_t为海啸初始势能，单位为尔格（erg，1erg=1×10^{-7}J）。其中，海啸势能E_t为

$$E_t=\sum_{i=1}^{n}E_i$$

式中，n代表地震有限断层解的单位源数量；E_i代表单个单位源海啸初始势能。

$$\sum_{i=1}^{n}E_i=\sum_{i=1}^{n}1/2\rho g h_i^2 \Delta S$$

式中，ρ为海水的密度，为1.03×10^{3}kg/m^3；g为重力加速度，为9.8m/s^2；h_i为单个单位源断层垂向位错长度，单位为m；ΔS为单个单位源破裂面的面积，单位为m^2。其中，基于弹性错位理论断层模型计算出h_i，依据地震海啸事件的有限断层解，将断层划分成n个具

有一定长度和宽度的矩形单位源，单个单位源的面积为$\Delta S=a\times b$，a和b分别为单个单位源的长度和宽度。

等级选择方法：在确定海啸等级时，根据不同的需求，可从海啸强度等级或海啸能级中进行选择，选择方法如下。

（1）当需要获得某点或区域所受海啸灾害影响的强度时，可根据计算该点或区域的平均海啸波幅H_{av}的方法确定海啸强度等级；结合受影响区域的灾后现场情况，可参照表2.7中海啸强度等级的影响描述对该海啸事件的致灾情况进行统计或预判。

（2）当需要衡量一次地震海啸事件的总体大小时，可选择海啸能级计算海啸等级；每个地震海啸事件具有唯一的能级标度。

海啸能级计算公式的依据如下所述。

海啸能级计算中，依据有限源破裂模型数据库①（Finite-Source Rupture Model Database）地震海啸事件的有限断层解，筛选了1960～2017年所有大于6.5级的地震海啸事件（共39个），并将各事件划分成了具有一定长度和宽度的矩形单位源。

以2011年3月11日日本东部9.1级地震海啸事件为例，Yue和Lay（2013）将该地震断层划分为112个单位源，每个单位源的长度和宽度均为50km（图2.27）。利用海啸势能公式，计算获得本次地震海啸事件的总势能E_t。

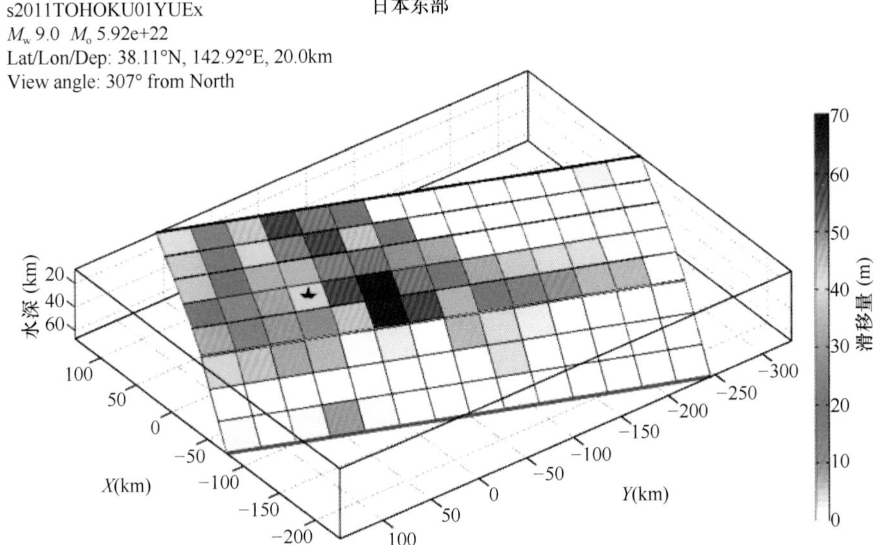

图2.27　日本东部9.1级地震有限断层划分结构图（Yue and Lay，2013）

X代表东西向；Y代表南北向

基于Murty和Loomis（1980）的理论基础，得到39个地震海啸事件的海啸势能，进一步得到海啸能级与海啸势能的线性对数关系式，见图2.28。

① 参见http://equake-rc.info/srcmod/。

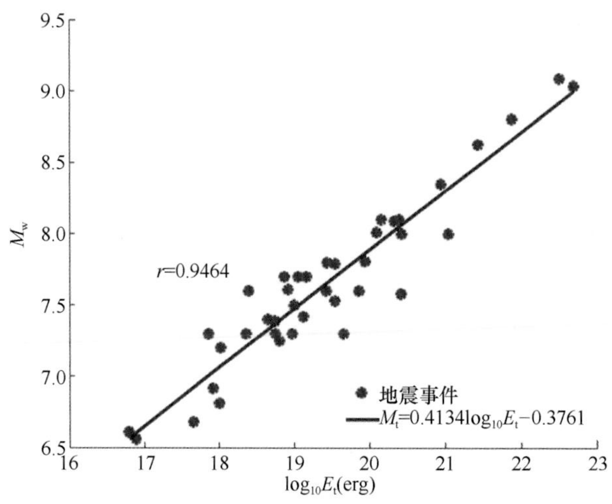

图2.28 地震矩震级与海啸初始势能的线性对数关系图

2.3.2 海啸与震级、震源深度和震源机制的关系

根据NGDC全球历史海啸数据库，筛选1900年以来引发20cm以上海啸波的地震海啸事件（海啸事件置信等级为4级，即确定发生海啸）进行累积发生率直方图统计（图2.29），小于6.0级的地震所引发的海啸事件仅为所有事件数量的4%，而大于6.5级以上的地震引发海啸的概率大幅增高。目前，全球各区域海啸预警系统均采纳6.0～6.5级地震作为是否引发海啸的基本判据。从地震震级与最大海啸波幅和Soloviev海啸等级的散点关系图（图2.30）来看，总体上海啸强度随着地震震级的增大而增大。

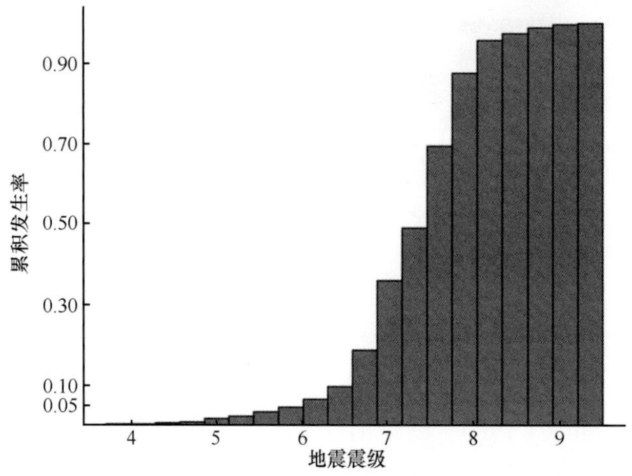

图2.29 1900年以来引发海啸的不同震级地震的累积发生率

图2.31显示了引发海啸的地震震源深度频次图。浅源地震（深度小于70km）更容易引发海啸，尤其是震源深度为10～40km的地震引发了绝大多数海啸。滤除最大海啸波幅小于20cm的轻微海啸波动事件，没有震源深度超过100km的地震海啸事件。可见历史上尚无中深源地震引发海啸灾害的案例。因此海啸预警一般采用震源深度100km作为是否

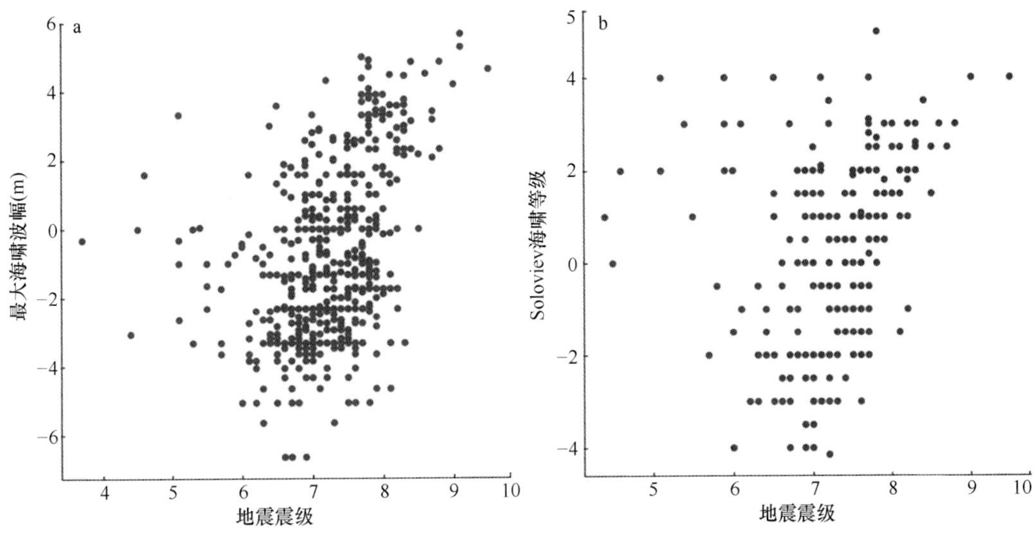

图2.30　1900年以来引发海啸的地震震级与最大海啸波幅和Soloviev海啸等级的散点关系

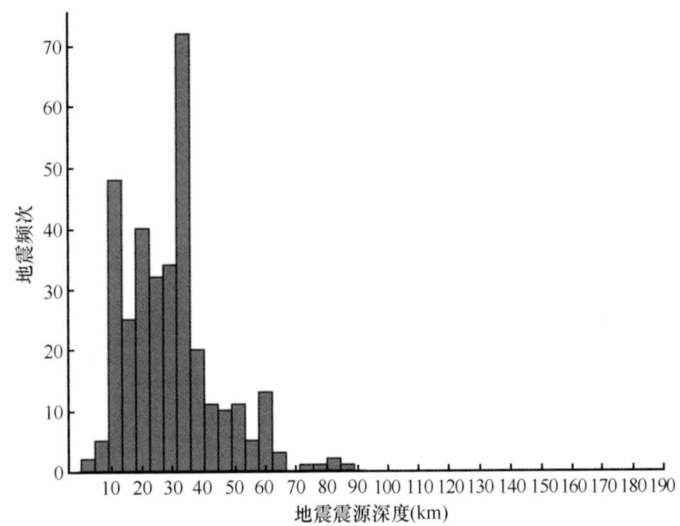

图2.31　1900年以来引发海啸（＞20cm）的地震震源深度频次图

引发海啸的判据之一。

以2013年5月24日俄罗斯鄂霍次克海8.3级深源地震为例，该地震的震源深度为609km，仅引发了数厘米的海啸波。根据Okada弹性介质海底同震位移计算模型，假设其他震源参数不变，震源深度分别为60km和609km，对应的海底同震垂向最大位移分别为3m和0.11m，数值模拟结果显示在堪察加半岛的最大海啸波幅分别为2～4m和数厘米，而相邻的潮位站也未在海啸预计到达时间前后观测到明显的海啸波动信号。

地震引起海底形变（隆起或下沉）才可能形成地震海啸（图2.32），倾滑断层、正断层均可导致海底形变，但是真实的地震破裂是非常复杂的，如走滑断层可能兼有倾滑分量。实际上仅有小部分地震事件导致断裂到达地表（海底）并导致海底形变从而引发海啸。由图2.32可知，俯冲板块向上覆板块下方俯冲运动，当两个板块紧密接触时，俯冲造成上覆板块缓慢变形，不断积蓄弹性能量；能量积蓄到达极限，紧密接触的两个板块突然滑动，上覆水柱随之响应，形成的重力波动向两侧传播，形成海啸。原生的海啸分裂成为两个波，一个向深海传播，一个向附近的海岸传播。向海岸传播的海啸受到岸边的海底地形等影响，在岸边与海底发生相互作用，速度减慢，波长变小，振幅明显改变，在岸边造成很大的破坏。在产生海啸的地震事件中80%的为逆断层性质，主要分布在俯冲地震带附近，其中少量为正断型或走滑型机制（图2.33）。走滑型地震断层运动主要产生水平分量位移，不利于海啸的产生。例如，2005年印度尼西亚苏门答腊岛附近海域发生8.5级强烈地震，只监测到轻微海啸波动。震源深度较大、地震走滑分量是主要原因。事实上，引发越洋海啸或较大规模海啸灾害的地震事件均为倾滑型海底地震。

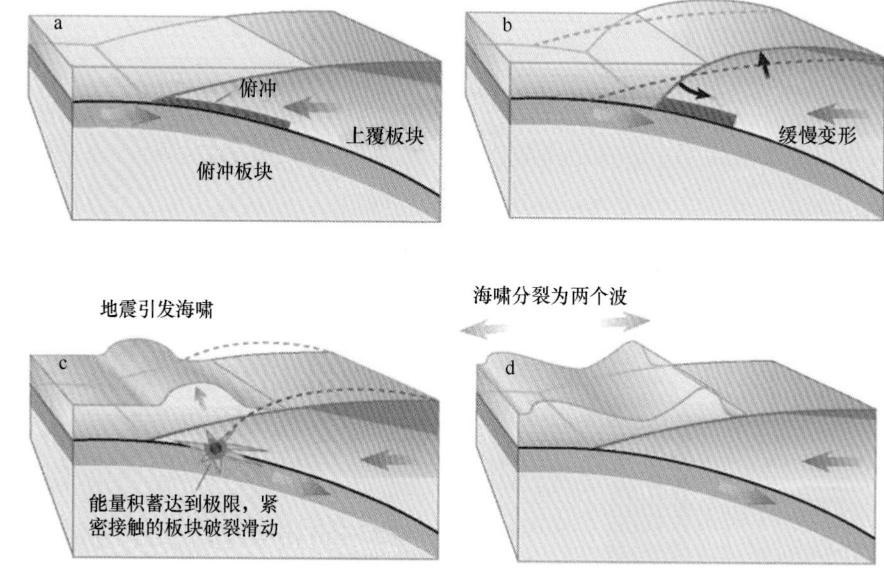

图2.32　俯冲带地震海啸形成过程示意图

a. 俯冲板块向上覆板块下方俯冲运动；b. 两个板块紧密接触，俯冲造成上覆板块缓慢变形，不断积蓄弹性能量；c. 能量积蓄到达极限，紧密接触的两个板块突然滑动，上覆水柱随之响应；d.形成的重力波动向两侧传播，形成海啸，原生的海啸分裂成为两个波，一个向深海传播，一个向附近的海岸传播。向海岸传播的海啸，受到岸边海底地形等的影响，在岸边与海底发生相互作用，速度减慢，波长变小，振幅改变很大，在岸边造成很大的破坏

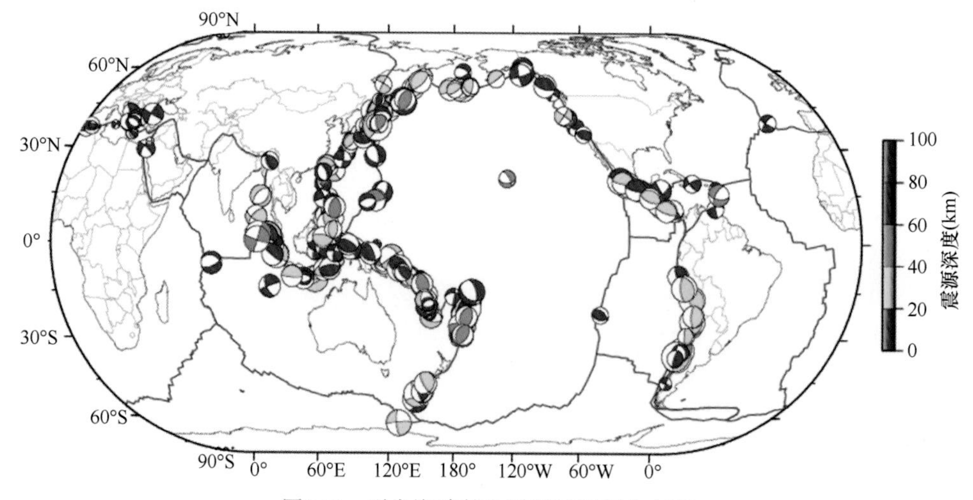

图2.33　引发海啸的地震震源机制分布图

2.4　南中国海区域地震与海啸时空分布特征

2.4.1　区域构造背景

影响我国的区域地震海啸源主要在南海西部、由台湾南部延伸至吕宋岛的马尼拉海沟。我国还承担着联合国教育、科学及文化组织政府间海洋学委员会南中国海区域海啸预警中心的职责，因此对南中国海区域的地震海啸分布特征进行详细分析是必要的。通常所说的南中国海区域（South China Sea Region）是指南中国海区域周边国家和地区，包括中国、越南、柬埔寨、泰国、马来西亚、新加坡、印度尼西亚、菲律宾、文莱等9个国家，南中国海区域包括南中国海（South China Sea）、苏禄海（Sulu Sea）和苏拉威西海（Sulawesi Sea）3个独立的半封闭海盆。南中国海区域地处欧亚板块、菲律宾海板块及印度洋板块的交界处，由于3个板块的相互作用，该区地壳受到多方面的构造应力，南中国海区域呈现出复杂的地质构造特征，应力趋势总体以挤压为主。该区域内最为活跃的俯冲带是马尼拉海沟断裂带、菲律宾海沟及二者之间的菲律宾造山带。

马尼拉海沟是南中国海内的一条南北走向海沟，位于吕宋岛和菲律宾西部。该海沟是于中新世中期由南中国海盆地向菲律宾造山带俯冲生成的，从台湾南部延伸到民都洛岛，其南部和北部都被岛弧大陆的碰撞所截断（Hayes and Lewis，1985；Galgana et al.，2007）。马尼拉海沟的北部是台湾岛与吕宋岛的斜汇聚区域，汇聚速度为80～100mm/a，汇聚力主要被马尼拉海沟吸收（Rangin et al.，1999）。南部相对北部有较高的地震活动性，但应力方向也变得更加复杂，汇聚速度也降到了50～60mm/a。

苏禄海内的内格罗斯海沟是马尼拉海沟向南部的延伸，但是由于巴拉望大陆板块与班乃岛的碰撞地形不连续（Rangin et al.，1999；Bird，2003）。苏拉威西海位于菲律宾海板块、巽他板块和澳大利亚板块的交汇处，不同来源的地壳碎片的碰撞造就了苏拉威西海内部和周边十分复杂的断裂系统。哥打巴托海沟位于棉兰老岛的西南部，该海沟可能是由苏拉威西海地壳俯冲到棉兰老岛西南部生成的，在过去的40年内发生过多次强震。苏拉威西海沟位于苏拉威西海南部，是由苏拉威西海盆地俯冲生成的，该区域内板块之间运动的应力累积并不是通过造山运动而是通过地壳块体旋转完成的。

2.4.2　历史地震活动性

地震活动性是指一定区域一定时期内地震活动的变化特征，包括地震的时间、空间分布特点和地震频次、地震强度的变化。本节根据地震空间分布特征及其与地震构造背景之间的关系，对地震进行分区，探讨地震深度剖面特征。

采用美国地质调查局（USGS）国家地震信息中心（NEIC）编辑出版的地震目录数据对南中国海及其周边地区的地震活动性进行分析。综合考虑地震资料的完整性和引发海啸的可能性，确定地震资料的震级为5.0级以上。图2.34为南中国海及其周边地区的地震震中分布图，该地区地震十分频繁，绝大多数地震发生在板块边界上，且大部分为浅源地震，5.0级以上浅源地震的发生次数在5000次以上。

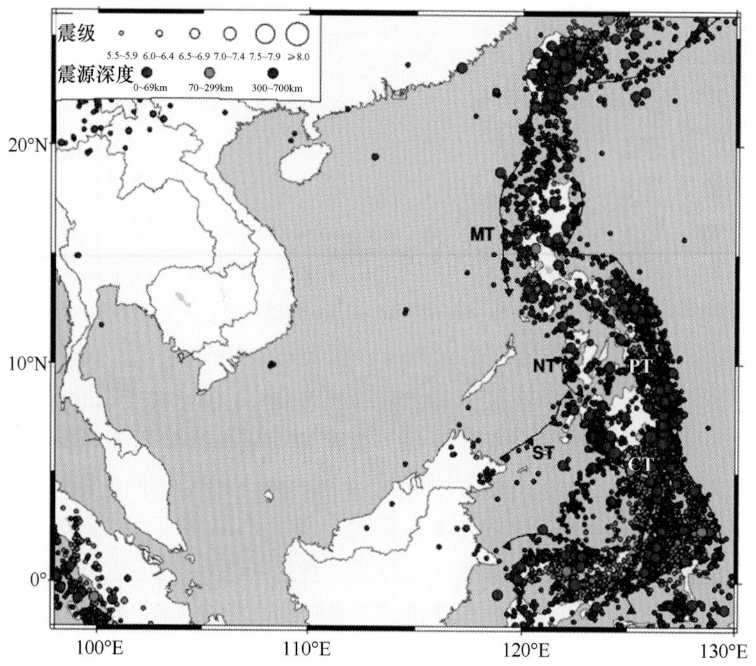

图2.34 南中国海及其周边地区的地震震中分布图

圆的大小代表不同震级地震事件；圆的颜色表示震源深度。地震目录数据来源于美国地质调查局（USGS）国家地震信息中心（http://earthquake.usgs.gov/earthquakes/）

MT–马尼拉海沟；NT–内格罗斯海沟；ST–苏拉威西海沟；CT–哥打巴托海沟；NST–北苏拉威西海沟；PT–菲律宾海沟

1. 时间分布特征

对南中国海及其周边地区1900～2015年5.0级以上地震进行了统计，共计7721次（图2.35）。1900～2015年南中国海及其周边地区的地震以中强震为主，其中5.0～5.9级地震6782次，6.0～6.9级地震799次，7.0～7.9级地震134次，8.0级及以上地震6次。

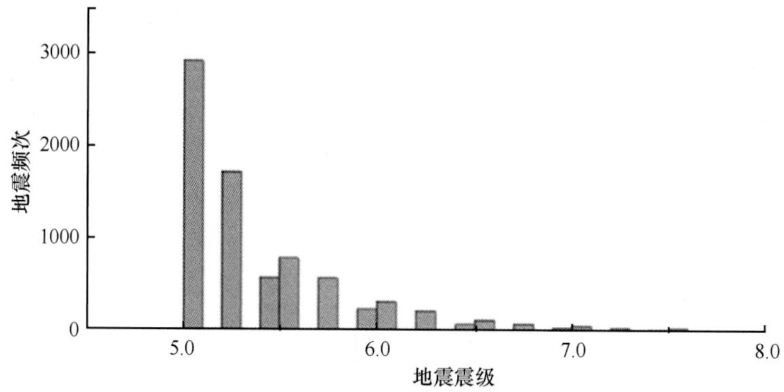

图2.35 1900～2015年南中国海及其周边地区5.0级以上地震震级频次图

图2.36为1900～2015年南中国海及其周边地区地震年发生频次图。1900～1972年，地震观测技术水平不高，地震台站分布较少，所以记录的地震数量较少，平均每年仅有50次左右。随着地震观测技术水平的提高，地震观测设备从模拟观测转变为数字地震观测，全球地震台站分布密度增大，记录的地震事件大幅增多。

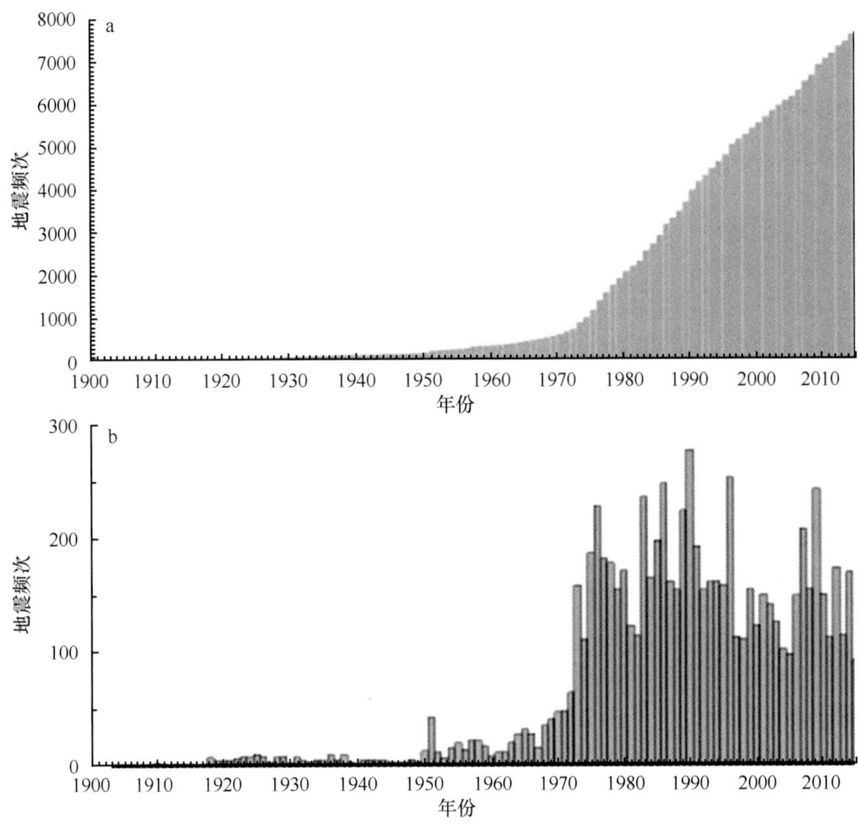

图2.36　1900～2015年南中国海及其周边地区5.0级以上地震发生频次图

a. 累积频次图；b. 年发生频次图

图2.37为南中国海及其周边地区5.0级以上地震的震级–时间关系图，8.0级及以上的地震事件分别为：1910年4月12日发生在台湾东北部地区的8.1级地震，震源深度为235km；1918年8月15日发生在菲律宾棉兰老岛的8.3级地震，震源深度为20km；1920年6

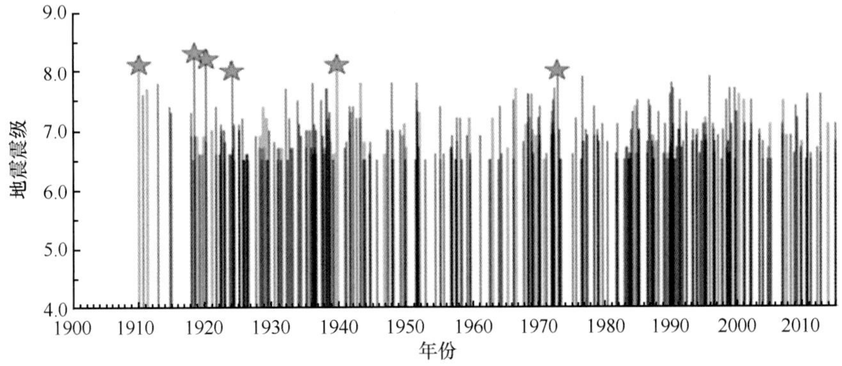

图2.37　南中国海及其周边地区5.0级以上地震的震级–时间关系图

五角星为震级8.0级以上的地震事件

月5日发生在台湾花莲海域的8.2级地震，震源深度为20km；1924年4月14日发生在菲律宾棉兰老岛的8.0级地震，震源深度为15km；1939年12月21日发生在印度尼西亚苏拉威西海的8.1级地震，震源深度为35km；1972年12月2日发生在菲律宾棉兰老岛的8.0级地震，震源深度为15km。自1972年之后，南中国海及其周边地区未发生8.0级以上地震，未来一段时间南中国海及其周边地区存在发生特大强烈地震的可能性。

2. 空间分布特征

从南中国海及其周边地区6.5级以上地震的空间分布（图2.38）可看出，该区域地震空间分布具有显著的不均一性，且呈明显的带状分布。地震主要集中分布在中国的台湾至菲律宾一带，沿着马尼拉海沟断裂和吕宋岛西缘俯冲带、东缘断裂带一直往南延伸，经内格罗斯海沟断裂带、哥打巴托海沟断裂带，直至苏拉威西岛断裂带。

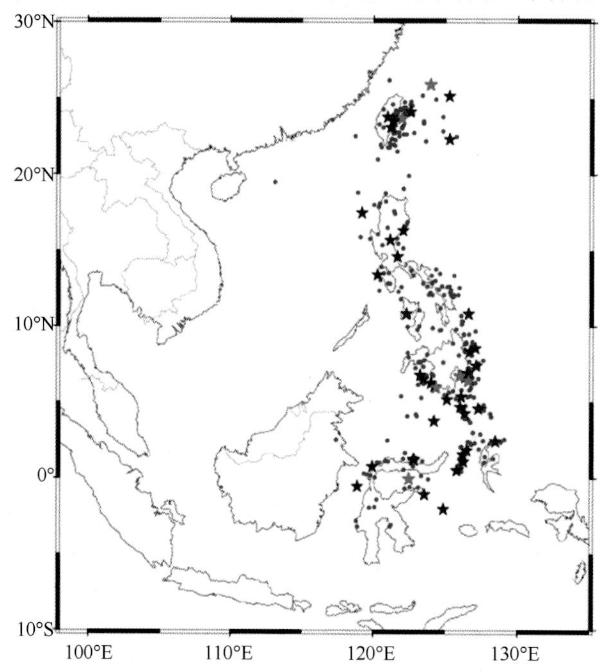

图2.38 南中国海及其周边地区6.5级以上地震的空间分布

红色圆点表示6.5≤M<7.5；蓝色五角星表示7.5≤M<8.0；绿色五角星表示M≥8.0

从图2.39～图2.41可以得出以下几点结论。

（1）地震主要分布在南中国海东部和东南部地区，这些地区为主要板块相互作用区域，地震具有分布广、频次高、强度大等特点。在主要俯冲带断裂附近（马尼拉海沟、内格罗斯海沟、哥打巴托海沟和苏拉威西海沟等主要俯冲带断裂）发育浅源、中源和深源地震，具有明显的俯冲带地震分布特征，大部分为浅源地震，多为5.0～6.0级的中强震，6.5级以上的强震也多有发生，8.0级以上的地震发生6次；中源、深源地震主要发生在俯冲带俯冲方向，自海沟至远离海沟处，震源深度逐渐增大，具有明显的方向性。

（2）南中国海北部区域地震相对较少，受琼粤地震断裂带活动的影响，历史上发生过多次中强地震。

（3）南中国海中心区域地震少发，基本上没有发生过6.0级以上地震。

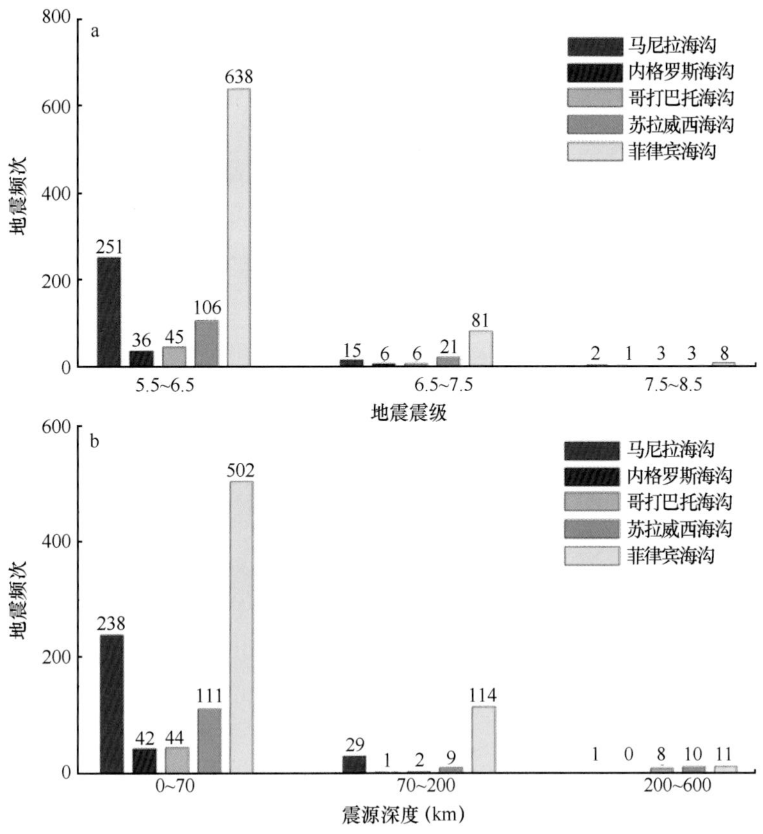

图2.39　潜在海啸源区域历史地震事件震级和深度统计图

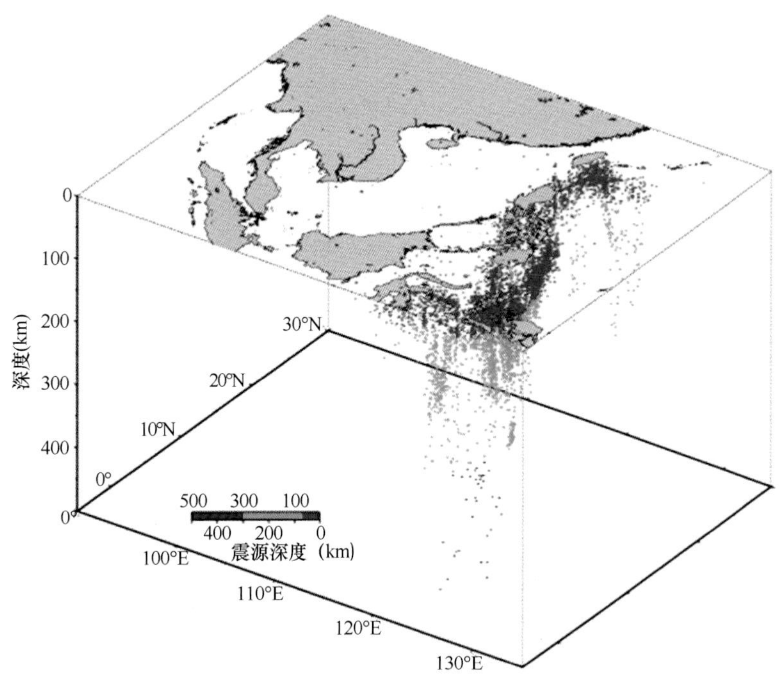

图2.40　南中国海及其周边地区地震震源深度三维分布图

红色圆点表示浅源地震（<70km）；绿色圆点表示中源地震（70～300km）；蓝色圆点表示深源地震（≥300km）

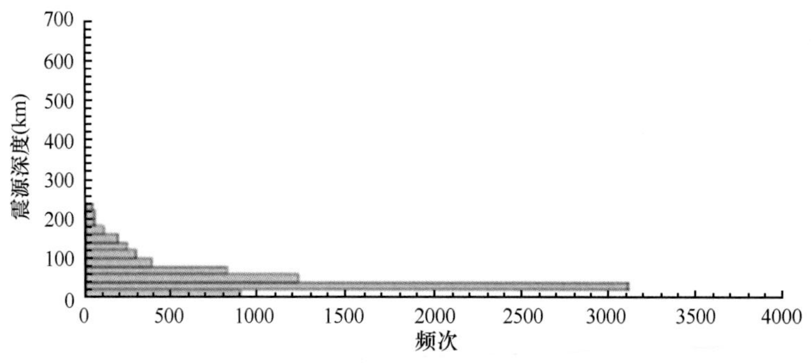

图2.41 南中国海及其周边地区地震震源深度分布频次图

（4）从历史地震空间分布可知，南中国海区域西部、东部区域地震发生次数较少，基本没有发生过6.0级以上地震。

上述分析表明，南中国海中心区域发生大地震的可能性比较小，而邻近区域的板块边缘地震活动频繁，特殊的地质构造背景具有发育强烈地震的条件，特别是马尼拉海沟、内格罗斯海沟和苏拉威西海沟为地震多发区，具有较高的地震海啸危险性。南中国海北部区域地震活动弱于东部地区，但历史上发生过多次浅源地震，一旦发生强烈地震，将对中国近海沿岸地区有较大影响。

2.4.3 南中国海历史海啸和海啸观测

南中国海区域位于欧亚、太平洋和印度洋三大板块的交接处，具有非常复杂的地质构造特征，是世界上最受关注的研究热点地区之一。南中国海区域地震活动频繁，且地形地貌特征具有发生海啸的条件。

据有关文献和数据记载，南中国海区域历史上曾发生过多次破坏性的地震海啸。例如，1781年5月22日发生在台湾省及台湾海峡的海啸，历史记载共伤亡4万～5万人，现台南市安平区附近城镇及村庄完全损毁；1867年12月18日，台湾基隆近海发生6.0级地震，基隆港内海水迅速从海湾内退出，形成空前的大退潮，并露出了海底，致使停泊在港湾内的许多船只搁浅。然而，紧接着海水又以极快的速度涌入港内，凶猛的海水冲垮了海堤，海水迅速涌向市区，造成许多民房被冲毁，数百人在这次灾难中丧生；1976年8月17日0时13分，菲律宾棉兰老岛以南的苏拉威西海发生8.0级强烈地震，由此引发了该岛南部沿海地区的强烈海啸，造成4000余人死亡、4000余人失踪、无家可归者达17万人之多；2006年12月26日20时34分，台湾外海屏东海域相继发生7.2级和6.9级地震，台湾后壁湖潮位站显示产生了40cm的海啸波。

搜集了美国国家地球物理数据中心（NGDC）的全球历史海啸数据库，并参考了菲律宾火山与地震研究中心的报告，所选事件均为地震引发且置信等级在2级（可疑的）以上的海啸事件，对于菲律宾文献中提及的确定海啸事件，我们将其置信等级升为4级（确定发生海啸）。海啸事件的分布如图2.42所示。从图2.42可知海啸事件分布在南中国海

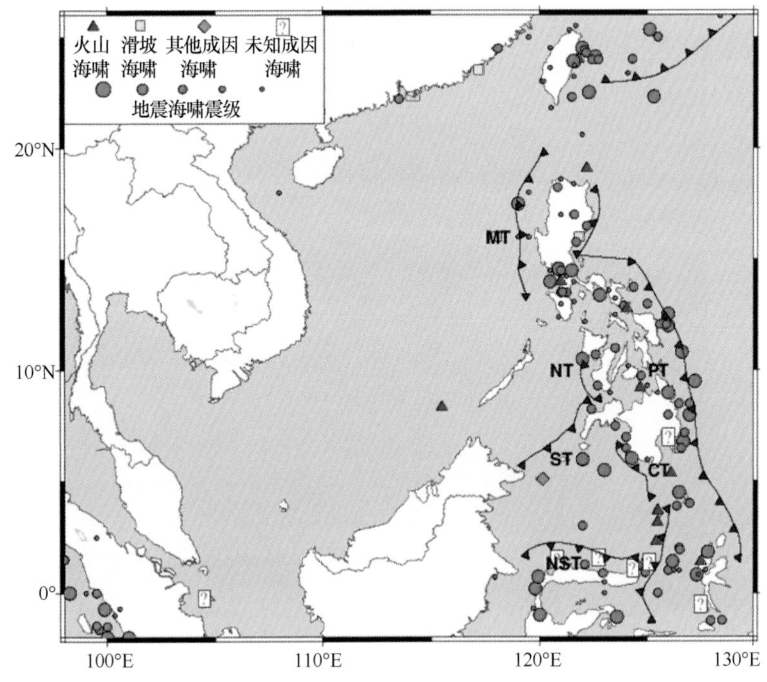

图2.42　南中国海及其周边地区历史海啸事件分布图

MT–马尼拉海沟；NT–内格罗斯海沟；ST–苏拉威西海沟；CT–哥打巴托海沟；NST–北苏拉威西海沟

东缘，台湾以东、吕宋岛西南及苏拉威西海沟地区海啸事件较多，与其较高的地震活动性能够很好地对应。根据置信等级统计，60%的海啸事件为确定事件，15%的为可能事件，25%的为可疑事件。震级越高的地震引发海啸的置信等级越高。

马尼拉海沟的地震事件大多集中在棉兰老岛附近，强度最大的地震是1934年2月14日发生的7.5级地震，然而该地震事件没有海啸波高记录。苏禄海同样受海啸影响较小，最具灾害性的海啸事件是1948年1月24日发生的。苏拉威西海在历史上经历了多次灾害性的海啸事件，其中最严重的是1976年发生在哥打巴托海沟附近的海啸及1996年1月发生在苏拉威西海沟的海啸事件。总体来说，南中国海区域的历史地震海啸事件多由倾滑型浅源地震引发（图2.43）。大部分海啸地震分布在岛弧–海沟地带，该区域具有潜在海啸危险性。

南中国海区域历史海啸事件的最大海啸波幅的获取方式主要有3种，分别为人为视觉估计、潮位站观测及爬高调查。在20世纪中期以前，多数海啸波幅的记录都是通过视觉估计出来的，所以存在较大的误差。如图2.44a所示，视觉估计的波幅明显偏大，尤其是1859年一次7.0级地震事件的波幅达到了10m。潮位站记录的波幅数据如图2.44b所示，可见记录的波幅偏小，主要是由于潮位站的位置大多距离震源较远，但整体上，最大波幅随震级的增大而增大，其中的异常值为1992年发生在我国南海区域的海啸，该海啸产生了0.78m的海啸波，我们推测这次事件为滑坡造成。

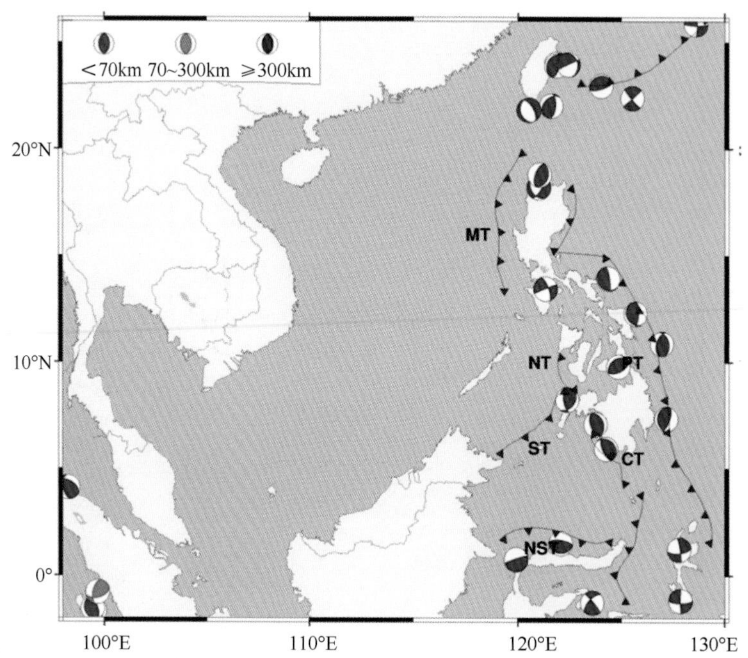

图2.43 南中国海及邻近区域历史海啸事件震源机制解

MT–马尼拉海沟；NT–内格罗斯海沟；ST–苏拉威西海沟；CT–哥打巴托海沟；NST–北苏拉威西海沟

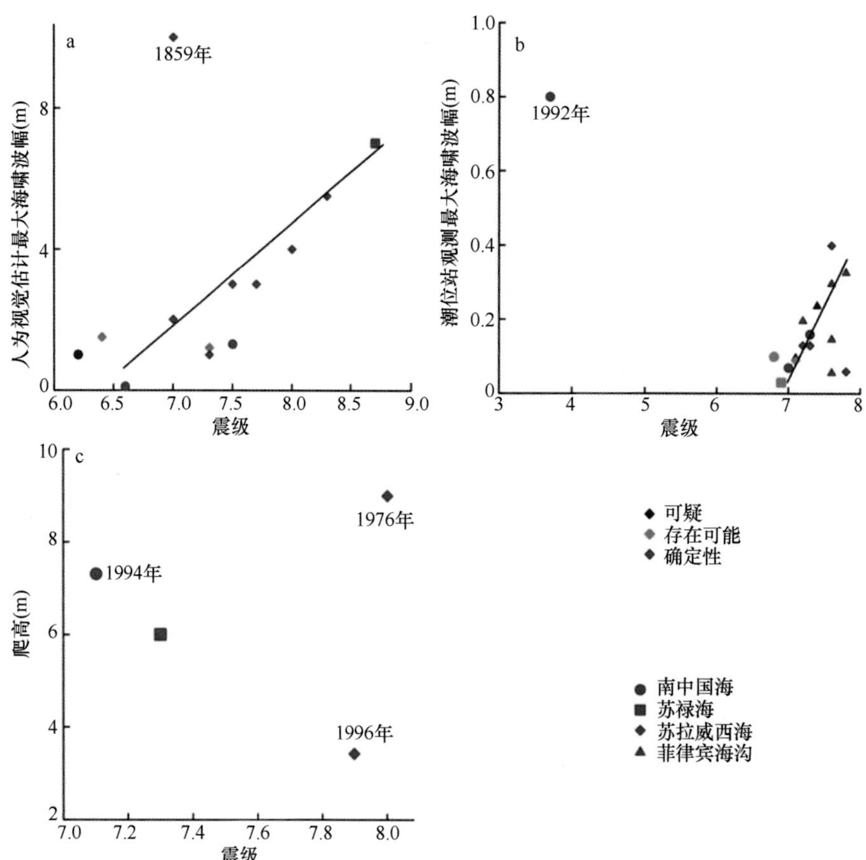

图2.44 历史海啸事件震级与观测最大波高的关系

参考文献

刘瑞丰, 陈运泰, 任枭, 等. 2015. 震级的测定. 北京：地震出版社.

叶琳, 王喜年, 包澄澜. 1994. 中国的地震海啸及其预警服务. 自然灾害学报, (1): 100-103.

Abe K. 1979. Size of great earthquakes of 1837-1974 inferred from tsunami data. Journal of Geophysical Research Solid Earth, 84: 1561-1568.

Ambraseys N N. 1962. Data for the investigation of the seismic sea-waves in the eastern Mediterranean. Bulletin of the Seismological Society of America, 52: 895-913.

Bird P. 2003. An updated digital model of plate boundaries. Geochemistry, Geophysics, Geosystems, 4(3): 1-52.

Galgana G, Hamburger M, McCaffrey R. 2007. Analysis of crustal deformation in Luzon, Philippines using geodetic observations and earthquake focal mechanisms. Tectonophysics, 432: 63-87.

Gan Z J, Tung C C. 1983. Probability distribution of the Murty-Loomis tsunami magnitude. Marine Geodesy, 6(3-4): 293-301.

Gusiakov V K. 2005. Tsunami generation potential of different tsunamigenic regions in the Pacific. Marine Geology, 215(1-2): 3-9.

Hayes D E, Lewis S D. 1985. Structure and tectonics of the Manila trench system, Western Luzon, Philippines. Energy, 10(3-4): 263-279.

Iida K. 1963. Magnitude, energy and generation mechanisms of tsunamis and a catalogue of earthquakes associated with tsunamis. Honolulu: Proceeding of Tsunami Meeting at the 10th Pacific Science Congress: 7-18.

Iida K, Cox D C, Pararas-Carayannis G. 1967. Preliminary catalogue of tsunamis occurring in the Pacific Ocean. Honolulu: Hawaii Institute of Geophysics, University of Hawaii.

Imamura A. 1942. History of Japanese tsunamis. Kayo-No-Kagaku (Oceanography), 2: 74-80 (in Japanese).

Kanamori H. 1983. Magnitude scale and quantification of earthquakes. Tectonophysics, 93(3-4): 185-199.

Murty T S, Loomis H G. 1980. A new objective tsunami magnitude scale. Marine Geodesy, 4(3): 267-282.

Rangin C, Pichon X L, Mazzotti S, et al. 1999. Plate convergence measured by GPS across the Sundaland/Philippine Sea plate deformed boundary: Philippines and Eastern Indonesia. Geophysical Journal International, 139: 296-316.

Shuto N. 1993. Tsunami Intensity and Disasters. *In*: Tinti S. Tsunamis in the World. Advances in Natural and Technological Hazards Research, vol 1. Dordrecht: Springer.

Sieberg A H, Gutenberg B. 1923. Geologische, physikalische und angewandte Erdbebenkunde. Jena: Verlag von Gustav Fischer.

Soloviev S L. 1972. Recurrence of earthquakes and tsunamis in the Pacific Ocean. Volny Tsunami, Trudy Sakhnii, 29: 7-47.

Soloviev S L, Go C N. 1974. Catalog of Tsunamis on the Western shore of the Pacific Ocean (in Russian). Moscow: Nauka.

Yue H, Lay T. 2013. Source rupture models for the M_w 9.0 2011 Tohoku earthquake from joint inversions of high-rate geodetic and seismic data. Bulletin of the Seismological Society of America, 103(2B): 1242-1255.

第3章 海啸的生成与传播

海啸通常是由海底地震、火山爆发、海底滑坡或气象变化等因素引发的连续的、长周期的、波长极长的波动。在激发海啸的诸多因素中，最主要的是海底地震。地震海啸的大小主要取决于海底的垂直破坏程度，同时也取决于地震震级的大小、震源的深度和断层的性质，还和沉积物的滑脱及次生的断裂有关。大洋中海啸的波速高达700～800km/h，在数小时内就能横过大洋；波长可达数百千米，可以传播几千千米而能量损失很小。但当到达海岸浅水地带时波长减短，而波高急剧增高，可达数十米，极易对海岸造成毁灭性损害。决定海啸对海岸影响大小的其他因素是海岸线和等深线的状态、海底变形的速度、震源区水的深度和从地壳到水体能量传播的效率。深入了解海啸产生的物理机制、海啸在大洋和近岸区域的传播特性及其背后隐藏的数学物理机制，对于正确认识海啸致灾机制、改进和完善海啸预警与减灾系统、提供科学决策至关重要。

3.1 海啸波控制方程

波动是物质运动的重要形式，广泛存在于自然界。波动中被传递的物理量的扰动或振动有多种形式，如水波、声波及电磁波等。然而，物体产生振动需要恢复力，要产生水波也必须有使水质点因受扰动而离开平衡位置后再回到原位置的力。水波理论中，扰动导致流体惯性力和恢复力之间相互平衡引起了自由表面波。当恢复力主要是重力时，它造成的波称为重力波；当恢复力主要是表面张力时，它所造成的波就称为涟漪，或者称为毛细波；在某些场合，必须同时考虑重力和表面张力。另外，恢复力也可以是旋转系统中的科氏力（Coriolis force），相应的波称为惯性波，也可以是宇宙中太阳和月亮的引力等。波是以可识别的传播速度从介质的一部分传到另一部分的某种可识别信号，这种信号可以是扰动的任何特征。

最常见的也许是波长较短的风浪和涌浪，它们由当地或远处的风暴产生；不太常见却会带来严重后果的是海啸，通常是指海底地震或滑坡引起的长周期振动。海洋中的波动还可能由人类的活动（如船舶运动、爆炸）引发，时间尺度大致与上述波动相同。

3.1.1 不可压缩流体的基本数学描述

在各种各样的重力波问题中，在有工程实际意义的时空尺度上，水密度的变化通常是微不足道的，因此，流体的运动由如下的连续方程和Navier-Stokes方程（动量方程）

描述：

连续方程 $$\nabla \cdot \boldsymbol{u}=0 \tag{3.1}$$

动量方程 $$\left(\frac{\partial}{\partial \boldsymbol{t}}+\boldsymbol{u} \cdot \nabla\right) \boldsymbol{u}=-\nabla\left(\frac{\boldsymbol{p}}{\rho}+g z\right)+v \nabla^{2} \boldsymbol{u} \tag{3.2}$$

式中，$\boldsymbol{u}=(u, v, w)$为速度矢量；z轴铅直向上；$\boldsymbol{p}$为压力，其中，$\boldsymbol{x}=(x, y, z)$为坐标矢量；ρ为流体密度；g为重力加速度；v为运动黏性系数（常数）。从式（3.1）和式（3.2）推导的最重要的结果是关于涡量矢量$\boldsymbol{\Omega}$的方程，$\boldsymbol{\Omega}$定义为

$$\boldsymbol{\Omega}=\nabla \times \boldsymbol{u} \tag{3.3}$$

它是当地转动速率的两倍，对式（3.2）取旋度，并利用式（3.1），可得

$$\frac{\partial \boldsymbol{\Omega}}{\partial t}+\boldsymbol{u} \cdot \nabla \boldsymbol{\Omega}=\boldsymbol{\Omega} \cdot \nabla \boldsymbol{u}+v \nabla^{2} \boldsymbol{\Omega} \tag{3.4}$$

从物理上来看，这一方程意味着跟随着运动流体的涡量的变化率分别由涡线的伸缩扭曲项（右端第一项）、黏性扩散项（右端第二项）产生。在水中，v很小（$\cong 10^{-2}\mathrm{cm}^2/\mathrm{s}$），除了在速度梯度很大和涡量很大的区域中，式（3.4）的末项可以忽略，也就是说，除了很薄的边界层中，忽略黏性是良好的近似，这时式（3.4）变为

$$\left(\frac{\partial}{\partial t}+\boldsymbol{u} \cdot \nabla\right) \boldsymbol{\Omega}=\boldsymbol{\Omega} \cdot \nabla \boldsymbol{u} \tag{3.5}$$

$\boldsymbol{\Omega} \equiv 0$是一类重要的情形，相应的流动称作无旋流动。以$\boldsymbol{\Omega}$点乘式（3.5），得

$$\left(\frac{\partial}{\partial t}+\boldsymbol{u} \cdot \nabla\right) \boldsymbol{\Omega}^{2} / 2=\boldsymbol{\Omega}^{2}\left[\boldsymbol{e}_{\Omega} \cdot\left(\boldsymbol{e}_{\Omega} \cdot \nabla \boldsymbol{u}\right)\right]$$

式中，$\boldsymbol{e}_{\boldsymbol{\Omega}}$为沿$\boldsymbol{\Omega}$的单位矢量。因为在有实际物理意义的场合下速度梯度是有限的，所以$\boldsymbol{e}_{\boldsymbol{\Omega}} \cdot (\boldsymbol{e}_{\boldsymbol{\Omega}} \cdot \nabla u)$的最大值必定是有限值，设其为$M/2$，跟随流体质点的$\boldsymbol{\Omega}^2(\boldsymbol{x}, t)$的大小不会超过$\boldsymbol{\Omega}^2(\boldsymbol{x}, 0)\mathrm{e}^{M_t}$。因此，如果$t=0$时刻涡量处处为零，则流动永远保持无旋。

对于无黏、无旋流动来说，速度$\boldsymbol{u}$可表示成速度势Φ的梯度

$$\boldsymbol{u}=\nabla \Phi \tag{3.6}$$

于是，质量守恒要求速度势Φ满足Laplace方程

$$\nabla^{2} \Phi=0 \tag{3.7}$$

如果速度势已知，则可由动量方程求得压力场。以下利用式（3.2）推导Bernoulli方程。利用矢量等式：

$$\boldsymbol{u} \cdot \nabla \boldsymbol{u}=\nabla \frac{\boldsymbol{u}^{2}}{2}-\boldsymbol{u} \times(\nabla \times \boldsymbol{u})$$

和无旋、无黏的假定，式（3.2）可改写为

$$\nabla\left[\frac{\partial \Phi}{\partial t}+\frac{1}{2}|\nabla \Phi|^{2}\right]=-\nabla\left(\frac{p}{\rho}+g z\right)$$

关于空间变量进行积分之后，得

$$-\frac{p}{\rho}=g z+\frac{\partial \Phi}{\partial t}+\frac{1}{2}|\nabla \Phi|^{2}+C(t) \tag{3.8}$$

式中，$C(t)$为t的任意函数。一般可在不影响速度场的情况下重新定义Φ，使$C(t)$为零，可

引进Φ'，使

$$\frac{\partial \Phi'}{\partial t}=\frac{\partial \Phi}{\partial t}+C(t),\quad \nabla\Phi'=\nabla\Phi$$

所以，不失一般性，可令式（3.8）中的$C(t)=0$，则式（3.8）就是Bernoulli方程。式（3.8）右端的第一项gz为对压力的流体静压贡献，而其余项为对压力的流体动压贡献。

无旋、无黏流动的边界条件如下。

在固定的固体边界B上，方向速度必须为零，即

$$\frac{\partial \Phi}{\partial \boldsymbol{n}}=0\ （在B上）\tag{3.9a}$$

式中，$\boldsymbol{n}$为B的单位法向矢量，方向指向流体，对于深度为$h(x,y)$的海底，式（3.9a）可写为

$$\frac{\partial \Phi}{\partial z}=\frac{\partial \Phi}{\partial x}\frac{\partial h}{\partial x}+\frac{\partial \Phi}{\partial y}\frac{\partial h}{\partial y}\tag{3.9b}$$

在海底边界B_0上，即$z=-h(x, y)$时，考虑与大气界面的自由面上的边界条件，设自由面的铅直位移为$\zeta(x, y, t)$，则自由面的方程为

$$F(\boldsymbol{x}, t)=z-\zeta(x, y, t)=0\tag{3.10}$$

令运动着的自由面上一几何点$\boldsymbol{x}$的速度为$\boldsymbol{q}$，经过短时间$\mathrm{d}t$后，自由面的方程变成

$$F(\boldsymbol{x}+\boldsymbol{q}\mathrm{d}t,\ t+\mathrm{d}t)=0$$

$$F(\boldsymbol{x},t)+\left(\frac{\partial F}{\partial x}+\boldsymbol{q}\cdot\nabla F\right)\mathrm{d}t+O\left((\mathrm{d}t)^2\right)=0$$

利用式（3.10），任意小的$\mathrm{d}t$有

$$\frac{\partial F}{\partial x}+\boldsymbol{q}\cdot\nabla F=0$$

流体质点在自由面上并不是单独的运动，而是要保持与邻近质点的连续性。因为自由面上流体的法向速度必定与自由面的法向速度相同，也就是说，自由面上的所有流体质点除了随自由面整体移动，只能作切向移动，从而可得

$$\frac{\partial F}{\partial t}+\boldsymbol{u}\cdot\nabla F=0\ （z=\zeta时）\tag{3.11}$$

其等价于

$$\frac{\partial \zeta}{\partial t}+\Phi_x\zeta_x+\Phi_y\zeta_y=\Phi_z\ （z=\zeta时）\tag{3.12}$$

式（3.11）和式（3.12）称作自由面上的运动学边界条件，显然，如果$z=\zeta$是运动物体的不可穿透表面，上述条件也是适用的。式（3.11）或式（3.12）中，Φ与ζ是未知函数，而且施加在未知表面$z=\zeta$上，因而是复杂的非线性方程。

上述运动学条件未涉及作用力，下面考虑与作用力有关的动力学条件。自由面之下的压力必定等于自由面上的大气压力p_a，将Bernoulli方程应用到自由面上，得

$$-p_a/\rho=g\zeta+\frac{\partial \Phi}{\partial t}+\frac{1}{2}|\nabla\Phi|^2\ （z=\zeta时）\tag{3.13}$$

这就是自由面上的动力学边界条件。

式（3.7）和式（3.9）～式（3.13）即构成海啸波控制方程的定解问题。

3.1.2 浅水方程的推导

长波理论同小振幅波理论一样也是一种近似理论，该理论要求水深与波长之比是小量，从而可以忽略垂直方向的加速度。但在该理论中不必假定波幅是小量，因此，所得的方程是非线性的。长波理论能解释许多自然界中的波动现象，尤其是对于地震引发的海啸波的演化过程，可以给出较合理的解释。因此，浅水长波方程是描述海啸动力过程最通用的理论方程。

采用直角坐标系，将原点取在静水面。记$\boldsymbol{u}=(u, v)$为水平速度分量，w为垂直速度分量。浅水波方程的控制方程有连续方程、动量方程和无旋方程，表达如下。

连续方程

$$\frac{\partial w}{\partial z}+\nabla\cdot\boldsymbol{u}=0 \tag{3.14}$$

动量方程

$$\frac{\partial \boldsymbol{u}}{\partial t}+\left(\boldsymbol{u}\cdot\nabla\right)\boldsymbol{u}+w\frac{\partial \boldsymbol{u}}{\partial z}=-\frac{1}{\rho}\nabla p \tag{3.15}$$

$$\frac{\partial w}{\partial t}+\boldsymbol{u}\cdot\nabla w+w\frac{\partial w}{\partial z}=-\frac{1}{\rho}\frac{\partial p}{\partial z}-g \tag{3.16}$$

无旋方程

$$\frac{\partial \boldsymbol{u}}{\partial z}-\nabla w=0 \tag{3.17}$$

$$\frac{\partial u}{\partial y}-\frac{\partial v}{\partial x}=0 \tag{3.18}$$

式中，$\nabla=\left(\frac{\partial}{\partial x},\frac{\partial}{\partial y}\right)$为水平梯度；$\rho$是流体密度；$p$是流体压力；$g$是重力加速度。动量方程中先不考虑科氏力和流体黏性力。

自由表面满足

$$\frac{\partial \eta}{\partial t}+\nabla\phi\cdot\nabla\eta=\frac{\partial \phi}{\partial z},\ z=\eta(x, y, t) \tag{3.19}$$

式中，$z=\eta(x, y, t)$是自由表面方程；η是自由水面至海平面的高度；ϕ是速度势。

注意到$\boldsymbol{u}=\nabla\phi$和$w=\frac{\partial \phi}{\partial z}$，式（3.19）可改写为

$$\frac{\partial \eta}{\partial t}+\boldsymbol{u}\cdot\nabla\eta=w,\quad z=\eta(x, y, t) \tag{3.20}$$

假定海底面不透水且海底面不随时间变化，则水底边界条件为

$$-\nabla h\cdot\nabla\phi=\frac{\partial \phi}{\partial z} \tag{3.21}$$

式中，h是水深。可将式（3.21）改写为

$$-u\cdot\nabla h=w,\quad z=-h(x, y) \tag{3.22}$$

对连续方程沿水深积分，得

$$w\Big|_{-h}^{\eta}+\int_{-h}^{\eta}\nabla\cdot\boldsymbol{u}\mathrm{d}z=0 \tag{3.23}$$

利用含变化积分限的定积分求导公式（Leibniz公式）

$$\frac{\mathrm{d}}{\mathrm{d}t}\int_{a(t)}^{b(t)}f\left(x,t\right)\mathrm{d}x=\int_{a(t)}^{b(t)}\frac{\partial f}{\partial t}\mathrm{d}x+\left[f\left(b\left(t\right),t\right)\frac{\mathrm{d}b}{\mathrm{d}t}-f\left(a\left(t\right),t\right)\frac{\mathrm{d}a}{\mathrm{d}t}\right] \tag{3.24}$$

可求得式（3.23）中的第二项为

$$\int_{-h}^{\eta}\nabla\cdot\boldsymbol{u}\mathrm{d}z=\nabla\cdot\int_{-h}^{\eta}\boldsymbol{u}\mathrm{d}z-\boldsymbol{u}\cdot\nabla\left(h+\eta\right) \tag{3.25}$$

结合式（3.20）及边界条件式（3.22）和式（3.25），可将式（3.23）写为

$$\frac{\partial\eta}{\partial t}+\nabla\cdot\left[\left(h+\eta\right)\bar{\boldsymbol{u}}\right]=0 \tag{3.26}$$

式中，$\bar{\boldsymbol{u}}$ 为水深平均速度，即

$$\bar{\boldsymbol{u}}=\frac{1}{h+\eta}\int_{-h}^{\eta}\boldsymbol{u}\mathrm{d}z \tag{3.27}$$

下面在浅水的假定下对控制方程进行简化。对于浅水，存在μ满足：

$$\mu=\frac{h_0}{L}\ll 1 \tag{3.28}$$

式中，h_0为特征水深；L为特征波长。另外，一阶浅水波速度表达式为

$$\boldsymbol{u}=\frac{A}{h}\sqrt{gh}\cos\left(k\boldsymbol{x}-\omega t\right) \tag{3.29}$$

$$w=\frac{A}{h}\sqrt{gh}\left[kh\left(1+\frac{z}{h}\right)\right]\sin\left(k\boldsymbol{x}-\omega t\right) \tag{3.30}$$

式中，A是波幅；k是波数；ω是圆频率。从中可知，$\boldsymbol{u}$的幅值为$\frac{A}{h}\sqrt{gh}$，w的幅值为$\frac{A}{h}\sqrt{gh}\left(kh\right)$。将$\boldsymbol{u}$和$w$无因次化，得

$$\boldsymbol{u}'=\frac{\boldsymbol{u}}{\sqrt{gh_0}},\ w'=\frac{w}{\mu\sqrt{gh_0}} \tag{3.31}$$

无因次速度$\boldsymbol{u}'$和w'的量阶为$O\left(\frac{A}{h_0}\right)$，将方程中其他变量无因次化为

$$x'=\frac{x}{L},\ y'=\frac{y}{L},\ z'=\frac{z}{h_0},\ t'=\frac{\sqrt{gh_0}}{L}t,\ \eta'=\frac{\eta}{h_0},\ h'=\frac{h}{h_0},\ p'=\frac{p}{\rho gh_0} \tag{3.32}$$

水平梯度∇的无因次式为

$$\nabla'=L\nabla=\left(\frac{\partial}{\partial x'},\frac{\partial}{\partial y'}\right) \tag{3.33}$$

用上述无因次量表达控制方程，为了形式简洁，以下略写表示无因次量的撇号，得以下无因次方程。

连续方程

$$\frac{\partial\eta}{\partial t}+\nabla\cdot\left[\left(h+\eta\right)\bar{\boldsymbol{u}}\right]=0 \tag{3.34}$$

动量方程

$$\frac{\partial\boldsymbol{u}}{\partial t}+\left(\boldsymbol{u}\cdot\nabla\right)\boldsymbol{u}+w\frac{\partial\boldsymbol{u}}{\partial z}=-\nabla p \tag{3.35}$$

$$\mu^2\frac{\partial w}{\partial t}+\mu^2\left(\boldsymbol{u}\cdot\nabla\right)w+\mu^2 w\frac{\partial w}{\partial z}=-\frac{\partial p}{\partial z}-1 \tag{3.36}$$

无旋方程

$$\frac{\partial\boldsymbol{u}}{\partial z}-\mu^2\nabla w=0 \tag{3.37}$$

$$\frac{\partial u}{\partial y}-\frac{\partial v}{\partial x}=0 \tag{3.38}$$

由于浅水假定$\mu\ll 1$，μ^2为高阶小量，可以忽略不计。另外，潮波与海啸波运动中，垂向速度w与$\boldsymbol{u}$相比可略去不计，取$w\approx 0$。从而式（3.34）～式（3.37）可简化为

$$\frac{\partial\eta}{\partial t}+\nabla\cdot\left[\left(h+\eta\right)\bar{\boldsymbol{u}}\right]=0 \tag{3.39}$$

$$\frac{\partial\boldsymbol{u}}{\partial t}+\left(\boldsymbol{u}\cdot\nabla\right)\boldsymbol{u}=-\nabla p \tag{3.40}$$

$$0=-\frac{\partial p}{\partial z}-1 \tag{3.41}$$

$$\frac{\partial\boldsymbol{u}}{\partial z}=0 \tag{3.42}$$

由式（3.42）知$\boldsymbol{u}$与垂向坐标z无关，即水平速度沿水深为常数，于是有$\bar{\boldsymbol{u}}=\boldsymbol{u}$。由式（3.41）可得压力分布（取自由表面上压力为零，并化成有因次形式）为

$$p=-\rho g\left(z-\eta\right) \tag{3.43}$$

即压力为流体静压力。将式（3.43）代入式（3.40），并将所得方程写成有因次形式，得

$$\frac{\partial\eta}{\partial t}+\nabla\cdot\left[\left(h+\eta\right)\boldsymbol{u}\right]=0 \tag{3.44}$$

$$\frac{\partial\boldsymbol{u}}{\partial t}+\left(\boldsymbol{u}\cdot\nabla\right)\boldsymbol{u}+g\nabla\eta=0 \tag{3.45}$$

由于潮波和海啸波运动是大尺度的，此处要考虑科氏力，并且在应用中，为了模拟实际运动，还需考虑流体黏性力，它包括两个部分，一部分是底摩阻力，另一部分是湍流扩散引起的流体作用力，称作湍流涡黏应力。其中，湍流涡黏应力为

$$\tau=\begin{pmatrix}\tau_{xx} & \tau_{xy}\\ \tau_{yx} & \tau_{yy}\end{pmatrix} \tag{3.46}$$

上述额外考虑项均加在动量方程（3.45）的右侧，得

$$\begin{aligned}&\frac{\partial u}{\partial t}+\boldsymbol{u}\cdot\nabla u+g\frac{\partial\eta}{\partial x}=f_c v-\frac{g}{C^2 d}u\sqrt{u^2+v^2}+\frac{1}{d}\left(\frac{\partial\left(d\tau_{xx}\right)}{\partial x}+\frac{\partial\left(d\tau_{xy}\right)}{\partial y}\right)\\&\frac{\partial v}{\partial t}+\boldsymbol{u}\cdot\nabla v+g\frac{\partial\eta}{\partial y}=-f_c u-\frac{g}{C^2 d}v\sqrt{u^2+v^2}+\frac{1}{d}\left(\frac{\partial\left(d\tau_{yx}\right)}{\partial x}+\frac{\partial\left(d\tau_{yy}\right)}{\partial y}\right)\end{aligned} \tag{3.47}$$

式中，$f_c = 2\omega\sin\varphi$，ω为地球绕地轴旋转的角速度；φ为地理纬度；C为谢才水底摩擦系数；d=h+η为总水深。式（3.47）右侧的三项分别对应科氏力、底摩阻力和湍流涡黏应力。

所以式（3.44）和式（3.47）即为浅水波方程：

$$
\begin{aligned}
&\frac{\partial\eta}{\partial t}+\nabla\cdot\left[(h+\eta)\boldsymbol{u}\right]=0\\
&\frac{\partial u}{\partial t}+\boldsymbol{u}\cdot\nabla u+g\frac{\partial\eta}{\partial x}=f_c v-\frac{g}{C^2 d}u\sqrt{u^2+v^2}+\frac{1}{d}\left(\frac{\partial(d\tau_{xx})}{\partial x}+\frac{\partial(d\tau_{xy})}{\partial y}\right)\\
&\frac{\partial v}{\partial t}+\boldsymbol{u}\cdot\nabla v+g\frac{\partial\eta}{\partial y}=-f_c u-\frac{g}{C^2 d}v\sqrt{u^2+v^2}+\frac{1}{d}\left(\frac{\partial(d\tau_{yx})}{\partial x}+\frac{\partial(d\tau_{yy})}{\partial y}\right)
\end{aligned}
\tag{3.48}
$$

3.2 地震海啸的生成机制

地震发生时，在垂直于地震俯冲带走向的方向上，海底地形的垂向位移呈现“双极”（bi-polar）分布，对于逆冲型地震，靠近大陆一侧的地形沉降，而海沟外侧海底则隆起（图3.1）。为简化处理，将地震引发的海底同震位移的垂向分量视作一定面积S的海床突然隆起一定距离。考虑到该过程足够快，并且忽略流体的压缩性，使得上覆水体同样面积的水面也突然上升δh。为了恢复流体表面的平衡性，形成了以重力为恢复力的海表波动并向四周传播。

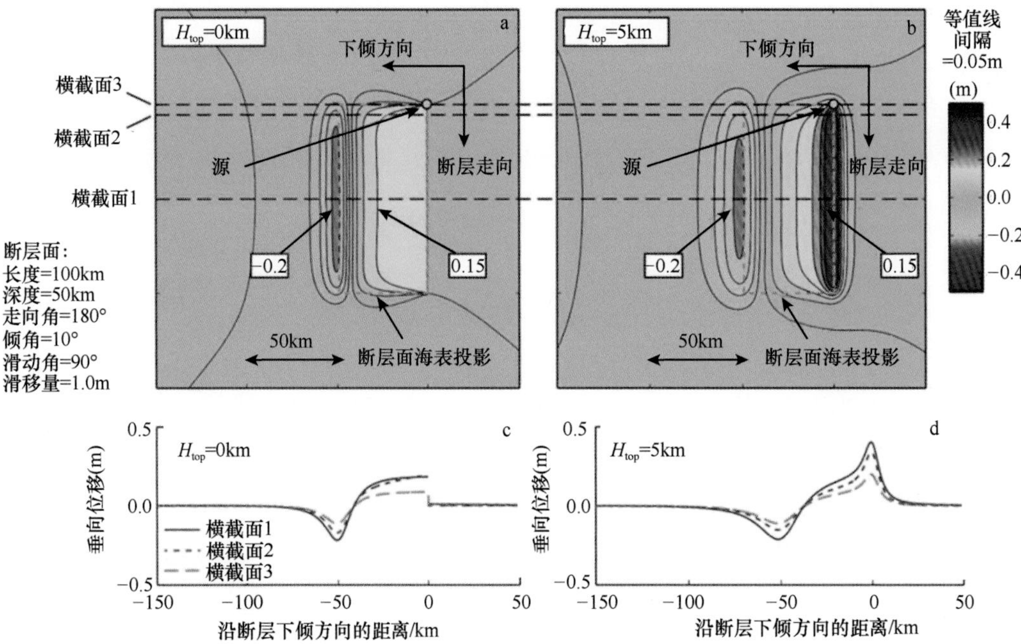

图3.1 断层面积为（100×50）km^2、滑移量为1m的单位震源所引起的垂向海底形变

a和c. 震源深度为0km；b和d. 震源深度为5km

3.2.1　地震海啸生成的基本假设及其相悖性

在图3.2所描述的地震海啸生成过程中，海啸波的生成机制基于一个基本假设，即海底变形的速度远大于海啸波速。换言之，海底隆起过程是“一瞬间”完成的，该过程持续时间远小于其引发的海啸波传播出震源区域所需的时间。地震破裂速度（rupture velocity）一般为2～4km/s，而海啸波速大约为150m/s，因此上述假设可认为是成立的。在实际应用中，为了简化海啸生成和传播过程的数值模型，通常将流体视为不可压缩无旋流体。但矛盾的是，如果认为海底及相应的海面形变是在很短时间内完成的，将打破流体的不可压缩假设，即必须考虑流体的可压缩性。但对于可压缩流体，长波理论不再适用。

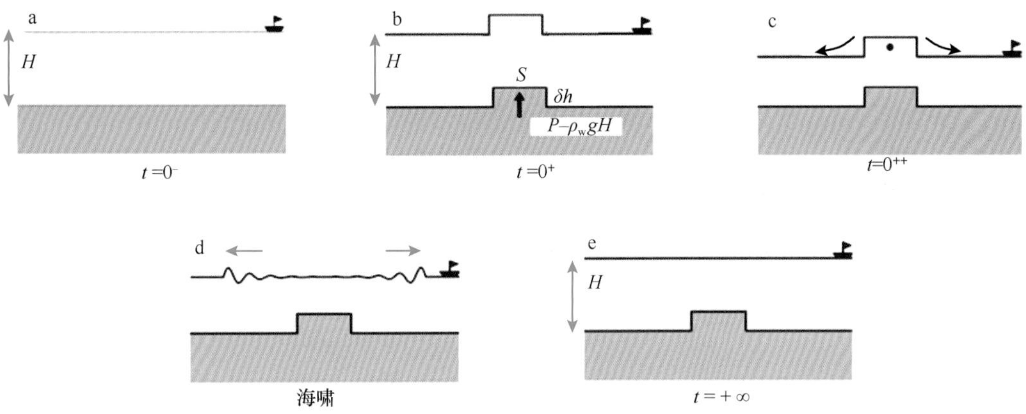

图3.2　地震海啸生成的简化模型

根据上述简化的海啸生成模型，假设海床（面积S）在τ时间内以一定速度隆起δh，对于不可压缩流体，产生一个$\delta h/\tau$的垂向速度。相应地，水体动能为

$$W_{\mathrm{k}} = \rho SH\left(\delta h\right)^2 \big/ 2\tau^2 \tag{3.49}$$

海床隆起导致海表面扰动，该扰动包含的初始水体势能的变化为

$$W_{\mathrm{p}} = \rho Sg\left(\delta h\right)^2 \big/ 2 \tag{3.50}$$

在海啸生成数值模型中，通常不考虑海底形变导致的水体动能，即假设W_{p}远大于W_{k}，但这个假设往往是不成立的。将$\tau_0 = \left(H/g\right)^{1/2}$视为重力波传播与水深相当的一段距离所需的时间，结合式（3.49）和式（3.50）得

$$\frac{W_{\mathrm{k}}}{W_{\mathrm{p}}} = \frac{\tau_2^0}{\tau^2} \tag{3.51}$$

假设H=4000m，对应的τ_0为20s。对于6.5～7.5级的地震破裂过程，有$W_{\mathrm{k}} > W_{\mathrm{p}}$。此时，海底形变导致的水体动能相对于势能的变化而言，已不能视为小量，需要考虑流体的压缩性。

通过上述分析，我们仅仅强调，为了简化地震海啸生成的模拟过程，通常同时假设流体的不可压缩性和海表面隆起的瞬时性，但实际上这两个假设是相悖的。

通过图3.2所描述的地震海啸生成的简化模型，可以计算海啸生成时所含的能量。当一定面积的海表面发生形变隆起δh时，可视为质量为$\rho \cdot \delta h \cdot S$的隆起水体重力势能的释放产生了海啸波。注意该水体的质心位置在平均海平面以上$\delta h/2$处，海啸波动的初始波能为

$$E_{\mathrm{T}} = \rho g S \cdot \delta h \cdot \frac{1}{2} \delta h = \frac{1}{2} \rho g S \left(\delta h\right)^2 \tag{3.52}$$

注意无论δh为正还是为负，海啸波能总为正值，并且与水深无关。考虑到地震矩的定义，地震矩M_0正比于震源破裂面积和沿断层面滑移量的乘积，即$M_0 \propto \mathrm{L}^3$，L为长度的量纲。而E_{T}则正比于L^4或$M_0^{\frac{4}{3}}$。Okal和Synolakis（2003）推导出如下关系：

$$E_{\mathrm{T}} = 0.22 \cdot \frac{\rho g}{\mu^{4/3}} \varepsilon_{\max}^{2/3} \cdot M_0^{\frac{4}{3}} \tag{3.53}$$

式中，μ为岩石弹性模量；$\varepsilon_{\max}^{2/3}$为断层破裂过程应力释放特征参数。可见，海啸波能比地震矩增长的速度要快，即地震震级越大，转化至海啸波能的比例越高。但即便是9.0级左右的强震，也仅有1%左右的能量释放至海啸波能。

3.2.2 影响海啸生成的主要和次要因素

从海啸初始波能的数学表达式可以清晰地看到，影响海啸生成的主要因素包括震源破裂面积和海底形变的垂向位移分量，下面分别进行考虑。

在分析地震震源参数的基础上，地震学研究领域已经建立了地震断层破裂空间尺度、平均滑移量与震级之间的统计关系。

断层破裂面积S与震级的关系为

$\log S = M - 4.0$（Abe，1975）

$\log S = M - 4.07$（Sato，1979）

$\log S = M - 3.95$（Somerville et al.，1999）

断层破裂长度L与震级的关系为

$\log L = (M - 4.33)/1.49$（Wells and Coppersmith，1994）

在日本地震海啸预警系统中采用下式估算：

$$\log L = 0.5M - 1.9$$

并且假设断层宽度是长度的一半，即$W=L/2$。

平均滑移量D与震级的关系为

$\log D = 0.5M - 1.4$（Sato，1979）

$\log D = 0.5M - 1.44$（Somerville et al.，1999）

图3.3a是Wells和Coppersmith（1994）确定的地震断层破裂长度与震级的经验关系和日本海啸预警系统中采用的经验关系的比较。上述两个公式计算给出的地震断层破裂长度与震级的关系有一定差异，但分析地震断层破裂长度与震级的历史事件数据可知，同

样震级的不同地震断层破裂长度差别可能较大，实际观测数据本身的离散性就很大，但地震断层破裂面积（长度与宽度的乘积）与震级的关系较为稳定（图3.3b）。

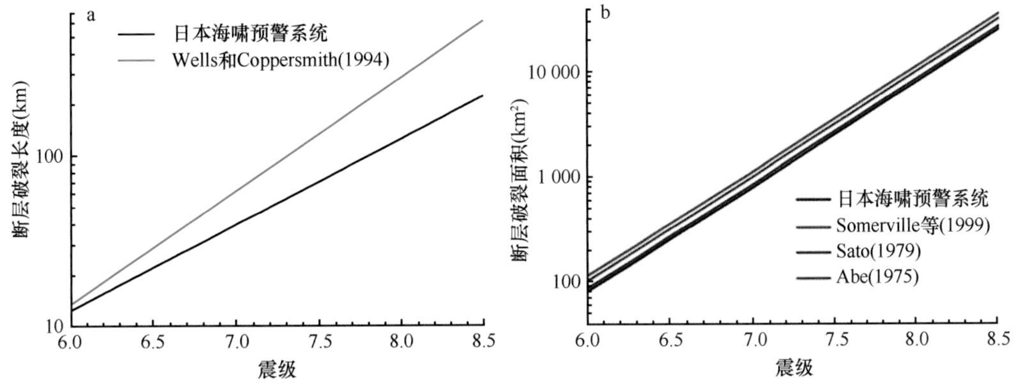

图3.3　地震断层破裂长度和破裂面积与震级的关系图

接下来探讨地震破裂和海啸生成中几个重要的特征时间量。如前所述，将$\tau_0=(H/g)^{1/2}$视为重力波传播与水深相当的一段距离所需的时间，假设L_*代表地震破裂的水平空间尺度特征量，以此类推，则$T_{TS}=L_*/\sqrt{gH}$表征重力波动传播与地震破裂范围相当的一段距离所需的时间，这个时间尺度与海啸波的周期特征紧密相关。类似地，可以定义水声波（hydro-acoustic wave）在地震源场传播的特征时间为$T_S=L_*/c$，其中c为声波传播速度。

目前认为弹性回跳理论是构造地震发生的主要机制，即断层两边岩石在构造应力的作用下发生形变，应力和应变能逐渐累积，当应力达到一定程度就会造成断层的突然活动，从而导致地震发生，应变能也得到突然释放。海底强震发生时，岩石破裂过程是从地震初始破裂点以一定速度向四周传播的，即整个海底的变形过程和断层的活动不是瞬间同步完成的。研究表明，断层破裂速度接近于剪切波传播速度时，还会产生明显的方向性效应。一般而言，断层破裂速度为$V_R\approx1\sim3$km/s，但对于超剪切破裂过程，破裂速度可达$V_R\approx5\sim6$km/s。取$T_{EQ}=L_*/\sqrt{gH}$作为地震破裂过程的特征时间尺度。在哈佛大学震源机制解事件集中，对每个地震事件计算给出了“半持续时间”（half duration period）的特征时间量（T_{hd}）。Levin和Nosov（2016）统计了1976～2005年全球7.0级以上地震并得到了如下回归关系式：

$$\log_{10}T_{hd}=(0.42\pm0.02)M_w-(1.99\pm0.14) \qquad (3.54)$$

根据式（3.54）计算，7.0～8.0级强震的破裂过程持续时间为10～30s。

图3.4为海啸生成过程中有关特征时间尺度与地震震级的关系。其中，T_{TS}为海啸波周期特征尺度，根据地震破裂水平空间尺度的变化，一般为$10^2\sim10^4$；而T_{hd}一般为$10\sim10^2$。事实上，2004年印度洋9.1级地震的断层破裂过程虽然达到了惊人

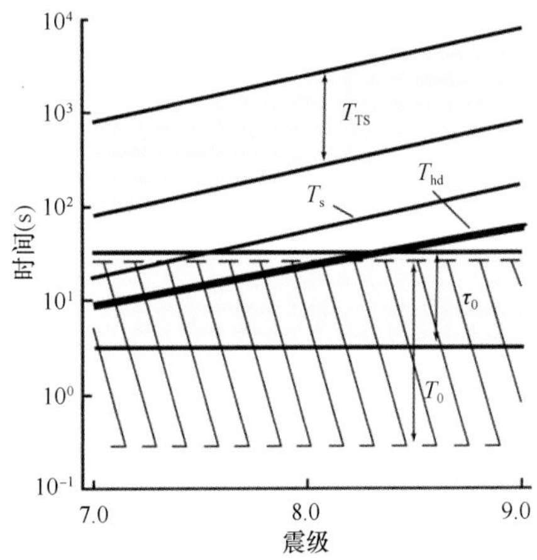

图3.4　海啸生成过程中有关特征时间尺度与地震震级的关系（Levin and Nosov，2016）

的300～600s，但与海啸波周期相比仍为小量，即断层破裂和海啸生成过程可视为一个瞬时过程。

τ_0远小于T_{TS}，即海啸波的水平空间尺度要远大于水深，说明海啸波在地震源和之后的传播过程中可视为浅水波。对于破裂尺度较小的地震海啸生成过程，海啸波的频散效应不可忽略。

此外，还应该关注T_s、T_{TS}和T_{hd}3个特征时间量的关系。其中，T_s代表声波在地震源场传播的特征时间。根据图3.4可以得知，声波的传播速度要大于海啸波的传播速度，但小于断层破裂速度（海啸生成的速度）。由于T_s和T_{hd}较为接近，不能忽视震源区域由于地震破裂而引发的整个水体的低频弹性振荡，这个振荡过程在海水中是以声波的速度快速传播的。

在地震海啸生成过程中，通常认为海底的垂向位移分量对海啸生成的贡献要远远大于水平位移分量。尽管在大陆坡和海沟附近海底地形变化较大，海底坡度α也要远小于0.1。

接下来探讨海底垂向位移和切向位移在海啸生成中的作用。对于走滑型地震，地震水平位移分量要远大于逆冲型地震。当海底相对于水体发生切向移动时，摩擦效应会向水体施加$\rho u_*^2 S$的海底摩擦力，形成海底流速对数边界层，其中的u_*指摩擦速度，量值远小于水体流速。假设海底水平位移为η，则水平摩擦对水体做功为

$$W_t = \rho u_*^2 S\eta \tag{3.55}$$

视η/τ为海底水平位移的速度，即海底边界层的水体水平流速，该速度远大于摩擦速度u_*，即

$$W_t \ll \rho S\frac{\eta^3}{\tau^2} \tag{3.56}$$

事实上，u_*的取值一般为每秒数厘米。

如前节所述，海底垂直位移分量对海啸波能的贡献是

$$W_n=\rho Sg(\eta\cos\alpha)^2/2 \tag{3.57}$$

由于海底坡度很小，$\eta\cos\alpha\approx\eta$。因此海底的垂向和水平位移传递给水体的能量之比为

$$\frac{W_n}{W_t} \gg \frac{g\tau^2}{\eta} \tag{3.58}$$

取τ为地震破裂特征尺度T_{hd}、η为滑移量D，对于8.0级地震，上述比值为700～1200。因此，海底的水平位移对海啸生成的贡献完全可以忽略。

Levin和Nosov（2016）还详细分析了地转效应与水体层化效应对海啸生成的贡献，证明地震能量在向海啸波能转化的过程中，仅有一小部分能量转移至海水流体的斜压过程和地转效应中。因此，地震海啸生成的物理过程，可以将考虑地转效应的黏性可压缩层化流体的海啸生成问题，简化为无旋不可压缩均匀流体的海啸生成问题。

需要指出的是，地震海啸生成过程是一个极为复杂的过程，震源的几何特征（震源深度、水平空间范围、走向角和倾角等）、地震同震位移场分布及其不均一性、地震破裂速度、地震不同频率能量的释放（慢地震）、浅层岩石弹性模量的分布特征等因素，均会对海啸生成过程产生重要影响。事实上，对于多数地震海啸过程，即便采用有限断层模型解对海啸生成和传播过程进行模拟，也仅能刻画出大体的海啸传播过程和最大海

啸波幅空间分布特征，对于近场的最大海啸波幅分布，由于其严重依赖于海啸生成过程，模拟效果往往较差。

3.2.3　Okada地震源模型

Steketee（1958a，1958b）将位错理论引入地震学后，许多地震研究学者针对不同的断层类型发展了不同的位错理论，使得计算地球同震形变的方法得到不断发展。在前人研究的基础上，Okada（1985，1992）、Mansinaha和Smylie（1967，1971）给出了均匀半无限空间弹性介质海底位移场的同震位移计算模型（图3.5），该模型也成为计算海底地震同震位移场的基础模型。Kajiura（1963）首次提出可以将静态的海底位移转化成海啸产生阶段自由表面的初始边界条件，该假定的提出使得海啸数值计算成为可能。一直以来同震模型常假定海底地震具有一致的震源机制特征，采用点源、单断层面和平均滑动量（slip）的假定以简化断层破裂的复杂性，忽略了断层破裂的局地特征，但局地地质构造特征和地形效应对同震形变有较大的影响。过去几十年间，大部分海啸事件的模拟均基于这一间接的方法获取海啸源特征来计算海啸的远场传播特征。

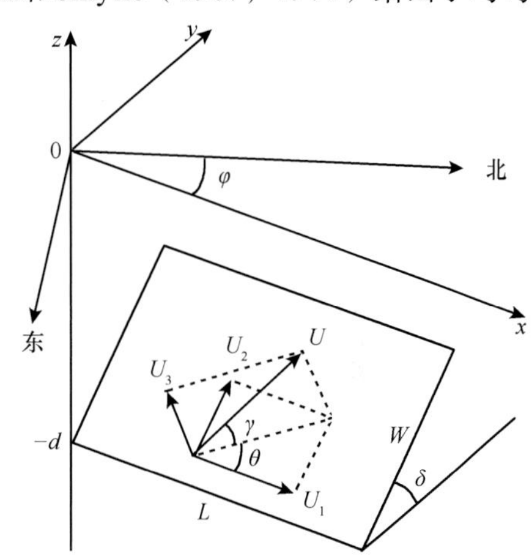

图3.5　均匀半无限空间弹性介质同震位移场的计算模型示意图

当前几乎所有海啸数值模型的地震源模型均基于Okada（1985）理论，计算方法如下。

1）走向滑动引起的位移

$$\begin{cases} u_x = -\dfrac{U_1}{2\pi}\left(\dfrac{\xi q}{R(R+\eta)} + \tan^{-1}\dfrac{\xi\eta}{qR} + I_1\sin\delta\right) \\ u_y = -\dfrac{U_1}{2\pi}\left(\dfrac{\tilde{y}q}{R(R+\eta)} + \dfrac{q\cos\delta}{R+\eta} + I_2\sin\delta\right) \\ u_z = -\dfrac{U_1}{2\pi}\left(\dfrac{\tilde{d}q}{R(R+\eta)} + \dfrac{q\sin\delta}{R+\eta} + I_4\sin\delta\right) \end{cases} \tag{3.59}$$

2）倾斜滑动引起的位移

$$\begin{cases} u_x = -\dfrac{U_2}{2\pi}\left(\dfrac{q}{R} - I_3\sin\delta\cos\delta\right) \\ u_y = -\dfrac{U_2}{2\pi}\left(\dfrac{\tilde{y}q}{R(R+\xi)} + \cos\delta\tan^{-1}\dfrac{\xi\eta}{qR} - I_1\sin\delta\cos\delta\right) \\ u_z = -\dfrac{U_2}{2\pi}\left(\dfrac{\tilde{d}q}{R(R+\xi)} + \sin\delta\tan^{-1}\dfrac{\xi\eta}{qR} - I_5\sin\delta\cos\delta\right) \end{cases} \tag{3.60}$$

3）拉伸断层引起的位移

$$\begin{cases}u_x=-\dfrac{U_3}{2\pi}\left(\dfrac{q^2}{R(R+q)}-I_3\sin^2\delta\right)\\u_y=-\dfrac{U_3}{2\pi}\left[\dfrac{\tilde{d}q}{R(R+\xi)}+\sin\delta\left(\dfrac{\xi q}{R(R+\eta)}-\tan^{-1}\dfrac{\xi\eta}{qR}\right)-I_1\sin^2\delta\right]\\u_z=-\dfrac{U_3}{2\pi}\left[\dfrac{\tilde{y}q}{R(R+\xi)}+\cos\delta\left(\dfrac{\xi q}{R(R+\eta)}-\tan^{-1}\dfrac{\xi\eta}{qR}\right)-I_5\sin^2\delta\right]\end{cases} \tag{3.61}$$

其中，

$$\begin{cases}I_1=\dfrac{\mu}{\lambda+\mu}\left(\dfrac{-1}{\cos\delta}\dfrac{\xi}{R+\tilde{d}}\right)-\dfrac{\sin\delta}{\cos\delta}I_5\\I_2=\dfrac{\mu}{\lambda+\mu}\left[-\ln(R+\eta)\right]-I_3\\I_3=\dfrac{\mu}{\lambda+\mu}\left[\dfrac{1}{\cos\delta}\dfrac{\tilde{y}}{R+\tilde{d}}-\ln(R+\eta)\right]+\dfrac{\sin\delta}{\cos\delta}I_4\\I_4=\dfrac{\mu}{\lambda+\mu}\dfrac{1}{\cos\delta}\left[\ln(R+\tilde{d})-\sin\delta\ln(R+\eta)\right]\\I_5=\dfrac{\mu}{\lambda+\mu}\dfrac{2}{\cos\delta}\tan^{-1}\dfrac{\eta(X+q\cos\delta)+X(R+X)\sin\delta}{\xi(R+X)\cos\delta}\end{cases} \tag{3.62}$$

并且如果cosδ=0，则

$$\begin{cases}p=y\cos\delta+d\sin\delta\\q=y\sin\delta-d\cos\delta\\\tilde{y}=\eta\cos\delta+q\sin\delta\\\tilde{d}=\eta\sin\delta-q\cos\delta\\R^2=\varepsilon^2+\eta^2+q^2=\varepsilon^2+\tilde{y}^2+\tilde{d}^2\\X^2=\varepsilon^2+q^2\end{cases} \tag{3.63}$$

$$\begin{cases}I_1=\dfrac{\mu}{2(\lambda+\mu)}\dfrac{\xi q}{(R+\tilde{d})^2}\\I_3=\dfrac{\mu}{2(\lambda+\mu)}\left[\dfrac{\eta}{R+\tilde{d}}+\dfrac{\tilde{y}q}{(R+\tilde{d})^2}-\ln(R+\eta)\right]\\I_4=\dfrac{\mu}{\lambda+\mu}\dfrac{q}{R+\tilde{d}}\\I_5=\dfrac{\mu}{\lambda+\mu}\dfrac{\xi\sin\delta}{R+\tilde{d}}\end{cases} \tag{3.64}$$

式中，cosδ=0时，必须注意有两种情况，即sinδ=+1和sinδ=−1。震源模型中断层面被确定为下降板块与上升板块的交界面。

随着越来越多的地震探测数据和海啸监测记录被应用于同震位移场的重构与反演计算，一种可以刻画和详细描述地震破裂特征与可变的局地震源参数的同震模型更多地应用于海啸预警、海啸事件重演及海啸风险评估等工作中，我们称这种同震模型为有限断层模型（finite fault model）。该模型将断层面剖分为多个面积均等的子断层，每个子断层具有可变的局部震源机制解，根据断层破裂的速度与子断层破裂时间可以构建海底地震位移场动态破裂过程，可以细致地描述海啸近场传播特征。图3.6表现了利用均匀滑移断层模型和非均匀滑移断层模型计算得到的海平面位移场分布，图3.7为基于上述不同断层模型所得到的最大海啸波幅分布。

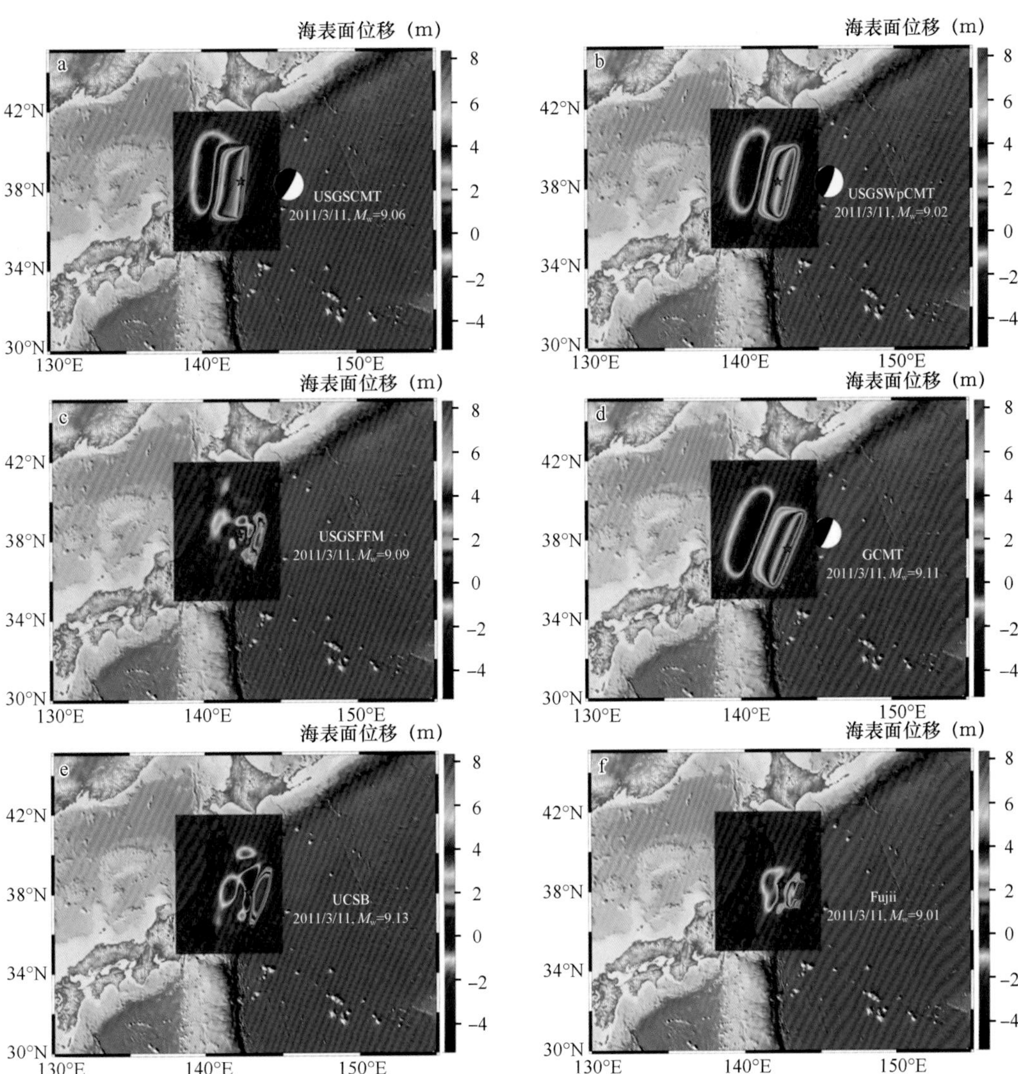

图3.6　不同有限断层模型计算的海底位移引起的海表面位移场分布（★表示震中位置）

a. USGSCMT海啸源；b. USGSWpCMT海啸源；c. USGSFFM海啸源；
d. GCMT海啸源；e. UCSB海啸源；f. Fujii海啸源

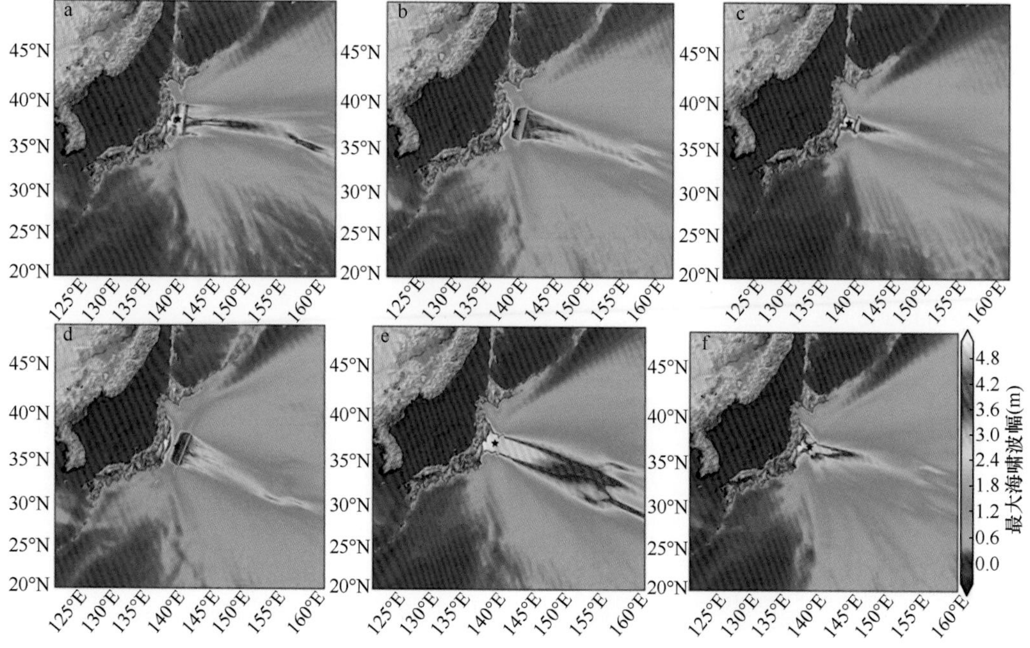

图3.7　基于不同有限断层模型模拟的最大海啸波幅分布（★表示震中位置）

a. 基于USGSCMT海啸源；b. 基于USGSWpCMT海啸源；c. 基于USGSFFM海啸源；
d. 基于GCMT海啸源；e. 基于UCSB海啸源；f. 基于Fujii海啸源

3.3　海啸波的产生与传播

瞬变波是常见的物理现象，如海底地震、海底滑坡、爆炸等引起的扰动都会产生瞬变波，因此对这种波的研究颇有实际意义。地震海啸的传播分析也可为研究海底地震提供资料。堤坝溃坝时形成的溃坝波也是一种瞬变波，它对下游建筑物会产生很大的压力。由于水波是色散波，瞬变水波的传播要比其他许多种波复杂得多。

3.3.1　常深度水域中的二维瞬变问题

考虑不存在其他固体边界的常深度海洋（开阔海洋），假定自由面和海底的扰动不依赖y坐标，则可在x、z平面上描述流体运动，这时速度势Φ满足

$$\nabla^2\Phi = \frac{\partial^2 \Phi}{\partial^2 x} + \frac{\partial^2 \Phi}{\partial^2 y} = 0 \tag{3.65}$$

$$\frac{\partial \zeta}{\partial t} = \frac{\partial \Phi}{\partial z}, \quad z=0 \tag{3.66a}$$

$$\frac{\partial \Phi}{\partial t} + g\zeta = -\frac{P_{\mathrm{a}}(x,\ t)}{\rho}, \quad z=0 \tag{3.66b}$$

采用线性化假设，$P_{\mathrm{a}}(x,\ t)$是已知的。设海底由$z=-h+H(x,\ t)$表示。如果海底运动给

定，则由法向速度的连续性得

$$\frac{\partial \Phi}{\partial z}=\frac{\partial H}{\partial t}+\frac{\partial \Phi}{\partial x}\frac{\partial H}{\partial x},\quad z=-h+H(x,\ t) \tag{3.67}$$

设海底的起伏很小（如地震时震中在远离床面的深处），即H、$\frac{\partial H}{\partial t}$、$\frac{\partial H}{\partial x}$的振幅很小，二次项可忽略，线性化近似适用，由此可得

$$\frac{\partial \Phi}{\partial z}=\frac{\partial H}{\partial t}=W(x,\ t),\quad z\approx -h \tag{3.68}$$

式中，$W(x, t)$为已知函数。还应给定初始条件，由于式（3.65）中不含时间导数，只需要部分区域的初始条件。为了确定起见，采用如下的Laplace变换方法，变换及其逆变换公式为

$$\bar{f}(s)=\int_0^\infty \mathrm{e}^{-st}f(t)\mathrm{d}t \tag{3.69a}$$

$$f(t)=\frac{1}{2\pi\mathrm{i}}\int_\Gamma \mathrm{e}^{st}\bar{f}(s)\mathrm{d}s \tag{3.69b}$$

式中，Γ是复平面s中虚轴和$\bar{f}(s)$所有奇点右侧的铅垂线。对式（3.65）、式（3.66）、式（3.68）做上述变换，得

$$\frac{\partial^2\bar{\Phi}}{\partial^2 x}+\frac{\partial^2\bar{\Phi}}{\partial^2 z}=0 \tag{3.70}$$

$$\frac{\partial\bar{\Phi}}{\partial z}=\bar{W}(x,\ s),\quad z=-h \tag{3.71}$$

$$-\zeta(x,\ 0)+s\bar{\zeta}=\frac{\partial\bar{\Phi}}{\partial z},\quad z=0 \tag{3.72}$$

$$-\Phi(x,\ 0,\ 0)+s\bar{\Phi}+g\bar{\zeta}=-\frac{\bar{P}_\mathrm{a}}{\rho},\quad z=0 \tag{3.73}$$

消去式（3.72）、式（3.73）中的$\bar{\zeta}$后，得

$$\frac{\partial\bar{\Phi}}{\partial z}+\frac{s^2}{g}\bar{\Phi}=-\zeta(x,\ 0)+\frac{s}{g}\Phi(x,\ 0,\ 0)-\frac{s\bar{P}_\mathrm{a}}{\rho g}=F(x,\ s),\quad z=0 \tag{3.74}$$

由此可见，如果给定了水面上的初始条件，即自由面的初始铅垂位移$\zeta_0(x)=\zeta(x, 0)$和Φ的初始值，$F(x, s)$就完全确定，可进一步求解，即构成Cauchy-Poisson问题。

为理解$\Phi(x, 0, 0)$的物理意义，考虑特殊的大气压力$P_\mathrm{a}(x, t)=I\delta(t)$，$\delta(t)$为Dirac函数，将Bernoulli方程（3.66b）从$t=0_-$积分到$t=0_+$，得

$$\Phi(x,\ 0,\ 0_+)-\Phi(x,\ 0,\ 0_-)+\int_{0_-}^{0_+}g\zeta\,\mathrm{d}t=-\frac{I}{\rho}\int_{0_-}^{0_+}\delta(t)\mathrm{d}t=-\frac{I}{\rho} \tag{3.75}$$

因为$\Phi(x, 0, 0_-)=0$，而ζ为有限值，所以有$\Phi(x, 0, 0_+)=-\frac{I}{\rho}$，因而$\Phi$的初值表示稍早于$t=0_+$时刻作用在自由面上的冲击压力。

式（3.70）、式（3.71）、式（3.74）为边值问题，其形式上与简谐情形的边值问题相似。对于任何有限的时间，远离初始扰动处没有运动，因此，$|x|\to\infty$时$\Phi(x, t)\to\infty$，也就意味着$|x|\to\infty$时$\bar{\Phi}\to 0$，由于求解域中没有任何有界物体，因此可用关于x的Fourier变

换较快地解出上述问题，于是Φ的Fourier-Laplace变换的像$\tilde{\bar{\Phi}}(k,\ z,\ s)$满足

$$\frac{\mathrm{d}^2\tilde{\bar{\Phi}}}{\mathrm{d}^2 z}-k^2\tilde{\bar{\Phi}}=0,\quad -h<z<0 \tag{3.76}$$

$$\frac{\mathrm{d}\tilde{\bar{\Phi}}}{\mathrm{d}z}+\frac{s^2}{g}\tilde{\bar{\Phi}}=F(k,\ s),\quad z=0 \tag{3.77}$$

$$\frac{\mathrm{d}\tilde{\bar{\Phi}}}{\mathrm{d}z}=\tilde{\bar{W}}(k,\ s),\quad z=-h \tag{3.78}$$

式中，$F(x,\ s)=-\dfrac{s\tilde{\bar{P}}_{\mathrm{a}}(k,\ s)}{\rho g}-\bar{\zeta}(k,\ 0)+\dfrac{s^2}{g}\tilde{\Phi}(k,\ 0,\ 0)$。容易求得式（3.76）～式（3.78）的解为

$$\tilde{\bar{\Phi}}=\frac{\operatorname{sech}kh}{gk\tanh kh}\left[gF\cosh k(z+h)+\frac{\tilde{\bar{W}}}{k}\left(s^2\sinh kz-gk\cosh kz\right)\right] \tag{3.79}$$

显然，式（3.79）方括号中的两项分别代表自由面上和底部的所有扰动。取逆Fourier-Laplace变换形式，得

$$\Phi(x,\ z,\ t)=\frac{1}{2\pi}\int_{-\infty}^{\infty}\mathrm{e}^{\mathrm{i}kx}\mathrm{d}k\frac{1}{2\pi\mathrm{i}}\int_{\Gamma}\mathrm{e}^{st}\tilde{\bar{\Phi}}(k,\ z,\ s)\mathrm{d}s \tag{3.80}$$

利用式（3.76b）可得自由面高度为

$$\zeta(x,\ t)=\frac{-P_{\mathrm{a}}}{\rho g}-\frac{1}{g}\frac{\partial\Phi}{\partial t}(x,\ 0,\ t)=-\frac{-P_{\mathrm{a}}}{\rho g}-\frac{1}{2\pi}\int_{-\infty}^{\infty}\mathrm{d}k\mathrm{e}^{\mathrm{i}kx}\int_{\Gamma}\frac{1}{2\pi\mathrm{i}}\mathrm{e}^{st}\frac{s}{g}\tilde{\bar{\Phi}}(k,\ 0,\ s)\mathrm{d}s \tag{3.81}$$

$\tilde{\bar{\Phi}}$由式（3.79）确定，接下来将针对具体的扰动由式（3.80）和式（3.81）进行求解与分析。

3.3.2 海底倾斜所产生的地震海啸

地震海啸是地震产生的水波，如果海底地震区域的海底位移是已知的，则水波问题是纯粹的流体动力学问题。可惜的是，在震中附近进行直接测量实在太难了，因此，人们的努力探讨集中在利用远场测得的水位记录，从而粗略地演绎出地壳构造运动的性质。在近岸地震海啸的许多特征中，有两个特征经常被报道，一是地震海啸到达海岸时，常有一种海水离岸退却作为先导；二是最先到达的波峰可能不是最大的。本部分将通过理论模型对上述现象进行解释。

假定初始时刻自由面上没有扰动，即

$$\zeta(x,0)=\Phi(x,0)=P_{\mathrm{a}}(x,0)=0 \tag{3.82}$$

在海底$z=-h$处，地面位移$H(x,\ t)$预先给定，因此$W=\dfrac{\partial H}{\partial t}$是已知的，由式（3.79）可得Fourier-Laplace变换后的解，即

$$\tilde{\tilde{\Phi}} = \frac{\tilde{\tilde{W}}}{k\cosh kh}\frac{\left(s^2\sinh kz\right) - gk\cosh kz}{s^2 + gh\tanh kh} \tag{3.83}$$

自由面位移为

$$\zeta = \frac{1}{2\pi}\int_{-\infty}^{\infty}\frac{e^{ikx}}{\cosh kz}dk\frac{1}{2\pi i}\int_{\Gamma}\frac{s\tilde{\tilde{W}}e^{st}}{s^2+\omega^2}ds \tag{3.84}$$

式中，$\omega = \sqrt{gk\tanh kh}$。我们进一步限定，海底运动是在无穷小时间间隔内完成的突然移动，即

$$H(x,\ 0_-) = 0,\ H(x,\ 0_+) = H_0(x)$$

则海底法向速度可用δ函数表示为

$$\frac{\partial\Phi}{\partial z} = W(x,\ t) = H_0(x)\delta(t)$$

从而有 $\tilde{\tilde{W}} = \tilde{\tilde{H}}_0(k)$，立即可算出关于$s$的积分，得

$$\zeta = \frac{1}{2\pi}\int_{-\infty}^{\infty}\frac{\tilde{H}_0(k)}{\cosh kh}\frac{1}{2}\left[e^{i(kx+\omega t)} + e^{i(kx-\omega t)}\right]dk \tag{3.85}$$

任何$H_0(x)$可化成x的奇函数 $H_0^o(x)$ 和偶函数 $H_0^e(x)$之和。由于做了线性化假设，这两部分可先分开处理，而后把所得结果叠加起来。容易证明，偶函数部分 $H_0^e(x)$的效应与自由面上对称的初始位移情形十分相似。差别在于被积函数中的因子$\cosh^{-1}kh$，它把短波的影响缩小了。所以，我们主要讨论奇函数部分 $H_0^o(x)$。

引进函数$B(x)$，使

$$H_0^o(x) = \frac{dB}{dx} \tag{3.86}$$

因此，$B(x)$为x的偶函数，且有

$$\tilde{H}_0^o(k) = ik\tilde{B}(k)$$

$\tilde{B}(k)$为k的偶函数，因此

$$\begin{aligned}\zeta &= \frac{1}{2\pi}\int_{-\infty}^{\infty}\frac{e^{ikx}}{\cosh kh}ik\tilde{B}(k)\frac{1}{2}\left[e^{i\omega t} + e^{-i\omega t}\right]dk \\ &= \frac{1}{2\pi}\frac{d}{dx}\mathrm{Re}\left[2\int_0^{\infty}dk\frac{e^{ikx}}{\cos kh}\tilde{B}(k)\frac{1}{2}\left(e^{i(\omega t)} + e^{i(-\omega t)}\right)\right]\end{aligned} \tag{3.87}$$

当t很大且远离先导波时，类似自由面上的初始位移产生的瞬变波，用驻相法处理上述积分，可望出现非常相似的定性特征，只是有一个重大差别：当$\frac{x}{t} = \cos st$时，$\zeta \sim t^{-2/3}$。在$x>0$区域的先导波，有

$$\begin{aligned}\mathrm{Re}\left[\int_0^{\infty}\frac{e^{i(kx-\omega t)}}{\cosh kh}\tilde{B}(k)dk\right] &\approx \mathrm{Re}\left[\tilde{B}(0)\int_0^{\infty}e^{i(kx-\omega t)}dk\right] \\ &\approx \mathrm{Re}\left[\tilde{B}(0)\int_0^{\infty}dke^{ik\left(x-\sqrt{gh}t\right)}\right] + 1/6\sqrt{gh}h^3k^3t \\ &\approx 2\tilde{B}(0)\left(\frac{2}{h^2t\sqrt{gh}}\right)^{\frac{1}{3}}Ai\left[\left(\frac{2}{h^2t\sqrt{gh}}\right)^{\frac{1}{3}}\left(x - t\sqrt{gh}\right)\right]\end{aligned}$$

对x求导后得

$$\zeta \approx \tilde{B}(0)\left(\frac{2}{h^2 t\sqrt{gh}}\right)^{\frac{2}{3}} Ai'\left[\left(\frac{2}{h^2 t\sqrt{gh}}\right)^{\frac{1}{3}}\left(x - t\sqrt{gh}\right)\right] \tag{3.88}$$

式中，$Ai'(Z) = \frac{\mathrm{d}}{\mathrm{d}z} Ai(Z)$。

先导波随时间正比于$t^{-2/3}$衰减，这比海底纯粹凸起和凹陷（$\zeta \propto t^{-1/3}$）的情形要快得多，其原因是海底运动半凹半凸时，凹凸部分的贡献有彼此相消的趋势。

注意到

$$B(x) = \int_{-\infty}^{x} H_0^{\mathrm{o}}(x)\mathrm{d}x$$

当海底为左凸右凹时，$B(x) \geqslant 0$，因此

$$\tilde{B}(0) = \int_{-\infty}^{x} B(x)\mathrm{d}x > 0$$

在该情况下，向右传播的先导波是水面的凹陷（因此，水从岸边后退），随后的波峰则振幅渐增。因此在阿拉斯加或者智利的近海海底发生地震时，若往夏威夷的方向朝下倾斜，另一方向朝上隆起，则在夏威夷海滨就会观测到上述现象。在左侧$x<0$，其波前是向右的波前关于x轴和z轴的镜像，因而先导波是一个小波峰。不过如果海底倾斜的方向相反，则当$x>0$时，先导波就是水位的上升。

3.3.3 由海底冲击位移产生的二维地震海啸

本部分将主要介绍由海底冲击位移产生的二维地震海啸，其中用到的部分结论请参见梅强中（1984）有关底部扰动产生的三维瞬变解相关内容。

在冲击位移的特殊情形中

$$W(r, \theta, t) = W(r, \theta)\delta(t - 0_+) \tag{3.89}$$

其Laplace变换为

$$\bar{W} = W(r,\ \theta)$$

由此，可得

$$\zeta = \frac{1}{2\pi}\int_0^{\infty} r'\mathrm{d}r' \int_0^{2\pi} W(r',\ \theta')\mathrm{d}\theta' \int_0^{\infty} \frac{kJ_0\left(k|r - r'|\right)}{\cosh kh} \cos\omega t \mathrm{d}k \tag{3.90}$$

为进一步分析，借助于Neumann加法定理，将$J_0\left(k|r-r'|\right)$展开成级数，可得

$$J_0\left(k\sqrt{r^2 + r'^2 - 2rr'\cos(\theta - \theta')}\right) = \sum_{n=0}^{\infty} \varepsilon_n J_n(kr) J_n(kr') \cos n(\theta - \theta') \tag{3.91}$$

式中，ε_n为Jacobi符号（$\varepsilon_0=1$；$\varepsilon_n=2$，$n \geqslant 1$）。将式（3.91）代入式（3.90），并记

$$\frac{1}{2\pi}\int_0^{\infty} r'\mathrm{d}r' \int_0^{2\pi} W(r',\ \theta') J_n(kr') \cdot \begin{bmatrix} \cos n\theta' \\ \sin n\theta' \end{bmatrix} \mathrm{d}\theta' = \begin{bmatrix} W_n^{\mathrm{c}}(k) \\ W_n^{\mathrm{s}}(k) \end{bmatrix} \tag{3.92}$$

可得

$$\zeta\left(r,\ \theta,\ t\right)=\sum_{n=0}^{\infty}\varepsilon_n\int_0^{\infty}kJ_n\left(kr\right)\frac{\cos\omega t}{\cosh kh}\cdot\left(W_n^{\mathrm{c}}\cos n\theta+W_n^{\mathrm{s}}\sin n\theta\right)\mathrm{d}k \tag{3.93}$$

若给定$W(r,\ \theta)$，就可计算式（3.92）中的积分，求得$W_n^{\mathrm{c}}\left(k\right)$和$W_n^{\mathrm{s}}\left(k\right)$，从而由数值积分和求和得到最后的解。

考虑冲击位移关于y轴反对称的情形，写成

$$W\left(r,\ \theta\right)=W_1\left(r\right)\cos\theta$$

这时有

$$\begin{aligned}\zeta\left(r,\ \theta,\ t\right)&=\cos\theta\,\mathrm{Re}\left[\frac{1}{\pi}\int_0^{\pi}\mathrm{d}\psi\int_0^{\infty}\mathrm{d}kF\left(k\right)\cos\left(\psi-kr\sin\psi\right)\mathrm{e}^{-\mathrm{i}\omega t}\right]\\&=\cos\mathrm{Re}\left[\frac{1}{2\pi}\int_0^{\pi}\mathrm{d}\psi\left\{\mathrm{e}^{-\mathrm{i}\psi}\int_0^{\infty}\mathrm{d}kF\left(k\right)\mathrm{e}^{\mathrm{i}\left(kr\sin\psi-\omega t\right)}+\mathrm{e}^{\mathrm{i}\psi}\int_0^{\infty}\mathrm{d}kF\left(k\right)\mathrm{e}^{-\mathrm{i}\left(kr\sin\psi+\omega t\right)}\right.\right]\end{aligned} \tag{3.94}$$

为了得到显示的结果，须规定

$$W_1\left(r\right)=\frac{A}{a}\sqrt{a^2-r^2}\ ,\quad r<a$$

$$W_1(r)=0,\quad r>a$$

由此得

$$F\left(k\right)=\frac{k}{\cosh kh}\widehat{W_1}=\sqrt{\frac{\pi}{2}}\frac{Aa}{\cosh kh}J_1^2\left(\frac{ka}{2}\right) \tag{3.95}$$

从式（3.95）可见源区大小a的影响。由于Bessel函数J_1是振荡的，因此$F(k)$随ka的变化而振荡，这反映了从源区的不同部分而来的波的干涉作用。A为振幅。

针对式（3.95）给出的具体的W_1，继续研究反对称例子。在先导波带中，$kh\ll 1$，但对于充分大的r，由于先导波一定有个有限大的波长，因此

$$kr\gg 1$$

我们可以把$J_1(kr)$写成积分形式，并且先根据驻相法对关于ψ的积分作近似，也可以取$J_1(kr)$对大的kr的渐近近似形式，两种方法的结果都是

$$\zeta\approx\cos\mathrm{Re}\left[\int_0^{\infty}F\left(k\right)\sqrt{\frac{2}{\pi kr}}\cdot\frac{1}{2}\left(\mathrm{e}^{\mathrm{i}\left(kr-\omega t-\frac{3}{4}\pi\right)}+\mathrm{e}^{\mathrm{i}\left(kr+\omega t-\frac{3}{4}\pi\right)}\right)\mathrm{d}k\right] \tag{3.96}$$

对先导波（$kh\ll 1$）来说，只有第一个被积函数是重要的，并可把ω展开成

$$\omega\approx\sqrt{gk}\left(k-\frac{k^3h^2}{6}\right)$$

而

$$F\left(k\right)\approx Aa\sqrt{\frac{\pi}{2}}\left(\frac{ka}{4}\right)^2=\frac{Aa^3}{16}\sqrt{\frac{\pi}{2}}k^2$$

从而得到

$$\zeta\approx\frac{\cos\theta}{2}\frac{Aa^3}{16}\frac{1}{\sqrt{r}}\mathrm{Re}\left\{\mathrm{e}^{\frac{-\mathrm{i}3\pi}{4}}\cdot\int_0^{\infty}\mathrm{d}kk^{\frac{3}{2}}\mathrm{e}^{\mathrm{i}\left[k\left(r-\sqrt{gh}t\right)+\frac{\sqrt{gh}h^2k^3t}{6}\right]}\right\} \tag{3.97}$$

根据Kajiura（1963）提出的方法，将式（3.97）变成

$$\zeta \cong \frac{\cos\theta}{2}\frac{Aa^3}{16}\frac{1}{\sqrt{r}}h^{-\frac{5}{2}}\left(\sqrt{\frac{g}{h}}\frac{t}{6}\right)^{-\frac{5}{6}}\cdot\frac{\mathrm{d}^2}{\mathrm{d}p^2}\mathrm{Re}\left[(1+\mathrm{i})\int_0^\infty \mathrm{d}u\mathrm{e}^{\mathrm{i}\left(\mu^2 p+\mu^6\right)}\right] \tag{3.98}$$

当p=0时，亦即当观测者正好在$r=\sqrt{ght}$处时，令μ^6=τ，则有

$$\int_0^\infty \mathrm{d}\mu\mu^4\mathrm{e}^{\mathrm{i}\mu^6}=\int_0^\infty \mathrm{d}\tau\tau^{-\frac{1}{6}}\mathrm{e}^{\mathrm{i}\tau}=\Gamma\left(\frac{5}{6}\right)\mathrm{e}^{\mathrm{i}(5\pi/12)}$$

对于一般的p，仿效Kajiura（1963）提出的方法，定义

$$T(p)=\mathrm{Re}\left[(1+\mathrm{i})\int_0^\infty \mathrm{e}^{\mathrm{i}\left(\mu^2 p+\mu^6\right)}\right] \tag{3.99}$$

于是

$$\zeta=\cos\theta\frac{Aa^3}{16}\frac{1}{\sqrt{2r}}\frac{T_{pp}}{h^{\frac{5}{2}}\left(\sqrt{\frac{g}{h}}\frac{t}{6}\right)^{\frac{5}{6}}} \tag{3.100}$$

T、T_p、T_{pp}随p的变化如图3.8所示。因为在式（3.98）中T_{pp}的系数正比于

$$r^{-\frac{1}{2}}t^{-\frac{5}{6}}=\left(\frac{r}{t}\right)^{-\frac{1}{2}}t^{-\frac{4}{3}}=\left(\frac{r}{t}\right)^{\frac{5}{6}}r^{-\frac{4}{3}}$$

由此得到结论：在波前$r/t\approx\sqrt{gh}$附近，波幅正比于$t^{-\frac{4}{3}}$或$r^{-\frac{4}{3}}$衰减。若$A<0$，则海底右半部分（$-\frac{\pi}{2}<\theta<\frac{\pi}{2}$）向下倾斜，左半部分向上倾斜。因此，与二维情形相似，对于在右方的观测者来说，先导波是一个低谷，接着是一个高波峰。

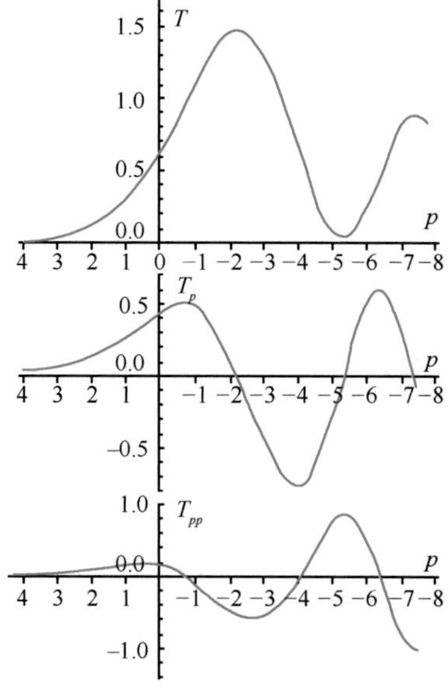

图3.8　T、T_p、T_{pp}随p的变化（梅强中，1984）

3.4 海啸的近岸演变特征

3.4.1 海啸近岸爬坡

海啸波周期比一般风浪要长得多，因此海啸波在近岸的爬高是十分惊人的。1883年印度尼西亚Krakatau火山爆发导致的海啸产生的爬高达到40m；1946年阿拉斯加地震海啸中，35m高的海啸冲毁了位于阿拉斯加乌尼玛克（Unimak）岛上美国海岸警卫队建的一座海拔30m高的灯塔；2011年日本“3・11”地震海啸观测到的最大海啸爬高达到了38.90m；1958年阿拉斯加Lituya湾地震引发的剧烈滑坡海啸使得海水冲刷至Lituya湾对面海拔524m的山坡上。风浪在近岸平缓的碎波带发生破碎，波能急剧耗散；相反地，绝大多数海啸波在抵达海岸前不会破碎，而是携带强有力的海啸波能沿海岸继续爬高。

如前所述，虽然在浅水方程的数值计算框架下可以很好地模拟海啸的传播过程，但是观测到的海啸爬高值与计算模拟结果往往有较大差异。由于模拟海啸波的近岸爬坡过程较为复杂且十分耗时，通常的做法是利用一个经验放大系数（amplification factor）将近海50～200m输出的最大海啸波幅与近岸海啸爬高简单对应联系起来。针对不同的入射波形、局地海底地形等因素，经验放大系数的变化范围为1～20（Shuto，1991；Satake，1994）。

从理论上可以推导出来，对于非色散正弦入射波，海啸爬高R与初始入射波高ζ的比例为

$$\frac{R}{\zeta}=\left[J_0^2(U)+J_1^2(U)\right]$$

$$U=\frac{4\pi H}{L\cot\beta}$$

式中，J_0和J_1是零阶和一阶贝塞尔函数；H是初始入射水深；L是波长；β是地形坡度（Goto and Shuto，1983）。采用不同的入射波形来模拟海啸波形，进而考察其近岸变形和爬高过程的研究较多（Synolakis，1987；Synolakis et al.，1988；Tadepalli and Synolakis，1994），常见的入射波形除传统的正弦波以外，还有椭圆余弦波、孤立波、N波等（图3.9）。需要指出的是，采用非色散的简单波形来刻画海啸波的近岸爬高过程只能给出粗略的估计，非均一地震破裂过程所产生的海啸波动是具有复杂波动周期信号的色散波。

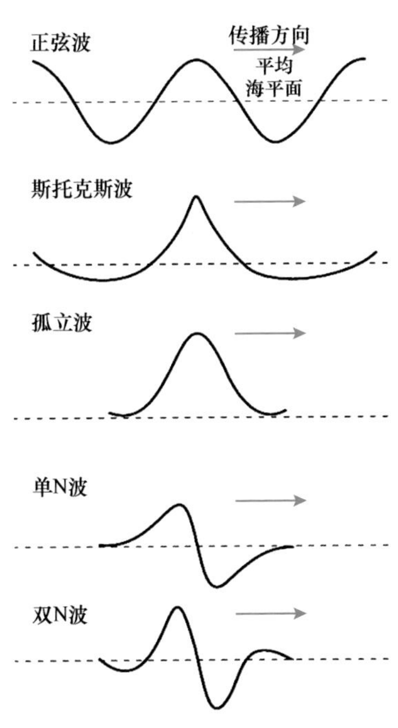

图3.9　不同的海啸波形剖面形式

采用考虑非线性效应和近岸底摩擦的浅水方程可以近似模拟正弦入射波在宽广大陆架的传播和近岸爬高过程（Synolakis，1987，1991）。设置大陆架宽200km，水深由-100m线性减少至0m，入射海啸波周

期为600s，波高为2m。如图3.10所示，计算采用考虑底摩擦的非线性浅水方程（一阶迎风格式），在极浅宽广大陆架传播的海啸波出现波前峰变陡、波峰线后出现高频波动的现象，在波尾出现了较为明显的数值“伪频散”效应。图3.11采用干湿网格法模拟了正弦海啸波形的近岸爬高过程。海啸初始入射波高为2m，周期为600s，海底地形在2km的水平距离上由-10m线性变化至10m，海啸爬高为3.1m。如果入射海啸波周期变为900s，海啸爬高可以达到4～5m。

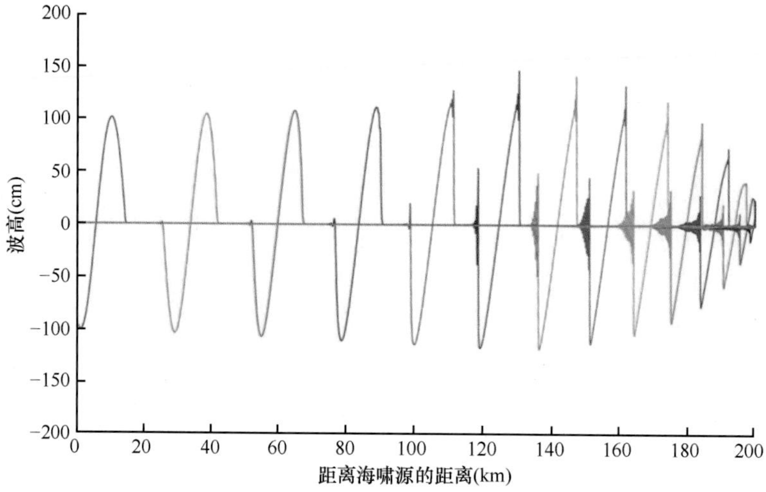

图3.10 正弦海啸波形在宽广大陆架传播的变形效应

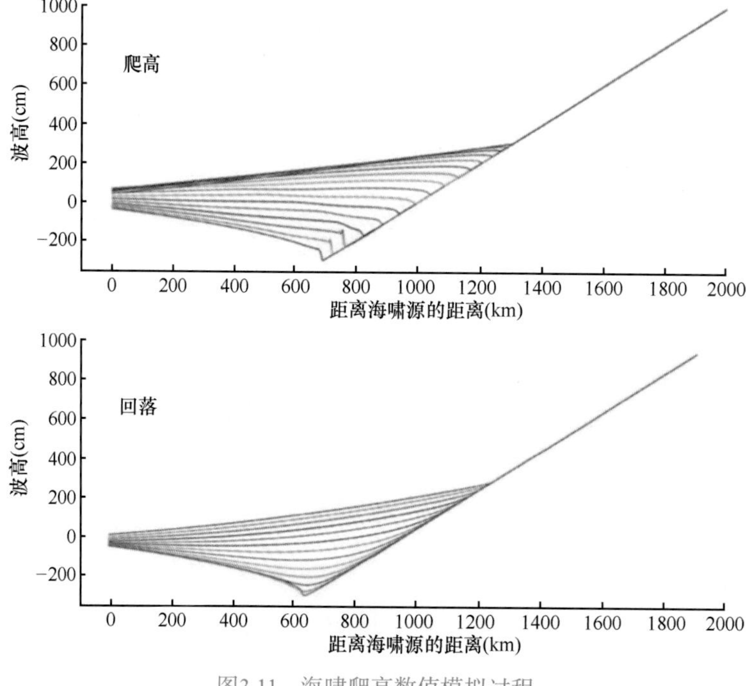

图3.11 海啸爬高数值模拟过程

海啸初始入射波高为2m，地形坡度为0.01

海啸爬高除与入射波形有关外，还取决于波陡和先导波的波形。表3.1列举了常见海啸波形的爬高计算公式。在不同波形中，N波呈现出海啸波常见的“偶极”波形（dipole waveform），即向岸一侧为下凹波形，而向海一侧为上凸波形。根据地震震源机制的不同，海啸先导波可能呈现波谷或者波峰。根据计算公式，N波和双N波的最大海啸爬高要远高于正弦波，并且比孤立波的最大海啸爬高分别大36%和62%。

表3.1　不同海啸入射波形的爬高计算公式

海啸入射波形	爬高计算公式	参考文献
正弦波	$\frac{R}{\zeta}=\left[J_0^2(U)+J_1^2(U)\right]$	Keller J B and Keller H B，1964；Shuto，1972
孤立波	$R=2.831\sqrt{\cot\beta}\zeta^{5/4}$	Synolakis，1987
N波	$R=3.86\sqrt{\cot\beta}\zeta^{5/4}$	Tadepalli and Synolakis，1994
双N波	$R=4.55\sqrt{\cot\beta}\zeta^{5/4}$	Tadepalli and Synolakis，1994

3.4.2　海啸波入射激发的港湾共振

港湾是通过一个或几个开口与大海相连的部分封闭水域。海港一般沿海岸构建，其中的屏障区域有的由天然的曲折岸形成，有的由从海岸突向海面的防波堤构成，有的则两者兼而有之。虽然存在着可诱导港湾内显著振动的形形色色的机制，但研究最多的是影响许多港湾的地震海啸所引起的港湾振动，一般地震海啸的周期是几分钟到一个小时，它由遥远地震产生。如果地震海啸的总持续时间充分长，则在港湾内激发起来的振动可能持续数天，结果会使得船只的缆绳断掉、护舷材损坏，还可能使船只在停泊或装卸时失事、入港导航时遇险等。有时来船必须逗留在港湾之外，直到振动平息下来为止，从而要为停泊延期付出代价。

港湾振动与声学、电学、光学的共振腔中的振动相似，如果外来波浪的频率与港湾内的固有频率一致，就会发生共振。但由于港湾地形一般比较复杂，研究起来比较困难，有时可以通过模型试验和数值计算进行分析，但是费时费力，若能建立简单模型给出解析理论，把握港湾共振的主要特征，则是很有意义的。

为了解物理机制的梗概，我们考虑入射港口在长直海岸线上的港湾。向岸的波一部分被海岸反射，一部分被海岸吸收，但还有一小部分绕射过入港口进入港湾，反复地被内边界反射。这种反射波的能量有些逸出港湾，再次辐射到海洋中，而有些则逗留在港湾内。如果入射波列持续时间很长，而入射波频率接近于封闭港池内的驻波频率，则港池内会出现共振，因此较弱的入射波也可能在港湾内诱发大的响应，这就是外海海面较为平静而港湾内却又轩然大波的原因。

共振时的振幅受一些机制的限制：①辐射阻尼，伴随着能量从入港口逸向海洋而生；②港池边界附近和入港口附近的摩擦损失；③由浅海滩上波的破碎产生的损失；④能量转移到高次谐波的有限振幅效应。在这些机制中，人们在理论上了解最多的为辐射阻尼，最先由Miles和Munk（1961）进行研究，所分析的是矩形港湾。摩擦损失出现在港湾边界上和港口的防波堤尖端附近，一般很难估算，而且随着边界性质的不同而有多种变化；要进行可靠的估算必须有试验数据，而由于有尺度效应，这种数据难于由模型试验得到。波的破碎是一种多数伴随着缓和海滩上风生波的现象，现阶段从理论上还处理不了，幸而，对于很长的地震海啸波来说，破碎现象通常无关紧要。

1. 港湾振动问题

为简单起见，对流体运动作如下假定：无黏流体、无旋流动、无穷小波幅、波长远大于水深、侧向边界是全反射且处处垂直于海平面。对于瞬变运动来说，位移满足如下方程：

$$g\nabla\cdot\left(h\nabla\zeta\right)=\frac{\partial^2\zeta}{\partial t^2} \tag{3.101}$$

还满足侧壁上无流量条件：

$$h\frac{\partial\zeta}{\partial n}=0 \tag{3.102}$$

对于简谐运动来说，自由面位移的空间振幅η满足场方程：

$$\nabla\cdot\left(h\nabla\eta\right)+\frac{\omega^2}{g}\eta=0 \tag{3.103}$$

还满足侧壁上无流量条件：

$$h\frac{\partial\eta}{\partial n}=0 \tag{3.104}$$

对于常深度情形，式（3.101）化为经典的波动方程，式（3.103）化为Helmholtz方程：

$$\nabla^2\eta+k^2\eta=0 \tag{3.105}$$

式中，$\omega=\frac{k}{\sqrt{gh}}$。

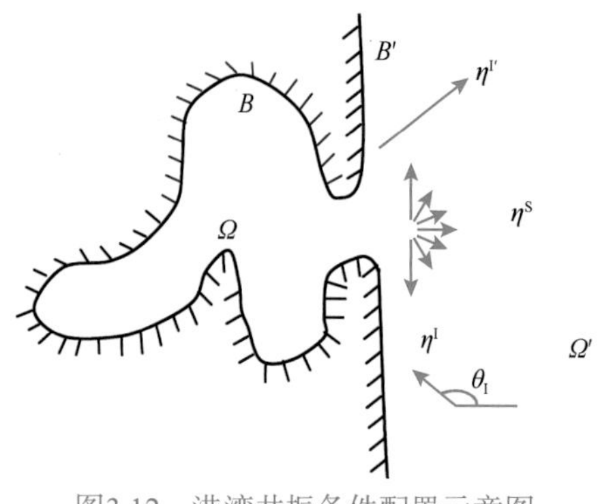

图3.12　港湾共振条件配置示意图

如果远离港湾处的地形是简单的，则正弦运动情形的辐射条件可以用显式写出。考虑在一全反射海岸线上的港湾，令Ω表示包括港湾及其附近全部复杂地形的区域、Ω'表示海洋的其余部分，其中h=const，海岸线B'为直线（图3.12），则入射平面波可表示为

$$\eta^{\mathrm{I}}=A\mathrm{e}^{\mathrm{i}k\left(x\cos\theta_1+y\sin\theta_1\right)} \tag{3.106}$$

式中，A为振幅、k为波数、θ_1入射方向，已知在海洋Ω'中的整个波系可分成

$$\eta=\eta^{\mathrm{I}}+\eta^{\mathrm{I'}}+\eta^{\mathrm{s}} \tag{3.107}$$

式中，$\eta^{\mathrm{I'}}$表示没有海港附近局部地形时直海岸产生的反射波；η^{s}表示由上述局部地形散射的和由入港口处活塞作用（即水出入入港口）所辐射的波。取y轴重合于海岸线的直线部分B'，反射波为

$$\eta^{\mathrm{I}'} = A\mathrm{e}^{\mathrm{i}k\left(-x\cos\theta_1 + y\sin\theta_1\right)} \tag{3.108}$$

因此，在x=0线上

$$\frac{\partial}{\partial x}\left(\eta^{\mathrm{I}} + \eta^{\mathrm{I}'}\right) = 0 \tag{3.109}$$

于是沿着直海岸，辐射—散射波不可能有法向通量，即

$$\frac{\partial}{\partial x}\left(\eta^{\mathrm{I}} + \eta^{\mathrm{I}'}\right) = 0 \tag{3.110}$$

而且，在远处它必须是外形波，即满足

$$\sqrt{kr}\left(\frac{\partial}{\partial x} - \mathrm{i}k\right)\eta^{\mathrm{s}} \to 0,\quad kr \to \infty \tag{3.111}$$

对于离开大陆（岛或群岛上的）的港湾，在与海岸的距离为波长的许多倍时可以把式（3.107）中的$\eta^{\mathrm{I}'}$略去。对于其他海岸地形或Ω'中非不变深度的情形，η^{I}和$\eta^{\mathrm{I}'}$的显式描述可能十分困难。

注意，当Ω和Ω'中的水深处处为常数时，在界壁全为铅垂的情况下，对于任意的kh，三维速度势可写成

$$\varphi(x,\ y,\ z) = -\frac{\mathrm{i}g\eta}{\omega}\frac{\cosh k(z+h)}{\cosh kh}$$

式中，η也满足水平的Helmholtz方程，只是ω和k的关系为$\omega^2 = gk\tanh kh$。由于所有界壁都是垂直的，所以其法向矢量在水平方向上，侧壁上的边界条件为$\dfrac{\partial\eta}{\partial n} = 0$，因此长波和短波的边值问题形式上相同。这种数学上的类似使我们可以在深水中进行港湾试验，从而比较容易避免非线性效应。

2. 椭圆形港湾内的水波共振问题

虽然椭圆形是一种常见的几何形状，但是其内水波运动的分析还不多见，主要原因是涉及马蒂厄函数（Mathieu function）及变形的马蒂厄函数（modified Mathieu function），而这些函数不能以简单易用的解析形式来表示。计算马蒂厄函数的困难主要在于其特征值的求解。随着众多学者对此的深入研究，出现了各种适用于较大参数范围的计算方法。本节基于线性长波方程，分析常水深椭圆形港湾内的水波运动形式，并详细说明偶模态和奇模态的共振特征。

1）理论分析

对于大多数的港湾而言，其水深都远小于港湾共振所对应的波长。在此情况下波动垂向变化相对很小，主要是水平运动。因此，可以利用线性长波方程研究这一问题。自由水面可以表示为

$$\eta(x, y, t) = \zeta(x, y)\cos(\omega t) \tag{3.112}$$

式中，ζ满足

$$\nabla^2\zeta + k^2\zeta = 0 \tag{3.113}$$

并且

$$k = \omega/\sqrt{gh} \tag{3.114}$$

式中，ω为圆频率；k为波数；h为水深。在直角坐标系中，椭圆形港湾表示为

$$\frac{x^2}{a^2}+\frac{y^2}{b^2}\leqslant 1 \tag{3.115}$$

式中，a为长半轴；b为短半轴。

为了便于考虑边界的影响，引入椭圆坐标系（图3.13）。坐标变换为

$$\begin{aligned} x &= \alpha\cosh\mu\cos v \\ y &= \alpha\sinh\mu\sin v \end{aligned} \tag{3.116}$$

式中，$0\leqslant\mu\leqslant\operatorname{arccosh}\left(a/\sqrt{a^2-b^2}\right)$为径向变量；$0\leqslant v\leqslant 2\pi$为极角方向变量；参数$\alpha=\sqrt{a^2-b^2}$。

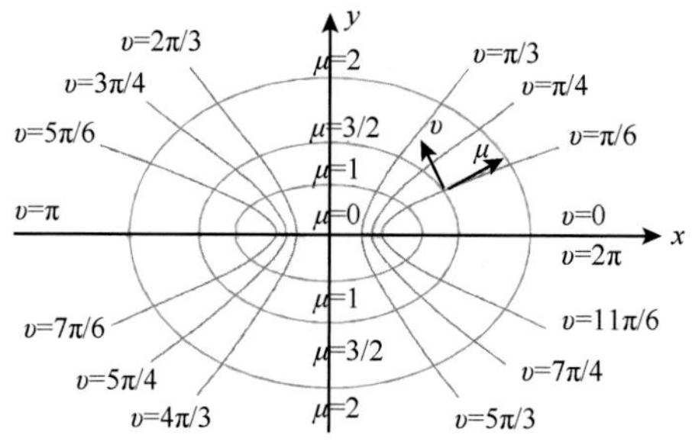

图3.13　椭圆坐标系

将式（3.116）代入式（3.113）得

$$\zeta_{\mu\mu}+\zeta_{vv}+\frac{k^2\alpha^2}{2}(\cosh 2\mu-\cos 2v)\zeta=0 \tag{3.117}$$

采用分离变量法，设

$$\zeta(\mu,\ v)=M(\mu)N(v) \tag{3.118}$$

将式（3.118）代入式（3.117），有

$$\frac{M''}{M}+\frac{k^2\alpha^2}{2}\cosh 2\mu=-\frac{N''}{N}+\frac{k^2\alpha^2}{2}\cosh 2v=\lambda \tag{3.119}$$

则有

$$N''+(\lambda-2q\cosh 2v)N=0 \tag{3.120}$$

和

$$M''-(\lambda-2q\cosh 2\mu)M=0 \tag{3.121}$$

式中，q满足

$$q=\frac{k^2\alpha^2}{4} \tag{3.122}$$

式（3.120）为Mathieu函数，由于通常所研究的物理现象要求具有周期性，其对应的周期解为

$$N=r_1'\mathrm{ce}_n(v,\ q)+r_2'\mathrm{se}_n(v,\ q) \tag{3.123}$$

式中，r_1'和r_2'为待定系数；$\mathrm{ce}_n(v,q)$和$\mathrm{se}_n(v,q)$为n阶Mathieu函数，具体表示为

$$\begin{aligned}
&\mathrm{ce}_{2n}(v,\ q)=\sum_{m=0}^{\infty}qA_{2m}^{2n}\cos 2mv\\
&\mathrm{ce}_{2n+1}(v,\ q)=\sum_{m=0}^{\infty}qA_{2m+1}^{2n+1}\cos(2m+1)v\\
&\mathrm{se}_{2n+1}(v,\ q)=\sum_{m=0}^{\infty}qB_{2m+1}^{2n+1}\sin(2m+1)v\\
&\mathrm{se}_{2n+2}(v,\ q)=\sum_{m=0}^{\infty}qB_{2m+1}^{2n+1}\sin(2m+2)v
\end{aligned}\tag{3.124}$$

显然，$\mathrm{ce}_n(v, q)$是v的偶函数，对应的特征值记为$\lambda_1=a_n(n=0, 1, 2, \cdots)$；$\mathrm{se}_n(v, q)$是$v$的奇函数，对应的特征值记为$\lambda_2=b_n(n=1, 2, \cdots)$。

A与B为待定的展开式系数，对于$\mathrm{ce}_n(v, q)$且$n=0, 2, 4,\cdots$，有

$$\begin{aligned}
&a_nA_0^{2n}-qA_2^2=0\\
&(a_n-4)A_2^{2n}-q\left(2A_0^{2n}+A_4^{2n}\right)=0\\
&\left[a_n-(2n)^2\right]A_{2m}^{2n}-q\left(2A_{2m-2}^{2n}+A_{2.+2}^{2n}\right)=0\ (m\geqslant 2)
\end{aligned}\tag{3.125}$$

对于$\mathrm{ce}_n(v, q)$且$n=1, 3, 5,\cdots$，有

$$\begin{aligned}
&(a_n-1-q)A_1^{2n+1}-qA_3^{2n+1}=0\\
&\left[a_n-(2n+1)^2\right]A_{2m+1}^{2n+1}-q\left(A_{2m-1}^{2n+1}+A_{2m+3}^{2n+1}\right)=0\ (m\geqslant 1)
\end{aligned}\tag{3.126}$$

对于$\mathrm{se}_n(v, q)$ 且$n=0, 2, 4, \cdots$，有

$$\begin{aligned}
&(b_n-4)B_2^{2n+1}-qB_4^{2n+2}=0\\
&\left[b_n-(2n+2)^2\right]B_{2m+2}^{2n+2}-q\left(B_{2m}^{2n+2}+B_{2m+4}^{2n+2}\right)=0\ (m\geqslant 1)
\end{aligned}\tag{3.127}$$

对于$\mathrm{se}_n(v, q)$ 且$n=1, 3, 5, \cdots$，有

$$\begin{aligned}
&(b_n-1+q)B_1^{2n+1}-qB_3^{2n+1}=0\\
&\left[b_n-(2n+1)^2\right]B_{2m+1}^{2n+1}-q\left(B_{2m-1}^{2n+1}+B_{2m+3}^{2n+1}\right)=0\ (m\geqslant 1)
\end{aligned}\tag{3.128}$$

特征值a_n和b_n可由下式确定：

$$\begin{bmatrix}
a & -q & & & & \\
-2q & a-4 & -q & & & \\
 & -q & a-16 & & & \\
 & & & \ddots & & \\
 & & & -q & a-4m^2 & -q \\
 & & & & & \ddots
\end{bmatrix}=0\tag{3.129}$$

$$\begin{bmatrix}
b-1+q & 0 & -q & & & & \\
-q & 0 & b-9 & 0 & & -q & \\
 & & & \ddots & & & \\
 & -q & 0 & b-(2m+1)^2 & 0 & -q & \\
 & & & & & & \ddots
\end{bmatrix}=0\tag{3.130}$$

方程（3.121）为变型Mathieu函数，其对应的解有第一类和第二类变型Mathieu函数，考虑到自由水面在μ=0处连续有界，这里仅取第一类解为

$$M = r_3'\mathrm{Mc}_n(\mu,\ q) + r_4'\mathrm{Ms}_n(\mu,\ q) \tag{3.131}$$

式中，

$$\begin{aligned}
\mathrm{Mc}_{2n}(\mu,\ q) &= \frac{1}{\mathrm{ce}_{2n}(0,\ q)}\sum_{m=0}^{\infty}(-1)^{n+m} A_{2m}^{2n}(q) J_{2m}\left(2\sqrt{q}\sinh\mu\right) \\
\mathrm{Mc}_{2n+1}(\mu,\ q) &= \frac{1}{\mathrm{ce}_{2n+1}(0,\ q)}\sum_{m=0}^{\infty}(-1)^{n+m} A_{2m+1}^{2n+1}(q) J_{2m+1}\left(2\sqrt{q}\cosh\mu\right) \\
\mathrm{Ms}_{2n+1}(\mu,\ q) &= \frac{(-1)^n}{\mathrm{se}_{2n+1}(\pi/2,\ q)}\sum_{m=0}^{\infty} B_{2m+1}^{2n+1}(q) J_{2m+1}\left(2\sqrt{q}\sinh\mu\right) \\
\mathrm{Ms}_{2n+2}(\mu,\ q) &= \frac{(-1)^{n+1}}{\mathrm{se}'_{2n+2}(\pi/2,\ q)}\coth\mu\sum_{m=0}^{\infty}(2m+2) B_{2m+2}^{2n+2}(q) J_{2m+2}\left(2\sqrt{q}\sinh\mu\right)
\end{aligned} \tag{3.132}$$

式中，$J_m(\mu)$为第一类m阶Bessel函数。同样，$\mathrm{Mc}_n(\mu, q)$是μ的偶函数，对应的特征值仍为$a_n(n=0, 1, 2, \cdots)$；$\mathrm{Ms}_n(\mu, q)$是μ的奇函数，对应的特征值仍为$b_n(n=1, 2, \cdots)$。

所以，椭圆形港湾内的水波共振可以分别表示为偶模态共振和奇模态共振，具体为

$$\eta_{\mathrm{e}}^n(x,\ y,\ t) = r_1\mathrm{ce}_n(v,\ q)\mathrm{Mc}_n(\mu,\ q)\cos(\omega t),\ n \geqslant 0 \tag{3.133}$$

$$\eta_{\mathrm{o}}^n(x,\ y,\ t) = r_2\mathrm{se}_n(v,\ q)\mathrm{Ms}_n(\mu,\ q)\cos(\omega t),\ n \geqslant 1 \tag{3.134}$$

式中，r_1和r_2是与振幅相关的参数。

此外，边界处自由水面法向量梯度为零，有

$$\left.\frac{\partial \zeta}{\partial \mu} = 0\right|_{\mu_b = \mathrm{arccosh}\frac{a}{\sqrt{a^2-b^2}}} \tag{3.135}$$

若已知椭圆形港湾的几何尺度及水深，满足边界条件式（3.135）的波动频率即为该封闭水域的共振频率。

2）实例说明

为了直观展示上文推导的椭圆形港湾内的水波共振形式，这里讨论长半轴a=2.5m、短半轴b=1.5m、水深h=0.5m时的结果。马蒂厄函数的求解需要首先确定特征值，这里采用张善杰和沈耀春（1995）提出的求解超越方程的数值方法求解，然后利用递推关系得到具体函数值。对于某一特定的n值，由边界条件式（3.135）可得不同q所对应的共振参数有无数组。分别将q由0逐渐增大时第j组解所对应的共振模态记为$m_{\mathrm{e}}(n, j)$（偶模态共振）和$m_{\mathrm{o}}(n, j)$（奇模态共振）。显然，n和j越大，对应的共振频率也越高。实际中危害最大、最常见的港湾共振通常都发生在较低模态上，所以这里仅分析低模态港湾共振，具体参数见表3.2。

表3.2　椭圆形港湾（a=2.5m，b=1.5m，h=0.5m）内的水波共振参数

偶模态			奇模态		
n	f（Hz）	q	n	f（Hz）	q
0	0.81	5.23	1	0.42	1.42
0	1.55	19.30	1	1.18	11.17
0	2.29	42.13	1	1.92	29.61
1	0.26	0.56	2	0.58	2.70
1	0.97	7.56	2	1.34	14.39
1	1.70	23.42	2	2.07	34.64

椭圆形港湾内发生共振时，其振幅沿着极角v呈周期性变化：n为偶数时周期为π，n为奇数时周期为2π（图3.14，图3.15）。解析解中负波幅表示与正值的波幅相差π的相位。若定义波节点为正波幅与负波幅交接点，则n=0时极角方向没有波节点（图3.14a）；n=1时在极角方向存在1个波节点（图3.14b和图3.15a）；n=2时在极角方向存在2个波节点（图3.15b）。

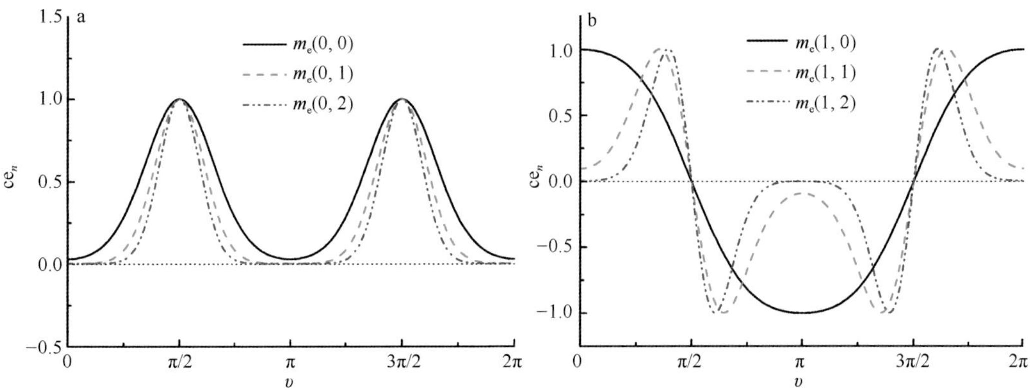

图3.14　椭圆形港湾（a=2.5m，b=1.5m，h=0.5m）内偶模态共振时波幅在极角方向v的变化

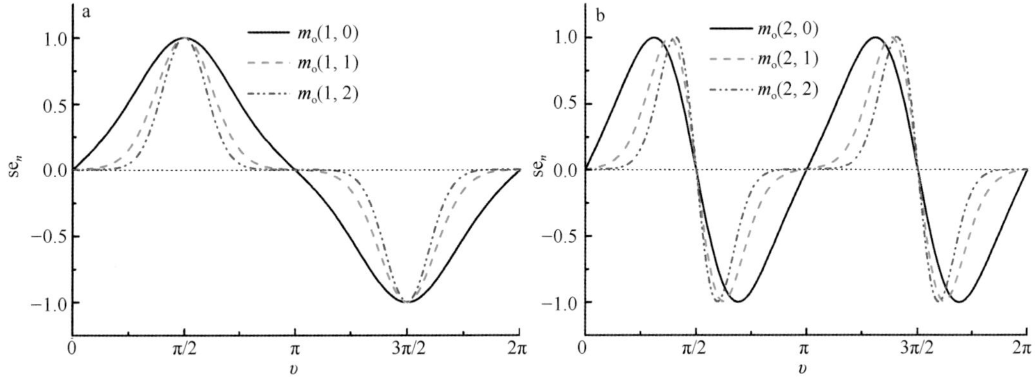

图3.15　椭圆形港湾（a=2.5m，b=1.5m，h=0.5m）内奇模态共振时波幅在极角方向v的变化

偶模态共振在径向中心（μ=0）处为极大值，而奇模态共振在中心处保持为零。径向的波节点数与j相关。当n=0时，共振$m_e(0, j)$径向波节点数为j个（图3.16a）；当n≥1时，径向波节点数为j–1个（图3.16b，图3.17）。所以，椭圆形港湾内的自由水面振荡是二维的（图3.18，图3.19）。对于模态$m_e(n, j)$或$m_o(n, j)$，在极角方向存在n个波节点，径向存在 j个（n=0时）或j–1个（n≥1时）波节点。

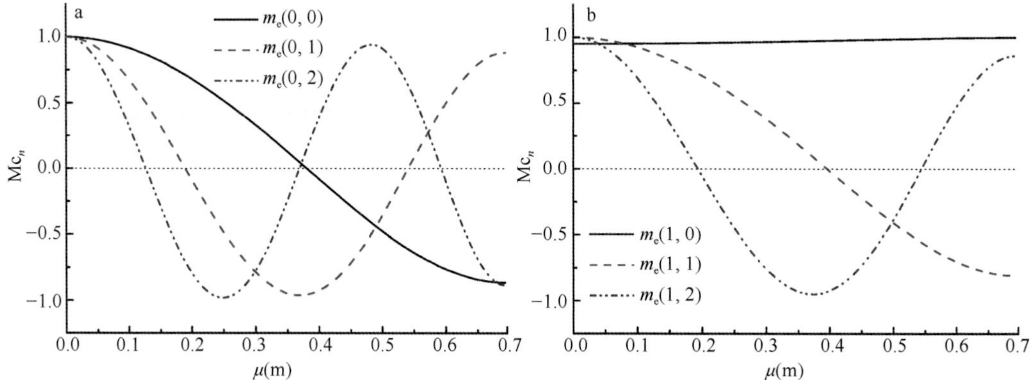

图3.16 椭圆形港湾（a=2.5m，b=1.5m，h=0.5m）内偶模态共振时波幅在径向μ方向的变化

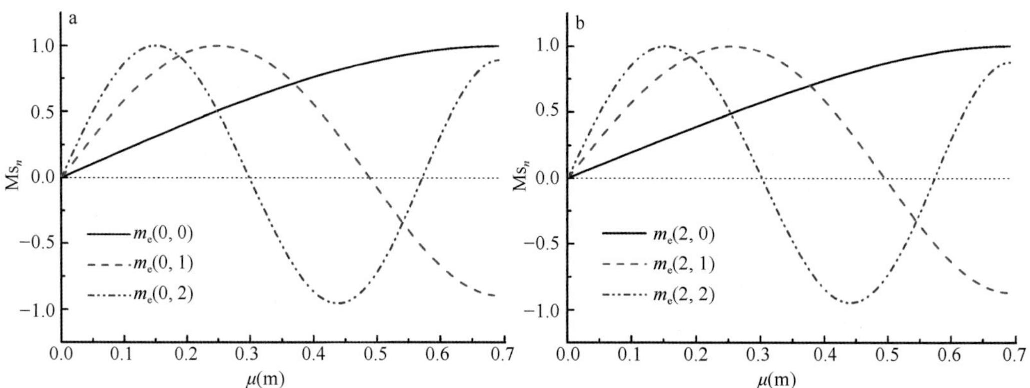

图3.17 椭圆形港湾（a=2.5m，b=1.5m，h=0.5m）内奇模态共振时波幅在径向μ方向的变化

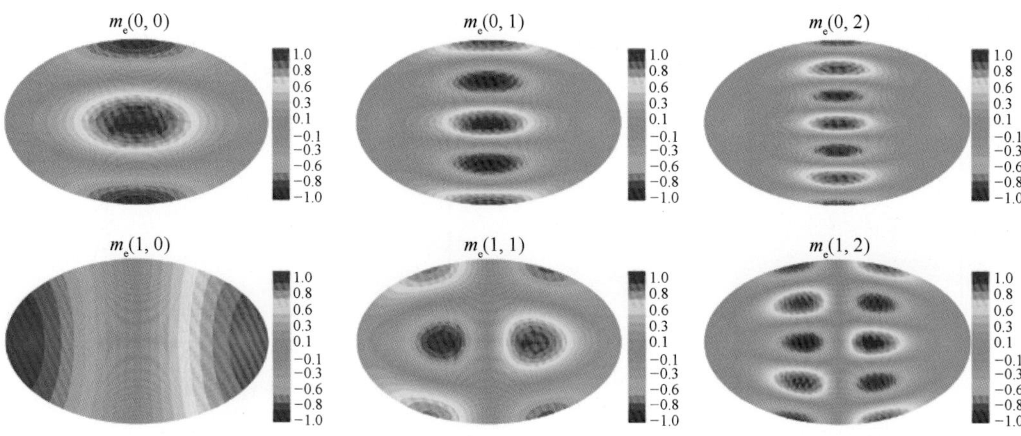

图3.18 椭圆形港湾（a=2.5m，b=1.5m，h=0.5m）内偶模态共振无量纲波幅空间分布

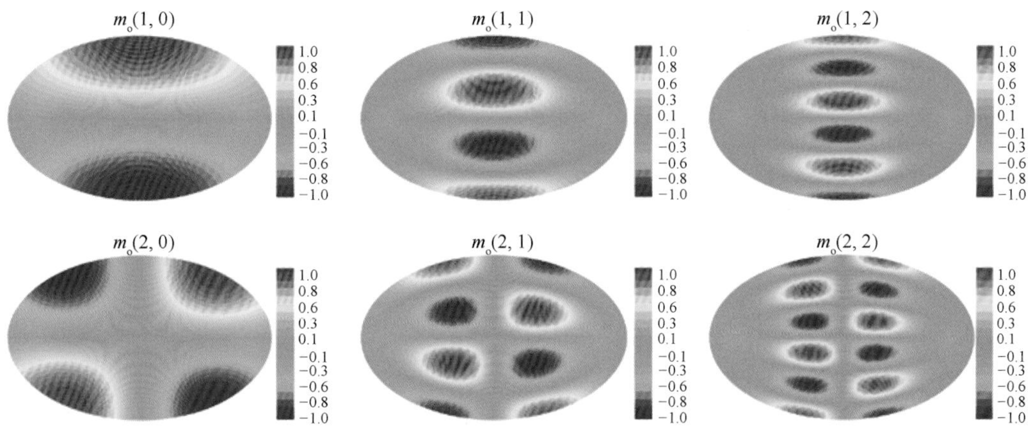

图3.19　椭圆形港湾（a=2.5m，b=1.5m，h=0.5m）内奇模态共振无量纲波幅空间分布

3.4.3　地震海啸在港湾中诱发的涡流

长期以来，海啸波特征作为表征海啸潜在破坏性的参数指标得到了广泛应用，特别是针对近场极端海啸事件造成的灾害来说，这种表征具有较好的适用性。然而总结分析历史海啸事件造成的损失发现，在远场近岸及港湾系统中，海啸诱导的强流却是造成损失的主要原因。陆架或港湾振荡导致海啸波幅快速升降而诱发强流，可能促使港工设施受到威胁及损害，进而对海啸预警服务及海事应急管理提出了新的挑战。因此，全面理解与评估海啸在港湾中诱发的灾害特征，探索港湾中海啸流的数值模拟方法，发展针对港湾尺度的海啸预警与评估技术至关重要。过去的十多年间，越来越多的观测数据表明，海啸在近场、远场所造成的大量损失并非都由大海啸波幅和广泛的淹没范围所造成。特别是在沿岸及港湾系统中，水位的快速变化诱发的海啸强流成为造成远场海啸灾害的主要原因，这也在一定的时空范围内造成了对海啸危险性认识的不足。近年来，有关港湾中海啸流造成的损失及影响已被观测和报道多次，但却很少从防灾减灾角度进行详细的讨论。

2004年印度洋海啸对远场多个港口产生了广泛的影响，并造成了严重的损失。Choowong等（2008）基于对沉积物的分析，反演出印度洋海啸在泰国普吉岛流速可达7～21m/s。Okal等（2006a，2006b，2006c）报道了印度洋海啸在阿曼塞拉莱、留尼汪岛勒波尔及马达加斯加的图阿马西纳3个港口中海啸强流导致的邮轮脱锚事故。其中阿曼塞拉莱港海啸强流拖动船体超过200m的邮轮漂浮数小时，初步估计海啸流速高达6m/s，而海啸波幅仅为1.5m。由于海啸诱导的涡旋对船只具有强大的吸附能力，因此拖船很难成功施救受困船只。该事件再次说明港湾中的海啸灾害并非都因大海啸波幅发生。2006年千岛群岛海啸到达美国西海岸的克雷森特城（Crescent city）港时恰逢当地天文低潮，并未引发海啸淹没，海啸到达3h后仪器测得最大海啸波高达1.76m，估算海啸流速峰值高达5m/s（Dengler et al.，2009），造成Crescent city港2800万美元的损失。该事件的预警经验促使美国国家海啸预警中心调整预警发布流程及标准，尝试提供站点级精细化海啸预警产品。这种尝试在2006年千岛群岛海啸之后的海啸事件中发挥了积极作用。2010年智利8.8级地震海啸经过15h的传播到达加利福尼亚州洪堡湾，海啸波持续振荡超过30h。虽然该事件在加利福尼亚州沿岸没有发生淹没过程，但对加利福尼亚州中南部沿海十几个海事设施均造成了损坏，直接经济损失超过300万美元（Wilson et al.，2013）。此外，智利海啸还在远场新西兰的多个港口引发了强流和持续的振荡，对港口的运营造成了不同程度的影响（Borrero et al.，2015）。2011年日本“3・11”地震海啸在远场同样造成了严重的灾害，美国西海岸几乎全部港口码头都受到日本海啸的影响。其中，美国西海岸的Crescent city港和圣克鲁斯（Santa Cruz）港遭受的损失最为严重。虽然海啸到达该地区时恰逢天文低潮，只在局部地区发生了小范围的淹没，但海啸诱导的强流还是对美国西海岸造成了9000万美元的损失（Arcos and LeVeque，2015）。同样，海啸还在新西兰及加拉帕戈斯群岛诱发了海啸流并造成损失。澳大利亚东南沿海也受到了海啸流长时间的影响，在一些港口中持续了两天以上，严重影响了港口正常的航运业务（Hinwood and Mclean，2013）。由此可知，港工设施对于海啸长周期振荡效应来说是脆弱的，这种效应并非伴随淹没一起发生，而是时常发生在海啸首波到达的数小时后，其对海洋工程的影响却是非常严重的。

本小节基于非线性浅水方程建立了港湾尺度的海啸数值模型，模拟研究日本“3・11”地震海啸在近场和远场港湾中诱导的海啸流特征，希望能帮助认识港工设施对海啸灾害的脆弱性、理解港湾中海啸流造成的影响及灾害特征、提高海啸预警精度，从而降低海啸产生的灾害和影响。

日本东北地震海啸期间，夏威夷群岛布放的流速计恰好捕捉到了部分港口及重要水道内的海啸流信号（图3.20），对我们进一步理解海啸流的产生、演化、致灾的机制及港口码头对强流的脆弱性，实现对海啸数值预报模型的流速验证都具有重要价值。模型很好地再现了海啸在希洛港中的波幅及传播到达时的特征，对海啸波的前4～5个波周期及峰值特征拟合较好，尤其是对第一个波的拟合结果非常理想，这再一次说明，基于深水海啸浮标反演海啸源可以准确地预报远场海啸的变化过程，港池中水位的振荡现象显著，强的波头持续时间较长，首波能量并非最强。同时也可以看出，后相波的模拟在相位和强度上均出现了不同程度微弱的偏差，考虑主要是震源破裂不均匀性和多向性导致模型对长波频散特征模拟能力的欠缺及不够精准的基础地形数据等所致。观察两个流速

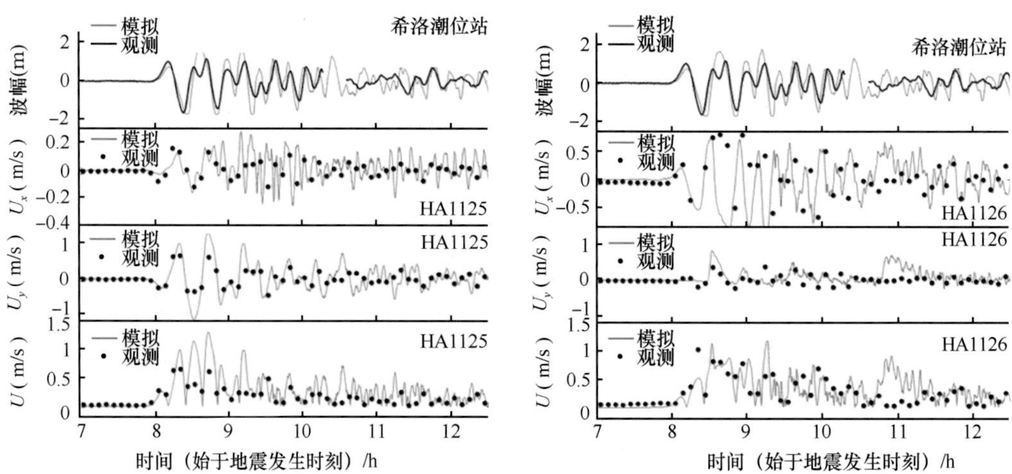

图3.20 希洛港波流观测与模拟结果对比

计的对比结果不难看出，模型基本刻画出了流速在两个分量方向上的特征值，尤其对前2～3个流周期峰值的模拟是理想的，但是其后v方向海啸流分量出现了较大偏差，模型明显高估，导致HA1125站海啸流峰值误差为30%～50%。其中最主要的原因是6min海啸流采样频率是偏低的，同时还可能由于本小节的海啸模型并没有考虑实时潮汐、潮流的耦合效应及三维局地的湍流混合效应，或者由于海啸流具有较高的空间可变特征，对站位的输出具有较强的敏感性。通过对比也发现小的自由表面波幅误差可能导致较大的流速误差，相对于海啸波幅而言，海啸流速的模拟及验证更具挑战性。

大洗町港是日本东部著名的滨海旅游胜地及原子能研究中心。日本东北地震发生30min后，该地区遭受到强海啸袭击，海啸爬高普遍为3～6m，港池及邻近海域出现的巨大浅水涡旋（图3.21）让公众认识到近岸复杂的海啸现象，同时也对海啸预警服务提出了新的要求与挑战。从图3.21可见，大洗町港及其邻近海域产生了百米量级涡旋结构，涡旋经历了产生、发展、脱落、演化等阶段，持续了数小时。虽然在浅水中小尺度的3D流与大尺度2D流共存，但在港池中的涡流尺度及结构特征主要以2D水平流形式呈现。基于高精度有限体积NSWE模型，考虑底摩擦耗散产生的水平拖曳力模拟海啸涡流在港池中的产生与发展，水位的快速变化导致强流产生。利用所建立的精细化模型给出了震后183～187min大洗町港池及其邻近海域海啸流和涡度的时空演化特征（图3.22）。从流速组图可看出，海啸流在港池中具有显著的旋转特征，强烈的旋转流主要在港池入口和港内码头中产生与发展。随着时间的推移，旋转流逐渐增强，结构更加对称，湍流相干结构（TCS）的水平流消失在涡旋中心，形成涡核，中心附近最大流速超过8m/s，具有极强的吸附力，船只一旦被卷入涡核，必将沉没于海底。旋转结构的中心位置逐渐由港池沿着防波堤向港外运动。港池入流的强度对涡流的产生与发展起着重要作用，从海啸涡度$\frac{\partial v}{\partial x}-\frac{\partial u}{\partial y}$定量化结果估算得到的港池内涡旋尺度可以达到300m，时间尺度达到2h。封闭的涡旋结构控制着整个港口。沿着岸线和防波堤，涡旋的产生与发展成对出现，即正负涡旋相伴而生。港池外，防波堤两端既是强流集中区，又是涡旋形成源地。两端形成

图3.21　日本海啸在大洗町港引发的涡流

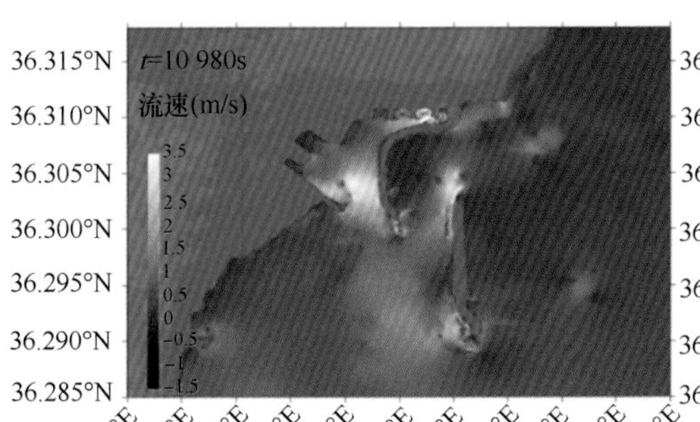

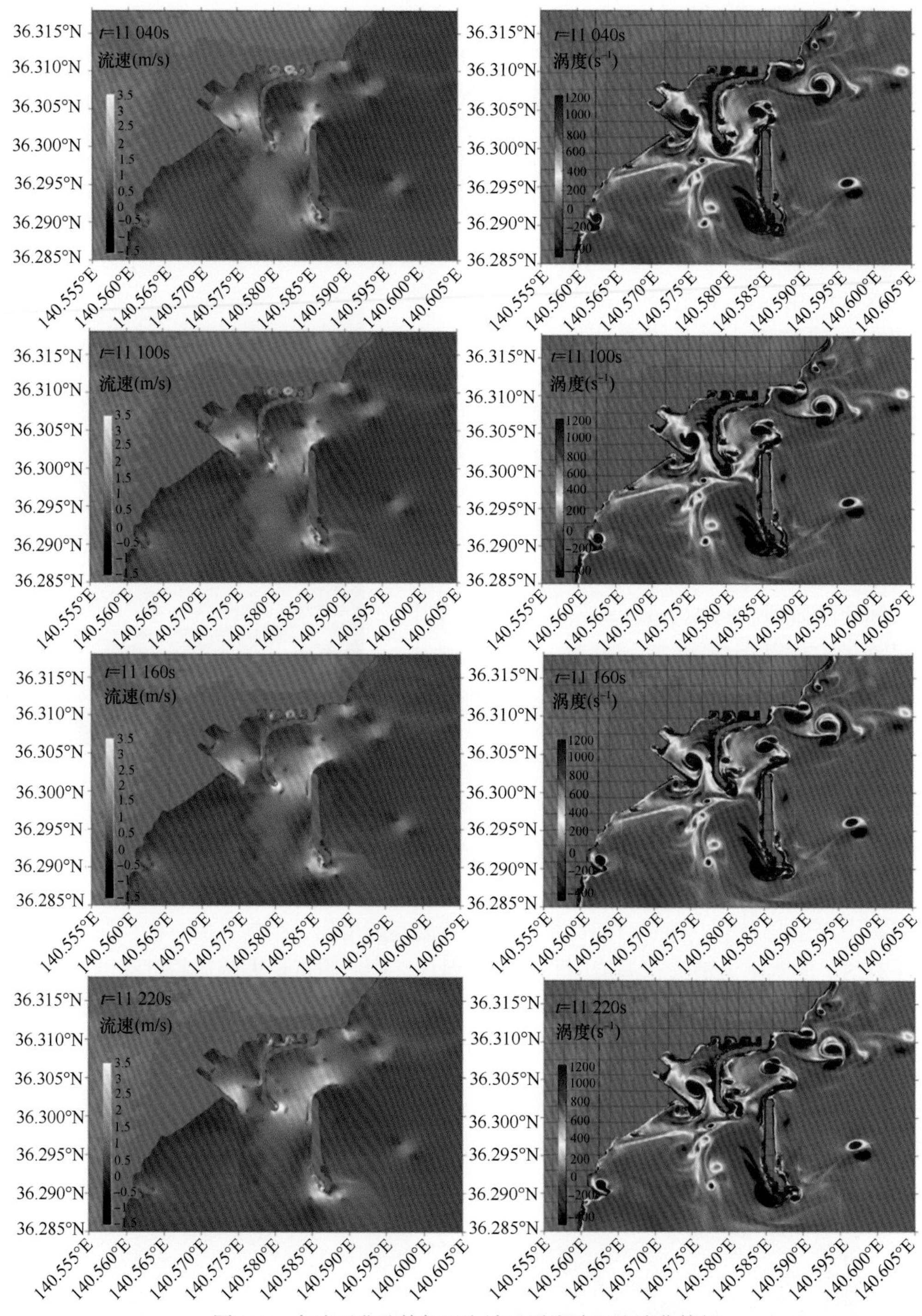

图3.22 大洗町港及其邻近海域地震海啸涡流演化特征

方向相反的涡旋结构，经过发展、脱落于防波堤两端后，快速移动并远离结构物。尾涡形状受耗散机制影响，结构变得越来越不对称。本小节模型较合理地再现了海啸涡流在港池内及邻近海域的演化。

海啸事件发生后，海啸流危险等级评估图可以帮助港口应急管理者掌握港池基本的海啸流危险等级分布特征，但对于指导船只既安全又低成本地离港与返港是不够的。因为对于离港与返港的船只而言不仅需要知道哪里是危险的，还要知道哪里是安全的及何时返回是安全且低成本的。图3.23给出了3个港口船只疏散的安全深度。如果按照1.5m/s为安全水深的话，新西兰陶朗阿（Tauranga）港在10m水深以外基本是安全的；希洛（Hilo）港不超过1.5m/s的安全水深要外延至40m等深线外；同样的安全标准日本大洗町（Oarai）港内船只有疏散至港外180m等深线外，才能保证是安全的。不同型号和不同抗冲击能力的船只可以依据该指导信息，按照自身的安全标准进行离港疏散。海啸波流首波及极值的出现往往是不同位相，并且强的能量会持续较长的时间，特别是在港池及海湾中。

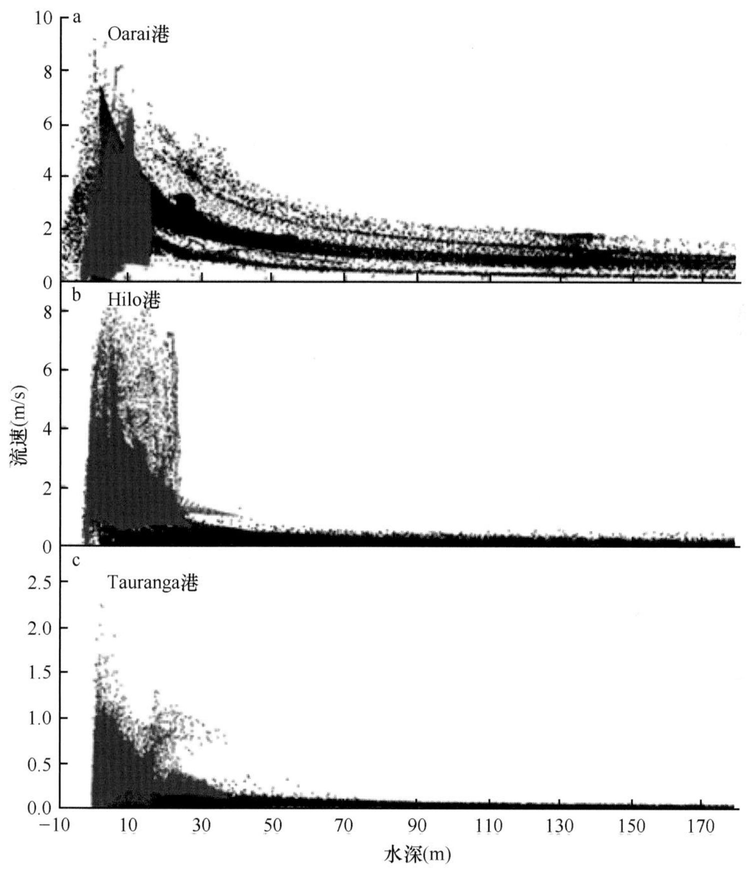

图3.23　船只疏散的安全深度

红色的点代表港池内最大海啸流与其所对应的水深；黑色的点代表港池及其邻近海域的“背景流”

波驱动的自由表面流，小的位相或波幅误差就会导致大的流速误差，流的模拟和预报相对波幅来说更具挑战性。波流能量分布表明，相对于波幅的空间变化，海啸流预报具有更强的空间敏感性；港池入口、港内码头及防波堤两端通常受强流所控制，这与海啸波幅能量分布特征完全不同，所以不能按照对波幅分布特征的经验来判断海啸流的危险性。同时，研究也为港口应急管理者提供了关于海啸流特性的基本认识，帮助其科学决策。目前的海啸预警信息没有考虑海啸诱导的强流特征，对于远场及中等规模的地震海啸来说是不完善的，因此开展针对港口、海湾及近岸海域并且能够同时考虑海啸波流特征的精细化预警及评估工作尤为重要。

3.5 海啸波的折射理论

本节研究水波的另一个特征，即水波的折射问题。从小振幅波的色散关系可知，波速依赖于水深。在线性化近似水面，波的色散关系为

$$C=\frac{\omega}{k}=\sqrt{\frac{g}{k}\tanh kh} \tag{3.136}$$

当h缓慢变化时，取h为局部化的值，式（3.136）也适用，从而引起波速的逐渐变化。对一定的ω，波数k在传播过程中缓慢变化，因此，当一平面单色波从等深度区传播到深度缓变区时，就发生上述情况，从直观上也能期望到这一点；由于传播速度的变化，原来的直相线将发生弯曲，波形和波幅也逐渐变化。主要与相速度变化相联系的现象在光学和声学中是人们所熟知的，称为折射。水波折射的另一种可能的起因是水平方向上缓慢变化的海流。研究波的折射很有实用价值，例如，了解波的传播方向对建造防波堤来说是很重要的。此外，波传播方向的改变必然会引起波能的集中或发散，因而波的折射也会使得波高发生变化。

3.5.1 水波折射的一般理论

假定波长远小于水深变化的水平尺度，即

$$\mu=O\left(\frac{|\nabla h|}{kh}\right)\ll 1 \tag{3.137}$$

这就是说在一个波长范围内，h的相对变化很小，将这种海底称为缓变海底。取μ作为小参数来作摄动分析。此外，还允许时间也有变化。引进慢变量：

$$\bar{x}=\mu x,\ \bar{z}=\mu z,\ \bar{t}=\mu t \tag{3.138}$$

令$\varphi=\phi\left(\bar{x},\ y,\ \bar{z},\ \bar{t}\right)$、$h=h\left(\bar{x},\ \bar{z},\ \bar{t}\right)$，那么，三维小振幅波的控制方程变为

$$\mu^2\left(\phi_{\bar{x}\bar{x}}+\phi_{\bar{z}\bar{z}}\right)+\phi_{\bar{y}\bar{y}}=0,\quad -h\left(\bar{x},\ \bar{z},\ \bar{t}\right)<y<0 \tag{3.139}$$

$$\mu^2\phi_{\bar{z}\bar{z}}+g\phi_y=0,\quad y=0 \tag{3.140}$$

$$\phi_y=-\mu^2\left(\phi_{\bar{x}}h_{\bar{x}}+\phi_{\bar{x}}\phi_{\bar{z}}\right),\ y=-h\left(\bar{x},\ \bar{z},\ \bar{t}\right) \tag{3.141}$$

将折射以后的行波速度记为

$$\phi\left(\bar{x},\ y,\ \bar{z},\ \bar{t}\right)=\left[\varphi_0+(-\mathrm{i}\mu)\varphi_1+(-\mathrm{i}\mu)^2\varphi_2+\cdots\right]\mathrm{e}^{\frac{\mathrm{i}S}{\mu}} \tag{3.142}$$

式中，

$$\varphi_j=\varphi_j\left(\bar{x},\ y,\ \bar{z},\ \bar{t}\right),\quad S=S\left(\bar{x},\ \bar{z},\ \bar{t}\right) \tag{3.143}$$

这种展开的目的是使波幅随慢变量变化，而相位则由于引进了因子μ^{-1}后能较快地变化。根据式（3.142），有

$$\phi_x=\mu\phi_x=\mathrm{i}S_{\bar{x}}\left[\varphi_0+(-\mathrm{i}\mu)\varphi_1+\cdots\right]\mathrm{e}^{\frac{\mathrm{i}S}{\mu}}+\mu\left[\varphi_{0,\bar{x}}+(-\mathrm{i}\mu)\varphi_{1,\bar{x}}+\cdots\right]\mathrm{e}^{\frac{\mathrm{i}S}{\mu}} \tag{3.144}$$

因为在相位中引进了因子μ^{-1}，所以第一项中有了$O(1)$的量。

通过对式（3.142）进行直接求导，得

$$\mu^2\phi_{\bar{t}\bar{t}}=-(-\mathrm{i}\mu)^2\phi_{\bar{t}\bar{t}}=-\Big\{\mathrm{i}S_{\bar{t}}^2\left[\varphi_0+(-\mathrm{i}\mu)\varphi_1+(-\mathrm{i}\mu)^2\varphi_2+\cdots\right]+(-\mathrm{i}\mu)\Big[S_{\bar{t}\bar{t}}\left(\varphi_0+(-\mathrm{i}\mu)\varphi_1+\cdots\right)$$

$$+2S_{\bar{t}}\left(\varphi_{0,\bar{t}}+(-\mathrm{i}\mu)\varphi_{1,\bar{t}}+\cdots\right)\Big]+(-\mathrm{i}\mu)^2\left[\varphi_{0,\bar{t}\bar{t}}+\cdots\right]\Big\}\mathrm{e}^{\frac{\mathrm{i}S}{\mu}} \tag{3.145}$$

$$\bar{\nabla}\phi=\left\{\left[\bar{\nabla}\varphi_0+(-\mathrm{i}\mu)\bar{\nabla}\varphi_1+\cdots\right]+\frac{\mathrm{i}\bar{\nabla}S}{\mu}\left[\varphi_0+(-\mathrm{i}\mu)\varphi_1+\cdots\right]\right\}\mathrm{e}^{\frac{\mathrm{i}S}{\mu}} \tag{3.146}$$

$$\mu^2\bar{\nabla}\phi=-(-\mathrm{i}\mu)^2\bar{\nabla}^2\phi=(-\mathrm{i}\mu)^2\Big\{\left[\bar{\nabla}^2\varphi_0+(-\mathrm{i}\mu)\bar{\nabla}^2\varphi_1+\cdots\right]+\frac{\mathrm{i}\bar{\nabla}S}{-\mathrm{i}\mu}\cdot\left[\bar{\nabla}\varphi_0+(-\mathrm{i}\mu)\bar{\nabla}\varphi_1+\cdots\right]$$

$$+\frac{1}{-\mathrm{i}\mu}\left[\bar{\nabla}\cdot\left(\varphi_0\bar{\nabla}S\right)+(-\mathrm{i}\mu)\bar{\nabla}\cdot\left(\varphi_1\bar{\nabla}S\right)+\cdots\right]$$

$$+\left(\frac{\bar{\nabla}S}{-\mathrm{i}\mu}\right)^2\left[\varphi_0+(-\mathrm{i}\mu)\varphi_1+\cdots\right]\Big\}\mathrm{e}^{\frac{\mathrm{i}S}{\mu}} \tag{3.147}$$

定义

$$k=\bar{\nabla}S \tag{3.148}$$

$$\omega=-S_{\bar{t}} \tag{3.149}$$

式（3.148）和式（3.149）分别表示局部波矢和局部频率。把式（3.145）～式（3.149）代入式（3.138）～式（3.140），再分离$(-\mathrm{i}\mu)$的各次幂，可得

$$(-\mathrm{i}\mu)^0:\ \varphi_{0,yy}-k^2\varphi_0=0,\quad -h<y<0 \tag{3.150}$$

$$\varphi_{0,y}-\frac{\omega^2}{g}\varphi_0=0,\quad y=0 \tag{3.151}$$

$$\varphi_{0,y}=0,\quad y=-h \tag{3.152}$$

$$(-\mathrm{i}\mu)^1:\ \varphi_{1,yy}-k^2\varphi_1=k\cdot\bar{\nabla}\varphi_0+\bar{\nabla}\cdot(k\varphi_0),\quad -h<y<0 \tag{3.153}$$

$$\varphi_{1,y}-\frac{\omega^2}{g}\varphi_1=\frac{-\left(\omega\varphi_{0,\bar{t}}+\omega\varphi_0\right)_{\bar{t}}}{g},\quad y=0 \tag{3.154}$$

$$\varphi_{1,y}=\varphi_0 k\cdot\bar{\nabla}h,\quad y=-h \tag{3.155}$$

式（3.150）～式（3.152）和式（3.153）～式（3.155）分别是两个常微分方程的边值问题。可把前一个问题中方程的解表示为

$$\varphi_0=\frac{\mathrm{i}gA}{\omega}\frac{\cosh k(y+h)}{\cosh kh} \tag{3.156}$$

式中，$\omega=\sqrt{gk\tanh kh}$。

因此，局部频率$\omega(\bar{x},\ \bar{z},\ \bar{t})$和局部波数$k(\bar{x},\ \bar{z},\ \bar{t})$与局部深度$h(\bar{x},\ \bar{z},\ \bar{t})$之间的关系就是通常$h$为常数时的色散关系，但这时振幅$A(\bar{x},\ \bar{z},\ \bar{t})$是一个待定函数。

为了确定$A(\bar{x},\ \bar{z},\ \bar{t})$所满足的方程，应用$\varphi_1$的可解性条件，式（3.150）～式（3.152）是齐次问题的方程，而式（3.153）～式（3.155）恰是相应的非齐次问题的方

程。因此，要使非齐次方程有解，必须满足φ_1的可解性条件。关于φ_0和φ_1应用Green公式，则该可解性条件表示为

$$\int_{-h}^{0}\left[\varphi_1\left(\varphi_{0,yy}-k^2\varphi_0\right)-\varphi_0\left(\varphi_{1,yy}-k^2\varphi_1\right)\right]\mathrm{d}y=\left[\varphi_1\varphi_{0,y}-\varphi_0\varphi_{1,y}\right]_{-h}^{0} \tag{3.157}$$

利用式（3.150）～式（3.155），式（3.157）可化为

$$\int_{-h}^{0}\varphi_0\left[\left(k\cdot\bar{\nabla}\varphi_0\right)+\bar{\nabla}\cdot\left(k\varphi_0\right)\right]\mathrm{d}y=-\frac{1}{g}\left\{\varphi_0\left[\omega\varphi_{0,t}+\left(\omega\varphi_0\right)_{\bar{t}}\right]\right\}_{y=0}-\left\{\varphi_0^2\right\}_{y=-h}k\cdot\bar{\nabla}h$$

又可化为

$$\int_{-h}^{0}\bar{\nabla}\cdot\left(k\varphi_0^2\right)\mathrm{d}y=-\frac{1}{g}\frac{\partial}{\partial\bar{t}}\left[\omega\varphi_0^2\right]\omega\varphi\bigg|_{y=0}-\left\{\varphi_0^2\right\}_{y=-h}k\cdot\bar{\nabla}h \tag{3.158}$$

利用Leibniz公式，得

$$D\int_{b}^{a}\mathrm{d}y=\int_{b}^{a}Df\mathrm{d}y+\left(Da\right)\left[f\right]_{y=a}-\left(Db\right)\left[f\right]_{y=b}$$

式中，D可为$\dfrac{\partial}{\partial\bar{t}}$、$\dfrac{\partial}{\partial\bar{x}}$或$\dfrac{\partial}{\partial\bar{z}}$。将式（3.158）左端的积分和右端的最后一项合并起来，则有

$$\nabla\cdot\left(k\frac{A^2}{\omega^2}\frac{1}{\cosh^2 kh}\int_{-h}^{0}\cosh^2 k\left(y+h\right)\mathrm{d}y\right)+\frac{1}{g}\frac{\partial}{\partial\bar{t}}\left(\frac{A^2}{\omega}\right)=0$$

即

$$\nabla\cdot\left(k\frac{E}{\omega^2}\frac{1}{\sinh^2 kh}\frac{\sinh kh}{2k}\frac{c_{\mathrm{g}}}{c}\right)+\frac{1}{g}\frac{\partial}{\partial\bar{t}}\left(\frac{E}{\omega}\right)=0$$

利用色散关系可得

$$\nabla\cdot\left(\frac{E}{\omega^2}c_{\mathrm{g}}\right)+\frac{\partial}{\partial\bar{t}}\left(\frac{E}{\omega}\right)=0 \tag{3.159}$$

式中，$\dfrac{E}{\omega}$为波作用，由式（3.159）可知其在传播速度为群速度的传播过程中是守恒的。

综上所述，对于缓变水深来说，相函数S的控制方程由式（3.148）、式（3.149）和式（3.157）联立而得，这是一个高度非线性的二阶偏微分方程，在光学中称为程函方程。一旦求得相函数S后，振幅就可通过求解波作用量方程（3.159）得到。

$$\frac{\partial k}{\partial\bar{t}}+\bar{\nabla}\omega=0 \tag{3.160}$$

其一维形式为

$$\frac{\partial k}{\partial\bar{t}}+\frac{\partial\omega}{\partial x}=0 \tag{3.161}$$

这就是波数守恒定律。

如果波是恒稳的，即$\dfrac{\partial}{\partial\bar{t}}=0$，那么由式（3.161）可知$\omega$为常数。以正弦波为例，根据式（3.159），振幅变化的控制方程为

$$\nabla\cdot\left(Ec_{\mathrm{g}}\right)=0 \tag{3.162}$$

我们想象在x–z平面上画满了k矢量，它们的大小和方向随空间位置都有变化。从一定点出发画出处处切于k矢量的曲线，这种曲线称为射线。由式（3.148）知，

$k=\bar{\nabla}S$，故射线总是正交于当地的相线S=const。从不同的出发点可引出不同的射线，相近的射线形成了射线管。我们来考察一段射线管，其两端的宽度为$d\delta_0$和$d\delta$（图3.24）。现在沿着由一射线管段的边界形成的封闭周线积分式（3.162），利用Gauss散度定理及c_g切于射线这一事实，可证得通过射线管两端的能流相等，即

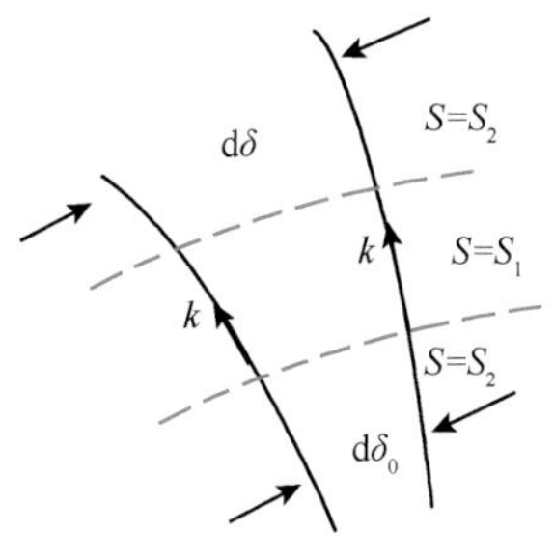

图3.24 射线管和等深线

$$Ec_g d\delta=E_0 c_{g0} d\delta_0=\text{const} \tag{3.163}$$

这是对仅适用于常深度情况的结果的推广，由式（3.163）可知，振幅沿一射线的变化为

$$\frac{A}{A_0}=\left(\frac{c_{g0}d\delta_0}{c_g d\delta}\right)^{\frac{1}{2}} \tag{3.164}$$

式中，$\dfrac{d\delta}{d\delta_0}$为射线间隔因子。

现在的问题是求射线或求证与它们正交的曲线——相线$S(x, z)$=常数。一旦确定了射线，并且已知点O处的振幅后，就立即可求得射线上任一点处的振幅。将式（3.148）两边平方后，得到S的非线性偏微分方程，为$|\nabla S|^2=k^2$，即

$$S_x^2+S_z^2=k^2 \tag{3.165}$$

式中，右端的k^2由色散关系式（3.157）确定，下面对程函方程式（3.165）作较为初步的论述。

令$z=z(x)$为一特定的射线，根据式（3.155），其斜率必定是

$$z'=z_x=\frac{S_z}{S_x}$$

由式（3.155）得

$$\sqrt{1+z'^2}=\frac{k}{S_x},\quad \frac{k_z'}{\sqrt{1+z'^2}}=S_x$$

对上述第二个方程关于x求导，有

$$\frac{d}{dx}\left(\frac{k_z'}{\sqrt{1+z'^2}}\right)=S_{xz}+S_{zz}\cdot z'=\frac{S_{xz}\cdot S_x+S_{zz}\cdot S_z}{S_x}=\frac{0.5\dfrac{\partial}{\partial z}|\nabla S|^2}{S_x}=k_z\sqrt{1+z'^2}$$

则射线方程为

$$\frac{d}{dx}\left(\frac{k_z'}{\sqrt{1+z'^2}}\right)=\sqrt{1+z'^2}\cdot k,\quad k=k\big(x,\ z(x)\big) \tag{3.166}$$

式（3.166）就是$z(x)$的非线性常微分方程。一旦已知始点的射线斜率，就可用数值方法求得射线路径。

下面考虑一个特例。设所有等深线平行于z轴，则$h=h(x)$、$k=k(x)$，于是，式（3.166）化简为

$$\frac{d}{dx}\left(\frac{k_z'}{\sqrt{1+z'^2}}\right)=0 \tag{3.167}$$

由此得

$$\frac{k_z'}{\sqrt{1+z'^2}}=\text{K}=\text{常数} \tag{3.168}$$

设S为射线的弧长，α是射线与正x轴的夹角，于是

$$\frac{z'}{\sqrt{1+z'^2}}=\frac{\mathrm{d}z}{\mathrm{d}S}=\sin\alpha \tag{3.169}$$

将式（3.169）代入式（3.168），就得到通常的Snell定律

$$k\sin\alpha=k_0\sin\alpha_0=\text{K}\text{或}\frac{\sin a}{c}=\frac{\sin a_0}{c_0} \tag{3.170}$$

这里的k_0、α_0为射线上某一已知点(x_0, z_0)处的k、α值。根据式（3.168）求得z'为

$$z'=\frac{\mathrm{d}z}{\mathrm{d}x}=\frac{\pm\text{K}}{\sqrt{k^2-\text{K}^2}} \tag{3.171}$$

对其积分，得

$$z-z_0=\pm\int_{x_0}^{x}\frac{\text{K}\mathrm{d}x}{\sqrt{k^2(x)-\text{K}^2}} \tag{3.172}$$

显然，仅在$k^2>\text{K}^2$处才可能存在射线。

3.5.2 抛物型海脊上海啸波的俘获机制

当海底有海脊隆起时，海啸波将如何行进？假定全空间均为抛物型海脊，沿山脊横向为x轴，纵向为y轴，z轴竖直向上，原点位于静水面处。海脊地形沿y方向不变，沿x方向为抛物型变化，则水深函数为

$$h(x)=s\left(|x|+b\right)^2 \tag{3.173}$$

式中，s和b是描述山脉形状的系数，s的单位为m^{-1}，b的单位为m，两者均在正数范围内取值。在下述推导过程中，假定山脊宽度$2L$和外海水深h_1足够大，即两侧边界的存在不影响山脊上各个俘获模态的存在（图3.25）。

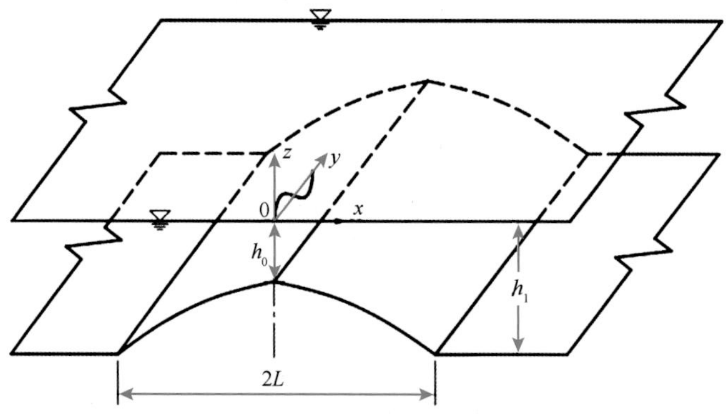

图3.25 抛物型海脊示意图

将式（3.173）代入式（3.170），得

$$\text{K}=k\sin\alpha=\frac{\omega}{\sqrt{gh}}\sin\alpha=\frac{\omega}{\sqrt{gs}}\cdot\frac{1}{|x|+b}\cdot\sin\alpha \tag{3.174}$$

记

$$R = \frac{\omega}{\mathrm{K}\sqrt{gs}} \tag{3.175}$$

利用式（3.175），将式（3.174）改写为

$$|x| = R\sin\alpha - b \tag{3.176}$$

考虑x正半轴上的射线轨迹。沿射线方程式（3.170）积分，对式（3.176）求微分并作积分变量替换，可得

$$y - y_0 = \int_{x_0}^{x} \tan\alpha\,\mathrm{d}x = R\int_{\alpha_0}^{\alpha} \sin\alpha\,\mathrm{d}\alpha = R\left(\cos\alpha_0 - \cos\alpha\right) \tag{3.177}$$

结合式（3.176）和式（3.177），可得抛物型海脊地形的射线方程解析表达式，即

$$\left(x+b\right)^2 + \left(y - y_{\mathrm{m}}\right)^2 = R^2 \tag{3.178}$$

式中，

$$y_{\mathrm{m}} = R\cos\alpha_0 + y_0 \tag{3.179}$$

故射线在抛物型海脊x轴正半平面上的运动轨迹是一段半径为R、圆心在（$-b, y_{\mathrm{m}}$）点的圆弧，圆弧起点为（$0, y_{\mathrm{m}} - (R^2 - b^2)^{1/2}$），终点为（$0, y_{\mathrm{m}} + (R^2 - b^2)^{1/2}$）；$x$轴负半平面上的射线轨迹则与正半平面的轨迹对称。该结论的使用前提是全空间均为抛物地形。而实际海脊的宽度往往是有限的，当圆弧的轨迹超过海脊边界时，射线将冲出海脊向外折射。

3.5.3　脊顶海啸的俘获条件与俘获效率

实际大洋海脊的脊顶常发育有中央裂谷，地质构造活跃，并伴随着广泛的火山和地震活动，极有可能引发海啸。本小节将给出脊顶发生海啸时，俘获波被激发的临界条件，并利用理论解——式（3.178）和式（3.179）对射线数值解进行验证。取抛物地形参数s=0.005m^{-1}、b=20m，山脊一侧宽度L=20m，山顶水深h_0=2m，山脚水深h_1=8m，临界入射角$\alpha_{\mathrm{c}} = \arcsin\left[b/\left(L+b\right)\right]$。计算区域为$-30\mathrm{m} \leqslant x \leqslant 30\mathrm{m}$，$0 \leqslant y \leqslant 140\mathrm{m}$，水深在$x=\pm 20$m之间按抛物地形变化，两侧为$h_1$=8m的平底水域。模型的计算网格为$\Delta x = \Delta y$=0.02m。假设波浪从$x=y=0$处入射，考虑入射角$\alpha_0$为40°、30°和23°这3种情况，由理论解——式（3.178）和式（3.179）画出的射线轨迹如图3.26中的①、②、③ 3条实线所示，模型模拟的结果则如图3.26中3条虚线所示。

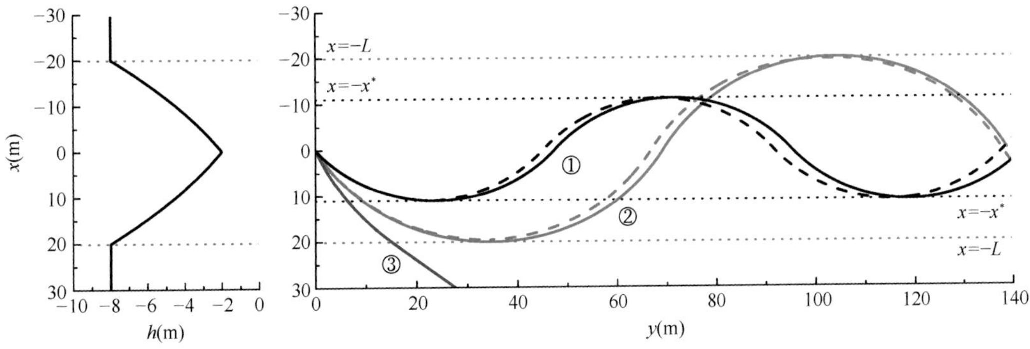

图3.26　不同入射角的射线在抛物型海脊上的运行轨迹

实线为理论值，虚线为模拟值。射线①为俘获情况，对应入射角α_0=40°；射线②为临界情况，对应入射角$\alpha_0=\alpha_{\mathrm{c}}$=30°；射线③为不俘获情况，对应入射角$\alpha_0$= 23°

对比图3.26中的实线与虚线可以看出，模型对射线③的拟合效果较好，但模型对射线①、②的拟合有一些偏差，且偏差主要为相位偏差，在射线抵达焦散线时发生。这是由于射线①、②在焦散线处的折射角α接近90º，$\tan\alpha$接近$+\infty$，只要α稍有扰动，$\tan\alpha$的值就会改变很多，因此模拟值与解析值有一些偏差，但仍在可接受的范围内。细化α_c附近的计算，模型计算出的临界入射角为30.2°，与理论结果30°基本一致，故模型在临界入射角的计算上精度较高。

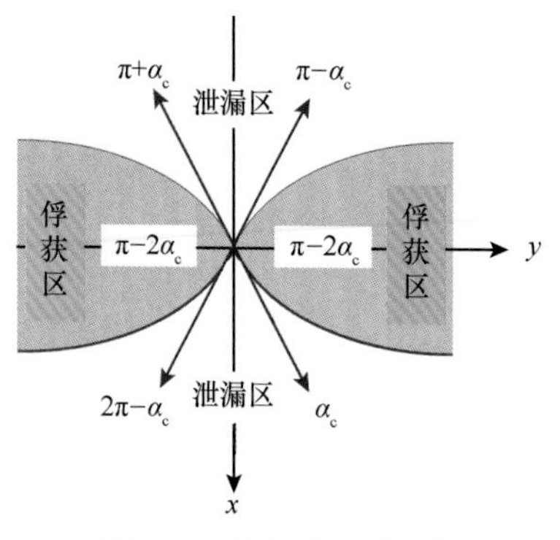

图3.27　俘获效率示意图

考虑海脊顶部$x=0$处发生地震并引发海啸，海啸波从震源处均匀地向四周发散。由上节的分析可知，如图3.27中的阴影区域所示，入射角在$[\alpha_c, \pi-\alpha_c]$和$[\pi+\alpha_c, 2\pi-\alpha_c]$范围内的波浪将被海脊俘获，这个范围以外的波能将离开海脊向外传播。因此，我们定义俘获效率γ来表示海脊俘获的波能占海啸总能量的百分比：

$$\gamma=\frac{2(\pi-2\alpha_c)}{2\pi}\times 100\%=\left[1-\frac{2}{\pi}\arcsin\left(\frac{b}{L+b}\right)\right]\times 100\% \tag{3.180}$$

3.5.4　射线法在1771年八重山海啸中的应用

本小节考察1771年5月24日发生在琉球群岛（Ryukyu Islands）上的八重山海啸。地震震源位于（124.3°N，24.0°E），接近琉球海沟海脊地形的脊顶位置，震级M_w=7.4。图3.28给出了震源附近的地形图和琉球海脊的一个典型剖面。用抛物函数式（3.173）拟合该剖面得到地形参数$s=3.185\times10^{-7}\mathrm{m}^{-1}$、$b$=23.1km，海脊一侧的宽度近似取为$L$=60km，代入式（3.180）可大致得到海啸波在震源以东、向日本一侧的海脊上的俘获效率γ，约为41%。这表明，当脊顶发生地震时，很大一部分的海啸能量将被海脊俘获并沿着海脊向远场传播。由于八重山海啸历史久远，各地的波高大小已无法考证。不过资料显示，沿琉球群岛均都不同程度受灾，海啸登陆各个岛屿并到达日本，共冲走房屋约3137间、死伤11 914人，严重的海啸灾害可能与海脊的导波效应有关。

台湾岛与震中的距离也很近，却并没有受灾记录，这可能与琉球海脊在台湾附近有一处近乎成直角的弯折有关。应用上一节的数值模型，图3.29讨论了当地形沿海脊走向发生弯折时，不同弯折角度下的射线轨迹。地形参数仍沿用上一小节的取值，计算区域为$-150\mathrm{m}\leqslant x\leqslant150\mathrm{m}$，$0\leqslant y\leqslant160\mathrm{m}$，计算网格$\Delta x=\Delta y=0.04\mathrm{m}$。可以看出，当海脊的弯折角度较小时，射线仍然以“S”形沿着海脊传播，俘获波继续被弯折段传导；但当弯折角度较大时，射线会冲出海脊向外折射，波浪将不被弯折段俘获。这也是台湾岛在八重山海啸中不受灾的原因，可能是海脊走向在台湾附近发生剧烈弯折，射线径直冲出山脊而不被俘获，使台湾免于受灾。

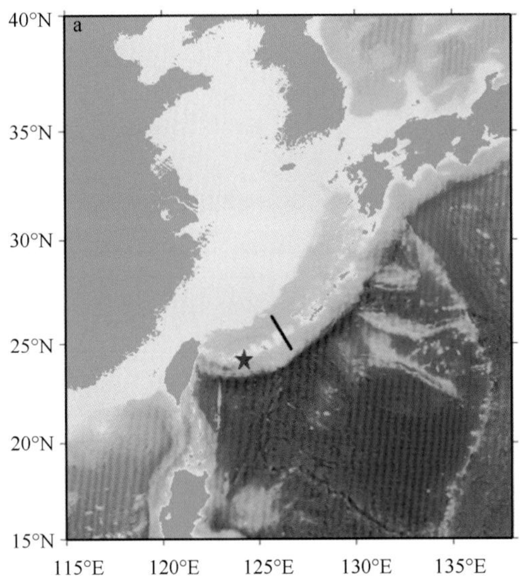

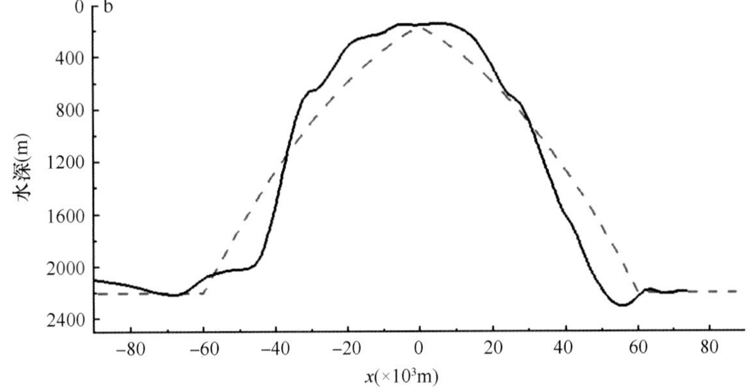

图3.28　震源附近的地形图和琉球海脊的典型剖面

a. 琉球群岛附近的海域地形图；b. 琉球海脊的典型剖面

a图中五角星表示1771年八重山地震的震源位置，线段表示所取剖面的位置；b图中实线表示真实地形，虚线表示抛物函数的拟合地形，形状参数s=3.185 × 10^{-7}m^{-1}、b=23.1km，海脊一侧的宽度L=60km

3.5.5　波射线追踪法在中国东南沿海的应用

利用波射线追踪法可以清晰地看到大洋和局地地形在海啸波传播时波能汇聚与发散中发挥的作用。波射线追踪法在地震表面波研究中经常用到，考虑到地球的球面效应，采用球坐标描述，则波射线方程为

$$\frac{\mathrm{d}\theta}{\mathrm{d}T}=\frac{1}{nR}\cos\xi$$

$$\frac{\mathrm{d}\varphi}{\mathrm{d}T}=\frac{1}{nR\sin\theta}\sin\xi$$

$$\frac{\mathrm{d}\xi}{\mathrm{d}T}=-\frac{\sin\xi}{n^2R}\cdot\frac{\partial n}{\partial\theta}+\frac{\cos\xi}{n^2R\sin\theta}\cdot\frac{\partial n}{\partial\varphi}-\frac{1}{nR}\sin\xi\cot\theta$$

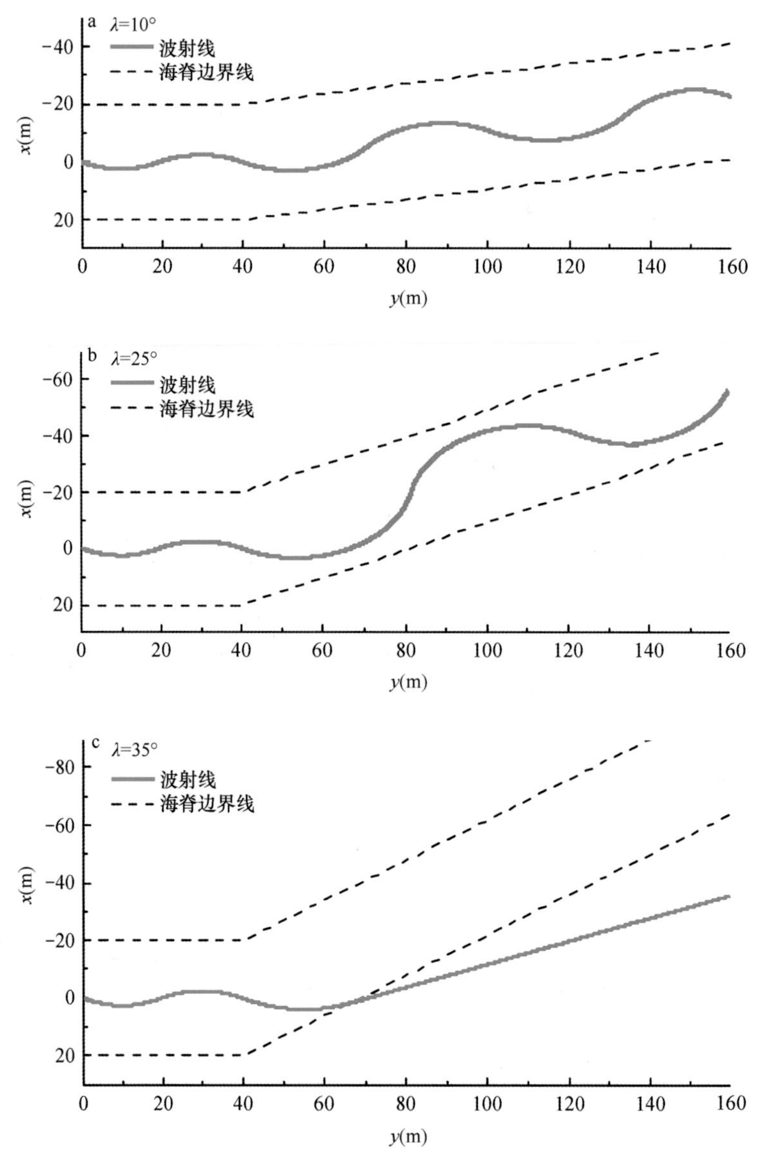

图3.29 入射角α_0为63°的射线在不同弯折角度的海脊上的运动轨迹

λ为海脊轴线与y轴的夹角

式中，θ和φ是T时刻波射线所在的纬度和经度；$n=1/\sqrt{gH}$；R是地球半径；ξ是波射线传播方向（逆时针从南向起算）。通过龙格-库塔四阶连续差分方法和全球ETOPO海底地形数据，可以快速计算波射线的传播过程。

以1960年5月27日智利9.5级地震海啸为例，海啸波在横跨整个太平洋后，在日本沿岸仍然观测到了6m的海啸爬高。根据波射线追踪法可知，由于东太平洋海山等海底地形效应，海啸波射线在传播过程中产生汇聚并集中在日本东部沿岸地区。此外，在南大洋也有部分波射线汇聚，从而对新西兰产生了严重影响（图3.30a）。由此可见，海底深槽、海山、洋中脊等地形特征对于海啸这一长周期浅水波传播过程的影响是决定性的。

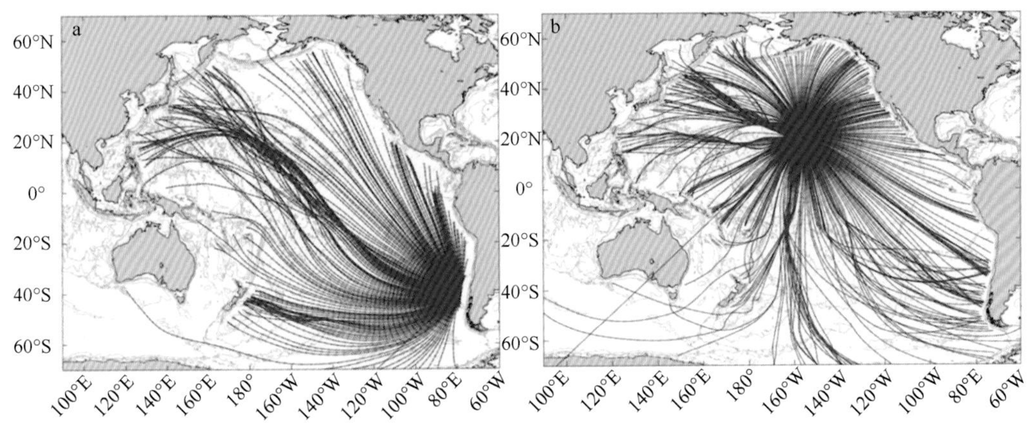

图3.30　波射线在追踪海啸波源中的作用

a. 1960年智利海啸场景；b. 夏威夷群岛场景

由于波射线的传播路径是一定的，因此可以考察环太平洋俯冲带地震海啸对某一区域的影响。如图3.30b所示，环太平洋的智利海沟、卡斯凯迪亚海沟、阿拉斯加-千岛群岛一线俯冲带、日本海沟，直至西南太平洋主要地震俯冲带产生的海啸均对夏威夷群岛有影响。

针对我国东部沿海海啸风险评估的海量数值模拟实验发现，我国东部陆架的南通启东外海、上海外海和舟山群岛北侧均会出现海啸波汇聚的现象。如图3.31所示，在我国周边的日本南海道海槽、小笠原群岛、关岛和雅浦海沟、琉球海沟等地震俯冲带设置8.5～9.0级假想地震海啸源，均会在我国东海陆架部分区域产生波能汇聚现象，该现象在江苏南通外海尤为明显（图3.31，图3.32）。采用海啸波射线追踪法可以揭示这种现象。

假设在东海陆架岛链外侧设置一个海啸源，波周期为10min，经波射线追踪，可见由于苏北浅滩和长江口外水下三角洲的局地地形影响，海啸波射线在黄海南部、济州岛南侧的深槽和东海陆架中部这两条线路汇聚后，共同传播至南通外海，使得南通外海的海啸波能密度较大（图3.33）。

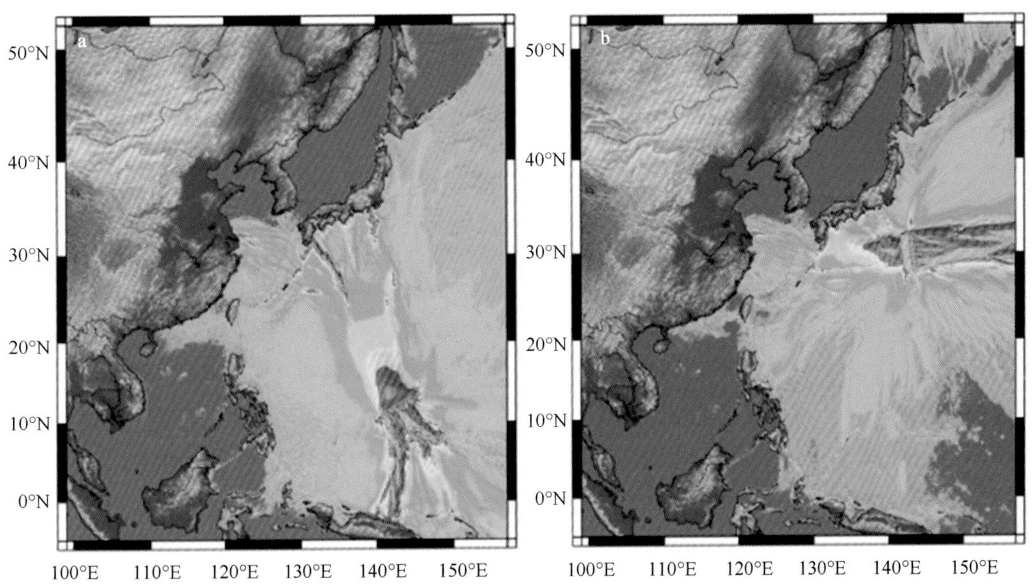

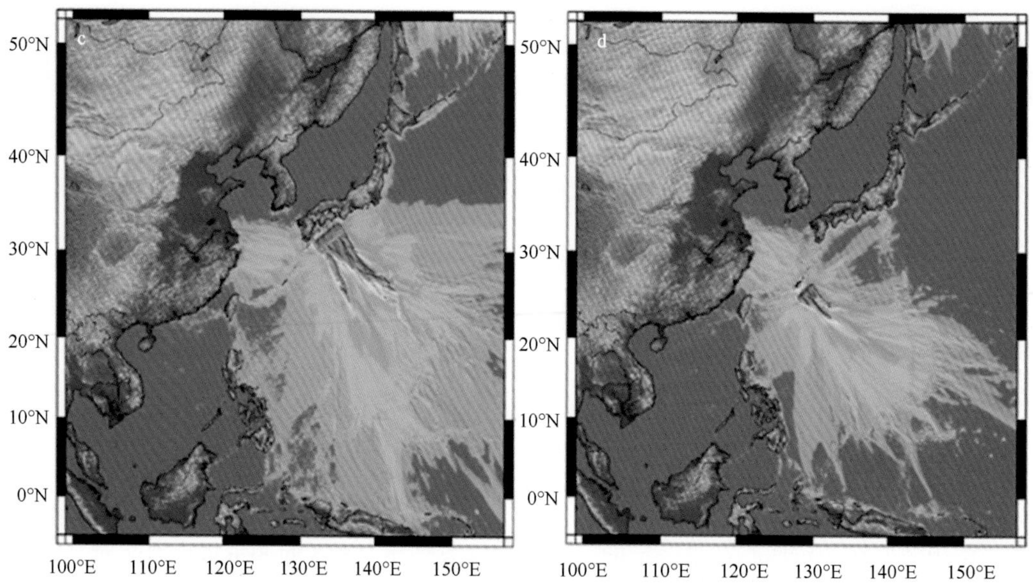

图3.31　不同越洋和区域海啸场景下我国沿海最大海啸波幅

最大海啸波幅均出现在江苏南部南通外海、上海外海和浙江北部舟山一带沿海

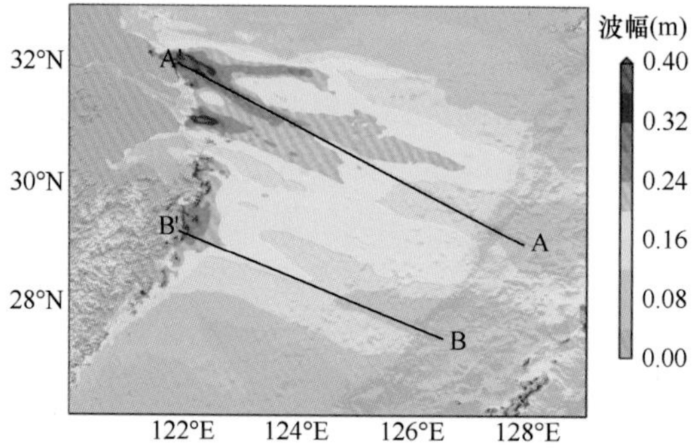

图3.32　不同越洋地震海啸在我国东海陆架的相似波场分布

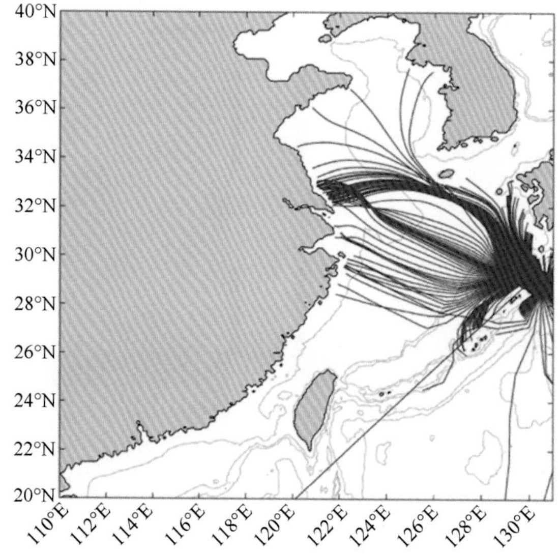

图3.33　海啸波射线追踪法计算的琉球海沟地震海啸能量传播路径

参考文献

梅强中. 1984. 水波动力学. 北京：科学出版社.

张善杰, 沈耀春. 1995. 马丢函数的数值计算. 电子学报, 23: 41-45.

Abe K. 1975. Reliable estimation of the seismic moment of large earthquakes. Journal of Physics of the Earth, 23(4): 381-390.

Arcos M E M, LeVeque R J. 2015. Validating velocities in the GeoClaw tsunami model using observations near Hawaii from the 2011 Tohoku tsunami. Pure and Applied Geophysics, 172(3): 849-867.

Borrero J C, Goring D G, Greer S D, et al. 2015. Far-field tsunami hazard in New Zealand ports. Pure and Applied Geophysics, 172(3): 731-756.

Choowong M, Murakoshi N, Hisada K I, et al. 2008. 2004 Indian ocean tsunami inflow and outflow at Phuket, Thailand. Marine Geology, 248(3): 179-192.

Dengler L, Uslu B, Barberopoulou A, et al. 2009. The November 15, 2006 Kuril islands-generated tsunami in Crescent City, California. Pure and Applied Geophysics, 166(1): 37-53.

Goto C, Shuto N. 1983. Numerical simulation of tsunami propagations and run-up// Iida K, Iwasaki T. Tsunami-Their Science and Engineering. Tokyo: Terra Scientific Publ. Comp.: 439-451.

Hinwood J B, Mclean E J. 2013. Effects of the March 2011 Japanese tsunami in bays and estuaries of SE Australia. Pure and Applied Geophysics, 170(6): 1207-1227.

Kajiura K.1963. The leading wave of tsunami. Bulletin of the Earthquake Research Institute, University of Tokyo, 41(3): 535-571.

Keller J B, Keller H B. 1964. Water wave run-up on a beach. ONR Research Report Contract No NONR-3828(00), Dept. of the Navy, Washington, D.C..

Levin B W, Nosov M. 2016. Physics of Tsunamis. Springer, Cham.

Mansinaha L, Smylie D E. 1967. Effect of earthquakes on the Chandler Wobble and the Secular Polar Shift. Journal of Geophysical Research, 72: 4731-4743.

Mansinaha L, Smylie D E. 1971. The displacement field of inclined faults. Bulletin of the Seismological Society of America, 61(5): 1433-1440.

Miles J W, Munk W. 1961. Harbor paradox. Journal of the Waterways and Harbors Division, 87(3): 111-130.

Okada Y. 1985. Surface deformation due to shear and tensile faults in a half-space. Bulletin of the Seismological Society of America, 75(4): 1135-1154.

Okada Y. 1992. Internal deformation due to shear and tensile faults in half-space. Bulletin of the Seismological Society of America, 82(2): 1018-1040.

Okal E A, Fritz H M, Raad P E, et al. 2006a. Oman field survey after the December 2004 Indian Ocean tsunami. Earthquake Spectra, 22(S3): 203-218.

Okal E A, Fritz H M, Raveloson R, et al. 2006b. Madagascar field survey after the December 2004 Indian Ocean tsunami. Earthquake Spectra, 22(7): S263-S283.

Okal E A, Sladen A, Okal A S. 2006c. Rodrigues, Mauritius, and Reunion islands field survey after the December 2004 Indian ocean tsunami. Earthquake Spectra, 22(S3): S241-S261.

Okal E A, Synolakis C E. 2003. A theoretical comparison of tsunamis from dislocations and landslides. Pure & Applied Geophysics, 160(10-11): 2177-2188.

Satake U. 1994. Mechanism of the I992 Nicaragua Tsunami Earthquake. Geophysical Research Letters, 21: 2519-2522.

Sato R. 1979. Theoretical basis on relationships between focal parameter and earthquake magnitude. Journal of Physics of the Earth, 27(5): 353-372.

Shuto N. 1972. Standing waves in front of a sloping dike. Coastal Engineering Proceedings, 1(13): 1629-1647.

Shuto N. 1991. Numerical simulation of tsunamis—Its present and near future. Natural Hazards, 4(2-3): 171-191.

Somerville P, Irikura K, Graves R, et al. 1999. Characterizing crustal earthquake slip models for the prediction of strong ground motion. Seismological Research Letters, 70(1): 59-80.

Steketee J A. 1958a. On volterra's dislocations in a semi-infinite elastic medium. Canadian Journal of Physics, 36(2): 192-205.

Steketee J A. 1958b. Some geophysical applications of the elasticity theory of dislocations. Canadian Journal of Physics, 36(9): 1168-1198.

Synolakis C E. 1987. The runup of solitary waves. Journal of Fluid Mechanics, 185: 523-545.

Synolakis C E. 1991. Tsunami runup on steep slopes: how good linear theory really is. Natural Hazards, 4: 221-234.

Synolakis C E, Deb M K, Skjelbreia J E. 1988. The anomalous behavior of the run-up of cnoidal waves. The Physics of Fluids, 31: 3-5.

Tadepalli S, Synolakis C E. 1994. The run-up of N-waves on sloping beaches. Proceedings of the Royal Society of London. Series A: Mathematical and Physical Sciences, 445: 99-112.

Wells D L, Coppersmith K J. 1994. New empirical relationships among magnitude, rupture length, rupture width, rupture area, and surface displacement. Bulletin of the Seismological Society of America, 84(4): 974-1002.

Wilson R I, Admire A R, Borrero J C, et al. 2013. Observations and impacts from the 2010 Chilean and 2011 Japanese tsunamis in California (USA). Pure and Applied Geophysics, 170(6): 1127-1147.

第4章 海啸数值预报技术

快速准确的海啸数值模拟及预报技术是海啸预警的关键，也是海啸预警技术研究的国际前沿问题。从20世纪90年代开始，美国、日本先后研发了MOST（method of splitting tsunami）、TUNAMI等海啸数值预报模型。长期以来，全球主要海啸预警中心主要依赖经验统计方法对海啸危险等级进行定性描述，难以给出准确的定量预警结论；而日本主要依赖海啸传播情景数据库发布定量海啸预警，但该数据库十分庞大，耗费大量计算和存储资源，且对于发生在数据库范围之外的海啸事件无能为力。随着现代高性能计算能力的飞跃发展及海啸数值预报技术的日趋完善，自2014年以来，国际主流预警机构逐步实现了由基于地震参数的定性海啸预警向基于数据库或快速实时数值模型的定量海啸预警的过渡。目前国际上通用的做法是采用线性或非线性浅水方程（nonlinear shallow water equation，NLSW）模拟海啸波在海水中的传播，并采用不同的并行计算技术使模拟时间尽量缩短。

我国地震海啸数值预报模型的研究始于20世纪90年代初，先后自主开发了国际首个基于并行计算框架的中国海局地地震海啸数值模型和越洋地震海啸数值模型，进行了海啸模拟并行算法设计，计算效率显著提高，实现了中国海局地、区域地震海啸的实时预报及越洋地震海啸的快速预报。自主研发的海啸数值预报并行计算模型可在1min内计算完成西太平洋海啸传播数值模拟，提供深远海最大海啸波幅预报及近岸产品，相对于国际同类业务化海啸数值模型计算效率提高了5～10倍，充分满足海啸预警对时效性的需求。此外，在国家"十一五"科技支撑项目支持下，上述成果自投入业务化运行以来，对2010年智利8.8级地震海啸、2011年日本9.1级地震海啸等多次重大事件进行了快速实时预警，经海啸浮标和沿岸潮位站验证，最大海啸波幅预报平均相对误差控制在15%以内。经过十多年的自主创新研究，由我国自主研发的海啸数值预报并行计算模型突破了海啸预警时效性的瓶颈，为建立我国和南中国海区域海啸预警业务体系奠定了基础。

海啸数值预报技术是实时海啸预警系统建设的基础。海啸数值预报模型是探索海啸生成机制、评估海啸灾害和建立实时海啸预警系统的重要工具与技术手段；本章将重点介绍海啸数值模型的控制方程、海啸越洋传播及近岸海啸淹没计算方法、海啸传播时间模型、国际上当前的主流地震海啸数值预报模型特征与应用和我国的实时海啸模拟技术的发展及应用现状，并简要介绍滑坡海啸研究进展及其数值预报方法，通过敏感性实验和实际案例介绍基于深水海啸浮标反演方法的海啸预报技术，以期为今后海啸数值预报技术的研究提供参考和借鉴。

4.1 海啸数值模型的控制方程

4.1.1 非频散的浅水理论

大多数由地震引起的海啸属于海洋长波。在长波理论中，水波在海洋中传播或者在小坡度地区（如河流和大陆架）传播过一长段距离，水质点的垂直加速度与重力加速度相比是可以忽略的。因此，水质点的垂直运动对压力分布没有影响，非线性浅水方程（NLSW）被广泛用作海啸传播模型的控制方程。发生在深海的海啸，波长达几百千米，相对水深几千米来讲，水深与波长之比是10^{-2}数量级，波高与水深之比是10^{-3}数量级，那么忽略非线性项的线性长波方程（linear shallow water equation，LSW）可以较好地描述海啸在深水中的传播。海啸在大洋中的传播速度高达700～900km/h，传播过程中所受摩擦力很小，能量衰减微弱。当海啸波进入浅水区时，水深沿着波向线逐渐变浅、波能传播速度逐渐减小、波后能量的输入率大于波前能量的输出率，此时波长变短，波能沿程累积，巨大水体能量在垂向和水平方向都变得聚集，表现为波高陡增、流速变急，会给沿岸尤其是海湾、河口地区带来巨大灾害，此时应特别考虑海啸传播的非线性特征。

不考虑非线性项的线性浅水方程也常用于刻画海啸波在大洋中的传播，在上述假设下，所有的波都以浅水波速$\sqrt{gh}$行进。忽略底摩擦力、考虑科氏力作用后球坐标下的线性浅水方程为

$$\frac{\partial \eta}{\partial t}+\frac{1}{R\cos\varphi}\left[\frac{\partial P}{\partial \psi}+\frac{\partial}{\partial \varphi}(\cos\varphi Q)\right]=0$$

$$\frac{\partial P}{\partial t}+\frac{gH}{R\cos\varphi}\frac{\partial \eta}{\partial \psi}-fQ=0$$

$$\frac{\partial Q}{\partial t}+\frac{gH}{R\cos\varphi}\frac{\partial \eta}{\partial \varphi}+fP=0$$

式中，η为相对于平均海平面的自由表面扰动；P为沿经度单位宽度的通量；Q为沿纬度单位宽度的通量；H为总水深；φ为纬度；ψ为经度；f为科氏力系数；g为重力加速度。

海啸在近岸传播过程中，水深逐渐变浅，波高逐渐变大，这时波高与水深的量值接近，波浪的非线性作用明显，此时的海啸波传播速度变为$\sqrt{g(h+\eta)}$，所以波峰将比波谷传播快一些，使波峰有超过前面波谷的趋势，并且此时底摩擦效应增大，对波形的稳定性有较大影响。考虑底摩擦力的非线性浅水方程为

$$\frac{\partial \eta}{\partial t}+\frac{1}{R\cos\varphi}+\left[\frac{\partial P}{\partial \psi}+\frac{\partial}{\partial \varphi}(\cos\varphi Q)\right]=-\frac{\partial h}{\partial t}$$

$$\frac{\partial P}{\partial t}+\frac{g}{R\cos\varphi}\frac{\partial}{\partial \psi}\left(\frac{P^2}{H}\right)+\frac{g}{R}\frac{\partial}{\partial \varphi}\left(\frac{PQ}{H}\right)+\frac{gH}{R\cos\varphi}\frac{\partial \eta}{\partial \psi}-fQ+F_x=0$$

$$\frac{\partial Q}{\partial t}+\frac{g}{R\cos\varphi}\frac{\partial}{\partial\psi}\left(\frac{PQ}{H}\right)+\frac{g}{R}\frac{\partial}{\partial\varphi}\left(\frac{Q^2}{H}\right)+\frac{gH}{R}\frac{\partial\eta}{\partial\varphi}+fP+F_y=0$$

式中，η为相对于平均海平面的自由表面扰动；φ为纬度；ψ为经度；R为地球半径；h为静水深，H=h+η为总水深；P为沿经度单位宽度的通量；Q为沿纬度单位宽度的通量；f为科氏力系数；g为重力加速度；F_x、F_y分别为经度和纬度方向的底摩擦力。

4.1.2　频散的浅水理论

由于地震破裂的复杂性、地震断层几何形状的不均匀性及源区水深特征等因素的影响，地震产生的越洋海啸波具有较广泛的周期范围，这就导致特定的海啸事件在波传播过程中表现出极强的频散特征，主要表现为不同周期的波浪具有不同的传播速度。频散的特征会随着时间和传播距离的增加而累积，这样的波结构特征很难用浅水方程来描述。通用的描述大洋线性频散特征的方法是基于线性Boussinesq方程的数学模型。该模型可以较好地模拟大洋中的弱频散特征，而原始的浅水方程只是对海啸波的一阶近似，方程中没有包含三阶频散项，虽然对近场海啸波到达时间和最大海啸波高均能给出较准确的预报结果，但对远场海啸到达时间及首波后的系列波形的预报却存在较大的偏差。考虑了三阶物理频散项的Boussinesq方程能较全面地反映海啸传播演变的真实物理特征。尽管如此，目前求解Boussinesq方程还需借助大规模的高性能计算机系统，计算代价偏高，该类模型现多见于海啸波越洋特征的研究工作中。

$$\frac{\partial P}{\partial t}+\frac{1}{R\sin\varphi}\frac{\partial}{\partial\psi}\left(\frac{P^2}{H}\right)+\frac{1}{R}\frac{\partial}{\partial\varphi}\left(\frac{PQ}{H}\right)=-\frac{gH}{R}\frac{\partial\eta}{\partial\psi}-FQ-\frac{gn^2}{H^{7/3}}Q\sqrt{P^2+Q^2}$$
$$+\frac{h^2}{3R\sin\varphi}\frac{\partial}{\partial\psi}\left[\frac{1}{R\sin\varphi}\left(\frac{\partial^2 P}{\partial\psi\partial t}+\frac{\partial^2(Q\sin\varphi)}{\partial\varphi\partial t}\right)\right]$$

$$\frac{\partial Q}{\partial t}+\frac{1}{R\sin\varphi}\frac{\partial}{\partial\psi}\left(\frac{PQ}{H}\right)+\frac{1}{R}\frac{\partial}{\partial\varphi}\left(\frac{Q^2}{H}\right)=-\frac{gH}{R}\frac{\partial\eta}{\partial\varphi}+FP-\frac{gn^2}{H^{7/3}}Q\sqrt{P^2+Q^2}$$
$$+\frac{h^2}{3R}\frac{\partial}{\partial\varphi}\left[\frac{1}{R\sin\varphi}\left(\frac{\partial^2 P}{\partial\psi\partial t}+\frac{\partial^2(Q\sin\varphi)}{\partial\varphi\partial t}\right)\right]$$

$$\frac{\partial\eta}{\partial t}=-\frac{1}{R\sin\varphi}\left[\left(\frac{\partial P}{\partial\psi}+\frac{\partial(Q\sin\varphi)}{\partial\varphi}\right)\right]$$

式中，η为相对于平均海平面的自由表面扰动；φ为纬度；ψ为经度；R为地球半径；h为静水深，H=h+η为总水深；P为沿经度单位宽度的通量；Q为沿纬度单位宽度的通量；f和n分别为科氏力系数与曼宁系数。

海啸数值模拟技术通常通过两种途径实现：其一，依据快速估算的或历史统计的地震震源机制解参数，计算海底断层形变引起的水位位移，从而正演海啸的传播与演变过程；其二，根据实时监测的海啸波形，反演海啸源初始位移场，从而快速重构海啸的传播。

4.2 CTSU海啸数值模型

如前所述，虽然Boussinesq方程模型可以较好地模拟大洋中的弱频散特征，但是需要求解高阶的偏微分方程，导致计算代价太高，难以满足海啸预警需求。基于上述原因，Imamura等（1988）提出了一种有限差分模型，它通过传统的蛙跳方案对浅水方程组进行处理。由于蛙跳形式浅水差分方程组本身存在数值频散项，那么该数值频散项可以用来考虑浅水方程组所忽略掉的频散作用。同时，Imamura等（1988）指出，如果选取的水深和时间步长满足一定的标准，那么蛙跳形式的浅水差分方程组中的数值发散项可以用来代替频散项，二者的效果可以相同。之后Cho（1995）对Imamura等（1988）所给出的模型进行了很好的改进修正。尽管如此，两人的工作还是存在一些不足之处，若是使用固定的网格点，那么两人提出的模型只能够对某个定常的水深才能有较好的效果，而实际情况中海底的水深是缓慢变化的，在缓慢变化的水深中Cho（1995）提出的模型模拟的结果就不是很好了。

为了模拟海啸在缓慢变化地形中的传播，那么在整个计算区域中都需要考虑频散作用的影响因素。Imamura等（1988）在模型中提出了一个Imamura条件，根据这个条件，格点尺寸的选取依赖于水深和时间步长。对缓变地形中海啸传播过程的模拟需要设计出合适的格点系统。Yoon和Liu（1992）提出了有限元模型，该模型能够满足上述要求，但是该模型需要占用大量的计算机存储空间，并且还需要超长的运算时间。这些显然不是人们所满意的。

后来Yoon（2002）在Imamura条件的基础上提出了隐藏格点的思想，他使用差分方法在不同的格点上计算出满足Imamura条件的隐藏格点的尺寸（以下称为Yoon方案），使之在局地上满足Imamura条件，从而使Imamura模型能够适用于缓变水深的情况。

Yoon方案是线性形式的，对海啸波的模拟只限于深水情况，本章将在Yoon提出的格点设计的思想上，进一步讨论非线性作用和底摩擦作用对于海啸传播的影响，进一步将前人的这些思想具体应用到非线性作用和底摩擦作用都相对明显的浅水区域的海啸传播研究当中。

4.2.1 越洋海啸模型控制方程

1. 线性Boussinesq方程组

海啸波的波长介于海浪和潮汐波的波长之间。它比由风场引起的海浪的波长要长，比潮汐引起的海浪的波长要短。要精确模拟海啸的传播过程，就要考虑海啸的频散作用。对于深水中传播的海啸来说，由于海洋自由表面的扰动相对于水深来说要小得多，因此使用经典的Boussinesq方程组就可以准确地模拟海啸的传播过程。经典的Boussinesq方程就是人们经常使用的线性Boussinesq方程组，它的具体形式为

$$\frac{\partial\eta}{\partial t}+\frac{\partial P}{\partial x}+\frac{\partial Q}{\partial y}=0 \tag{4.1}$$

$$\frac{\partial P}{\partial t}+gh\frac{\partial\eta}{\partial x}=\frac{h^2}{2}\frac{\partial}{\partial x}\left[\frac{\partial}{\partial x}\left(\frac{\partial P}{\partial t}\right)+\frac{\partial}{\partial y}\left(\frac{\partial Q}{\partial t}\right)\right]-\frac{h^2}{6}\frac{\partial}{\partial x}\left[\frac{\partial^2}{\partial t\partial x}\left(\frac{P}{h}\right)+\frac{\partial^2}{\partial t\partial y}\left(\frac{Q}{h}\right)\right] \tag{4.2}$$

$$\frac{\partial Q}{\partial t}+gh\frac{\partial\eta}{\partial y}=\frac{h^2}{2}\frac{\partial}{\partial y}\left[\frac{\partial}{\partial x}\left(\frac{\partial P}{\partial t}\right)+\frac{\partial}{\partial y}\left(\frac{\partial Q}{\partial t}\right)\right]-\frac{h^2}{6}\frac{\partial}{\partial y}\left[\frac{\partial^2}{\partial t\partial x}\left(\frac{P}{h}\right)+\frac{\partial^2}{\partial t\partial y}\left(\frac{Q}{h}\right)\right] \tag{4.3}$$

式中，η表示相对于平均海平面的自由表面扰动；P与Q分别表示x和y方向上按深度平均的体积通量；g为重力加速度；h表示静水深。

在水深不变的情况下，根据长波假设（如$kh<\pi/10$）可以将线性Boussinesq方程组变形得到只关于自由表面扰动η的方程，即

$$\frac{\partial^2\eta}{\partial t^2}-C_0^2\left(\frac{\partial^2\eta}{\partial x^2}+\frac{\partial^2\eta}{\partial y^2}\right)-\frac{C_0^2h^2}{3}\left(\frac{\partial^4\eta}{\partial x^4}+2\frac{\partial^4\eta}{\partial x^2\partial y^2}+\frac{\partial^4\eta}{\partial y^4}\right)=O(k^6h^6) \tag{4.4}$$

式中，在截断误差项中的k表示的是恒定水深h下的波数，$C\quad\sqrt{gh}$为群速度。

观察Boussinesq方程我们就会看到，方程（4.2）和方程（4.3）的等号右侧含有三阶导数项，它表示的是由非静力平衡压力产生的物理频散项。正是由于Boussinesq方程中物理频散项的存在，人们在进行数值模拟时需要同时处理时间与空间的偏微分，这就给数值模拟带来了难度。因此许多人试图通过浅水方程来对海啸的传播进行模拟，例如，Imamura等（1988）提出的模拟海啸越洋传播的有限差分模型，使用的就是浅水方程组，并通过解决数值发散项来考虑实际频散的影响。Yoon（2002）在Imamura条件的基础上，引入了一种可以对步长进行局地调整的新差分方案。

2. 线性浅水方程组

线性浅水方程组的具体表达式如式（4.5）～式（4.7）所示：

$$\frac{\partial\eta}{\partial t}+\frac{\partial P}{\partial x}+\frac{\partial Q}{\partial y}=0 \tag{4.5}$$

$$\frac{\partial P}{\partial t}+gh\frac{\partial\eta}{\partial x}=0 \tag{4.6}$$

$$\frac{\partial Q}{\partial t}+gh\frac{\partial\eta}{\partial y}=0 \tag{4.7}$$

式中，η表示相对于平均海平面自由表面扰动；P与Q分别表示x和y方向上按深度平均的体积通量；g为重力加速度；h表示静水深。

线性浅水方程组是Imamura等（1988）、Yoon和Liu（1992）提出的模型的基础，他们提出的模型都是在线性浅水方程组的基础上进行离散化，从而得到离散形式的差分方程组。它与线性Boussinesq方程组的差别就是等号右侧的三阶导数项，也就是由非静力平衡压力产生的物理频散项。

3. 非线性浅水方程组

在近海地区，水深变浅，非线性对流项增大，科氏力项很小可忽略不计，海底摩擦增大，因此近海海啸采用非线性浅水方程加上底摩擦项，在直角坐标系下表示为

$$\frac{\partial \eta}{\partial t}+\frac{\partial P}{\partial x}+\frac{\partial Q}{\partial y}=0 \tag{4.8}$$

$$\frac{\partial P}{\partial t}+\frac{\partial}{\partial x}\left(\frac{P^2}{H}\right)+\frac{\partial}{\partial y}\left(\frac{PQ}{H}\right)+gh\frac{\partial \eta}{\partial x}+\tau_x H=0 \tag{4.9}$$

$$\frac{\partial Q}{\partial t}+\frac{\partial}{\partial x}\left(\frac{PQ}{H}\right)+\frac{\partial}{\partial y}\left(\frac{Q^2}{H}\right)+gh\frac{\partial \eta}{\partial y}+\tau_y H=0 \tag{4.10}$$

$$\tau_x=\frac{gn^2}{H^{10/3}}P(P^2+Q^2)^{1/2}$$

$$\tau_y=\frac{gn^2}{H^{10/3}}Q(P^2+Q^2)^{1/2} \tag{4.11}$$

式中，η表示相对于平均海平面的自由表面扰动；P与Q分别表示x和y方向上按深度平均的体积通量；g为重力加速度；h表示静水深；H表示总水深，$H=h+\eta$；τ_x和τ_y分别表示x和y方向上的海底摩擦项；n是曼宁系数。海底摩擦影响爬高过程和浅水区传播过程的水动力特性。

4.2.2 越洋海啸预报模型计算方案设计

首先从一维线性的情况着手，将浅水方程（4.5）～方程（4.7）写为一维形式，得

$$\frac{\partial \eta}{\partial t}+\frac{\partial P}{\partial x}=0 \tag{4.12}$$

$$\frac{\partial P}{\partial t}+gh\frac{\partial \eta}{\partial x}=0 \tag{4.13}$$

一般都是使用蛙跳形式的差分格式来对浅水方程组进行离散化。分别将表面扰动η与x方向的速度通量P离散，其离散点在网格中的分布如图4.1所示。然后表面扰动η对x取中央差分，速度通量P对x取半步中央差分，对时间t取半步向前差分，就得到一维的差分方程（4.14）～方程（4.15）：

$$\frac{\eta_i^{n+1/2}-\eta_i^{n-1/2}}{\Delta t}+\frac{P_{i+1/2}^{n}-P_{i-1/2}^{n}}{\Delta x}=0 \tag{4.14}$$

$$\frac{P_{i+1/2}^{n+1}-P_{i+1/2}^{n}}{\Delta t}+gh\frac{\eta_{i+1}^{n+1/2}-\eta_i^{n+1/2}}{\Delta x}=0 \tag{4.15}$$

式中，i表示空间格点位置；n表示时间层；Δx为x方向上的格点间距；g为重力加速度；Δt表示时间步长。该差分方程组因对控制方程的离散化而产生了数值发散。

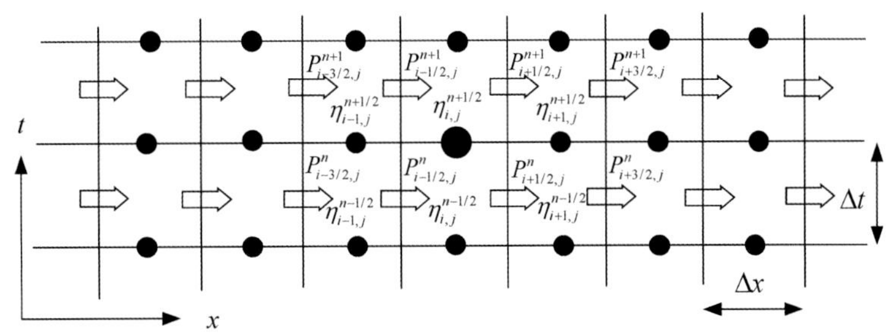

图4.1　蛙跳格式的浅水方程的网格形式

Imamura等（1988）最早对由蛙跳方案产生的数值发散进行了分析。有目的性地用数值发散项来代替浅水方程组中所忽略掉的物理频散项的影响。由差分方程（4.14）和方程（4.15）可以得到关于表面扰动η的表达式（Tannehill et al.，1998），即

$$\frac{\partial^2\eta}{\partial t^2}-C_0^2\frac{\partial^2\eta}{\partial x^2}-C_0^2\frac{(\Delta\ )^2}{12}(1-C_r^2)\frac{\partial^4\eta}{\partial x^4}=O((\Delta x)^3,(\Delta x)^2\Delta t,\Delta x(\Delta t)^2,(\Delta t)^3) \tag{4.16}$$

式中，Δx表示x方向上的格点间距；Δt表示格点上的时间步长；$C_0=\sqrt{gh}$表示群速度；$C_r=C_0\Delta t/\Delta x$为库朗数，实际上是指时间步长和空间步长的相对关系。式（4.16）的第三项表示的是浅水方程组中由蛙跳格式的有限差分近似导致的数值发散项。

观察一维形式的由Boussinesq方程变形得到的关于自由表面扰动η的方程，可以将二维形式的方程（4.4）简化成一维形式，得

$$\frac{\partial^2\eta}{\partial t^2}-C_0^2\frac{\partial^2\eta}{\partial x^2}-\frac{C_0^2h^2}{3}\frac{\partial^4\eta}{\partial x^4}=O(k^6h^6) \tag{4.17}$$

将方程（4.16）与方程（4.17）进行比较可以发现，两者的差别主要是在第三项，Imamura等（1988）通过分析这两项得到了Imamura条件，即

$$\Delta x=\sqrt{4h^2+gh(\Delta t)^2} \tag{4.18}$$

使用该条件可以用浅水差分方程组中的数值发散项近似代替Boussinesq方程中的物理频散项。若用数值发散项近似代替物理频散项，空间格距的选取就不是随意的，而是与水深和时间步长密切相关的。在实际情况当中，时间步长是一定的，而水深是可变的。要想很好地与可变水深相适应，就需要重新考虑差分方程的设计。下面就引入Yoon（2002）提出的新格点形式。

令新格点间距Δx_*满足式（4.18），即$\Delta x_*=\sqrt{4h^2+gh(\Delta t)^2}$，通过插值方法将新格点间距用附近的实际计算用格点间距Δx表示出来，从而使浅水差分方程在局地满足Imamura条件。假设新格点与实际格点的对应位置如图4.2所示。

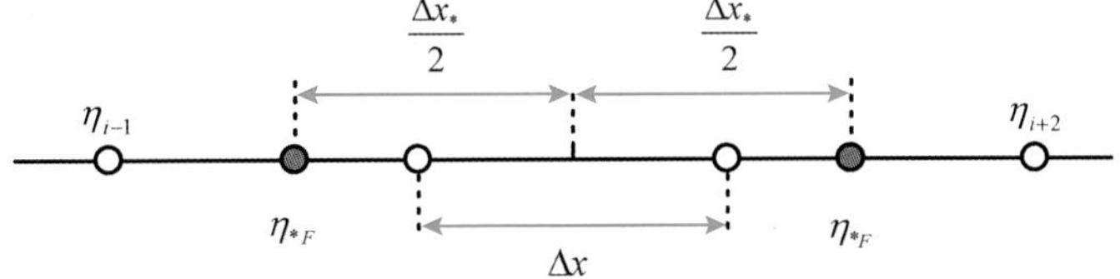

图4.2　隐藏格点的设计形式

将四点的三阶拉格朗日插值公式简化，得

$$\begin{aligned}\eta = &-\frac{1}{6(\Delta x)^3}(x-x_i)(x-x_{i+1})(x-x_{i+2})\eta_{i-1}^{n+1/2}\\&+\frac{1}{2(\Delta x)^3}(x-x_{i-1})(x-x_{i+1})(x-x_{i+2})\eta_i^{n+1/2}\\&-\frac{1}{2(\Delta x)^3}(x-x_{i-1})(x-x_i)(x-x_{i+2})\eta_{i+1}^{n+1/2}\\&+\frac{1}{6(\Delta x)^3}(x-x_{i-1})(x-x_i)(x-x_{i+1})\eta_{i+2}^{n+1/2}\end{aligned} \tag{4.19}$$

式中，$x_{i-1},\cdots,x_{i+2}$ 分别表示 $\eta_{i-1},\cdots,\eta_{i+2}$ 对应的空间位置；隐藏位移值η_{*B}和η_{*F}对应的空间位置分别为x_{*B}和x_{*F}。简单的推导过程如下。

令 $\alpha=\dfrac{\Delta x_*}{\Delta x}$，则有 $\Delta x_*=\alpha\Delta x$

$$x_{*F}=\left(i+\frac{1}{2}\right)\Delta x-\frac{1}{2}\Delta x_*=\left(i+\frac{1+\alpha}{2}\right)\Delta x$$

$$x_{*B}=\left(i+\frac{1}{2}\right)\Delta x+\frac{1}{2}\Delta x_*=\left(i+\frac{1-\alpha}{2}\right)\Delta x$$

通过拉格朗日插值公式及以上各式可得

$$\frac{\eta_{*F}-\eta_{*B}}{\Delta x_*}=A_1(\eta_{i+2}-\eta_{i-1})+A_2(\eta_{i+1}-\eta_i)$$

式中，$A_1=(\alpha^2-1)/(24\Delta x)$，$A_2=3(9-\alpha^2)/(24\Delta x)$。

同理，对体积通量的空间差商做同样的处理：

$$\frac{P_{*F}-P_{*B}}{\Delta x_*}=A_1(P_{i+3/2}-P_{i-3/2})+A_2(P_{i+1/2}-P_{i-1/2})$$

这样就可以将新引入的隐藏格点用已知的实际格点表示出来，实际上在应用中隐藏格点是不出现的，是用实际格点表示的。由于隐藏格点满足Imamura条件，因此引入新格点后的差分方案在局地范围内可以用数值发散项代替海啸波的物理频散项。也就是说，引入隐藏格点后的差分方案适用于缓慢变化的地形。

确定了新格点的位置后，就可以利用式（4.19）得到用4个实际计算格点表示的新格点变量的值。引入新格点后的一维浅水差分方程的网格形式见图4.3，方程写为

$$\frac{\eta_i^{n+1/2}-\eta_i^{n-1/2}}{\Delta t}+\frac{P_{*F}^n-P_{*B}^n}{\Delta x_*}=0 \tag{4.20}$$

$$\frac{P_{i+1/2}^{n+1}-P_{i+1/2}^n}{\Delta t}+gh\frac{\eta_{*F}^{n+1/2}-\eta_{*B}^{n+1/2}}{\Delta x_*}=0 \tag{4.21}$$

通过插值关系，可以用实际格点代替方程中的隐藏格点。于是有

$$\frac{\eta_i^{n+1/2}-\eta_i^{n-1/2}}{\Delta t}+A_1(P_{i+3/2}^n-P_{i-3/2}^n)+A_2(P_{i+1/2}^n-P_{i-1/2}^n)=0 \tag{4.22}$$

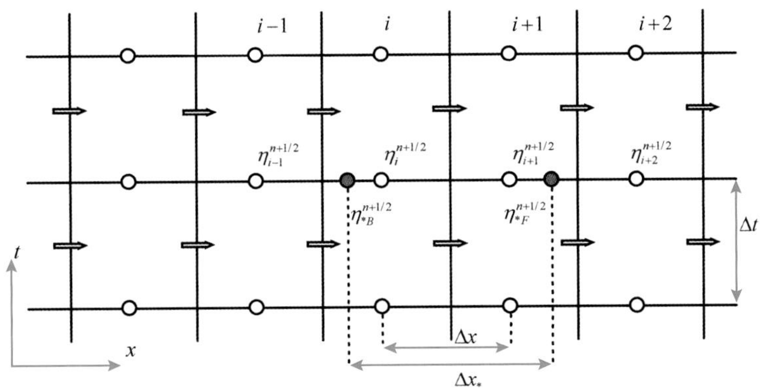

图4.3　引入隐藏格点的一维网格形式

$$\frac{P_{i+1/2}^{n+1}-P_{i+1/2}^{n}}{\Delta t}+ghA_1(\eta_{i+2}^{n+1/2}-\eta_{i-1}^{n+1/2})+A_2(\eta_{i+1}^{n+1/2}-\eta_{i}^{n+1/2})=0 \tag{4.23}$$

该方案很容易推广到二维的浅水方程当中。二维蛙跳形式的网格形式见图4.4，对应的浅水差分方程组（图4.4）为

$$\frac{\eta_i^{n+1/2}-\eta_i^{n-1/2}}{\Delta t}+\frac{P_{i+1/2}^{n}-P_{i-1/2}^{n}}{\Delta x}+\frac{Q_{j+1/2}^{n}-Q_{j-1/2}^{n}}{\Delta y}=0$$

$$\frac{P_{i+1/2}^{n+1}-P_{i+1/2}^{n}}{\Delta t}+gh_{i+1/2}\frac{\eta_{i+1}^{n+1/2}-\eta_{i}^{n+1/2}}{\Delta x}=0$$

$$\frac{Q_{j+1/2}^{n+1}-Q_{j+1/2}^{n}}{\Delta t}+gh_{j+1/2}\frac{\eta_{j+1}^{n+1/2}-\eta_{j}^{n+1/2}}{\Delta y}=0$$

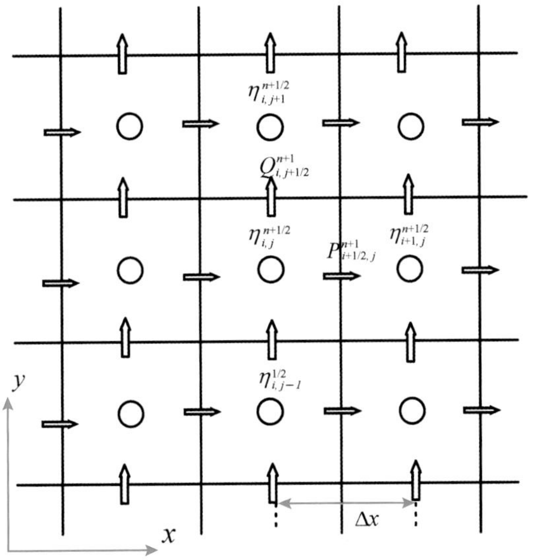

图4.4　二维蛙跳格式的网格形式

按照一维蛙跳格式网格点的设计方法，引入Yoon（2002）提出来的隐藏格点（图4.5），就得到了Yoon（2002）提出的二维浅水差分方案，有

$$\frac{\eta_{i,j}^{n+1/2}-\eta_{i,j}^{n-1/2}}{\Delta t}+\frac{P_{*F,j}^{n}-P_{*B,j}^{n}}{\Delta x_*}+\frac{Q_{*U,i}^{n}-Q_{*L,i}^{n}}{\Delta y_*}=0$$

$$\frac{P_{i+1/2,j}^{n+1}-P_{i+1/2,j}^{n}}{\Delta t}+gh_{i+1/2,j}\frac{\eta_{*F,j}^{n+1/2}-\eta_{*B,j}^{n+1/2}}{\Delta x_*}=0$$

$$\frac{Q_{i,j+1/2}^{n+1}-Q_{i,j+1/2}^{n}}{\Delta t}+gh_{i,j+1/2}\frac{\eta_{*U,i}^{n+1/2}-\eta_{*L,i}^{n+1/2}}{\Delta y_*}=0$$

式中，角标$*F$和$*B$表示的是x方向上的隐藏格点；角标$*U$与$*L$表示的是y方向上的隐藏格点。接下来将分别针对特定的初始条件对线性Boussinesq方程的理论解、线性浅水差分方程的模拟结果及考虑了非线性作用和底摩擦作用的浅水差分方程进行分析讨论。

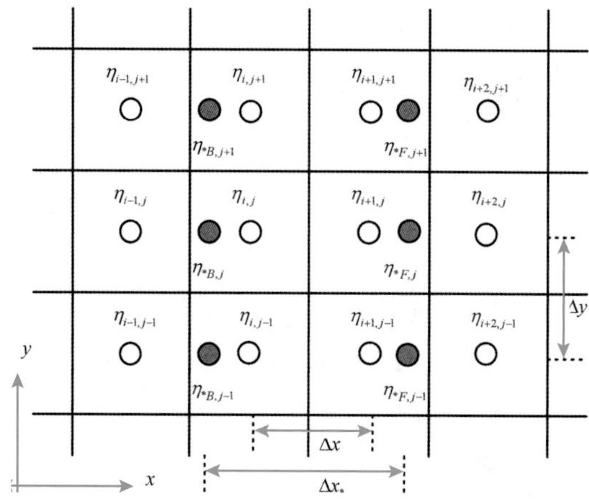

图4.5　引入隐藏格点的二维网格形式

4.2.3　理想初始场中线性Boussinesq方程的理论解

线性Boussinesq方程组的表达式在前面已经做了说明。下面给出一个根据实际情况简化出来的初始状态下的位移扰动场得到的Boussinesq方程组的理论解。

海啸波的波长较长，而且在深水中传播时波高很小，因此可以将理想情况下的初始条件假定为高斯函数（图4.6）的形式：

$$\eta(r,\ \theta)=2\mathrm{e}^{-(r/a)^2} \tag{4.24}$$

$$\frac{\partial\eta(r,\ \theta)}{\partial t}=0 \tag{4.25}$$

式中，a表示高斯函数的特征半径；η为初始位移扰动场；r表示到高斯波峰中心的距离，$r=\sqrt{x^2+y^2}$；θ表示与x坐标轴的夹角。

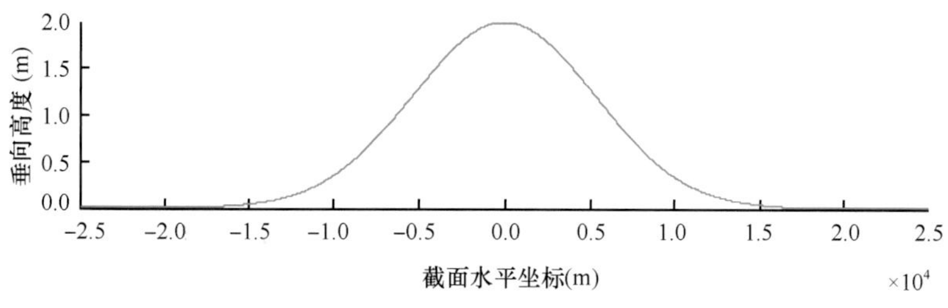

图4.6　初始状态的高斯波形

根据Carrier（1991）理论分析的结果，如果初始条件为上述高斯波的形式，那么Boussinesq方程的理论解为

$$\eta(r,t)=\int_0^{\infty} a^2 \mathrm{e}^{-(ak)^2/4} k \cos\left[\frac{\sqrt{ghk}t}{\sqrt{1+\frac{(kh)^2}{3}}}\right] J_0(kr)\mathrm{d}k \tag{4.26}$$

式中，$J_0(x)$（Philip J D and Philip R，1986）为0阶第一类贝塞尔函数：

$$J_0(x)=\sum_{m=0}^{\infty}(-1)^m \frac{\left(\frac{x}{2}\right)^{2m}}{(m!)^2}$$

由于贝塞尔函数和余弦函数（图4.7）都是周期性振荡函数，Boussinesq方程理论解的积分形式中被积函数也是周期性震荡的，它与x轴有无穷多个交点，也就是说被积函数有无穷多个零点。对于这样的积分方程，我们主要是通过求取被积函数的零点，在相邻两个零点之间使用高斯求积公式，再根据级数收敛的性质求和得到解。下面给出第一类贝塞尔函数的零点公式（陆全康，1982）。$J_m(x)=0$的零点公式为

$$x_n = A-\frac{B-1}{8A}\left(1+\frac{C}{3\times(4A)^2}+\frac{D}{5\times(4A)^4}+\frac{E}{105\times(4A)^6}+\cdots\right)$$

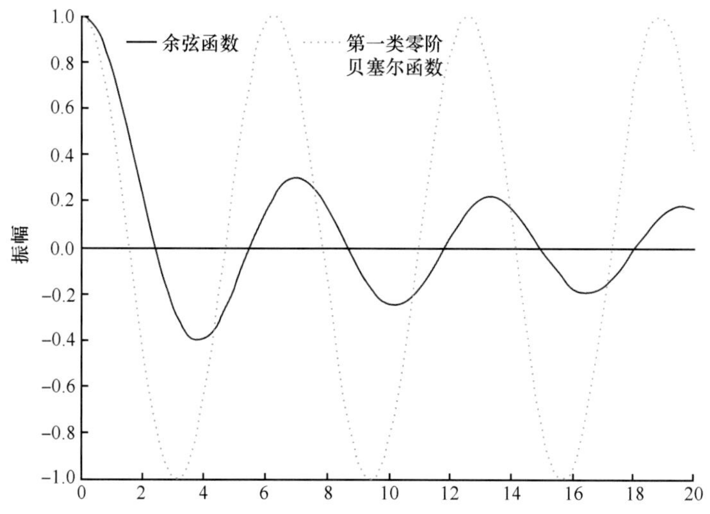

图4.7　第一类零阶贝塞尔函数与余弦函数的周期性震荡曲线

$$A=\left(m-\frac{1}{2}+2n\right)\frac{\pi}{2}$$

$$B=4m^2$$

$$C=7B-31$$

$$D=83B^2-982B+3779$$

$$E=6\,949B^3-153\,855B^2+1\,585\,743B-6\,277\,237$$

图4.8绘出了3600s时刻不同水深（50m、600m、1000m、2000m）的位移扰动图像，其结果与Carrier（1991）分析得到的结果是一致的。

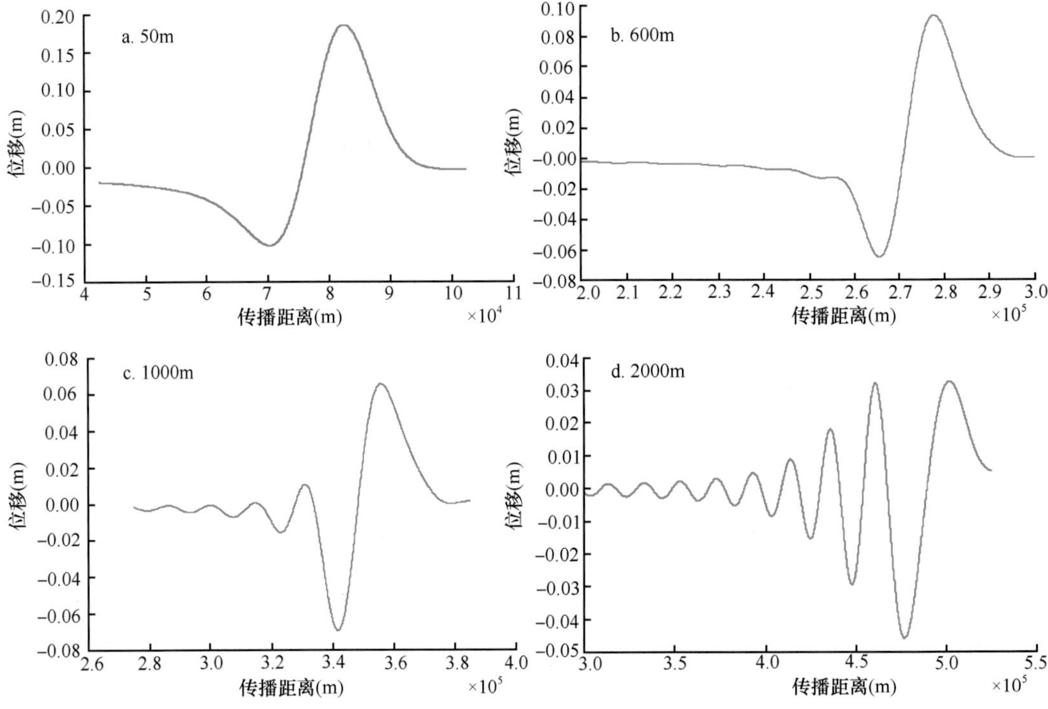

图4.8　3600s时刻海啸在50m、600m、1000m、2000m水深时的波剖面

4.2.4　不同水深情况下线性浅水差分方程方案与理论解比较

前面我们得到了线性Boussinesq方程的理论解。下面我们引入对角修正方案，对Yoon（2002）提出的浅水差分方案进行改进。Liu等（1995）提出的考虑对角修正方案后的线性浅水差分方程为

$$\frac{\eta_{i,j}^{n+1/2}-\eta_{i,j}^{n-1/2}}{\Delta t}+\frac{P_{i+1/2,j}^{n}-P_{i-1/2,j}^{n}}{\Delta x}+\frac{Q_{i,j+1/2}^{n}-Q_{i,j-1/2}^{n}}{\Delta y}=0$$

$$\frac{P_{i+1/2,j}^{n+1}-P_{i+1/2,j}^{n}}{\Delta t}+gh\frac{\eta_{i+1,j}^{n+1/2}-\eta_{i,j}^{n+1/2}}{\Delta x}$$

$$+\frac{\gamma gh}{12\Delta x}(\eta_{i+1,j+1}^{n+1/2}-2\eta_{i+1,j}^{n+1/2}+\eta_{i+1,j-1}^{n+1/2})-\frac{\gamma gh}{12\Delta x}(\eta_{i,j+1}^{n+1/2}-2\eta_{i,j}^{n+1/2}+\eta_{i,j-1}^{n+1/2})=0$$

$$\frac{Q_{i,j+1/2}^{n+1}-Q_{i,j+1/2}^{n}}{\Delta t}+gh\frac{\eta_{i,j+1}^{n+1/2}-\eta_{i,j}^{n+1/2}}{\Delta y}$$

$$+\frac{\gamma gh}{12\Delta y}(\eta_{i+1,j+1}^{n+1/2}-2\eta_{i,j+1}^{n+1/2}+\eta_{i-1,j+1}^{n+1/2})-\frac{\gamma gh}{12\Delta y}(\eta_{i+1,j}^{n+1/2}-2\eta_{i,j}^{n+1/2}+\eta_{i-1,j}^{n+1/2})=0$$

式中，水深h为定常水深。当$\gamma=1$时，该差分方程在时间和空间上均为3阶精度，如果选择的时间步长、空间格点间距和水深满足Imamura条件，则该方案的数值发散项可以近似代替线性Boussinesq方程的物理频散项。当$\gamma=0$时，该方案就回归到了一般的浅水差分方程的形式，时间和空间上变为2阶精度。

引入对角修正方案后，可以将Yoon（2002）提出的浅水差分方案改进为如下形式：

$$\frac{\eta_{i,j}^{n+1/2}-\eta_{i,j}^{n-1/2}}{\Delta t}+\frac{P_{*F,j}^{n}-P_{*B,j}^{n}}{\Delta x_*}+\frac{Q_{*U,i}^{n}-Q_{*L,i}^{n}}{\Delta y_*}=0$$

$$\frac{P_{i+1/2,j}^{n+1}-P_{i+1/2,j}^{n}}{\Delta t}+gh_{i+1/2,j}\frac{\eta_{*F,j}^{n+1/2}-\eta_{*B,j}^{n+1/2}}{\Delta x_*}$$

$$+\frac{\gamma gh_{i+1/2,j}}{12\Delta x_*}(\eta_{*F,j+1}^{n+1/2}-2\eta_{*F,j}^{n+1/2}+\eta_{*F,j-1}^{n+1/2})-\frac{\gamma gh_{i+1/2,j}}{12\Delta x_*}(\eta_{*B,j+1}^{n+1/2}-2\eta_{*B,j}^{n+1/2}+\eta_{*B,j-1}^{n+1/2})=0$$

$$\frac{Q_{i,j+1/2}^{n+1}-Q_{i,j+1/2}^{n}}{\Delta t}+gh_{i,j+1/2}\frac{\eta_{*U,i}^{n+1/2}-\eta_{*L,i}^{n+1/2}}{\Delta y_*}$$

$$+\frac{\gamma gh_{i,j+1/2}}{12\Delta y_*}(\eta_{*U,i+1}^{n+1/2}-2\eta_{*U,i}^{n+1/2}+\eta_{*U,i-1}^{n+1/2})-\frac{\gamma gh_{i,j+1/2}}{12\Delta y_*}(\eta_{*L,i+1}^{n+1/2}-2\eta_{*L,i}^{n+1/2}+\eta_{*L,i-1}^{n+1/2})=0$$

$$\gamma=\alpha^2=\left(\frac{\Delta x_*}{\Delta x}\right)^2$$

我们继续采用计算Boussinesq方程理论解的时候使用的初始场条件，对改进的Yoon浅水差分方案（以下称改进的Yoon方案）（图4.9）进行数值模拟，将得到的结果与Boussinesq方程理论解进行比较。图4.10为改进的Yoon方案的数值模拟结果与Boussinesq方程理论解的对比图。通过比较可以得知，无论是在50m深的浅水区域还是在1000m深的深水区域，二者均吻合很好。虽然我们所做的模拟是固定水深的试验，但是通过对不同水深的情况进行比较可以发现，改进的Yoon方案对于不同水深情况的模拟结果与理论解都是一致的。因此可以认为改进的Yoon方案是适用于不同水深情况的。而Liu等（1995）提出的对角修正方案，其水深是不能够变化的，只适用于恒定水深的情况，并且其空间格点间距与时间步长的选取依赖于Imamura条件，由于这些限制，不能够灵活地自由选择时空步长。而改进的Yoon方案是不受这些限制的。

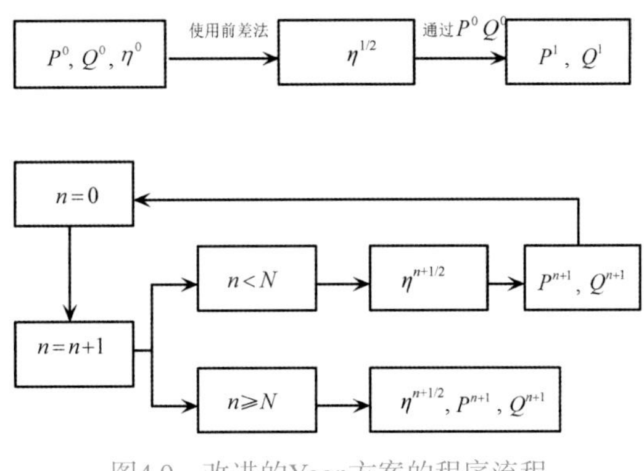

图4.9　改进的Yoon方案的程序流程

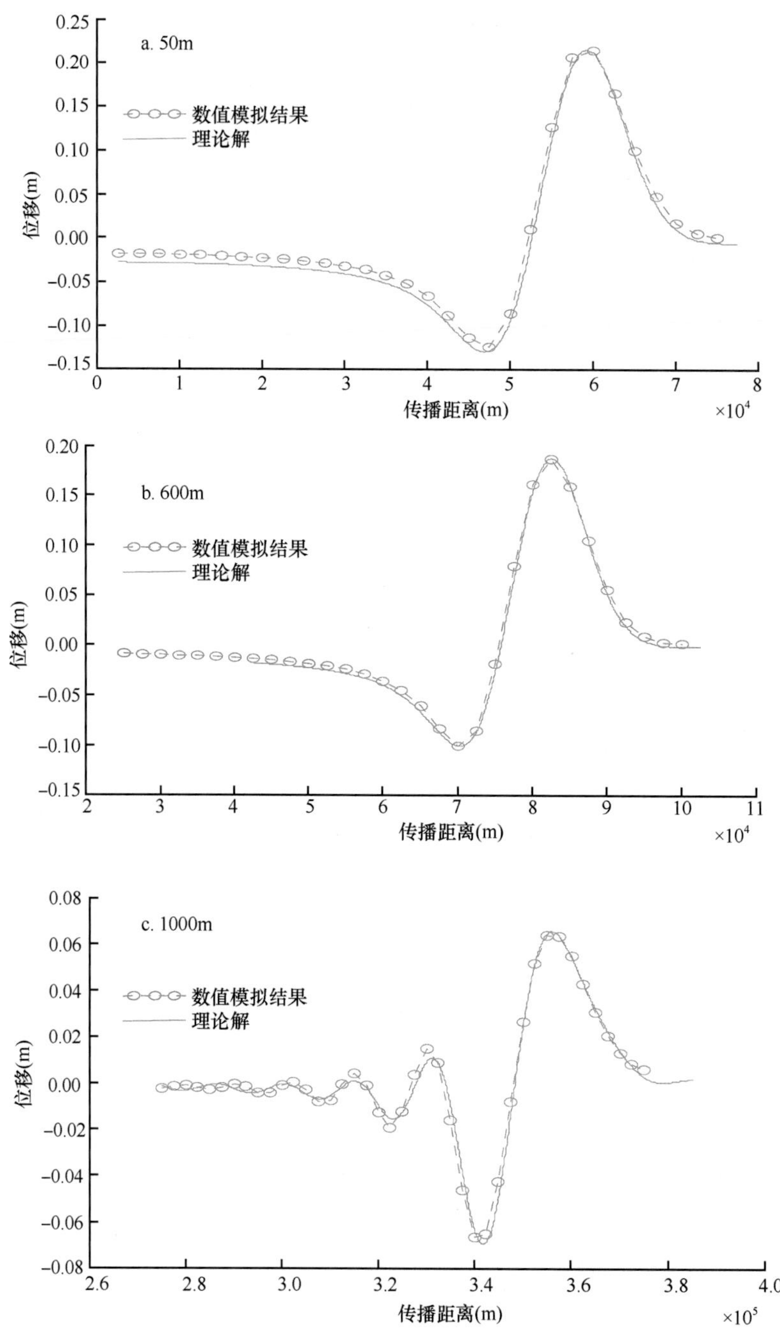

图4.10 水深为50m、600m、1000m时海啸传播3600s时刻的位移扰动图像

接下来讨论改进的Yoon方案的模拟结果，具体参数值为g=9.81m/s^2、a=7500m、Δx=2500m、Δy=2500m、Δt=6s，h分别为25m、50m、600m、1000m。我们对Liu等（1995）提出的考虑对角修正方案后的线性浅水差分方程与改进的Yoon方案进行了比较。在水深为600m的情况下，选取不同尺寸的空间格点对海啸传播进行模拟。我们发现当选取的时空格点满足Imamura条件时（图4.11），二者的差别很小，但是当选取的时空格点不满足Imamura条件时（图4.12），Liu等（1995）提出的考虑对角修正方案后的

线性浅水差分方程就不能很好地模拟海啸的传播波形。实际上，当选取的时空格点满足Imamura条件时，$\frac{\Delta x_*}{\Delta x}=1$，这时候如果水深不变化，两种方案就是等价的。可见，改进的Yoon方案由于模型本身就是建立在满足Imamura条件的基础之上的，因此时空格点的选取是相对自由的。正是因为如此，改进的Yoon方案适用于缓慢变化的地形，这样也为计算提供了方便。

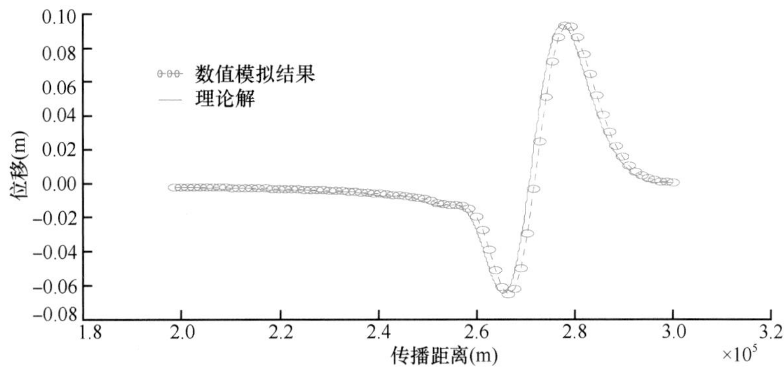

图4.11　水深为600m、改进的Yoon方案满足Imamura条件时海啸传播3600s时刻的位移扰动图像

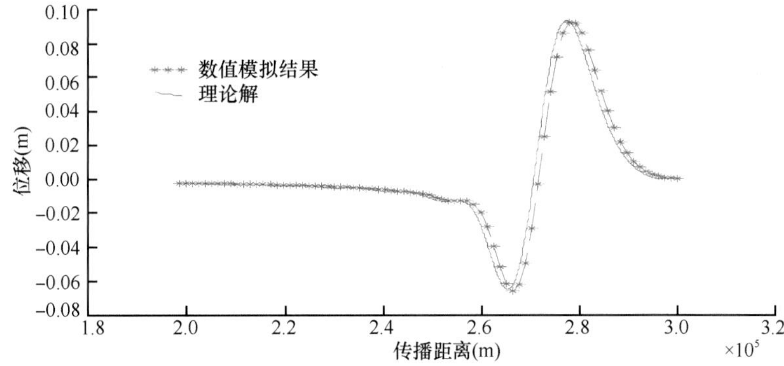

图4.12　水深为600m、改进的Yoon方案不满足Imamura条件时海啸传播3600s时刻的位移扰动图像

以下讨论水深600m、时空格点满足Imamura条件时，两个方案的模拟结果，具体的参数值为g=9.81m/s^2、a=7500m、Δx=1300m、Δy=1300m、Δt=6s、h=600m。

图4.13为水深600m、时空格点不满足Imamura条件时，两个方案的模拟结果，图中还给出了Liu等（1995）的数值模拟结果，用到的具体参数值为g=9.81m/s2、a=7500m、Δx=2500m、Δy=2500m、Δt=6s、h=600m。

4.2.5　缓慢变化的地形对于海啸传播的影响

下面我们考虑缓变的地形情形。前面已经讨论过，线性浅水差分方程方案适用于变化的地形情形。前面的试验都是在固定水深的情形下进行的，现在我们进一步考虑缓变的地形情形。分析各种方案在缓变地形中的适用情况。前面我们已经知道，改进的Yoon方案与Liu等（1995）提出的对角修正方案相比，其优点是适用于缓变水深的地形情形。

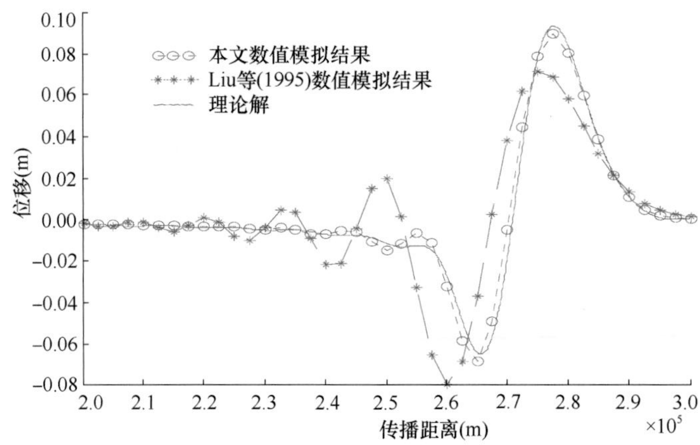

图4.13 水深为600m、改进的Yoon方案与Liu等方案不满足Imamura条件时海啸传播3600s时刻的位移扰动图像

前面的试验也已经证实，改进的Yoon方案在缓变水深的情形下能够近似代替Boussinesq方程理论解，因此我们在对缓变水深情形进行模拟时，就可以将模拟结果与改进的Yoon方案的模拟结果进行比较分析，这样做也是合理的。

在定水深试验的基础上，我们再进一步考虑带有缓变水深的情况，图4.14给出了试验中用到的缓变水深地形。因为主要是要考虑本方案与改进的Yoon方案的差别，所以将水深考虑到非线性作用和底摩擦作用比较明显的深度。初始位移扰动场仍然使用前面试验中用到的高斯波峰形式。

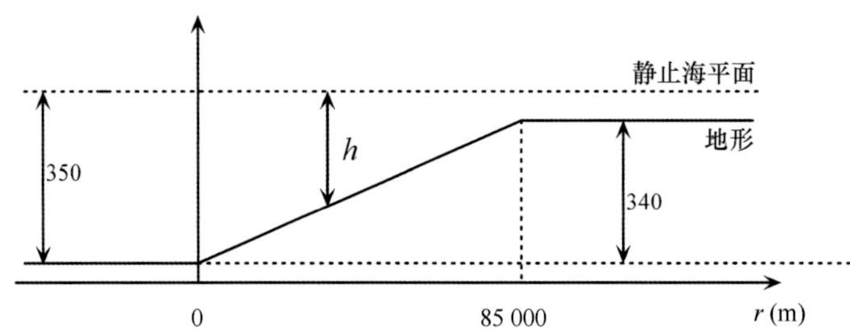

图4.14 方案模拟中使用的缓坡地形

Tinti和Tonini（2005）利用一维非线性浅水方程的解析解讨论了近海地震海啸在理想海底斜坡上的演化。他们假设初始海啸波高等于海底弹性介质同震变形位移，计算出海啸爬坡的波形演变，发现海底坡度强烈影响海啸周期和传播速度。这对于海啸的传播预报有很大的影响。同时分析得出，近海地震激发的海啸波传到海岸时一般不会破碎，波能没有经波浪破碎而消耗，故海啸的破坏性强。海底地形并不会影响海啸的爬坡过程，也就是在浅水区域的浅水效应不明显。图4.15分别是海啸沿着坡度为0.001 25和0.01的斜坡爬坡3600s时刻的表面位移扰动波形图。可以看到，海底地形坡度大的情况下海啸波的传播速度比地形坡度小的情况要慢得多。图4.16～图4.18分别为缓变地形情况下考虑了非线性和底摩擦作用之后海啸传播的波形图。模拟的结果与Tinti和Tonini（2005）通过分析得出的结论是一致的。

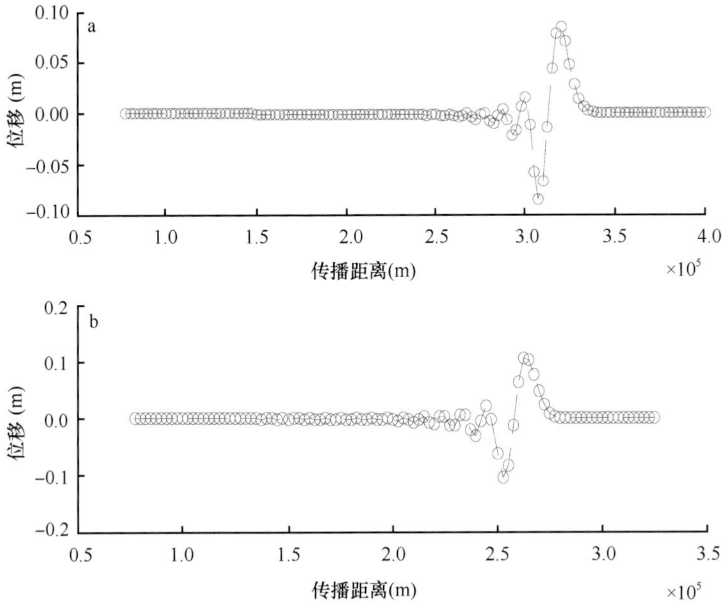

图4.15 海啸沿着斜坡爬坡3600s时刻的表面位移扰动波形图

a. 坡度为0.00125；b. 坡度为0.01

图4.16给出的是考虑了非线性作用后的模拟结果。可以看到，加入地形之后，非线性作用的影响仍然很明显，海啸波的传播比改进的Yoon方案模拟的结果要快一些。也就是说由于非线性的影响，海啸波的传播有加快的趋势。实际上通过理论分析我们知道，非线性浅水波速的表达形式为$c=\sqrt{g(h+\eta)}$，而对于线性浅水方程，$c=\sqrt{gh}$。波速与波高有关，因此行进中波峰前侧不断变陡，后侧不断变平坦，不存在稳定的波形。

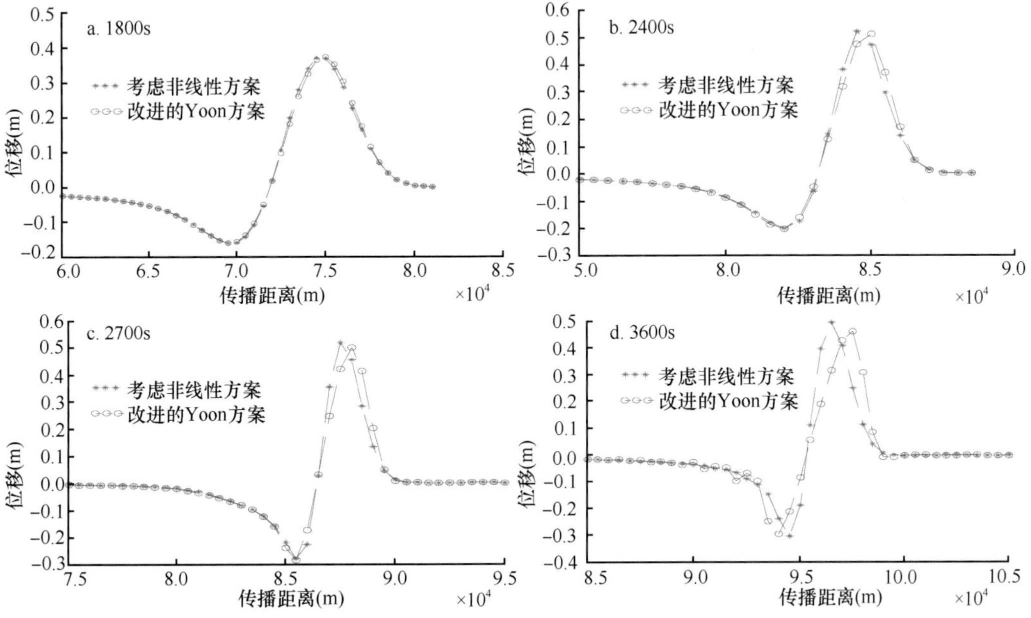

图4.16 缓变地形情况下考虑非线性方案与改进的Yoon方案的比较

图4.17是考虑了底摩擦作用后的模拟结果与改进的Yoon方案模拟结果的对比图。由于地形坡度的影响，海啸波周期变短。但是由于未加入非线性作用，因此海啸波始终都具有稳定的波形，海啸波的传播速度也没有受到底摩擦的影响。只是到了浅水区域产生了浅水效应，海啸波的波峰得到了抬升。

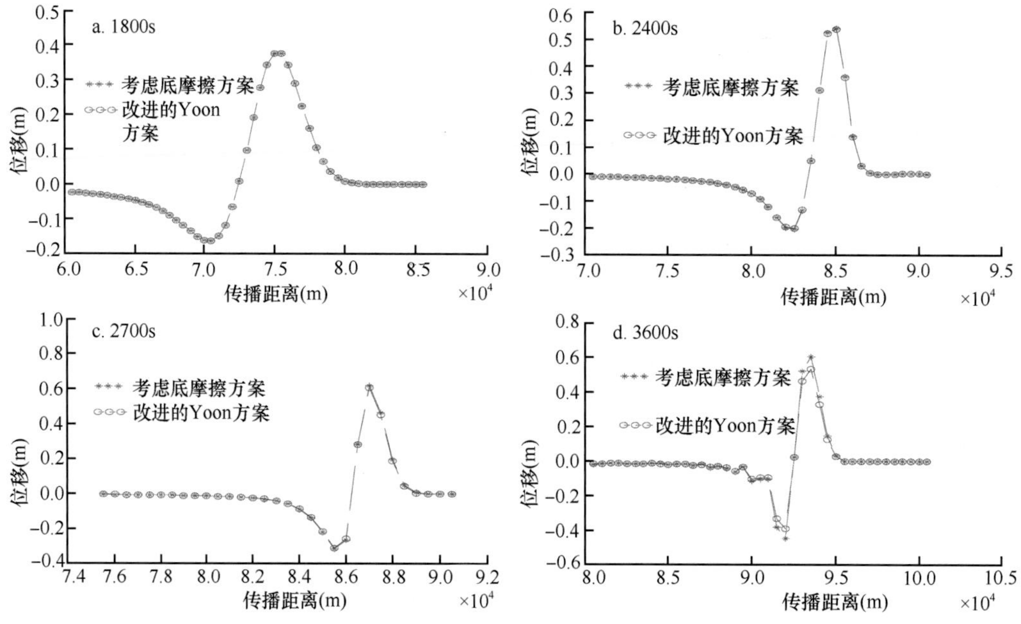

图4.17 缓变地形情况下考虑底摩擦方案与改进的Yoon方案的比较

图4.18为综合考虑底摩擦作用和非线性作用后的模拟结果与改进的Yoon方案模拟结果的比较。可以看到，考虑非线性和底摩擦作用后，波形的传播比未考虑非线性作用稍快，而改进的Yoon方案由于引入了数值频散项，会随着传播时间的延续，波分离越来越明显。

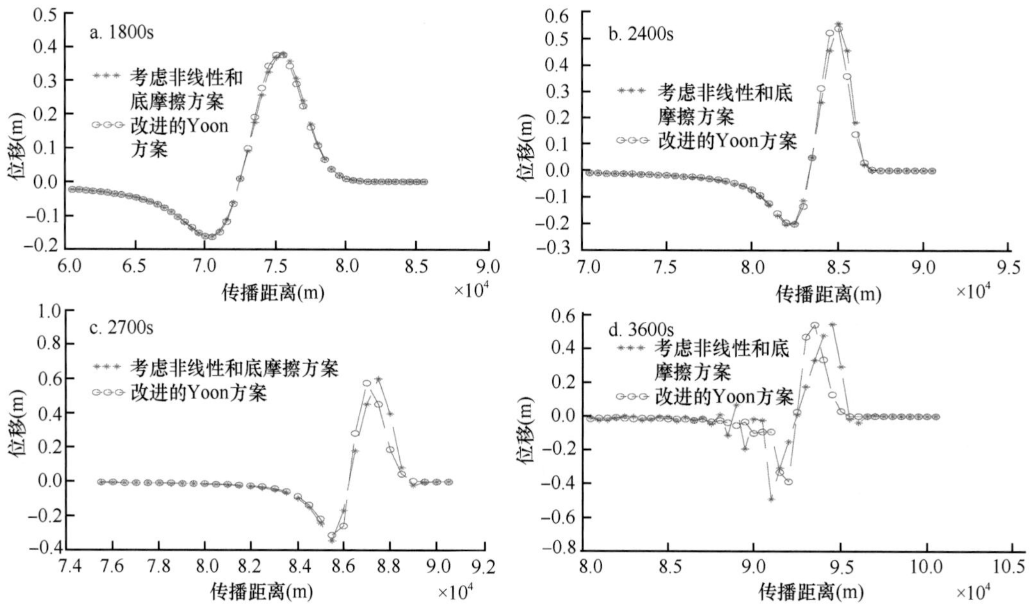

图4.18 缓变地形情况下综合考虑非线性与底摩擦方案与改进的Yoon方案的比较

4.3　近岸海啸数值预报

海啸淹没与爬坡阶段是海啸生命周期的最后一个阶段，同时也是造成生命财产损失最严重的一个阶段，海啸淹没计算在海啸的预警和海啸灾害风险评估工作中都具有重要作用。海啸预警工作中不仅要计算海啸的传播，还应考虑海啸的爬高和淹没，因为大多数生命财产的损失是由海啸波的爬高所致。而海啸爬高和淹没范围的计算是海啸波数值计算中最困难的一步。海啸上岸后具有强烈的非线性，加之局部地形、地物特征复杂，使得对这一部分功能的实现只能更多地依托设计巧妙的、符合物理事实的数值计算方法来实施。

现阶段有两种主流的数值计算方法来实现海啸波的爬高和淹没过程：一种是网格的边缘随着水面移动，网格单元在局部或者球面上变形；另一种是根据网格有没有干节点而判断它是活动的还是非活动的。前者相对来说是个更加精确的方法，但是需要以牺牲计算时间为代价。后者实现过程比较简单、易于理解，但对现象的过分简化处理导致计算精度下降。

4.3.1　非线性浅水方程框架下的海啸淹没计算

海啸传播模型的设计通常是针对海啸越洋传播与近岸传播的特征进行物理过程和计算方法的设计。海啸在大洋中和大陆架传播时，水质点的垂直加速度与重力加速度相比可看作一小量，因此水质点的垂直运动对压力分布的影响可以忽略。不考虑频散项的非线性浅水方程通常被用来作为海啸的传播模型。特别是海啸在大洋中传播时，水深（h）与波长（L）之比$h/L \ll 1$，波高H与水深h之比$H/h \ll 1$，不考虑非线性项的线性浅水方程也可以准确地刻画海啸波在大洋中的传播，在上述假设下，波以浅水波速$\sqrt{gh}$行进。

海啸在近岸传播过程中，水深逐渐变浅，波高逐渐变大，这时波高与水深的量值接近，波浪的非线性作用明显，此时的海啸波传播速度变为$\sqrt{g(h+\eta)}$，所以波峰将比波谷传播快一些，使波峰有超过前面波谷的趋势，并且此时底摩擦效应增大，对波形的稳定性有较大影响。考虑底摩擦作用的非线性浅水方程为

$$\frac{\partial \eta}{\partial t}+\frac{\partial P}{\partial x}+\frac{\partial Q}{\partial y}=0 \tag{4.27}$$

$$\frac{\partial P}{\partial t}+\frac{\partial}{\partial x}\left(\frac{P^2}{H}\right)+\frac{\partial}{\partial y}\left(\frac{PQ}{H}\right)+gh\frac{\partial \eta}{\partial x}+\tau_x=0 \tag{4.28}$$

$$\frac{\partial Q}{\partial t}+\frac{\partial}{\partial x}\left(\frac{PQ}{H}\right)+\frac{\partial}{\partial y}\left(\frac{Q^2}{H}\right)+gh\frac{\partial \eta}{\partial y}+\tau_y=0 \tag{4.29}$$

式中，τ_x、τ_y分别为x和y方向的底摩擦力。

上述非线性浅水方程采用蛙跳有限差分格式进行离散求解，非线性项则采用迎风有

限差分。一般来说，迎风格式是有条件的稳定格式，且会引入数值耗散。通过使用迎风格式，动量方程中的非线性项在直角坐标系下可以离散成下列形式：

$$\frac{\partial}{\partial x}\left(\frac{P^2}{H}\right)=\frac{1}{\Delta x}\left(\lambda_{11}\frac{(P^n_{i+3/2,j})^2}{H^n_{i+3/2,j}}+\lambda_{12}\frac{(P^n_{i+1/2,j})^2}{H^n_{i+1/2,j}}+\lambda_{13}\frac{(P^n_{i-1/2,j})^2}{H^n_{i-1/2,j}}\right) \tag{4.30}$$

$$\frac{\partial}{\partial y}\left(\frac{PQ}{H}\right)=\frac{1}{\Delta y}\left(\lambda_{21}\frac{(PQ)^n_{i+1/2,j+1}}{H^n_{i+1/2,j+1}}+\lambda_{22}\frac{(PQ)^n_{i+1/2,j}}{H^n_{i+1/2,j}}+\lambda_{23}\frac{(PQ)^n_{i+1/2,j-1}}{H^n_{i+1/2,j-1}}\right) \tag{4.31}$$

$$\frac{\partial}{\partial x}\left\{\frac{PQ}{H}\right\}=\frac{1}{\Delta x}\left\{\lambda_{31}\frac{(PQ)^n_{i+1,j+1/2}}{H^n_{i+1,j+1/2}}+\lambda_{32}\frac{(PQ)^n_{i,j+1/2}}{H^n_{i,j+1/2}}+\lambda_{33}\frac{(PQ)^n_{i-1,j+1/2}}{H^n_{i-1,j+1/2}}\right\} \tag{4.32}$$

$$\frac{\partial}{\partial y}\left\{\frac{Q^2}{H}\right\}=\frac{1}{\Delta y}\left\{\lambda_{41}\frac{(Q^n_{i,j+3/2})^2}{H^n_{i,j+3/2}}+\lambda_{42}\frac{(Q^n_{i,j+1/2})^2}{H^n_{i,j+1/2}}+\lambda_{43}\frac{(Q^n_{i,j-1/2})^2}{H^n_{i,j-1/2}}\right\} \tag{4.33}$$

系数λ通过下式确定：

$$\begin{cases}\lambda_{11}=0,\ \lambda_{12}=1,\ \lambda_{13}=-1,\ P^n_{i+1/2,j}\geqslant 0\\ \lambda_{11}=0,\ \lambda_{12}=-1,\ \lambda_{13}=0,\ P^n_{i+1/2,j}<0\end{cases} \tag{4.34}$$

$$\begin{cases}\lambda_{21}=0,\ \lambda_{22}=1,\ \lambda_{23}=-1,\ Q^n_{i+1/2,j}\geqslant 0\\ \lambda_{21}=0,\ \lambda_{22}=-1,\ \lambda_{23}=0,\ Q^n_{i+1/2,j}<0\end{cases} \tag{4.35}$$

$$\begin{cases}\lambda_{31}=0,\ \lambda_{32}=1,\ \lambda_{33}=-1,\ P^n_{i,j+1/2}\geqslant 0\\ \lambda_{31}=1,\ \lambda_{32}=-1,\ \lambda_{33}=0,\ P^n_{i,j+1/2}<0\end{cases} \tag{4.36}$$

$$\begin{cases}\lambda_{41}=0,\ \lambda_{32}=1,\ \lambda_{33}=-1,\ Q^n_{i,j+1/2}\geqslant 0\\ \lambda_{41}=1,\ \lambda_{32}=-1,\ \lambda_{33}=0,\ Q^n_{i,j+1/2}<0\end{cases} \tag{4.37}$$

底摩擦项被离散为如下格式：

$$\begin{aligned}\tau_x&=\nu_x(P^{n+1}_{i+1/2,j}+P^n_{i+1/2,j})\\ \tau_y&=\nu_y(Q^{n+1}_{i,j+1/2}+Q^n_{i,j+1/2})\end{aligned} \tag{4.38}$$

式中，ν_x、ν_y通过下列形式给出：

$$\begin{aligned}\nu_x&=\frac{0.5gn^2}{(H^n_{i+1/2,j})^{7/3}}\left|(P^n_{i+1/2,j})^2+(Q^n_{i+1/2,j})^2\right|^{1/2}\\ \nu_y&=\frac{0.5gn^2}{(H^n_{i,j+1/2})^{7/3}}\left|(P^n_{i,j+1/2})^2+(Q^n_{i,j+1/2})^2\right|^{1/2}\end{aligned} \tag{4.39}$$

最后，直角坐标系下有限差分形式的连续方程与动量方程的最终形式为

$$\eta^{n+1/2}_{i,j}=\eta^{n-1/2}_{i,j}-r_x(P^n_{i+1/2,j}-P^n_{i-1/2})-r_y(Q^n_{i,j+1/2}-Q^n_{i,j-1/2}) \tag{4.40}$$

$$P_{i+1/2,j}^{n+1}=\frac{1}{1+\nu_x\Delta t}\left\{(1-\nu_x\Delta t)P_{i+1/2,j}^{n}-r_xgH_{i+1/2,j}^{n+1/2}(\eta_{i+1,j}^{n+1/2}-\eta_{i,j}^{n+1/2})\right\}$$
$$-\frac{r_x}{1+\nu_x\Delta t}\left\{\lambda_{11}\frac{(P_{i+3/2,j}^{n})^2}{H_{i+3/2,j}^{n}}+\lambda_{12}\frac{(P_{i+1/2,j}^{n})^2}{H_{i+1/2,j}^{n}}+\lambda_{13}\frac{(P_{i-1/2,j}^{n})^2}{H_{i-1/2,j}^{n}}\right\} \tag{4.41}$$
$$-\frac{r_x}{1+\nu_x\Delta t}\left\{\lambda_{21}\frac{(PQ)_{i+1/2,j+1}^{n}}{H_{i+1/2,j+1}^{n}}+\lambda_{22}\frac{(PQ)_{i+1/2,j}^{n}}{H_{i+1/2,j}^{n}}+\lambda_{23}\frac{(PQ)_{i+1/2,j-1}^{n}}{H_{i+1/2,j-1}^{n}}\right\}$$

$$Q_{i,j+1/2}^{n+1}=\frac{1}{1+\nu_y\Delta t}\left\{(1-\nu_y\Delta t)Q_{i,j+1/2}^{n}-r_ygH_{i,j+1/2}^{n+1/2}(\eta_{i,j+1}^{n+1/2}-\eta_{i,j}^{n+1/2})\right\}$$
$$-\frac{r_y}{1+\nu_y\Delta t}\left\{\lambda_{31}\frac{(PQ)_{i+1/2,j+1/2}^{n}}{H_{i+1/2,j+1/2}^{n}}+\lambda_{32}\frac{(PQ)_{i,j+1/2}^{n}}{H_{i,j+1/2}^{n}}+\lambda_{33}\frac{(PQ)_{i-1,j+1/2}^{n}}{H_{i-1,j+1/2}^{n}}\right\} \tag{4.42}$$
$$-\frac{r_y}{1+\nu_y\Delta t}\left\{\lambda_{41}\frac{(Q_{i,j+3/2}^{n})^2}{H_{i,j+3/2}^{n}}+\lambda_{42}\frac{(Q_{i,j+1/2}^{n})^2}{H_{i,j+1/2}^{n}}+\lambda_{43}\frac{(Q_{i,j-1/2}^{n})^2}{H_{i,j-1/2}^{n}}\right\}$$

移动边界的实现如图4.19所示，进行离散后真实的水深地形通过阶梯形式来表现，总水深H被记录在网格的中心，记为i–1、i和i+1，体积通量的计算在网格单元的边界，记为i–1/2、i+1/2和i+3/2。当总水深H_i为正时，网格i是湿单元，同时网格i+1是干单元，总水深为负值，体积通量为零。岸线被记录在网格单元i与网格单元i+1之间，体积通量在网格边界i+1/2处设为零，岸线不向陆地方向移动。当水位如图4.19所示时，抬升至高于邻近网格单元的陆地高程时，边界处的体积通量不再为零，此时的岸线位置向岸移动。总水深通过连续方程进行更新计算。

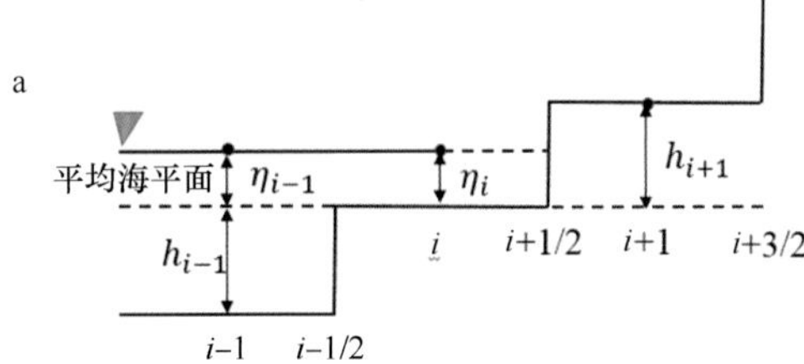

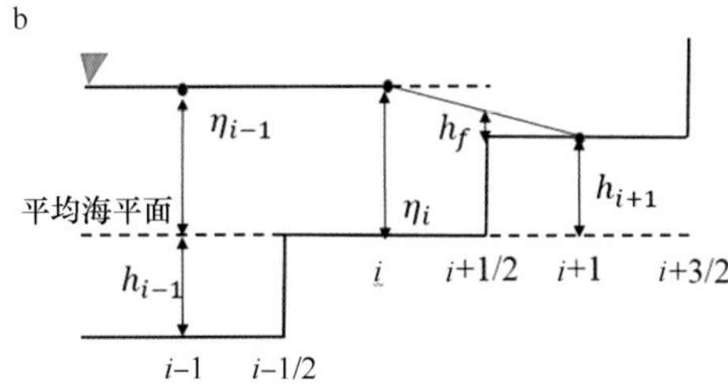

图4.19　移动边界计算格式示意图

a图表示第i个网格单元水位值低于第i+1个网格单元的陆地高程，此时岸线被固定在单元边界i+1/2；b图表示第i个网格单元水位值高于第i+1个网格单元的陆地高程，此时网格单元i+1可能被淹没，相应的岸线位置向右移动

4.3.2 1993年Hokkaido Nansei-Oki地震海啸近场传播与淹没过程模拟

1993年7月12日22时17分（当地时间），日本北海道西部近岸及奥尻岛附近海域发生7.8级地震，震后2～5min，地震引发了日本历史上最严重的海啸之一，该次海啸袭击了北海道中西部近岸及奥尻岛沿岸地区，共造成了超过200人伤亡和近6亿美元的财产损失。该次海啸产生了30m极端海啸爬高和10～18m/s的海啸激流。以下就计算海啸在莫奈湾（Monai Valley）的爬高过程进行模拟。

鉴于该事件造成的严重生命财产损失和局地海啸影响，大量学者针对该事件开展了灾后调查、海啸源反演及事件数值模拟等工作。为了验证上述所建非线性浅水方程模型在近海近岸的传播与爬坡过程的模拟能力，基于多层嵌套方法建立了该事件的精细化模型，模拟了海啸波在奥尻岛南部的淹没过程。模拟结果很好地再现了该事件在局地的淹没过程（图4.20）。

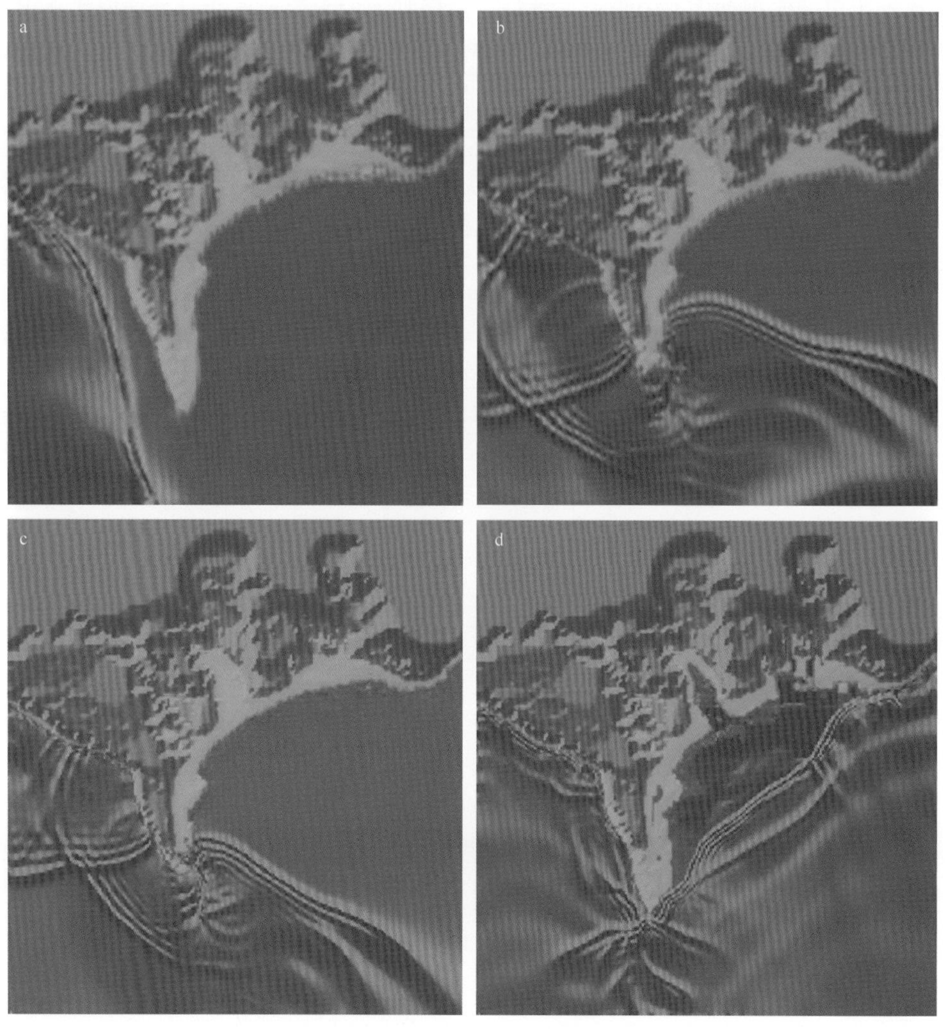

图4.20 海啸在奥尻岛南部近岸的淹没模拟

4.3.3 Boussinesq方程框架下的海啸传播与淹没特征计算

由于频率不同，波浪具有不同的传播速度，这就是波浪的频散特性。当海啸波波长与水深可比时，波浪的频散效应就会变得十分显著。原始的浅水方程只是对海啸波的一阶近似，方程中没有包含三阶频散项，虽然能对海啸波到达时间和最大海啸波幅给出较准确的预报结果，但对海啸诱导的局地涡流和首波后的系列波形的预报却存在较大偏差。同时，考虑了三阶物理频散项的Boussinesq方程虽能较全面地反映各个阶段真实的物理现象，但其数值求解成本较高，难于满足海啸预警业务需求。

为克服计算资源不足带来的应用限制，通常采用线性Boussinesq方程描述越洋海啸传播，近岸小尺度地形环境下淹没过程研究可以以非线性浅水方程为主，而复杂地形条件下海啸波演变过程的分析研究应考虑包含物理频散项的Boussinesq方程。

$$
\begin{cases}
\dfrac{\partial \eta}{\partial t}+\dfrac{\partial P}{\partial x}+\dfrac{\partial Q}{\partial y}=0 \\
\dfrac{\partial P}{\partial t}+gh\dfrac{\partial \eta}{\partial x}=\dfrac{h^2}{2}\dfrac{\partial}{\partial x}\left[\dfrac{\partial}{\partial x}\left(\dfrac{\partial P}{\partial t}\right)+\dfrac{\partial}{\partial y}\left(\dfrac{\partial Q}{\partial t}\right)\right]-\dfrac{h^2}{6}\dfrac{\partial}{\partial x}\left[\dfrac{\partial^2}{\partial t\partial x}\left(\dfrac{P}{h}\right)+\dfrac{\partial^2}{\partial t\partial y}\left(\dfrac{Q}{h}\right)\right] \\
\dfrac{\partial Q}{\partial t}+gh\dfrac{\partial \eta}{\partial y}=\dfrac{h^2}{2}\dfrac{\partial}{\partial y}\left[\dfrac{\partial}{\partial x}\left(\dfrac{\partial P}{\partial t}\right)+\dfrac{\partial}{\partial y}\left(\dfrac{\partial Q}{\partial t}\right)\right]-\dfrac{h^2}{6}\dfrac{\partial}{\partial y}\left[\dfrac{\partial^2}{\partial t\partial x}\left(\dfrac{P}{h}\right)+\dfrac{\partial^2}{\partial t\partial y}\left(\dfrac{Q}{h}\right)\right]
\end{cases}
$$

方程组等号右侧的三阶导数项表示的就是非静力平衡压力导致的物理频散项。频散使短波的传播速度变小，初始波包在传播过程中分散开，形成一个最大的先行波和随后的一些递减波（图4.21）。因为大尺度的地震海啸波波长比水深大很多，频散效应

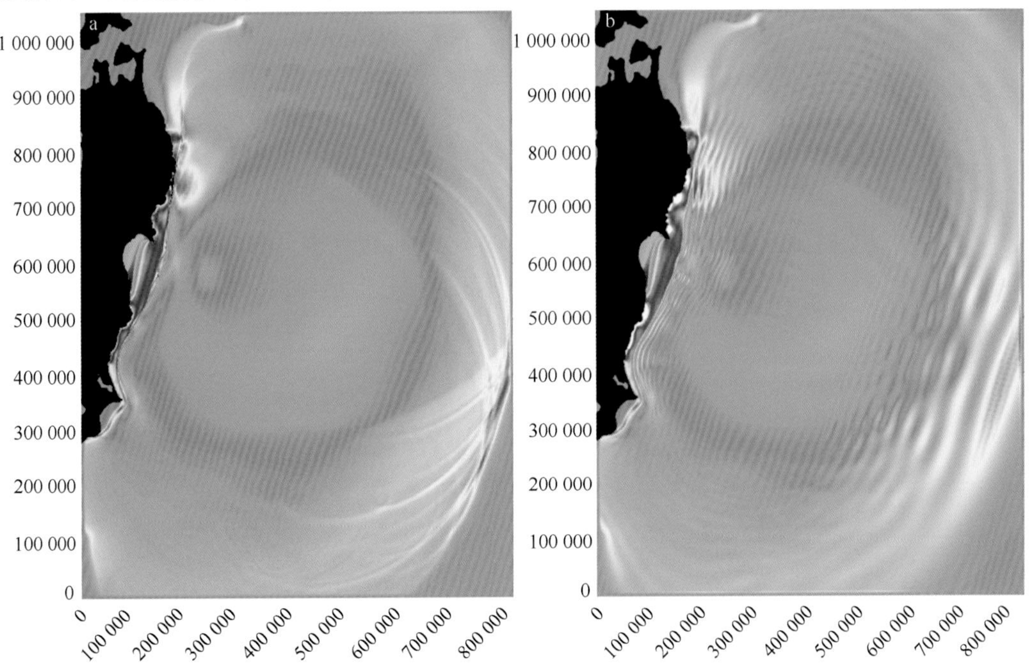

图4.21　模拟的海啸在近海的传播

a. 线性Boussinesq方程；b. 非线性浅水方程

较弱，因此非线性浅水方程用于计算非频散的海啸波传播时比较准确。实际上由于地震破裂的复杂性，任何地震海啸产生时源区初始海啸波的成分都很复杂，既有长波成分，又包括短波分量，因此非线性浅水方程只是水波现象的低阶近似模拟。即便是日本“3·11”地震海啸，其频散效应也较为明显，而基于非线性浅水方程模拟的日本海啸波能主要集中于前2或3个波序列，未见明显的频散特征。而由海底滑坡引起的局地海啸，虽然波长同样比水深大，但与地震海啸波波长相比小得多，同时滑坡过程持续的时间较地震破裂的时间长，因此滑坡海啸的频散效应较强。

由于经典的Boussinesq方程是基于弱非线性和弱色散性相互作用得到的，而在复杂地形条件下和中等水深区域水波具有强烈的非线性和色散性特征，这时经典的Boussinesq方程就不再适用了，为了解决这一问题，大量的研究人员相继发展了完全非线性的Boussinesq方程模型，用以复杂边界条件下的强频散波的模拟。由于1993年日本北海道西部近岸奥尻岛附近海域发生的7.8级地震海啸为海啸研究人员提供了高质量的海啸数据，因此以Monai Valley实际地形和入射的海啸波为基础，将该区域按照1：400的比例构建了海啸在三维复杂地形下爬坡研究的标准验证实验，并广泛用于海啸研究和模型验证。

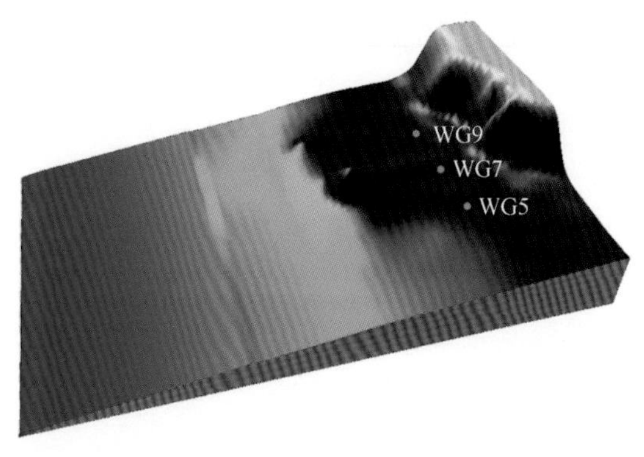

图4.22　Monai Valley数值模拟区域的计算地形

WG5、WG7、WG9为海啸波形输出点

Monai Valley事件之所以成为海啸研究的标准化实验，除该事件具有高质量的可用数据外，还有一个广为人知的海啸传播演变的现象——海啸的绕射与导波特征。从图4.22可以看出Monai Valley的前方有一圆锥岛，通常认为其对海啸能量具有遮挡的作用，该岛背后的近岸地区往往是海啸危险性较低的安全地带。然而，事后的灾害调查却发现该区域出现了该次事件海啸爬高的极值，并造成了严重伤亡与损失。图4.23为根据该次事件观测结果获得的海啸初始入射波形剖面。此后，该实验成为微地形影响下海啸动力过程领域研究的热点问题。从图4.24可以看出，海啸波绕过前方的岛屿并在岛屿后侧形成驻波，再经其后的脊形海底的捕捉后形成导波，海啸能量直达Monai Valley，从而加剧了海啸影响。图4.25给出了改进的Boussinesq模型在三个输出点的海啸

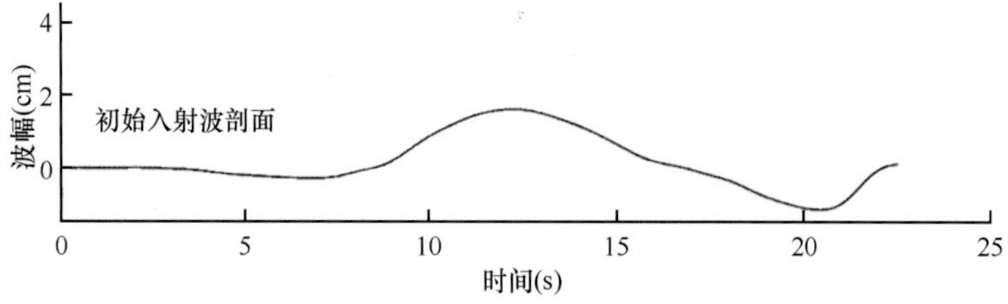

图4.23　Monai Valley海啸实验初始波形剖面

波形计算结果，并与实验观测结果进行了对比验证，吻合较好。值得一提的是，从观测数据我们可以发现，海啸传播过程中由于强非线性和色散性的相互作用，在波峰附近导致了较为明显的S波。Boussinesq模型除了对海啸波幅给出了准确的模拟，还对海啸产生的S波给出了相对准确的刻画。

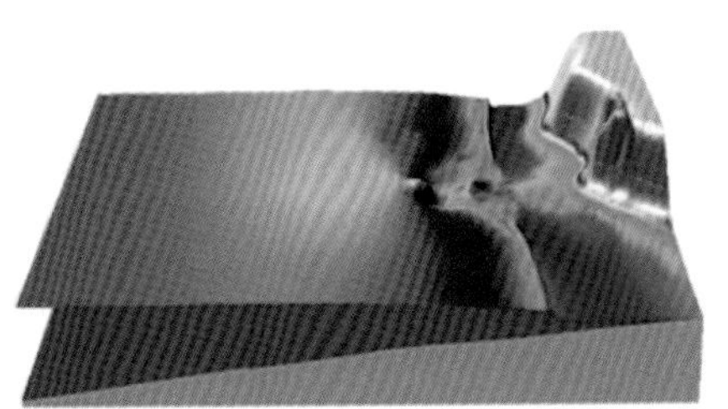
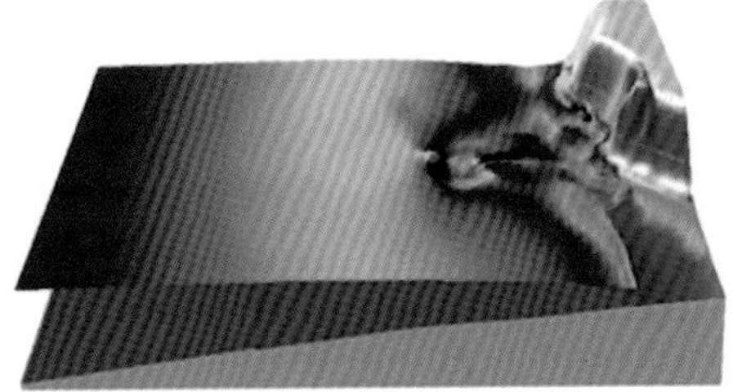

图4.24　在微地形作用下Monai Valley受海啸波的影响

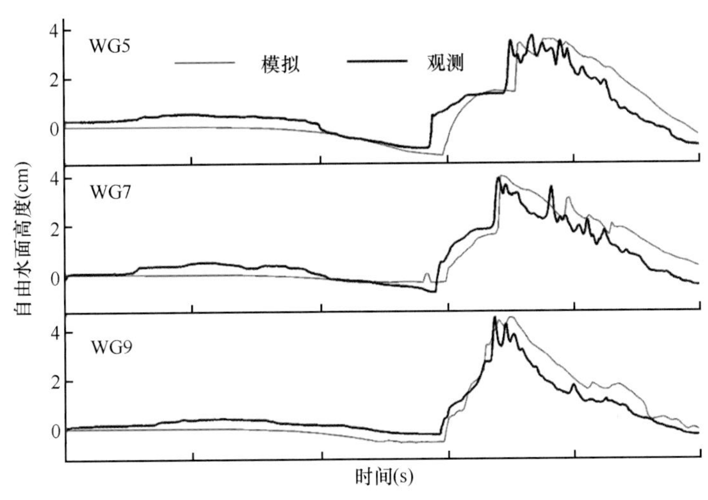

图4.25　Monai Valley海啸实验自由水面高度数值模拟与观测值对比

4.4　海啸传播时间计算模型

对于海啸预警而言，提前预测和估算海啸对不同近岸区域影响可能发生的时间，并将该参数作为海啸预警产品的重要信息及时向公众和应急机构发布，是海啸预警中心的重要职责任务。相对于其他大部分的自然灾害来说，海啸的传播时间具有较好的可预报性，并且具有较高的预报精度。对于同一位置发生的地震海啸，到达目标所在区域的海啸传播时间是相等的，因此可以对其进行提前计算。同样，根据线性可逆性原则，由近岸目标位置可以反推可能对其产生潜在影响的地震海啸源的影响时间范围，提前建立传播时间数据库。这样海啸传播时间的预测信息就可以随同地震参数基本信息一同发布，为应对可能的灾害预留更多的响应时间。

从上述案例计算结果与观测数据的对比情况可以清楚地发现，上述理论方法快速估计的海啸传播时间与实际观测到的海啸传播时间有不同程度的差异，造成这些差异的原因主要包括以下5个方面。

（1）水深地形网格化数据的精度。

（2）地震震中定位及地震发生时间的估算偏差。

（3）点源近似真实的地震破裂区域导致的传播时间偏差。

（4）在近岸浅水区域的非线性传播效应及大洋中波浪的频散效应都会影响海啸传播时间。

（5）地球的弹性和海水的层结也可能会影响海啸的传播速度，从而影响海啸传播时间。

4.5 国际流行的海啸模型介绍

在建立和维护海啸实时监测系统成本高及海啸历史数据缺乏的前提下，采用海啸数值模型模拟、分析海啸过程是比较有效的解决方法。经过近30年的努力，海啸传播模型的研究取得了很大进展，并在海啸预警及海啸风险评估中得到了较广泛的应用。在这些模型中绝大部分是基于不同数值方法的二维非线性浅水方程框架。在给定海啸源及精确的水深地形条件下，该类模型可以理想地模拟海啸长距离的传播及近岸的淹没效应。该类模型应用比较广泛的主要包括美国国家海洋与大气局（National Oceanic and Atmospheric Administration，NOAA）国家海啸研究中心（National Center for Tsunami Research，NCTR）的MOST（method of splitting tsunami）、美国华盛顿大学的GeoClaw、美国康奈尔大学的COMCOT（cornell multi-grid coupled tsunami model）等模型。下面我们将重点针对上述三个模型的主要技术特征进行概括介绍，并通过实例来体现模型所具有的这些技术特点以验证上述模型的适用性。

4.5.1 MOST模型

海啸经过长距离的奔袭才到达了距离海啸震源上千千米的海岸线。为了准确模拟如此长距离海啸的传播过程，需要考虑地球的曲率，其他需要考虑的重要因素还包括科氏力和频散效应。频散效应能够改变海啸波形，因为不同传播速度的海啸波频率略有不同。这种效应需要在传播控制方程中加以考虑，尤其在方程中明显没有包含频散项的情况下。Shuto（1991）指出，频散过程可以利用有限差分算法中固有的数值发散来模拟。这种数值算法解决了频散效应，也就说，可以用非频散的线性方程或者非线性方程来模拟海啸波的传播过程。

MOST模型由NOAA/PMEL（美国国家海洋与大气局太平洋海洋环境实验室）的Titov和南加州大学的Synolakis开发，是美国国家海啸研究中心（NCTR）所采用的标准模型。它可以对海啸的3个发展阶段分别进行模拟，对产生阶段采用地震弹性变形理论，将海水假定为覆盖在弹性半无限空间上的不可压缩流体，由地震的弹性变形产生初始的水面波动。传播过程考虑了地球曲率和科氏力的影响，物理频散采用有限差分频散格式来近似，控制方程采用球坐标下的浅水方程：

$$h_t + \frac{(uh)_\lambda + (vh\cos\phi)_\phi}{R\cos\phi} = 0$$

$$u_t + \frac{uu_\lambda}{R\cos\phi} + \frac{vu_\phi}{R} + \frac{gh_\lambda}{R\cos\phi} = \frac{gd_\lambda}{R\cos\phi} + fv$$

$$v_t + \frac{uv_\lambda}{R\cos\phi} + \frac{vv_\phi}{R} + \frac{gh_\phi}{R} = \frac{gd_\phi}{R} - fu$$

式中，$u_\lambda = \dfrac{\partial u}{\partial \lambda}$、$u_\varphi = \dfrac{\partial u}{\partial \phi}$，其他下标类似，表示该变量的偏导数；$\lambda$是经度；$\varphi$是纬度；$h = h(\lambda, \phi, t) + d(\lambda, \phi, t)$，$h(\lambda, \phi, t)$是振幅，$d(\lambda, \phi, t)$是未被扰动的水深；$u(\lambda, \phi, t)$、$v(\lambda, \phi, t)$分别是经向和纬向的深度平均速度；$g$是重力加速度；$f$是科氏力参数（$f = 2\omega\sin\phi$）；$R$是地球半径。MOST模型采用了分裂离散方法对控制方程进行数值求解。

2009年9月29日17时48分（世界标准时间），中南太平洋萨摩亚群岛南部（15.51°S，172.03°W）发生8.1级地震，随后地震引发区域海啸，海啸袭击了近场的萨摩亚群岛和汤加列岛，共造成189人遇难。

1. 震源参数选取及海啸源确定

现代海啸源反演技术主要分为两类：一类是基于直接测量的海啸波幅信号反演海表面形变场（直接法）；另一类是基于大地测量和地震探测数据估计同震位移场（间接法）。其中，同震位移估计分为两个阶段，传统方式通过估计地震矩和震源机制方法推测同震位移场分布特征，这种方式很难准确刻画震源破裂特征。近10年来，基于实时的地震波形反演有限断层解可以更为细致地表征地震破裂过程，在海啸预警研究领域受到广泛关注。同时，考虑到该事件既包括正断层破裂方式，又含有逆断层成分，因此我们选择通过有限断层滑移模型（图4.29）计算海底形变。

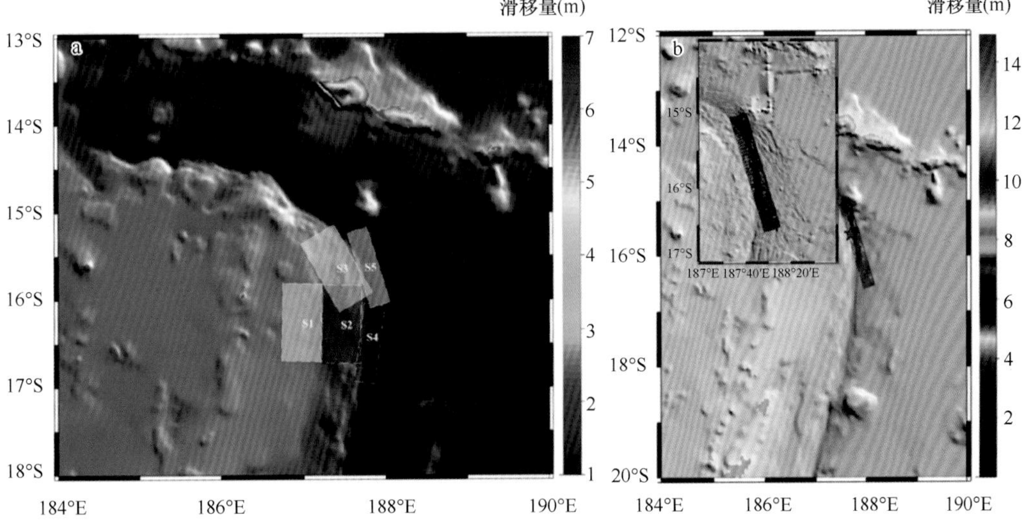

图4.29　2009年萨摩亚地震滑移量分布模型

a. PMEL有限断层滑移模型；b. USGS有限断层滑移模型

2. 海啸近场传播及频散效应

本模拟所使用的地理信息数据均来源于ETOPO2数据库。计算区域为60°S～70°N、95°E～65°W。模型计算时抽稀原数据采用4′网格分辨率计算，经测算4′网格分辨率可以满足MOST模型模拟海啸越洋传播的频散效应的要求。本小节分析不同地形对模拟的影响及不同的源模型对频散的作用。

从图4.30可以发现，基于海啸浮标反演的海啸源能够很好地刻画大洋中海啸的传播特征，即使是4′分辨率模拟结果也非常理想。同时我们对比平滑地形后的结果（红线）可以发现，平滑地形对海啸的首波影响不大，但是对后相波传播的影响非常大，这主要是由于后相波多为特征地形的反射与频散的短波，地形的变化对反射及短波频散特征模拟有较明显的影响。

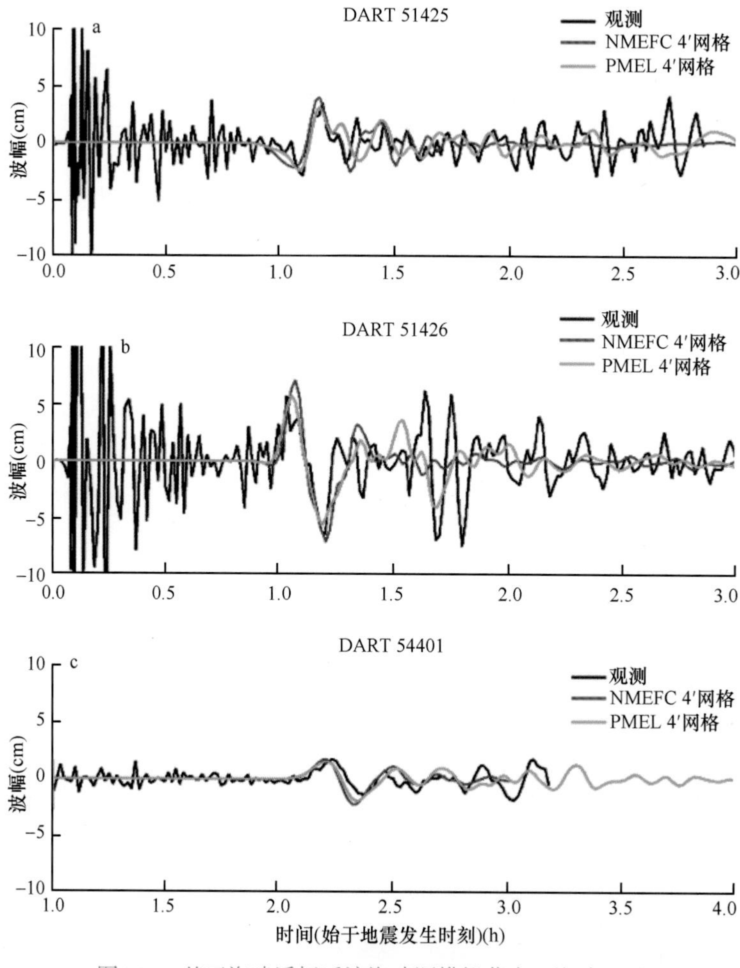

图4.30　基于海啸浮标反演海啸源模拟萨摩亚海啸记录

2009年萨摩亚海啸是一个典型的频散特征非常显著的过程。海啸的频散性除了依赖于水深、传播距离和时间，还与海啸源的特征有密切关系。将通过不同反演方法获得的有限断层解作为海啸初始特征，通过频散模型的计算，考察了频散特征及不同源对频散的影响。从图4.31可以看出，频散特征具有显著的方向性，主要集中于与断层走向垂直的方向，并且经过一定的传播距离后会更加显著。此外，频散特征在海啸能量分布的空区差异更加显著，推测可能是由于该区域的能量与短波的积累有关。

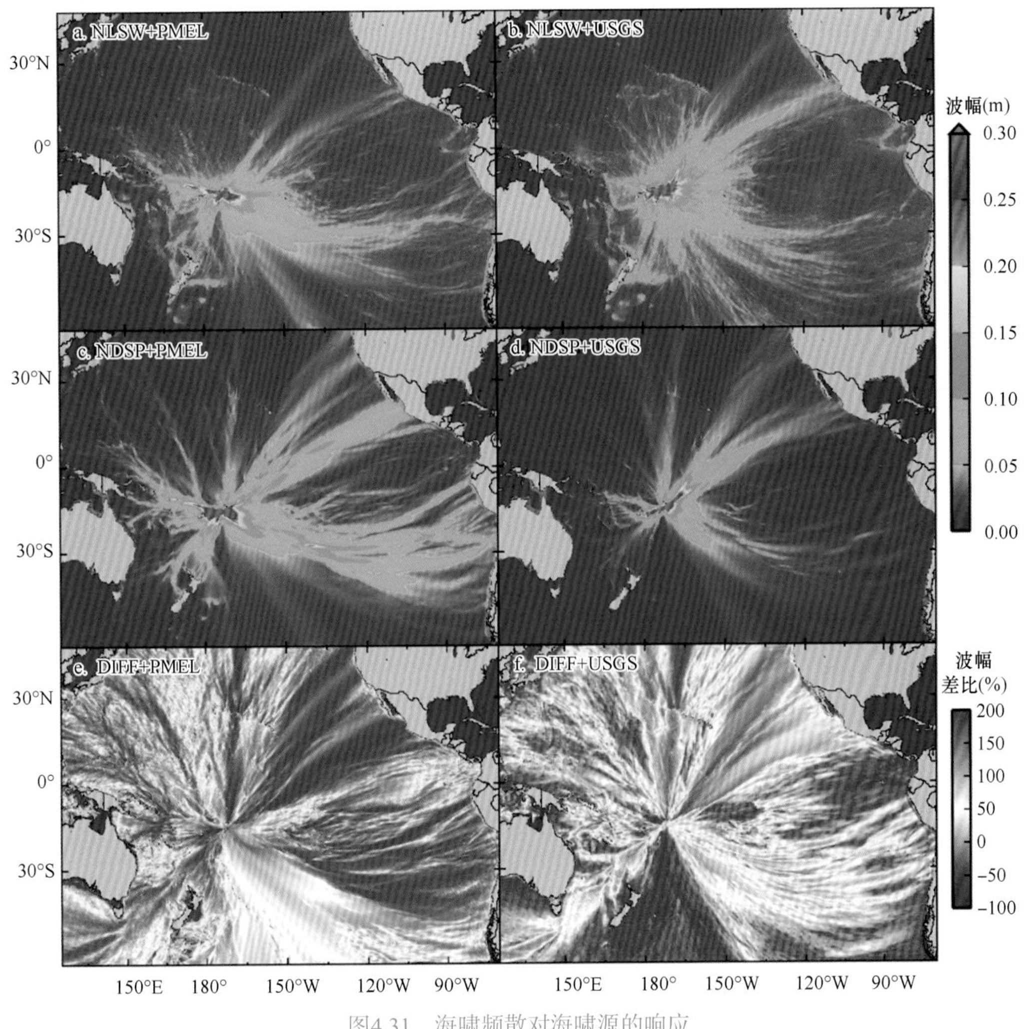

图4.31　海啸频散对海啸源的响应

NDSP表示非线性频散模拟结果；DIFF表示非线性模拟与非线性频散模拟结果的差异

4.5.2　GeoClaw模型

GeoClaw（Geophysical Conservation Laws）模型由David George将Clawpack软件应用于海啸波模拟，并嵌入了由Marsha Berger开发的自适应网格加密系统来完成对海啸波的自适应捕捉。该模型采用有限体积法求解浅水方程的保守积分形式作为控制方程，用改进的Godunov方法对方程进行离散求解。自适应网格加密有限体积法特别适合于求解保守系统，并允许在系统中存在不连续量，这使它能够从根本上捕捉到波分裂等细节。该模型通过高精度、高分辨率的有限体积法求解双曲守恒律（LeVeque et al.，2011）。将计算区域划分成矩形网格单元，将质量与动量单元均值存储于每个网格单元中，基于改进的Godunov方法求解相邻网格单元界面处的黎曼问题，同时引入了非线性限制器来抑制数值计算过程中的非物理振荡，模型在空间和时间上都达到了二阶精度，避免了数值耗散项的引入，产生的数值频散恰好弥补了浅水方程未考虑物理频散对远场海啸的模拟误差。均衡算法使数值解既保证了解的光滑及稳定性，又可以考虑强激波及解的间断特征，这对模拟研究海啸传播至近岸或与海洋工程结构相互作用时波浪破碎后的水跃是非常重要的。有限体积法可以自然满足海啸淹没特征计算，无须每个时间步都通过判断干湿网格来实现，从而提高了计算效率。

该模型考虑了海啸波在近岸传播的非线性作用、底摩擦作用及科氏力效应，并通过对海啸波高的追踪判断来确定是否进行加密计算，海啸波在大洋中的传播过程使用较粗的网格分辨率进行计算，当海啸波到达近岸时模型会根据预先的参数设置自动加密到1′网格分辨率，这样就解决了高分辨率与计算效率之间的矛盾，大大提高了计算效率。

模型的控制方程采用如下守恒形式：

$$\frac{\partial h}{\partial t}+\frac{\partial}{\partial x}(hu)+\frac{\partial}{\partial y}(hv)=0 \tag{4.43}$$

$$\frac{\partial}{\partial t}(hu)+\frac{\partial}{\partial x}(hu^2+0.5gh)+\frac{\partial}{\partial y}(huv)=-gh\frac{\partial b}{\partial x}+fhv-\tau_x \tag{4.44}$$

$$\frac{\partial}{\partial t}(hv)+\frac{\partial}{\partial x}(huv)+\frac{\partial}{\partial y}(0.5gh^2+hv^2)=-gh\frac{\partial b}{\partial y}-fhu-\tau_x \tag{4.45}$$

式中，τ_x、τ_y分别表示x、y方向的底摩擦力，可以表示为

$$\tau_x=\frac{gn^2}{h^{7/3}}hu\sqrt{(hu)^2+(hv)^2} \tag{4.46}$$

$$\tau_y=\frac{gn^2}{h^{7/3}}hv\sqrt{(hu)^2+(hv)^2} \tag{4.47}$$

式中，n为曼宁系数。

模型采用二阶有限体积法计算非线性浅水方程。计算格式采用华盛顿大学LeVeque教授发展的一种波动追踪法，该方法是对经典Godunov方法的改进和拓展，我们知道Godunov方法通过求解局部Riemann问题精确解来得到全场的数值解。它的致命缺陷是一阶精度，数值耗散太大；它求解局部Riemann问题精确解，计算量非常大。LeVeque教授发展的波传播（wave-propagation）法的基本思路来源于Godunov方法，同样属于间断分解法，但与Godunov通量差分法所不同的是，LeVeque基于波动物理量特征直接构造黎曼近似解，这样既提高了计算格式的精度（达到二阶精度），又大大提升了计算效率。该方法对于非守恒双曲系统同样具有很好的适用性。

2010年2月27日6时34分（北京时间27日14时34分），南美洲智利中南部近岸（36.1°S，72.8°W）发生8.8级地震，震源深度为35km。这也是该区域近50年内遭受的第二次特大地震，引发了泛太平洋范围的海啸，造成超过200人伤亡。

1. 震源参数选取及海啸源计算

如前所述，地震发生错动的过程是一个很短的冲击过程，因此可以假设海水表面的

抬升与海底位移是一致的。将获得的震源断层参数（表4.2）输入到断层模型即可获得地震海啸数值模型所需的初始场。其中，断层破裂长度（L）、断层破裂宽度（W）、滑移量（D）根据经验公式计算，断层倾角、滑移角、走向角来源于美国地质调查局（United States Geological Survey，USGS）的震源机制解。利用Mansinha和Smylie（1971）的模型计算得到海啸初始场分布情况，计算结果见图4.32。

表4.2　2010年智利海啸的震源断层参数

参数	符号	参数值
断层破裂长度（km）	L	316
断层破裂宽度（km）	W	158
滑移量（m）	D	15.8
倾角（°）	λ	104
滑移角（°）	δ	19
断层走向角（°）	ϕ	14
断层顶部深度（km）	d	35
矩心位置	（x_0, y_0）	35.77°S，72.47°W

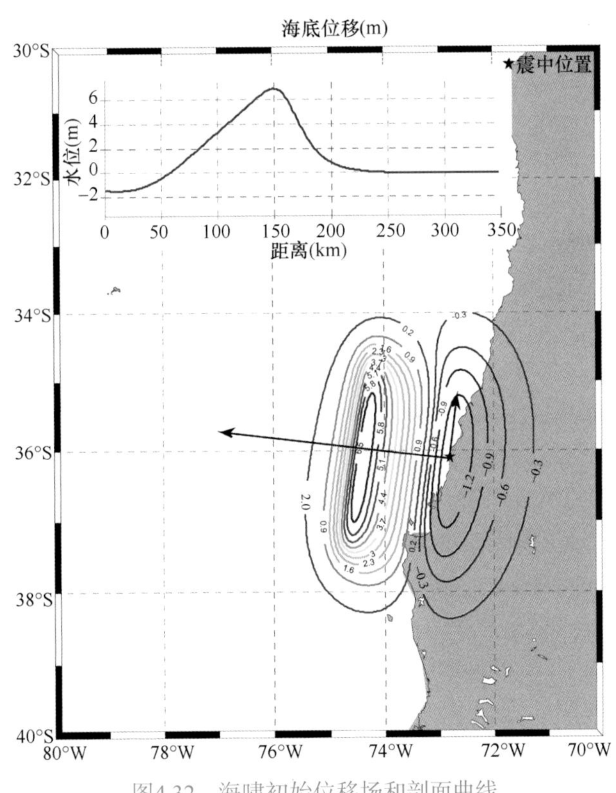

图4.32　海啸初始位移场和剖面曲线

根据断层模型计算的结果可知，最大海面抬升为6.91m，最大下沉位移量为1.44m。由于地震地壳破裂的时间比海啸波的周期小1～2个量级，因此我们假定地壳破裂后的形状即为海面的初始形状。用本小节得到的初始场进行海啸的数值模拟是可信的。

2. 近场海啸模拟

本模拟所使用的地理信息数据均来源于ETOPO1数据库。计算区域为60°S～70°N、95°E～65°W（图4.33）。模型计算时大洋中采用5′网格分辨率，我国近海采用1′网格分辨率。波浪追踪加密判断标准为1cm。本小节模拟研究的重点区域为智利及其周边区域沿海和中国近海的海啸波。

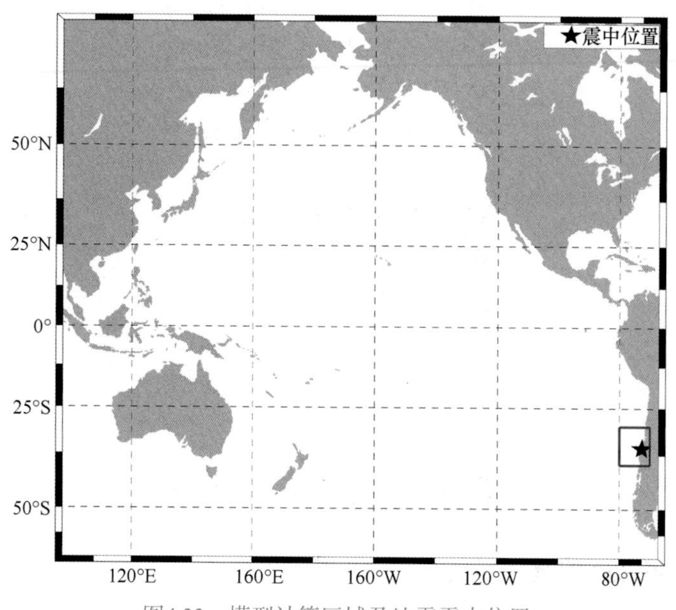

图4.33　模型计算区域及地震震中位置

地震发生20min后，观测资料显示地震海啸已经袭击了智利中部港口城市塔尔卡瓦诺（Talcahuano），海啸波高达2.34m，图4.34是数值计算得到的Talcahuano潮位站的海啸波幅图和实测首波波幅及其到达时间（时间序列资料未能获得，这里只表现了先导波到达时间及其振幅）。从对比的结果可以看出，模式计算得到的海啸先导波无论是位相还是波幅都与实际数据相吻合。随后智利瓦尔帕莱索（Valparaiso）潮位站、32412海啸浮标和美国的51406、46412、43412海啸浮标也先后监测到0.06～1.4m的海啸波，图4.35为我们计算得到的46412、43412、51406、32412及Valparaiso等5个位置的海啸波与实测海啸波的对比情况，模拟结果成功再现了海啸波在上述5个位置的传播序列，拟合效果良好。

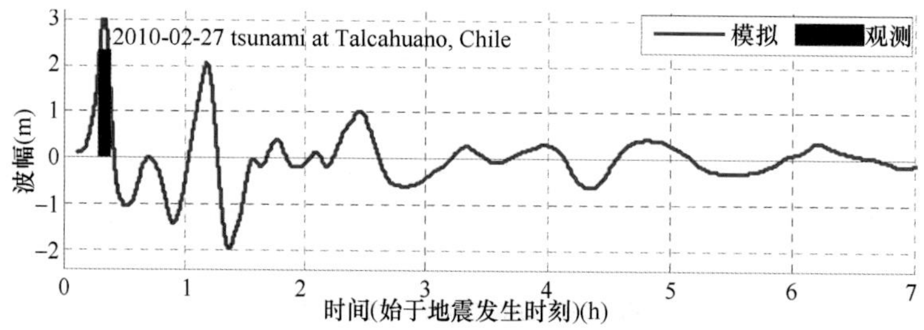

图4.34　Talcahuano潮位站模拟结果与潮位站观测海啸首波记录对比

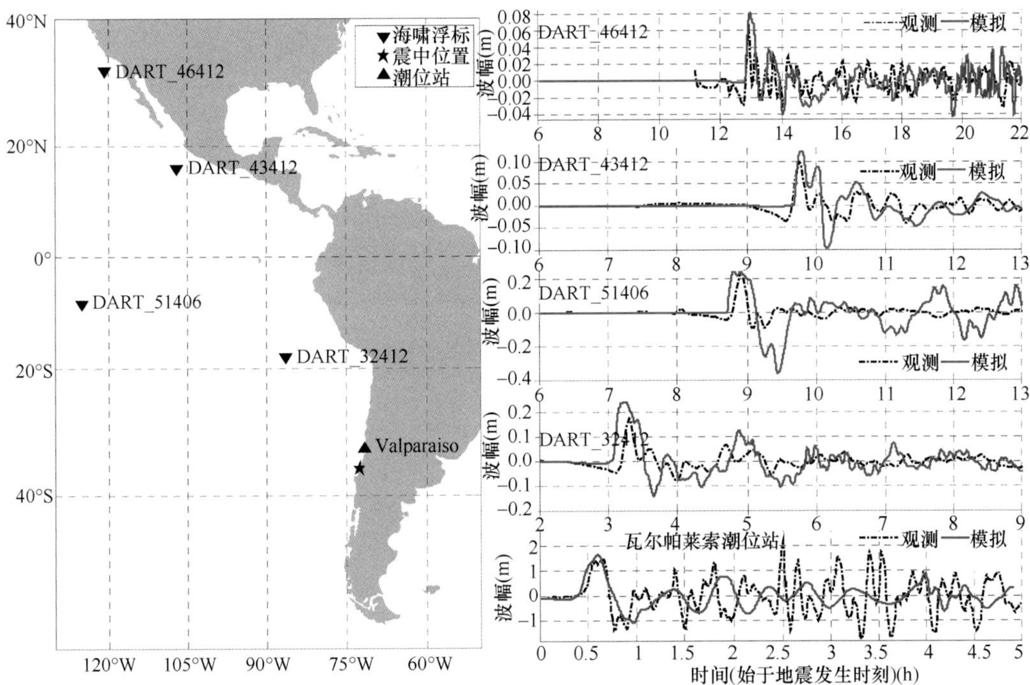

图4.35　海啸浮标站46412、43412、51406、32412和Valparaiso潮位站各站点位置分布及模拟结果与观测数据对比

3. 我国沿海区域海啸波模拟

从图4.36智利海啸越洋传播过程可以看出，海啸波奔袭25h后到达我国沿海，我国

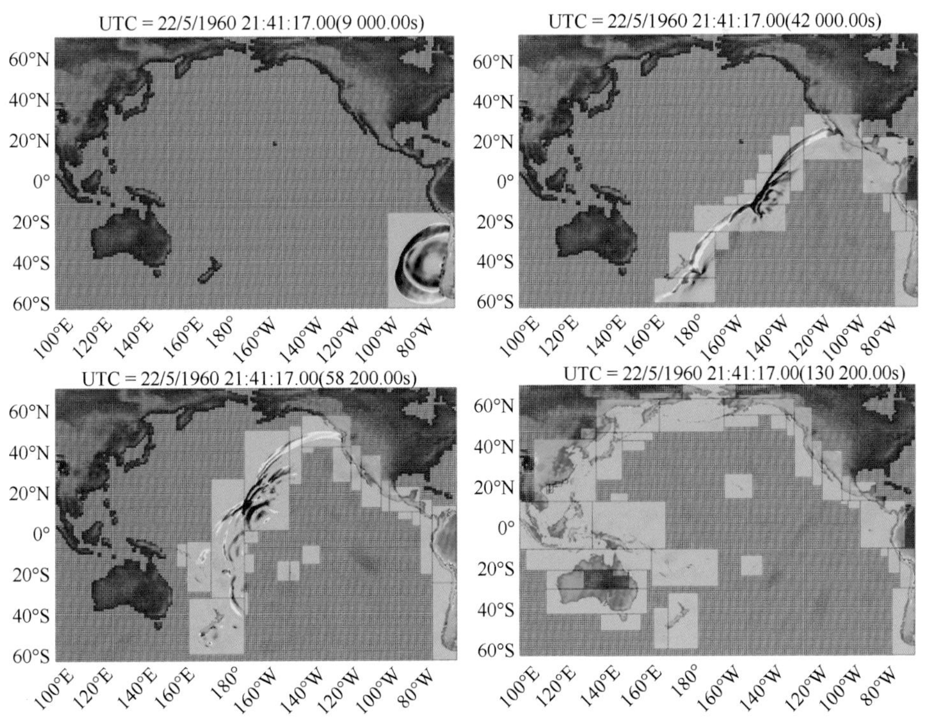

图4.36　智利海啸越洋传播情景

近海的海洋监测系统也监测到了5～28cm的海啸波。本小节分别对海啸波在我国东海海区、台湾以东海域及华南沿海的传播进行了重点模拟，模拟结果（图4.37～图4.39）与实测数据吻合良好。

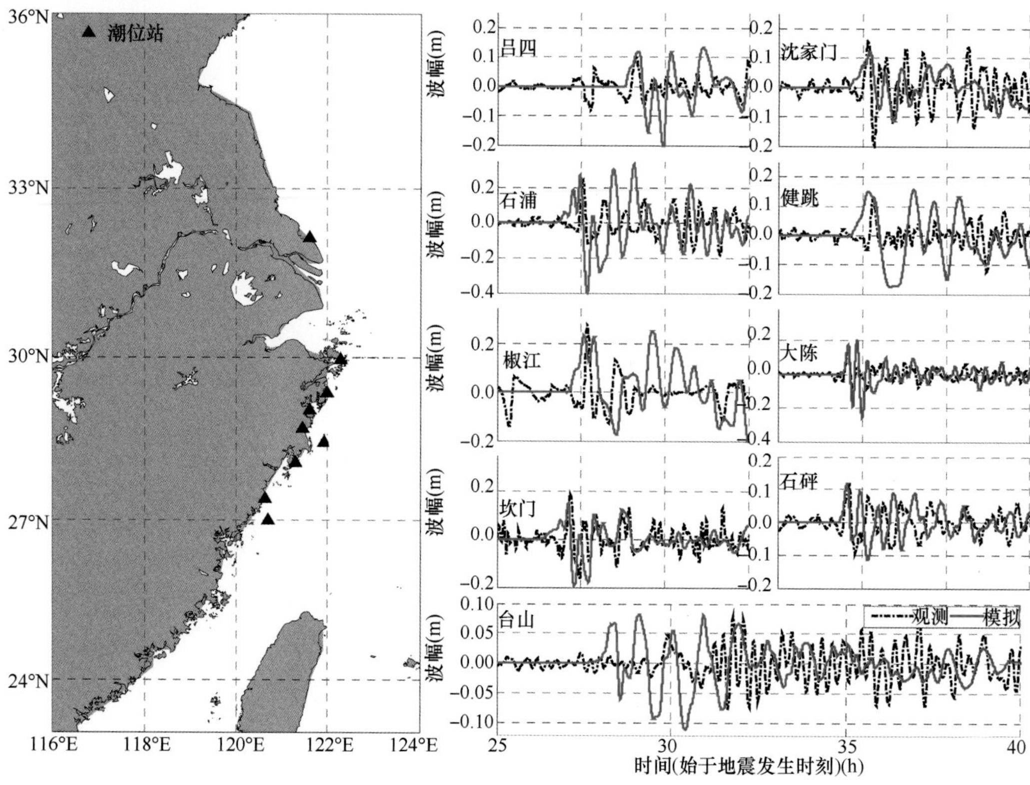

图4.37 所选站点位置分布及模拟结果与观测数据对比

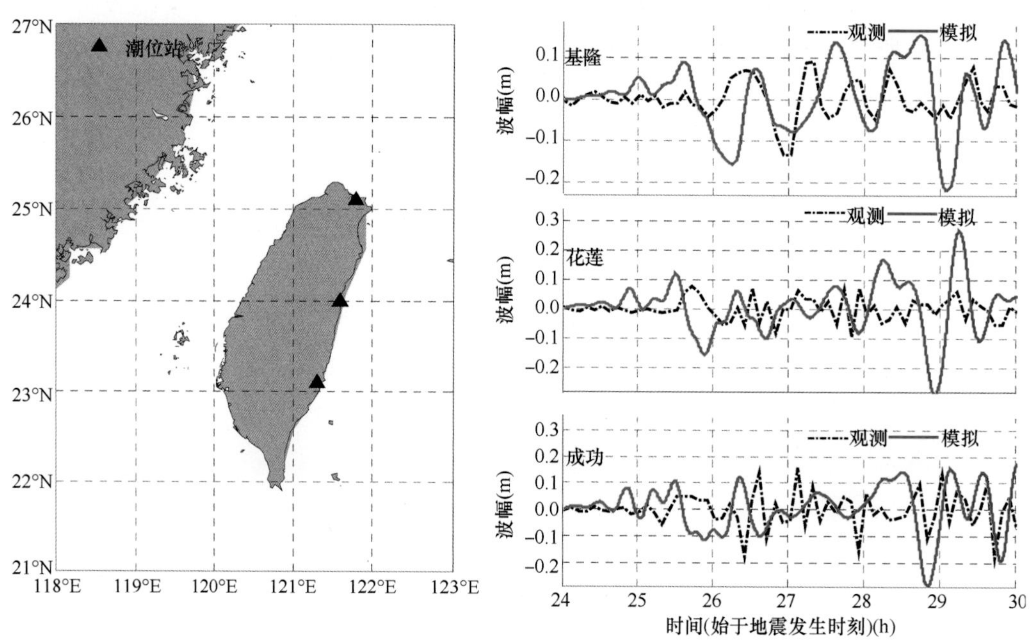

图4.38 台湾地区所选站点位置分布及模拟结果与观测数据对比

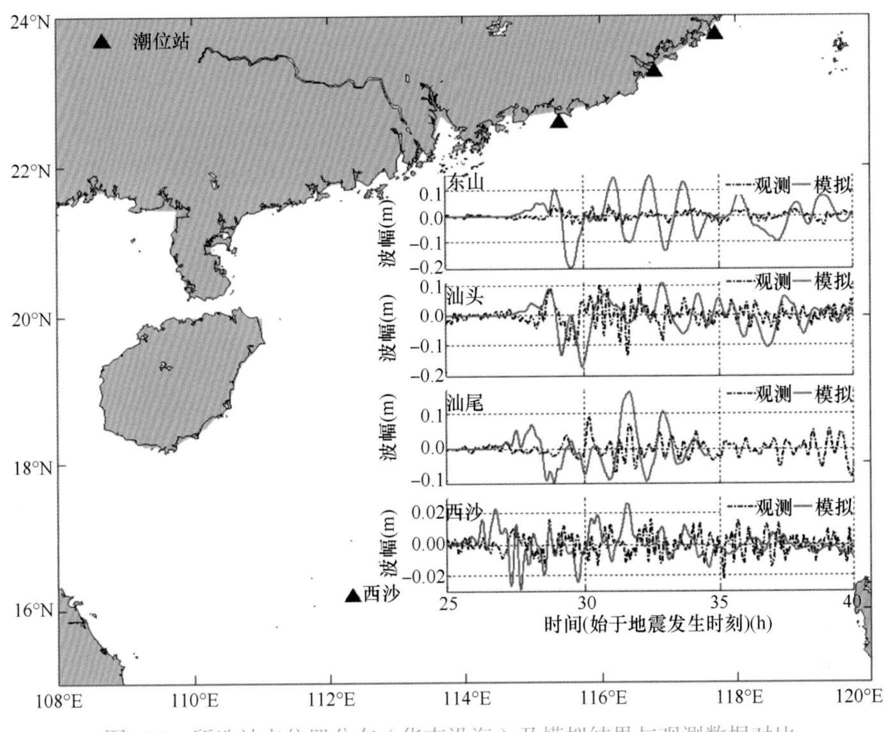

图4.39　所选站点位置分布（华南沿海）及模拟结果与观测数据对比

从上述21个所选潮位站和浮标点的模拟情况可以看出，虽然模拟的全过程与实况比较不全尽人意，但就海啸先导波的模拟而言，无论是从位相还是幅值来考察，均表明所采用的地震海啸模型对越洋海啸具有较好的模拟能力，利用该模型计算得到的海啸波是可信的。

针对海啸波后期模拟较差和部分站点先导波位相提前的情况，分析可能的原因如下：①模型所选地理信息资料在近岸与实际地形存在较大偏差，导致模型无法真实刻画微地形对海啸波传播过程的影响；②海啸源模型精度存在偏差。因为实际地壳破裂后的实际形状以现在的科学技术还很难获得。鉴于以上原因，模拟出与观测资料非常一致的结果是很困难的。

4.5.3　COMCOT模型

COMCOT模型由康奈尔大学土木与环境工程系Philip Liu研究组开发，其模式采用标准的模块化设计，考虑的物理过程全面，网格设计采用多重嵌套。该模型可以计算海啸的越洋传播过程、近海近岸传播过程及局部淹水过程。模式已经成功地用于对多个历史海啸事件的模拟和再现，模式的坐标系可以根据网格尺度选择球坐标系和直角坐标系，控制方程可以根据水深选择线性和非线性控制方程，可设计多重嵌套网格（最多6层）。COMCOT开放代码，且模块化的设计方便用户选择合适的模拟方案，因此该模型已经被许多国家的研究机构和业务部门所采用，其作为研究海啸物理机制的模型具有显著优点，但在业务化方面仍需进一步优化。

COMCOT模型采用基于多层网格嵌套的有限差分法。针对海啸波的不同物理特性，模式可以灵活配置所需坐标系（直角/球面）和控制方程类型（线性/非线性）。

深水模块通常采用球坐标系下的线性方程：

$$\frac{\partial \eta}{\partial t}+\frac{1}{R\cos\varphi}+\left[\frac{\partial P}{\partial \psi}+\frac{\partial}{\partial}(Q\cos\varphi)\right]=0 \tag{4.48}$$

$$\frac{\partial P}{\partial t}+\frac{gH}{R\cos\varphi}\frac{\partial \eta}{\partial \psi}-fQ=0 \tag{4.49}$$

$$\frac{\partial Q}{\partial t}+\frac{gH}{R}\frac{\partial \eta}{\partial \varphi}+fP=0 \tag{4.50}$$

浅水模块采用球坐标系下的非线性方程：

$$\frac{\partial \eta}{\partial t}+\frac{1}{R\cos\varphi}+\left[\frac{\partial P}{\partial \psi}+\frac{\partial}{\partial}(Q\cos\varphi)\right]=-\frac{\partial h}{\partial t} \tag{4.51}$$

$$\frac{\partial P}{\partial t}+\frac{g}{R\cos\varphi}\frac{\partial}{\partial \psi}\left(\frac{P^2}{H}\right)+\frac{g}{R}\frac{\partial}{\partial \psi}\left(\frac{PQ}{H}\right)+\frac{gH}{R\cos\varphi}\frac{\partial \eta}{\partial \psi}-fQ+F_x=0 \tag{4.52}$$

$$\frac{\partial Q}{\partial t}+\frac{g}{R\cos\varphi}\frac{\partial}{\partial \psi}\left(\frac{PQ}{H}\right)+\frac{g}{R}\frac{\partial}{\partial \varphi}\left(\frac{Q^2}{H}\right)+\frac{gH}{R}\frac{\partial \eta}{\partial \varphi}+fP+F_y=0 \tag{4.53}$$

式中，η为相对于平均海平面的自由表面扰动；φ为纬度；ψ为经度；R为地球半径；h为静水深，$H=h+\eta$为总水深；P为沿经度单位宽度的通量；Q为沿纬度单位宽度的通量；f为科氏力系数；g为重力加速度；F_x、F_y分别为经度和纬度方向的底摩擦力。

模式采用交错显示蛙跳格式求解长波方程。波高η及通量P、Q在时间和空间上都是交错进行，波高及水深定义在网格中心，体积通量定义在网格边的中点，因此波高及体积通量的计算是在不同的时间步长上，利用物理量在空间上的交错方式来计算，可以增加数值稳定性。采用蛙跳格式可以利用差分方程的数值发散近似代替波在浅水中传播所带来的物理频散。

2011年日本“3・11”地震海啸在近场及远场均造成了严重的灾害，该事件导致15 844人死亡、3394人失踪，以及128 530间房屋、230 332栋建筑物和78座桥梁损毁，直接经济损失超过3000亿美元。大量的水位记录仪器监测到了日本东北地震海啸波幅的近场及远场特征。然而，海啸诱导的流却仅被有限的几个记录仪器捕捉到。在近场，极值波高及高速淹没流是致灾的主要原因。其中，岩手县宫古市海啸爬坡达到39.7m，仙台县海水浸没内陆达到10km（Mori et al.，2011）。

1. 震源参数的选取及海啸初始场计算

地震海啸的波长、波高及能量大小不仅与震级有关，还与地震断层的几何特性、震源深度有很大关系，对于近场海啸影响更为显著。因此，海啸源模型的精度很大程度上决定了海啸波模拟的精度。目前地震海啸震源的确定均是基于1969年Aida的假设：“由于地震地壳破裂时间远小于海啸波的周期，因此主震发生时刻即为海啸源的初始时刻，余震范围为海啸源范围，地壳破裂后的形状为海面的初始位移，地震震中位置为海啸源位置。”本小节引用GCMT的震源机制解作为震源参数（表4.3），断层破裂长度（L）、破裂宽度（W）根据相关经验公式计算。采用Okada的理论模型进行海啸初始场的计算，结果见图4.40。从断层模型计算的结果可知，最大海面抬升为8.86m，最大下沉位移量为4.99m。

表4.3　2011年3月11日本海啸震源参数

参数名称	符号	参数值
矩心位置	(x_0, y_0)	37.68°N，143.03°E
断层范围（km^2）	$S=L\times W$	447×224
滑移量（m）	D	22.38
走向角（°）	θ	201
倾角（°）	δ	9
滑移角（°）	λ	85
断层顶部深度（km）	d	20

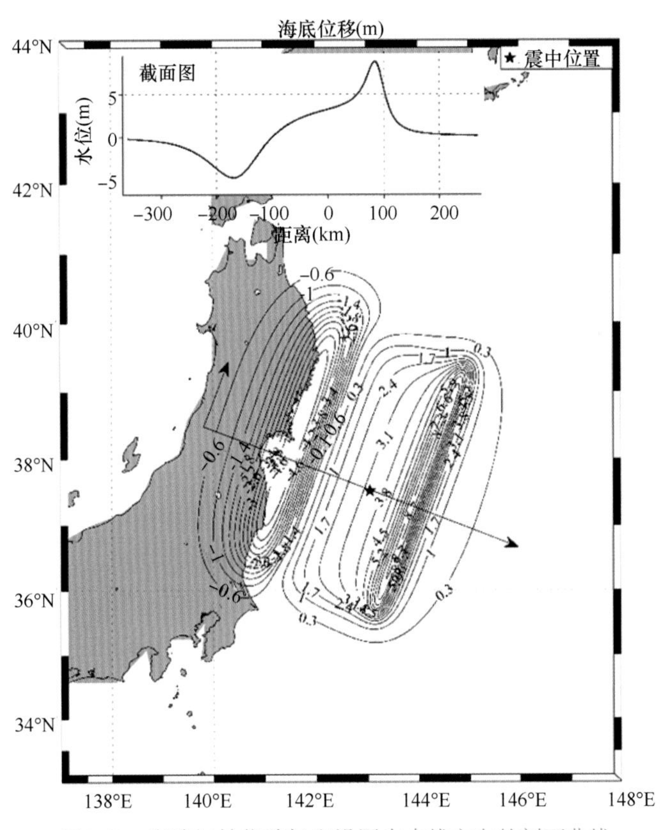

图4.40　海啸初始位移场和沿图中直线方向的剖面曲线

2. 近场海啸模拟

模拟采用两层嵌套网格，基础地理信息数据为NGDC的ETOPO5和ETOPO1海底地形资料（http://www.ngdc.noaa.gov/mgg/gdas），海底变形采用图4.40的计算结果，模拟时间为发震后24h，采用的模拟方案见表4.4。

表4.4 模拟方案

网格层	编号	范围	分辨率	模型设置		
				坐标系统	方程类型	底摩擦
第一层	01	60°S ~ 70°N，95°E ~ 65°W	5′	球坐标	线性	无
第二层	21	30° ~ 45°N，130° ~ 155°E	1′	球坐标	非线性	n=0.0013
	22	25° ~ 35°N，119° ~ 125°E	1′	球坐标	非线性	n=0.0013
	23	18° ~ 24°N，110° ~ 120°E	1′	球坐标	非线性	n=0.0013

2011年3月11日13时46分（北京时间），日本本州岛东部海域（38.3°N，142.4°E）发生了9.1级特大地震，震源深20km，震中位于日本仙台以东约130km海域，该地震引发了特大海啸。海啸发生后迅速影响日本东北部沿海并造成严重灾害。震后约30min，位于日本近岸的潮位站监测结果表明，强震引发的海啸已经袭击了震中附近的Ofunato港、Miyako港，记录到的海啸波幅分别为8.0m、8.5m。随后海啸袭击了仙台机场和福岛第一核电站。大海啸肆虐日本沿岸后，迅速抵达太平洋中部岛国及沿岸国家。巴布亚新几内亚北部岛屿监测到1.04m的海啸波，波幅衰减因子为0.1224，海啸到达夏威夷群岛时的最大海啸波幅为1.27m，加拿大Crescent city潮位站监测到的最大海啸波幅为1.88m，波幅衰减因子为0.2212；在南美洲智利沿岸测得的最大海啸波幅为1.5m，波幅衰减因子为0.1765。监测结果表明，该次海啸影响了整个太平洋区域，多地海啸观测站均监测到了海啸波动（图4.41）。海啸横跨整个太平洋所需时间为23h，平均传播速度达到700km/h。

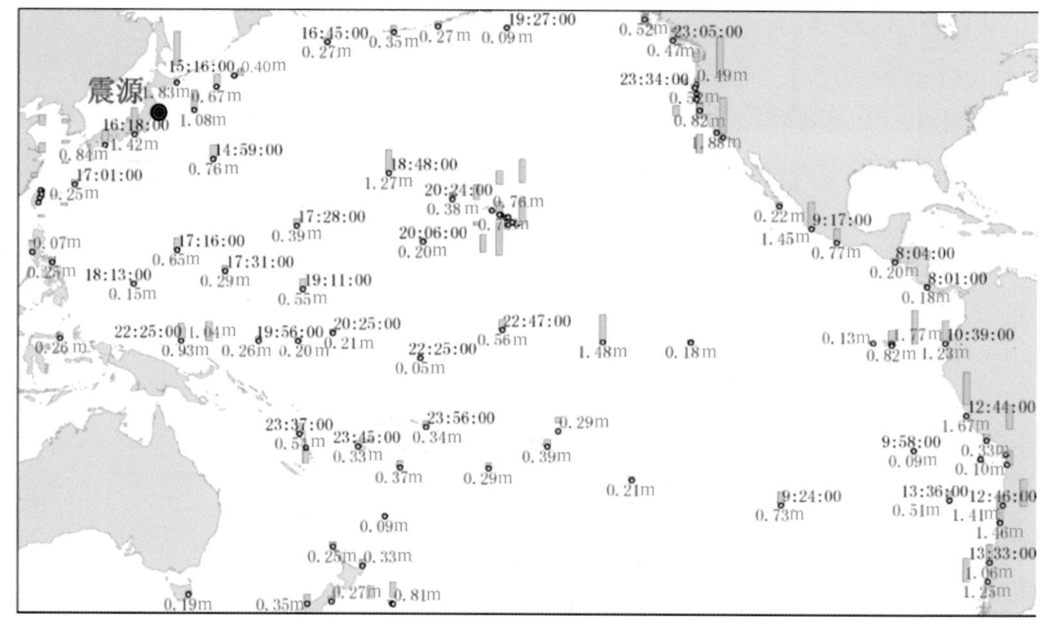

图4.41 太平洋区域观测海啸波幅及传播时间

从数值模拟结果来看，该次海啸波能主传播方向为东南方向，另外北东北及南东南两个方向为海啸波能的次传播方向。这与太平洋区域实测海啸波幅（图4.41）的分布特征相吻合。从图4.42分析知，当海岭的走向不偏离海啸传播的方向时，洋中脊和环绕大陆的陆架区是海啸波传播的天然波导管和海洋地震波能量聚集器，远离海啸源处决定波能量流方向的唯一因素就是海底地形。洋中脊对引导波能分布起着重要的作用，而主要的能量流也都在主要的海岭处聚集，并呈现带状分布。

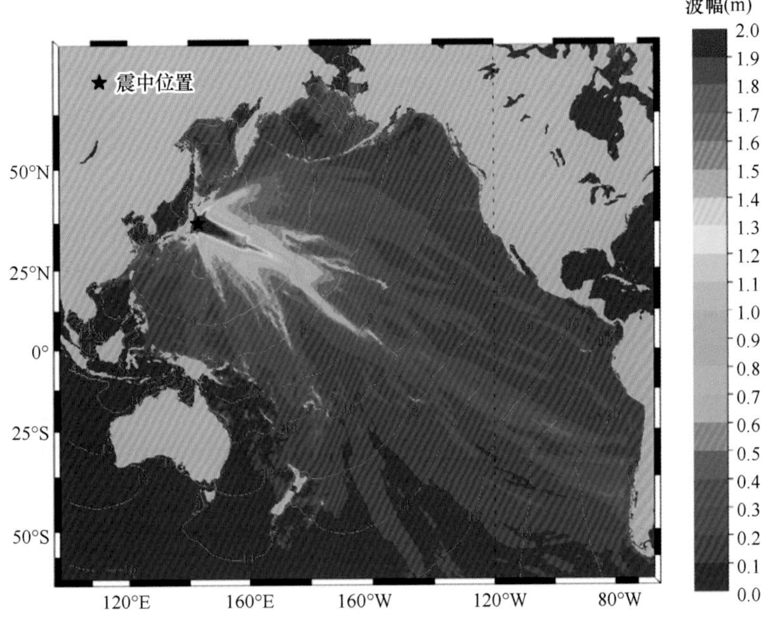

图4.42　日本地震海啸能量越洋传播及海啸先导波到达时间（单位：h）

地震发生1h后，观测资料表明，地震引发的海啸已经袭击了日本本州东北大部分沿海城市。日本沿岸Miyako、Ofunato两个潮位站均监测到8.0m以上的海啸波，随后两个站位的验潮仪被海啸摧毁，根据图4.42的数据及本文的模拟结果，上述两处海啸波应该在9～10m。从图4.43可以清楚地看出，无论是深海浮标站还是近岸潮位站，本文的模拟结果无论是振幅还是海啸波位相均与实测数据吻合良好，说明该模型对近场海啸的模拟结

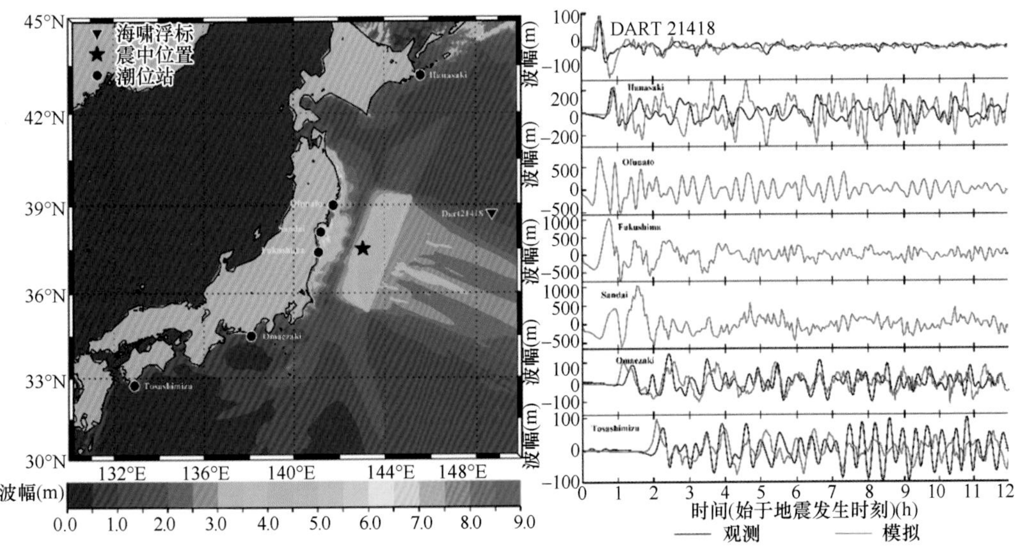

图4.43　海啸能量近场传播特征及典型站点海啸时间序列数值模拟分析

果是非常可信的。通过波谱分析可知，海啸波主周期为30～50min，根据当地的水深可以推算海啸波到达近岸时波长可以达到20km以上。从模拟的结果来看，仙台机场和福岛第一核电站处的海啸波幅达到10m以上，最大平均流速超过9m/s，在这样的“巨浪”面前世界第一防波堤瞬间被摧毁。由此我们不难理解位于海啸能量传播主方向上的仙台机场和福岛第一核电站两地为何受到如此重创。

3. 海啸在我国近海传播的数值模拟

海啸波于2011年3月11日17时40分开始影响我国台湾东部沿海，台湾花莲、成功、苏澳、基隆、龙洞等地监测到5～20cm的海啸波幅。11日晚间20时20分起，我国浙江、福建及广东沿岸陆续受到海啸波影响（图4.44，图4.45），浙江沈家门、大陈、坎门、石砰、石浦、健跳和福建东山及广东汕头、汕尾等潮位站先后监测到振幅为10～60cm的海

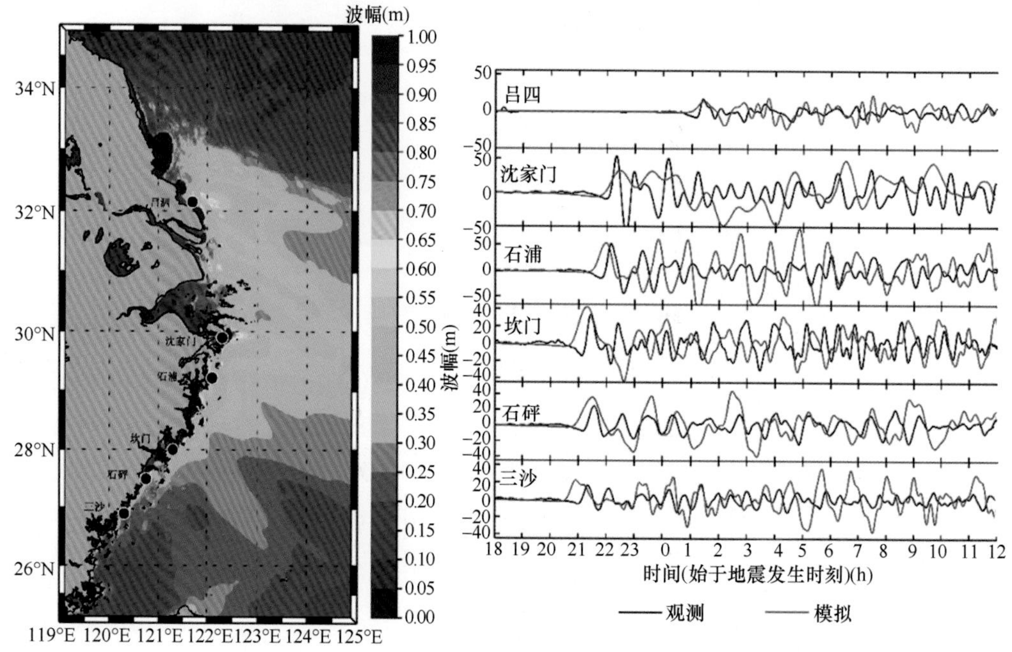

图4.44 福建北部至江苏南部沿海海啸能量分布及典型站点海啸时间序列

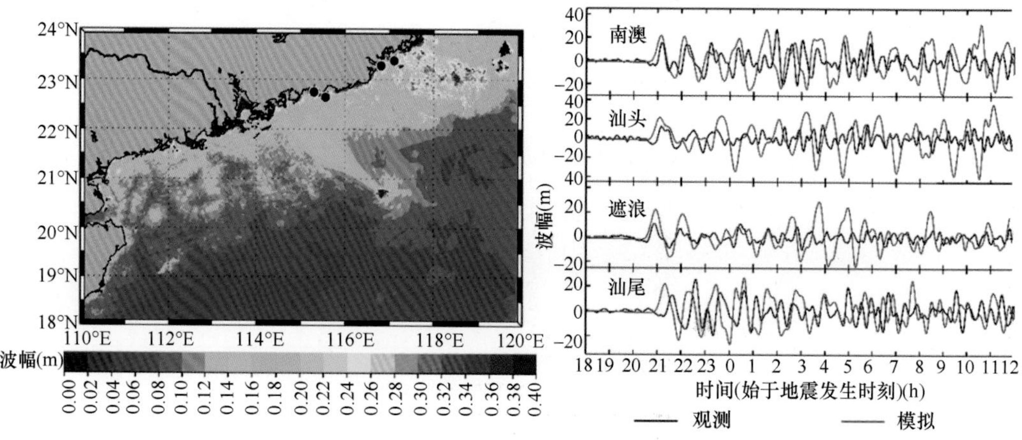

图4.45 闽南至粤东沿海海啸能量分布及典型站点海啸时间序列

啸波，其中浙江石浦和沈家门潮位站监测到的海啸波幅最大，分别为55cm和52cm，波幅衰减因子为0.0647，也是中华人民共和国成立以来我国仪测最大海啸波幅。震后20min，国家海洋预报台综合地震信息和海啸数值预报结果对预计受影响沿海地区发布了我国首个海啸“蓝色”警报，监测数据证明该次海啸预警是非常成功的。从模拟结果来看，我国的江苏南部至福建北部、闽南至珠江口沿岸为主要受影响区域，其中，浙江中部至长江口一带沿海为严重影响区域，近岸海啸达到1m以上，根据工程推算，1m以上的海啸波足以对海上和岸边的固定建筑物构成危害。

模型计算的海啸先导波波幅和到达时间均与观测数据吻合良好，但对后续波动的模拟相对近场传播结果仍存在一些差距。可能是由于远离海啸源决定波能量的唯一因素就是海底地形，受海底地形精度所限，加之微地形变化对海啸波的影响显著。整体而言，该模型对于海啸的近场及远场的传播特征均能给出较为合理的模拟结果，特别是该模型的多层嵌套计算，可以方便地应用于越洋海啸的多尺度传播过程研究。

4.6　快速海啸数值预报技术

一个有效的海啸预警系统必须能够快速、准确地给出海啸到达近岸的时间、海啸在近岸的波幅及海啸淹没的范围，这些信息是建立海啸撤离方案、进行海啸防灾减灾最主要的依据。而这些最基本预警信息的获得无疑都需要直接或间接通过海啸数值预报技术来实现。通常海啸定量预警过程的完成一般分为两个阶段，即地震参数确定和海啸传播的数值模拟。

海啸预警系统的工作原理就是利用地震波传播速度比海啸波传播速度快的物理机制，为减轻海啸灾害、保护人们生命财产安全赢取更多时间。以往仅根据地震基本参数信息（震中位置、震级和深度）来判断是否引起海啸，可能会引起误报或漏报等情况，因此大地震发生之后，如何快速、准确地判断该地震是否会激发海啸，仍然是个悬而未决的科学问题。对地震的特征及其激发海啸机制的研究表明，地震的大小、地震机制、震源深度及震源破裂过程是影响地震激发海啸的重要因素（陈运泰等，2005），这些因素也是判断是否产生海啸及海啸危险性的可靠技术手段。

海啸数值模拟可以较准确地模拟海啸波传播及近岸爬坡的全过程，为海啸预报人员提供大量参考数据，为准确评估海啸灾害提供必要的支撑，这是实现海啸定量快速预警最重要的手段与途径。现阶段，海啸快速数值模拟计算过程主要依托并行计算方法的改进和高性能计算机设备的计算能力，同时也在一定程度上受限于由地震断层破裂参数（走向、倾角和滑动角）解析得到的速度及其精度。因此，为了提高地震海啸预警的时效性和准确性，应用准实时的震源机制解反演结果开展海啸数值模拟工作势在必行。

4.6.1　基于W-phase震相的近实时震源机制解的确定

地震矩心矩张量自动反演系统能在震后第一时间获取地震矩心时间、矩心位置、标量地震矩及断层面几何参数等地震工作者所关心的重要震源信息，直观地反映地震破裂面的几何形状和震源运动学特征，因此该系统对大地震本身的研究、地震灾害的快速评估、海啸预警及震后应力分布研究等方面都具有重要的意义。Kanamori和Rivera（2008）提出了基于W-phase震相（以下简称W震相）测定地震矩张量的方法后，全球多个预警中心基于W震相研制出了中强震矩心矩张量反演系统，基本实现在震后8～40min自动准确测定全球$M_w \geqslant 6.5$地震的矩张量。近年来，该方法已经在多个国家的海啸快速预警系统中得到成功应用。W震相是在S波之前到达的一种较明显的长周期波（100～1000s），群速度为4.5～9.0km/s。Kanamori和Kikuchi（1993）在研究1992年日本记录的尼加拉瓜地震的波形时发现一种特殊的震相，命名为W震相。根据地震射线理论，W震相可解释为P、PP、SP和S等多个体波震相叠加的长周期波；根据简正模型理论，W震相被认为是由基阶和高阶瑞利波叠加而成。Kanamori和Rivera（2008）引入W震相方法反演$M_w \geqslant 7.5$地震的震源参数，分析结果表明，W震相振幅大小能够很好地衡量潜在地震海啸发生的可能性，W震相方法能够快速得到可靠的震源参数，为海啸预警提供实际断层参数。Duputel等（2012）采用全球虚拟地震台网数据，采用该方法反演了1900～2010年$M_w \geqslant 6.5$地震的震源机制解，并探讨了$6.0 \leqslant M_w < 6.5$地震的反演结果。研究结果表明，W震相反演结果能准确地表征中强地震震源机制解。

应用W震相求解震源未知参量m（震源参数）时，假设点源位置随着震源持续时间变化。若已知矩心位置、震源持续时间和矩心偏移时间，把它们设为矩心时空坐标η_c初始值，则震源参数求解过程可以归纳为最小二乘线性意义上的线性方程求解。

$$m = \begin{pmatrix} f \\ \eta_c \end{pmatrix} \tag{4.54}$$

式中，$f = [M_{11}, M_{22}, M_{33}, M_{12}, M_{13}, M_{23}]^{\mathrm{T}}$ 为地震矩张量；$\eta_c = [\theta_c, \phi_c, r_c, \tau_c]^{\mathrm{T}}$ 为矩心时空坐标，θ_c、φ_c、r_c、τ_c分别为矩心余纬度、矩心经度、矩心深度及矩心偏移时间。

$$\begin{pmatrix} s_{w1}^{1,1} & s_{w1}^{2,2} & \bullet & \bullet & \bullet & s_{w1}^{2,3} \\ s_{w2}^{1,1} & s_{w2}^{2,2} & \bullet & \bullet & \bullet & s_{w2}^{2,3} \\ s_{w3}^{1,1} & s_{w3}^{2,2} & \bullet & \bullet & \bullet & s_{w3}^{2,3} \\ \bullet & \bullet & \bullet & \bullet & \bullet & \bullet \\ \bullet & \bullet & \bullet & \bullet & \bullet & \bullet \\ \bullet & \bullet & \bullet & \bullet & \bullet & \bullet \\ \bullet & \bullet & \bullet & \bullet & \bullet & \bullet \\ \bullet & \bullet & \bullet & \bullet & \bullet & \bullet \\ \bullet & \bullet & \bullet & \bullet & \bullet & \bullet \\ \bullet & \bullet & \bullet & \bullet & \bullet & \bullet \\ \bullet & \bullet & \bullet & \bullet & \bullet & \bullet \\ s_{wN}^{1,1} & s_{wN}^{2,2} & \bullet & \bullet & \bullet & s_{wN}^{2,3} \end{pmatrix} \begin{pmatrix} M_{11} \\ M_{22} \\ M_{33} \\ M_{12} \\ M_{13} \\ M_{23} \end{pmatrix} = \begin{pmatrix} d_{w1} \\ d_{w2} \\ d_{w3} \\ \bullet \\ \bullet \\ \bullet \\ \bullet \\ \bullet \\ \bullet \\ \bullet \\ \bullet \\ d_{wN} \end{pmatrix}$$

式中，$s_{wi}^{k,l}$ 为当M_{kl}=1时计算的第i个台站的理论位移波形；d_{wi}为第i个台站观测的W震相波形。采用观测与理论地震图残差最小值作为误差函数$\chi(m)$，确定矩心时空坐标η_c最佳估计值：

$$\chi(m)=\frac{1}{2}(s_{\mathrm{w}}(m)-d_{\mathrm{w}})(s_{\mathrm{w}}(m)-d_{\mathrm{w}}) \tag{4.55}$$

式中，为$s_{\mathrm{w}}(m)$为计算的理论W震相波形；d_{w}为观测记录的W震相波形。误差函数主要强调理论和观测波形间拟合的程度。详细的W震相反演方法请参照相关文章（Kanamori and Rivera，2008；Duputel et al.，2011，2012）。

计算理论地震波形时，程序根据震中距和震源深度从提前计算的格林函数库中搜寻所需的格林函数，由格林函数和震源时间函数合成理论波形。文中所需的格林函数库基于简正叠加方法，由全球一维速度结构模型PREM计算三分量理论波形库，震中距0°≤Δ≤90°，间隔为0.1°，深度为0～760km，深度间隔为2～10km，深度间隔随着震源深度增加而变化。应用该方法具有以下优点：①W震相在S波之前到达，群速度为4.5～9.0km/s，传播速度较快，适合大震震源机制反演；②W震相主要局限在地幔中传播，受地壳和上地幔介质的横向不均匀性影响较小，记录的W震相简单；③W震相是一种明显的长周期波，其周期受震源破裂持续时间、断层破裂长度和滑移量等影响，而断层破裂长度、滑移量等参数直接控制海啸波高的大小，因此，W震相能更好地表征潜在海啸地震的震源参数（Kanamori，1972）；④W震相反演方法不受大地震波形限幅的影响。对于传统的体波和面波，反演方法易受大地震波形限幅的影响，使得反演结果的准确性降低。由于三维网格空间搜索矩心位置，计算量大，运行时间长，程序中已采用了并行处理技术，大大地缩短计算机处理时间，提高地震震源机制反演速度。

目前，整套反演系统的业务实现基于SeisComP3系统自动定位事件信息（包括发震时刻、震中位置、震源深度和震级）和实时接收的长周期（LH）三分量地震波形数据，应用W震相方法和全球一维速度结构模型PREM计算的格林函数库，基于简正模型叠加方法计算地震理论波形，快速反演海底强震震源机制解，为海啸数值模拟提供有效的断层参数。图4.46为WCMT准实时反演震源机制解流程图。

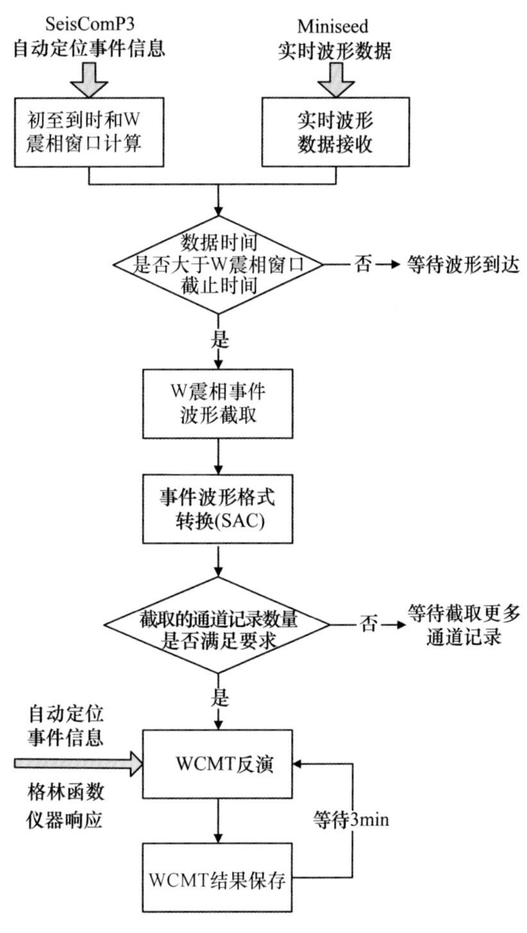

图4.46　WCMT准实时反演震源机制解流程图

海底强震发生后，基于SeisComP3系统提供的地震自动定位结果，准实时截取WCMT反演所需波形数据，在震后十几分钟内得到稳定、可靠的地震震源参数，包括矩震级、矩心位置和深度、震源机制解等。海啸预报人员将根据地震震源参数，判断该地震是否能激发海啸及海啸规模的大小。然后，根据海底测深数据、海底地形数据及可能遭受海啸袭击的海岸地区的地形地貌特征等相关资料，结合快速海啸数值模型，计算海啸到达时间及强度，为海啸预报人员提供定量判断依据，减少误判与误报的发生，提高海啸预警的时效性和准确性，为地震海啸灾害快速应急响应赢取宝贵时间。

4.6.2 基于GPU和OpenMP并行的海啸实时数值预报模型

海啸数值计算模型是实时海啸预警和海啸研究的有效手段之一，通常二维浅水动力学方程是模型的数学物理基础。海啸预警模型追求的两个目标是预警速度快和计算精度高，但往往两者不可兼得。2014年以来，国际主流预警机构逐步实现了由基于基本地震参数的定性海啸预警向基于数据库或快速实时数值模型的定量海啸预警的过渡。目前国际上通用的做法是采用线性或非线性浅水方程模拟海啸波在海水中的传播，并采用不同的并行计算技术使得模拟所需时间尽量缩短。

海啸数值计算模型的运行需要硬件支持，如工作站、小型工作站或者大型计算机，运行方式包括串行和并行两种。通常，并行方式的计算效率更高，基于CPU的并行技术包括OpenMP（open multi-processing）和MPI（message passing interface）。OpenMP利用单计算节点内含CPU的多核心和共享内存并行提速，可扩展性差，MPI采用多计算节点和分布式内存，可扩展性好。其中，计算节点指的是大型计算机上由1或2个CPU组成用于指定任务处理的硬件集成环境，一旦执行某项作业，其他作业便无法介入，作业执行阶段具有独占性。

利用OpenMP技术实现单计算节点多计算核心的并行加速的具体方案是在海啸数值计算模型循环代码中加入OpenMP引导语句，通过切割将计算范围分成若干子区域，每个子区域负责执行与其他子区域间无依赖关系的计算代码。每次循环完成之后，在共享内存内完成数据通信、分配和聚合。计算核心指的是CPU内部的物理核心数量。

上述两种并行方式的缺点：基于MPI并行技术的方式需要多个计算节点和高速交换机，硬件成本高，代码学习难度大；基于OpenMP并行技术的代码学习成本较低，但是计算性能受到单个计算节点内含CPU计算核心数量的限制。目前Intel公司较先进的Core i9处理器也只有18个物理核心。上述两种并行加速方案阻碍了越洋海啸数值计算在海啸预警系统中效能的进一步提升。

当前的海啸计算模型都是通过高性能计算机在中央处理器CPU上执行。英伟达公司（NVIDIA）在1999年发布GeForce 256显卡时，首先提出图形处理器（graphic processing unit，GPU）的概念，最初仅将其用于数字图形处理和动画渲染。随着GPU计算能力的不断提高，GPGPU（general purpose GPU）的概念被提了出来，其应用场景正在向通用计算领域不断渗透。与传统CPU相比，GPU拥有更强的计算性能和更高的访存带宽，是一个天然并行的、数据间无相互依赖关系的纯净计算环境。

2006年英伟达公司发布了第一款基于计算统一设备体系结构（compute unified device architecture，CUDA）架构的GeForce 8800 GTX显卡，配合2007年推出的CUDA C语言和可编程性越来越强的软件开发工具（software development kit，SDK），图形处理器

（GPU）逐渐成为当前高性能计算系统中最重要的加速部件，为开发人员有效利用GPU强大的计算性能提供了有利条件。越来越多的算法被成功移植到GPU芯片上执行。

目前，GPU加速技术已在世界各地的政府、实验室、大学、企业及中小企业得到广泛的应用。随着信息化社会的飞速发展，云计算、大数据分析、深度学习等新技术不断涌现，人们对计算机信息处理能力的要求越来越高。基于GPU的高性能计算能够应用在石油勘探、航天国防、天气预报等传统领域，互联网、金融、大数据及机器学习等新领域对高性能计算的需求也在飞速增长。

GPU在高性能计算领域表现出了巨大加速潜力，如何利用GPU对海啸数值计算模型的核心计算模块进行加速成为当前需要解决的问题。

因此，本研究工作的一个重要问题就是梳理海啸数值模拟程序架构，采用GPU和OpenMP混合并行编程技术大幅提升计算效能。近两年基于CUDA C语言的GPU并行编程技术在海啸预警中的应用在国外已有报道，但仍处于快速发展阶段，基于GPU和Open-MP混合并行框架的模型还未有报道，我国也尚未有相关研究工作。

1. 海啸数值模型并行框架设计

首先利用Intel Fortran自带的分析工具对海啸数值模型各计算和处理模块（程序）进行计算效率和耗时剖分，发现所用的非线性或线性海啸数值模型的主要计算时长集中在动量方程（45%）、连续方程（20%）循环求解上，以及变量输入输出（15%）、边界条件处理（7%）等方面。考虑到我们采用的海啸数值模型对于方程线性部分采用蛙跳格式、非线性对流项采用迎风格式，离散后可以进行显式求解。因此，可以对模型的动量方程、连续方程和边界条件处理等按照CUDA C并行编程语言进行重新编写，并且优化程序结构。

从图4.47中CPU和GPU的硬件体系架构可以发现，我们通常计算所用的CPU的内部结构可以分为控制单元、逻辑单元和存储单元三个部分，这三个部分相互协调，便可以进行分析、判断、运算并控制计算机各部分协调工作。其中，运算器主要完成各种算术运算（如加、减、乘、除）和逻辑运算（如逻辑加、逻辑乘和非运算）；而控制器不具有运算功能，它只是读取各种指令，并对指令进行分析，做出相应的控制。通常，在CPU中还有若干个寄存器，它们可直接参与运算并存放运算的中间结果。而GPU却从最初的设计就能够执行并行指令，从一个GPU核心收到一组数据，到完成所有处理并输出

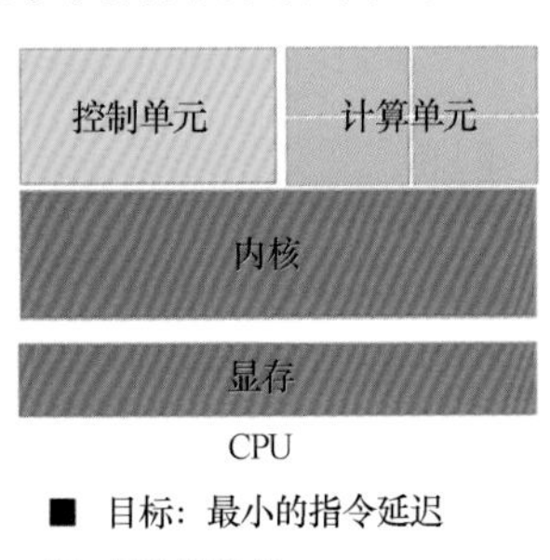

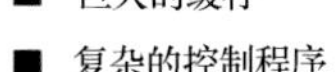

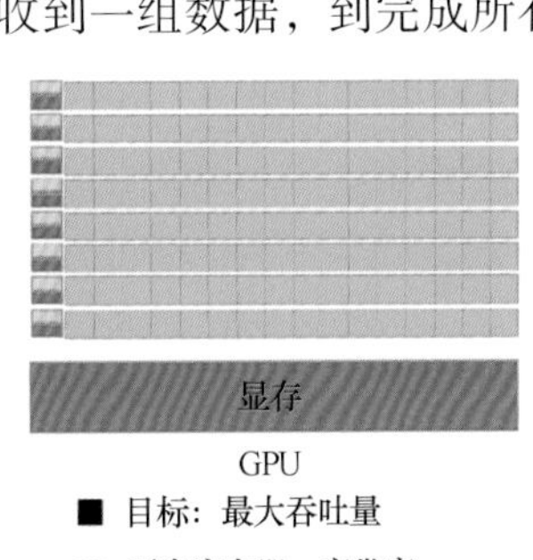

图4.47　CPU和GPU的硬件体系架构

图像可以做到完全独立。由于最初GPU就采用了大量的执行单元，这些执行单元可以轻松地加载并行处理，不像CPU那样的单线程处理。另外，现代的GPU也可以在每个指令周期执行更多的单一指令。海啸数值模型具备在GPU上运行所需的特征，包括在运行时拥有极高的运算密度、并发线程数量和频繁的存储器访问。如果能够将其顺利迁移到以GPU为主的运算环境中，将为我们带来更高效的计算效率。

海啸计算模型运行首先要声明变量和分配内存、读取模型配置参数和地震断层参数，然后，根据计算区域生成网格。该模型采用球坐标下的曲面正交网格，将高精度的洋底地形和水深格点数据插值到网格上。随后，根据断层参数计算海底地震引起的初始海平面形变（等价于海底形变）。通常采用基于弹性形变理论的Okada模型来估计海底形变量，也可以直接以文件的形式直接读取初始海表面形变信息。海啸波本质上是长周期小振幅重力波的传播，可以采用二维水动力模型对海啸波进行模拟刻画。在大洋深水区，海啸波长很长，传播过程的能量损失很小，一般采用线性浅水方程模拟海啸波的传播过程。

基于CPU进行海啸数值计算的方法是：在CPU端利用OpenMP技术将计算区域根据核心数量平均切割，每个核心在自己的范围内负责一个进程，顺序执行各自代码，在共享内存完成数据通信，并且必须保持同步执行。技术缺点主要是两个方面：①单计算节点内部的CPU计算核心数量有限，海啸传播计算模块的代码并行率不高，降低了计算效率；②对于需要大量浮点运算的海啸计算模型而言，大量数据的内存吞吐不可避免，内存访问速度是另一制约模型效率的核心指标。

利用CUDA C语言编程将最耗时的海啸传播计算模块整体移植到GPU端执行，充分利用并行程度更高、计算核心更多的GPU芯片对模型进行加速。与此同时，利用CUDA C语言编写内核函数，将核心计算模块需要的参数和初始海表面形变量通过PCI-E 3.0接口一次性传递至GPU显存，充分利用GPU芯片内部更高的显存带宽，优化计算核心和存储器之间的通信。在需要输出海啸计算结果的时间节点，通过指令将GPU端的数据通过PCI-E 3.0接口回传至CPU端进行输出。通过上述方式，海啸数值计算模型的整体执行效率有了显著的提升。

总体上来看，GPU对一个海啸数值计算模型的海啸传播计算模块进行加速，模型的输入、输出及流程控制仍由CPU来负责执行。充分利用两种芯片的特长，实现对海啸计算模型整体执行效率的提升。

更详细地讲，利用Fortran语言和CUDA C语言混编实现了基于中央处理器（CPU）和图形处理器（GPU）异构的高性能海啸传播并行计算。其中，Fortran编程的部分在CPU端（主机端）执行，包括主机端声明变量和分配内存、读取模型参数、生成计算网格和插值水深、计算初始海面形变量及计算结果输出；CUDA C编程部分在GPU端执行，包括设备端声明变量和分配内存、从主机向设备传递数组、循环求解离散化的二维浅水动力方程及从设备向主机回传计算结果。海啸数值模型编写流程图详见图4.48，具体实现步骤如下。

（1）搭建CPU+GPU通用高性能计算服务器和软件环境，软件环境包括C、C++、Fortran和CUDA Toolkit等。直接采购图形处理器（GPU）和与之匹配的高性能计算环境软件，还应至少预装NetCDF库。

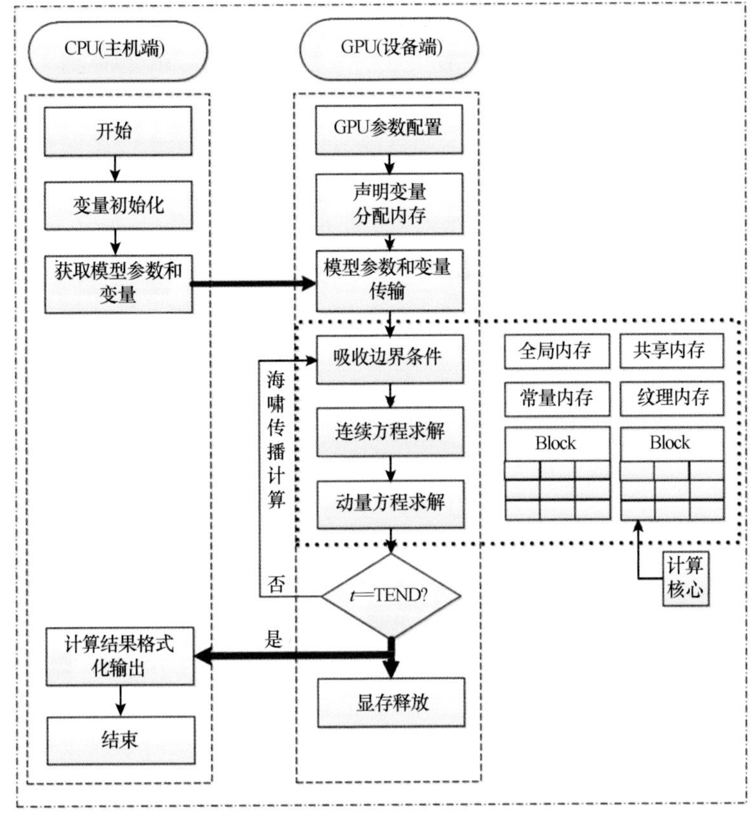

图4.48　基于GPU和OpenMP混合并行框架的海啸数值模型编写流程图

（2）根据地震发生位置和海啸影响区域确定模型计算区域，设定海啸计算空间范围、空间分辨率、时间分辨率及计算时长；根据空间范围和空间分辨率计算生成球坐标系下的正交曲线网格及相应的网格参数；读取原始地形水深文件，并插值得到地形水深网格数据。利用Fortran语言编程，在CPU端声明所有变量并赋初值。编写子程序读入一个固定格式的模型参数文件，根据计算区域和空间分辨率计算正交曲面网格每一点的经纬度并插值水深；编写子程序对柯朗（Courant）数是否满足稳定性条件进行判断，若不满足，对时间步长进行调整。

（3）获取海底断层破裂引起的海底形变信息，即初始海表面形变量。在假设海水不可压缩的条件下，可以根据Okada断层公式，结合地震震级、断层破裂长度、破裂宽度、走向角、倾角、滑动角及滑移量计算得到初始海表面形变，也可以以文件的形式直接读取。方案如下：利用Fortran语言编程，根据Okada断层模型，结合读入的地震和断层参数计算初始海表面形变，或者直接读入文件格式的初始海表面形变量和动量通量信息。

（4）将海啸传播计算模块需要的变量和参数通过PCI-E 3.0接口传递至GPU显存。方案如下：利用CUDA C语言的cudaMalloc命令，在GPU端声明变量、分配显存，然后再利用cudaMemcpy命令，实现从CPU向GPU传递所有参与海啸传播计算的变量和参数，包括海平面初始垂向位移、沿经度和纬度的动量通量。

（5）海啸波在大洋深水区的传播计算，即数值求解线性浅水方程，包括连续方程［详见方程（4.48）］、经向和纬向动量方程［详见方程（4.49）和方程（4.50）］及定解边界条件。方案如下：利用CUDA C语言编写在设备端执行的内核函数，包括离散化的连续方程、经向和纬向动量方程及海啸波吸收边界算法。采用交错式显性蛙跳方案求解方程，网格中心点是海啸波高和水深，上下及相邻四边为沿经向和纬向的动量通量。时间上，GPU执行逐时间步长迭代计算；空间上，GPU执行沿经度和纬度两个方向求解，当执行至网格边界时，采用吸收边界算法滤波。同一时间步长，GPU必须遍历所有网格点，然后才能进入下一个时间步长计算，循环往复直至设定的计算时长。方程的解包括海啸波高与经度和纬度两个方向的海啸动量通量。该方案最大优点在于，下一时刻整个模拟范围内所有计算格点值（如海啸波幅、海啸动量通量）取决于上一时刻该格点及其周边格点的数值。根据GPU并行加速的技术基础，当前时刻每个格点的数值之间不存在依赖关系。

（6）海啸波在浅水区域的传播计算，即数值求解非线性浅水方程，包括连续方程［详见方程（4.51）］、经向和纬向动量方程［详见方程（4.52）和方程（4.53）］及吸收边界算法，其中，动量方程中增加了底摩擦项和非线性对流项。方案如下：基本同（5），仅在内核函数中的非线性动量方程中增加了底摩擦项和非线性对流项。

（7）输出保存海啸计算结果，采用NetCDF数据格式对结果进行输出保存。方案如下：利用CUDA C语言的cudaMemcpy命令，实现当前时刻海啸计算结果从GPU向CPU的回传；利用Fortran语言编程，调用NetCDF库实现标准化格式数据的文件输出，调用命令包括定义并打开文件nf90_create、定义变量维度nf90_def_dim、定义变量nf90_def_var、定义变量属性nf90_put_att、结束文件定义nf90_enddef、输入变量nf90_put_var、关闭文件nf90_close。

（8）待全部计算过程结束，释放内存。方案如下：利用CUDA C语言的cudaFree命令，释放GPU内存。

步骤（2）～（4）和步骤（7）、步骤（8）不需要逐个时间步长进行迭代，计算量很小，在CPU端执行；步骤（5）和步骤（6）需要对大规模数组进行时间迭代，因此，利用CUDA C语言编程，通过内核函数实现其在GPU端的高性能并行计算，待计算结束，将结果回传至CPU端，完成结果的格式化输出和保存。

如图4.49所示，对于基于浅水方程的海啸数值模型所用的有限差分法，其本质是利用某格点周边格点上一时刻的数值按照一定的计算规则求解该格点下一时刻的数值，因

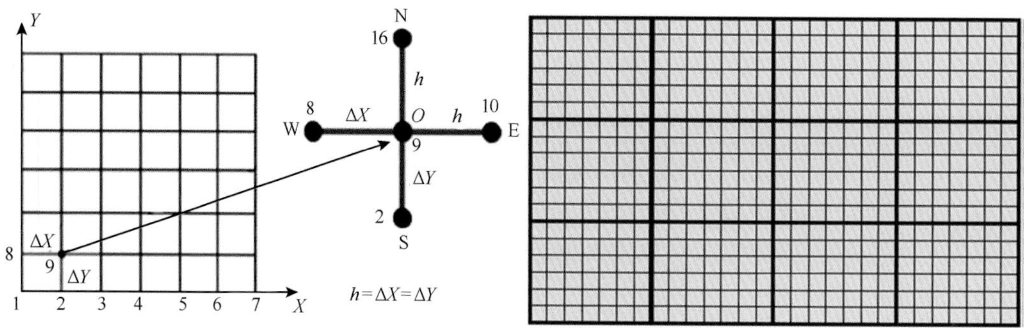

图4.49　典型一阶或二阶精度的有限差分法示意图

此每个格点的计算相对于其他格点来说是独立的，这就使得此类数值模型可以利用GPU里面的每个计算核心来分别计算每个格点。这恰恰利用了GPU的优势，即计算核心多。目前主流的Nvidia K40计算显卡的计算核心多达2880个，并且主频也超过了800MHz，而传统的双CPU计算节点最多也就16～28个计算核心，主频为2500～3200MHz。

2. GPU内存的使用

GPU编程最吸引人的地方就是可以对不同类型的显卡内存进行编程操作。不同内存的大小和访存速度不一样，因而可以通过程序控制实现更高的计算和内存使用效率。主要的显卡内存包括以下几项。

寄存器：寄存器是GPU片上高速缓存器，执行单元可以以极低的延迟访问寄存器。寄存器的基本单元是寄存器文件，每个寄存器文件大小为32bit。对于每个线程，局部存储器（local memory）也是私有的。如果寄存器被消耗完，数据将被存储在局部存储器中。如果每个线程使用了过多的寄存器，或者声明了大型结构体或数据，或者编译器无法确定数据的大小，线程的私有数据就有可能被分配到局部存储器中。一个线程的输入和中间变量将被保存在寄存器或局部存储器中，局部存储器中的数据被保存在显存中，而不是片上的寄存器或者缓存中，因此对局部存储器的访问速度很慢。

共享存储器：共享存储器（shared memory）是GPU片内缓存存储器。它是一块可以被同一块（Block）中的所有线程访问的可读存储器。使用关键字share添加到变量的声明中，这将使该变量驻留在共享内存中。CUDA C编译器对共享内存中的变量与普通变量将采取不同的处理方式。对于在GPU上启动的每个线程块，CUDA C编译器都将创建该变量的一个副本，线程块中的每一个线程都共享这块内存，但这个线程却无法看到也不能修改其他线程块的变量的副本，这使得一个线程块中的多个线程能够在计算上进行通信和协作，而且共享内存缓冲区驻留在物理GPU上，而不是驻留在GPU之外的系统内存中。

常量内存：__constant__将对变量的访问限制为只读。在接受了这种限制之后，我们希望得到某种回报，与全局内存中读数据相比，从常量内存中读取相同的数据可以节约内存的带宽，主要有两个原因：①对常量内存的单次读操作可以广播到其他的“邻近”线程，这将节约15次读取操作；②将常量内存的数据缓存起来，对相同地址的连续读取操作将不会产生额外的内存通信量。其中，“邻近”是指半个warp（图像仿射变换）中的线程。当处理常量内存时，NVIDIA硬件将把单次内存读取操作广播到每个半线程束。在半线程束中包含了16个线程，即线程束的一半。如果在半线程束中的每一个线程访问相同的常量内存地址，那么GPU只会发生一次读操作事件并随后将数据广播到每个线程。如果从常量内存中读取大量的数据，那么这种方式产生的内存流量只是全局内存时的1/16。然而，使用常量内存时也可能产生负面影响。如果半线程束的所有16个线程需要访问常量内存中不同的数据，那么这个16次读取操作会被串行化，从而需要16倍的时间来发出请求。但如果从全局内存中读取，那么这些请求会同时发出。在这种情况下，从常量内存读取就慢于从全局内存中读取。

全局存储器：全局存储器（global memory）位于显存（占据了大部分的显存），GPU、CPU都可以进行读取访问。整个网络中的任意线程都能读写全局存储器的任意位置。在目前的架构中，全局存储器没有缓存。

在模拟工作开始前，需要在GPU的全局内存中声明计算所需的所有变量，而对全局内存的访问速度是效率较低的。如果GPU的每个计算核心均频繁访问全局内存，就会导致计算速度下降。由于海啸计算网格的二维属性，大量计算所用的数据如水深、波高、流速等均是二维，因此可以将整个计算网格剖分为一定大小的小二维网格，这些小二维网格正好与GPU中的Block相对应，对于该Block中的流计算处理器所需要的计算数组，可以通过一次调用，就满足该Block内所有计算格点的需要，从而大大节省内存访问时间。因此，我们在研究过程中大量使用GPU的共享内存技术（图4.50），实现计算效率的进一步提升。

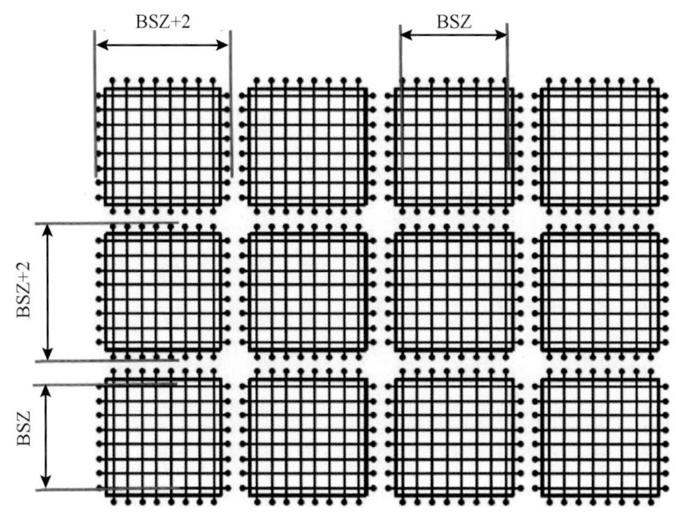

图4.50　海啸模型计算网格的剖分和GPU共享内存的使用示意图

BSZ为内存块共享区域

经英伟达K40 GPU计算显卡上进行测试，并行海啸数值模型的计算效率如图4.51所示。可见，对于北印度洋，仅依赖共享内存并行计算框架（OpenMP并行）的海啸数值模型较串行版本而言，计算效率约提升12倍，而对于GPU并行计算框架而言，并行效率至少约提升60倍。对于西北太平洋区域，由于计算格点大幅增加，计算量提升，GPU的计算密集优势更能体现，带来更高的并行计算效率，计算效率至少约提升100倍。

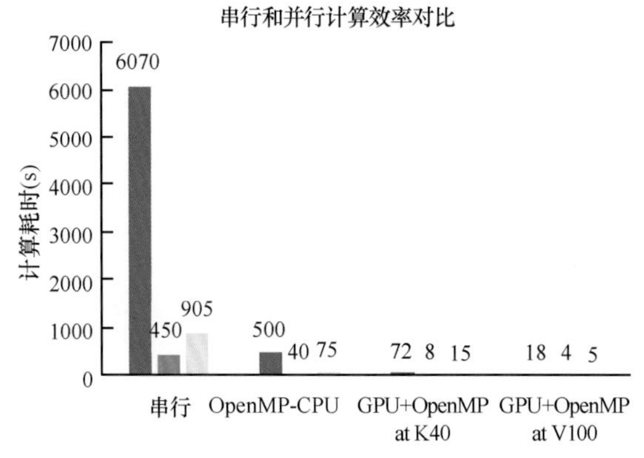

图4.51　海啸数值模型计算效率分析（计算网格4′，15h传播时间模拟）

采用英伟达V100 GPU计算显卡进行了海啸数值模型计算，所需的海啸数值模拟时长进一步缩短，约为在K40显卡上计算耗时的1/4。完成整个太平洋区域32h的数值计算耗时仅为18s，是原串行版本计算效率的300余倍，超过OpenMP共享内存版本的20倍，这意味着一块V100显卡的计算效率相当于原来20～30个刀片式计算服务器的效率（考虑数据传输），而功耗大约只有原来的1/20。

4.6.3　基于W-phase震相的近实时海啸快速模拟应用实例

2014年4月2日，智利中部沿岸近海发生8.2级强震并引发破坏性海啸，系统依据Kanamori和Rivera（2008）的W震相处理步骤对智利8.2级地震求解震源机制解。首先，对数据进行预处理，主要包括剔除信噪比低和波形记录不完整的数据；去除仪器响应、去除均值和倾斜分量，进行带通滤波，对于M_w≥8.0的地震，采取1～5MHz频带范围；选取初至P波后15△s（△为震中距，单位为度）时间窗提取W震相。其次，采用初始震中位置（preliminary determination of epicenter，PDE）和经验震源时间函数值作为η_c的初始值，通过一维网格搜索理论和观测波形偏差（misfit）均方根残差最小值，确定矩心偏移时间最佳估计值T_c。然后，应用上述的T_c最佳估计值，在三维空间范围内迭代搜索矩心位置，使得在该网格点位置上误差函数$\chi(m)$最小，得到矩心位置最佳估计值。最后，应用矩心时空坐标η_c最佳估计值反演得到最优的矩张量和断层面解，见图4.52和表4.5。

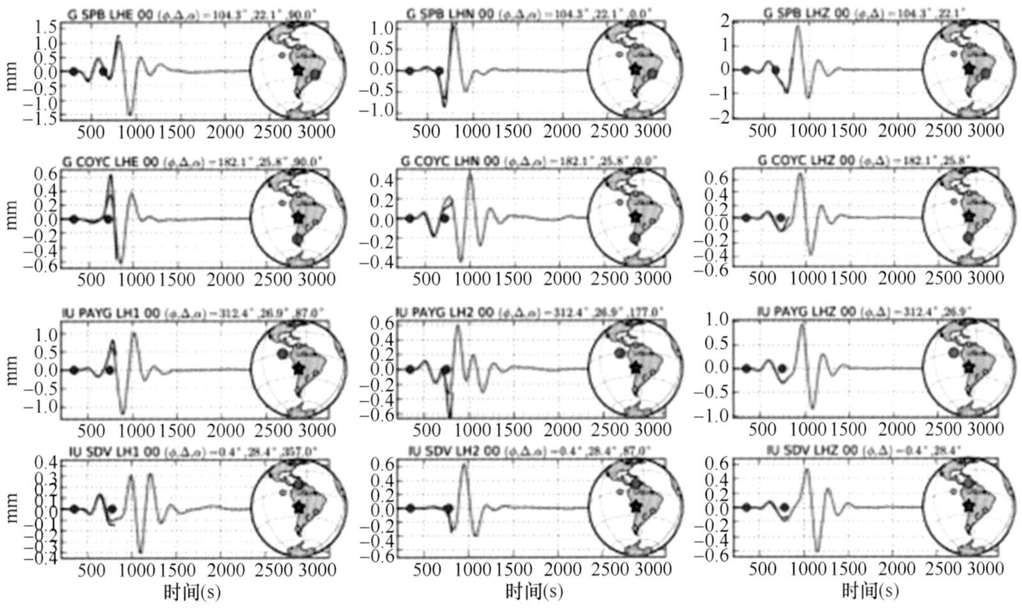

图4.52　2014年4月2日智利8.2级地震震后14min波形拟合结果

表4.5 2014年4月2日智利8.2级地震近实时反演震源机制解

序号	震后时间（min）	节面Ⅰ			节面Ⅱ			M_w	矩心深度（km）	台站/通道数
		走向（°）	倾角（°）	滑动角（°）	走向（°）	倾角（°）	滑动角（°）			
1	12	182.2	36.1	−149.5	66.7	72.6	−57.9	6.8	11.5	1/2
2	14	359.4	17.2	108.8	159.8	73.89	84.3	8.1	17.5	4/12
3	16	346.7	18.5	83.5	173.5	71.6	92.2	8.1	25.5	10/25
4	20	344.1	15.2	84.7	169.6	74.8	91.5	8.1	25.5	20/40
5	30	345.6	12.6	86.2	169.5	77.4	90.9	8.2	22.5	42/83
6	40	348.5	12.2	90.1	168.4	77.8	90.0	8.2	25.5	53/113

地震发生后14min，系统得到了比较稳定的震源机制解，预报人员根据快速震源机制解和该地区历史地震构造特征，初步判断该次地震为一低角度俯冲逆断层，且为浅源地震，易引发海啸。海啸预报人员根据快速震源机制解提供的断层参数，快速进行海啸数值预报，计算智利海啸到达时间及强度，如图4.53所示。从中可看出，智利8.2级强震引发了海啸，初步判断海啸到达智利沿岸的波高大约为3.0m。根据潮位站水位观测结果，智利沿岸潮位站的最大波高为2.1m，最大波高预报结果与观测结果略有差距，考虑主要是由海啸数值预报模型采用4′网格分辨率条件下地形数据配合线性方程计算所致，

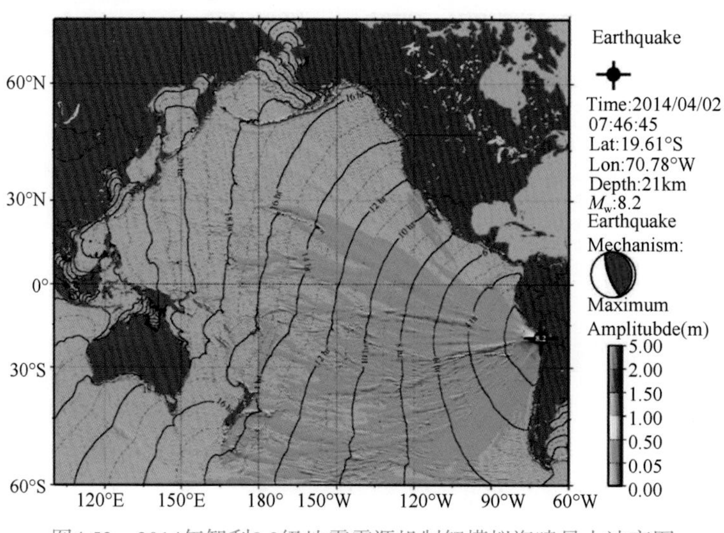

图4.53 2014年智利8.2级地震震源机制解模拟海啸最大波高图

同时随着时间的推移，有更多的地震台站数据用于反演，震源机制结果可以更好地刻画地震破裂的特征。

图4.54是基于W震相震源机制解和业务化海啸数值模型计算的海啸在近场深远海及近岸的传播特征。通过与观测资料的对比可以发现，海啸模型基本能捕捉海啸在近岸的传播特征，特别是对首波到达时间及首波波幅的模拟效果较好，但是对最大波及后续波序列的计算存在一定的误差，该误差的来源是综合性因素所致，除与海啸源的精度有关以外，与海啸数值模型的物理框架、所采用的地形精度和分辨率均具有密切关系。

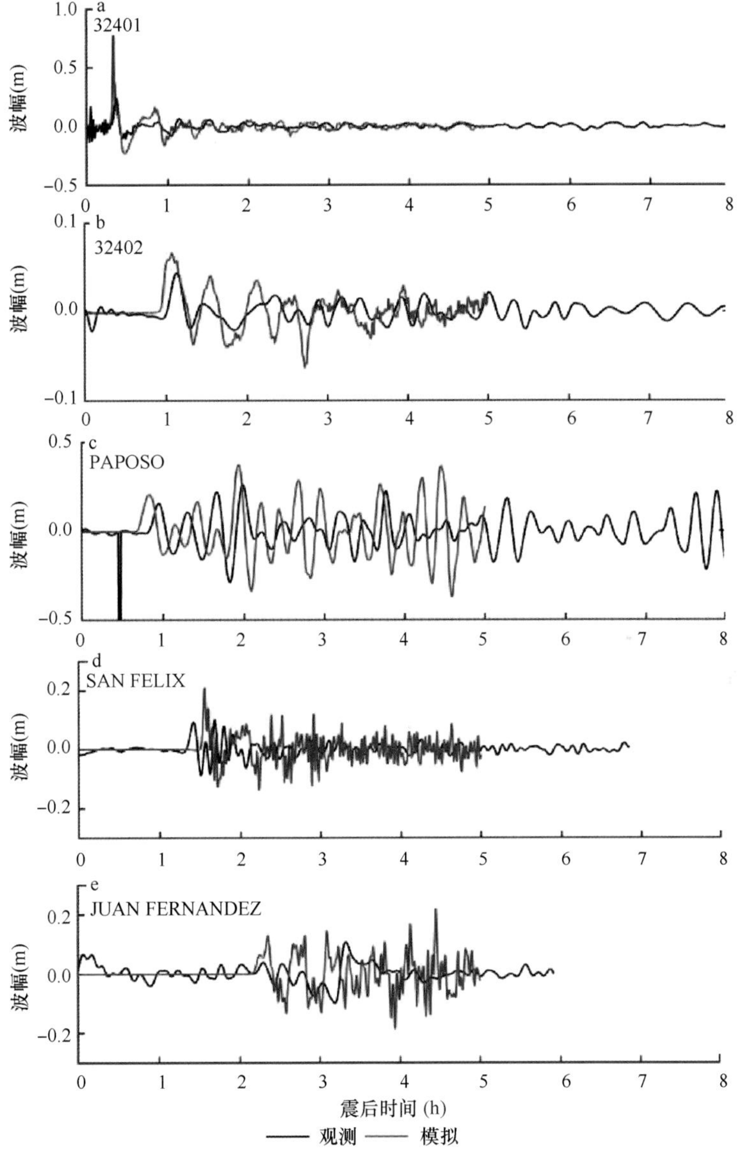

图4.54　2014年智利8.2级地震近场海啸波形模拟对比

深海浮标站：32401，32402。近岸潮位站：PAPOSO，SAN FELIX，JUAN FERNANDEZ

4.7 滑坡海啸数值模拟方法

海底滑坡是仅次于海底地震而引发海啸的又一主要因素。从20世纪90年代所得到的太平洋海域海啸强度和地震震级的记录中发现，在所有的海啸事件中，有30%左右的海啸与海底滑坡有关。自1900年以来，全球范围内曾发生多次海底滑坡引发的海啸（图4.55），其中比较典型的滑坡海啸有1929年加拿大的纽芬兰海啸、1946年美国的阿拉斯加州阿留申群岛海啸、1964年美国的阿拉斯加群岛海啸、1975年加拿大的不列颠哥伦比亚省海啸、1992年印度尼西亚的弗洛勒斯海啸、1998年巴布亚新几内亚的海啸及1999年土耳其的伊兹米特海啸等。1991年11月，我国中石化兴中岙山20万吨级原油码头项目的前期沉桩过程中，也曾出现突发性的海底滑坡事件，导致多根桩基倾倒，还在局部引起了大浪，这是滑坡所引发的局部海啸。

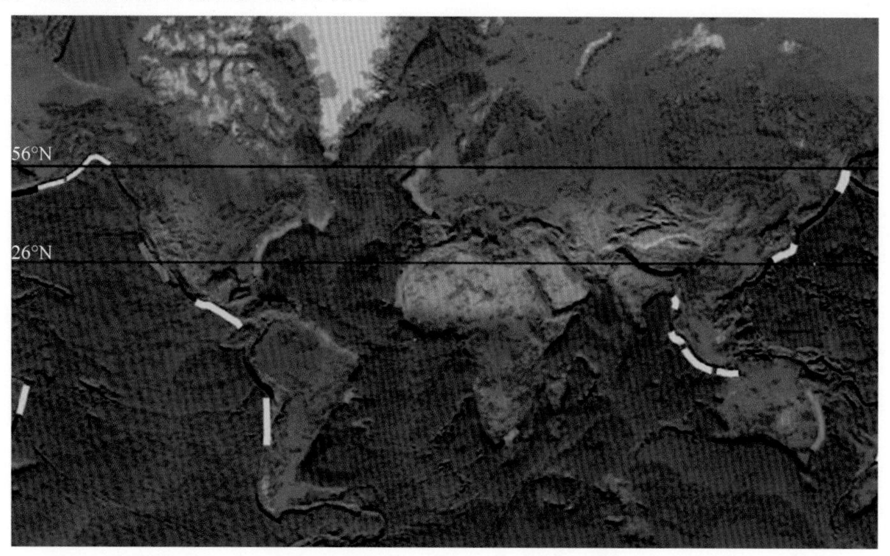

图4.55 全球大洋主要海底滑坡分布

绿线为被动大陆边缘；黄线为汇聚板块边缘；橙线为走滑板块边缘；红线为滑坡海啸记录；黑线为冰川与非冰川滑坡分界线

由于海底滑坡通常发生在离岸比较近的地方，其引发的海啸在极短的时间内就可以到达岸边，因此事先预测其潜在的危险性就显得至关重要。目前，对于我国海域内的滑坡海啸及其潜在危险性的研究并不多，但在我国近海尤其是南海区域确实存在较大的滑坡海啸风险。一方面，南海海底地形有非常陡峭的起伏，深处可达几千米，浅处只有几十米，这样的地形存在发生大型海底滑坡的可能性，是可能影响我国海啸的发源地。另一方面，南海蕴藏着大量的油气资源，自1979年开始对南海北部进行大规模油气勘探后，20世纪80年代在珠江口盆地珠Ⅰ凹陷、琼东南盆地浅水区和北部湾盆地涠西南凹陷等先后发现了许多中大型油气田；90年代在莺歌海盆地发现了一大批中型油气田；21世纪以来在珠江口盆地深水区新发现了一批大中型油气田。因此，研究南海海域滑坡海啸的风险性，对可能发生的滑坡海啸事件进行模拟和分析，无论是对于南海近岸人民的生命和财产安全，还是对于南海油气资源的勘探与开采，都有极为重要的现实意义。

4.7.1　海底滑坡研究进展

早在19世纪后期，人们就已经注意到了海底滑坡的存在。1897年Milne列举了1616～1886年总计300余次的海底滑坡事件，这些滑坡事件主要由地震和火山爆发等引起。随着海洋工程建设的不断增加和破坏事件的频繁发生，加强海底斜坡稳定性研究的重要性越来越显著。1969年美国发生的卡米尔飓风所诱发的水下滑坡，造成3座海上钢平台破坏，经济损失达1亿多美元。为全面分析事故原因，美国地质调查局会同几所大学在密西西比河水下三角洲进行滑坡灾害的研究，开始了对海底滑坡的系统性研究。此后，海底滑坡研究成为国际海洋地质灾害研究领域的重要课题，世界各国的科学家借助海洋调查设备对海底地质情况进行了大量的调查研究。

海底滑坡是一个通用术语，包括所有形式的滑塌、碎屑流、滑动等。河流风化和沉积物搬运产生了大量的粗粒沉积物，这些沉积物通常沿着海底峡谷和陆坡，以浊流的形式直接运移到深海盆地。海底峡谷两侧常有小规模的海底滑坡发生，使得邻近的陆坡缺少沉积物供给而很少发生海底滑坡。在海底三角洲和大型河流的冲积扇也常广泛发育海底滑坡，这可能与大陆坡上细粒沉积物的快速沉降有关，如密西西比河冲积扇。峡湾和洋岛侧面的滑坡会带来巨大的灾害，峡湾环境中，滑坡的发生主要与流黏土有关，洋岛侧面的海底滑坡可能会引发越洋海啸，其规模可能与2004年印度洋海啸相当甚至更大。

海底滑坡的触发因素包括构造运动（如火山岩侵位）、水动力条件（如海底冲沟与水道中的水流作用、暴风浪作用下海底滑坡的复活）、全球气候变化及人为因素等。触发因素大致可以分为两类：第一类因素通过降低土体抗剪强度等，继而降低斜坡抗滑力，导致滑坡；第二类因素通过增大斜坡下滑力，进而导致滑坡。这两类因素并非完全孤立，即同一因素可同时影响抗滑力与下滑力。Milne列举1616～1886年的300余次海底滑坡事件时，认为海底地震可能触发海底滑坡，这是对触发因素的最早研究。

Hance（2003）对534例海底滑坡进行了统计分析，总结了14种触发因素，分别是地震与断层作用、沉积作用、气体水合物分解、波浪、潮汐、人类活动、侵蚀、岩浆火山、泥火山、盐底辟、洪水、蠕变、海啸、海平面波动。统计结果显示，225例滑坡归因于地震与断层作用，约占42%，这表明地震与断层作用是最主要的触发因素；沉积作用（25%）、气体水合物分解（11%）、侵蚀（9%）、底辟、泥火山、波浪等所占比例依次降低。这些触发因素并非互相割裂，如高沉积速率可导致孔隙压力上升、气候变化影响沉积速率等。

4.7.2　南海海底滑坡研究进展

南海作为西北太平洋边缘海中面积最大的海盆，具有极其独特的大地构造，受欧亚、印度洋和太平洋三大板块相互作用的控制，形成了复杂的构造，具有多期多轴扩张的洋壳、宽阔的陆架和海底高原及丰富的油气资源。南海北部大陆架在其形成过程中，由于受到新构造差异升降运动、沉积物来源多寡及复杂的海底水动力条件等因素的影响，海底滑坡、流动沙坡、大型侵蚀沟群、海底陡坎等各种不稳定地貌类型相当发育，是海底工程地质极不稳定的区域。

海底滑坡在南海北部大陆架区发育广泛，对海上油气资源的勘探开发和输油管线及钻井平台的设计、施工影响巨大，国内许多学者对该区域的海底滑坡做过不同程度的研究。马云等（2012）基于高分辨率二维地震资料，研究了琼东南盆地海底滑坡的变形特征、滑坡过程和滑动期次，初步估算了其分布范围，认为天然气水合物分解是引发海底滑坡的重要因素之一。冯文科等（1994）在南海北部陆架外缘及上陆坡海底进行了大范围的海底工程地质调查，发现存在一系列的海底滑坡带，他们对这些滑坡进行了分类，并通过土工力学测试研究了滑坡带土体的不稳定性。陈珊珊等（2012）对南海北部神狐海域的海底滑坡地震响应特征进行了研究，探讨了其形成机制，发现沉积物的快速堆积和地震、火山、断层活动等构造事件及天然气水合物的分解是诱发海底滑坡的主要因素。孙运宝等（2008）基于二维、三维地震资料与多波束水深测量数据，研究了南海北部陆坡区白云凹陷内大型海底滑坡的地形地貌及变形特征，认为该大型海底滑坡与海平面变化或水合物分解有关。王磊等（2013）引入“地貌测量学”概念，对白云海底滑坡进行了地貌形态学研究，利用ArcGis系统中的空间分析模块，提取白云海底滑坡的地貌属性，基于地貌特征进行了定量描述，实现了地貌的自动分类。

4.7.3 滑坡海啸研究进展

早在100多年前，Milne就已经发现大面积的海底滑坡能引发大海啸，但是由于早期的研究缺乏先进的海洋调查设备，因此关于滑坡海啸的研究通常只局限于理论上的定性分析。20世纪60年代后，随着海洋水声技术的不断发展、计算科学的进步及实验室模拟水平的提高，对滑坡海啸的研究逐步进入到了野外实地调查、海啸数学模型反演和实验室模拟实验相结合的综合性研究阶段。近几十年来，许多研究工作证实了大型海底滑坡可以导致海啸事件的发生，同时在海底地震的过程中如果同时发生了滑坡则可能会加剧海啸造成的灾害。随着城市和工业在海岸带区域的不断发展，人们的生命和财产安全受到滑坡海啸更大的威胁。美国地质调查局投入了大量的时间和精力来确认其海域内可能发生海底滑坡的区域并推断其可能造成的灾害性影响，然而大部分区域仍然缺乏高精度的地形数据，导致海岸带区域受到滑坡海啸的威胁程度仍然得不到有效确认。

20世纪90年代以来，一系列的滑坡海啸事件使得人们将更多关注投入到了滑坡海啸安全问题上。1992年印度尼西亚的弗洛勒斯岛海域发生了地震，在距离地震中心位置很远的一个小村庄出现了高达26m的大海啸，海啸完全摧毁了该村庄的建筑并造成122人死亡。根据事后的研究，该次海啸很有可能是由地震引起的海底滑坡导致的。有些学者认为，该次海啸产生的机制与1964年美国阿拉斯加群岛海啸相似。1994年菲律宾民都洛岛发生地震并引发海啸，事后有学者提出该次海啸的产生很可能也与地震过程中发生的海底滑坡有关。虽然当时有学者提出了一些海啸可能是由海底滑坡引发的观点，但都没有引起足够的重视，直到1998年的巴布亚新几内亚海啸事件，在经过7.0级地震的短暂袭击之后，10m高的海啸波在巴布亚新几内亚沿岸登陆，横扫了三个村庄，并造成超过2200

人死亡。事后的实地野外观测发现，该次海啸波高远高于正常水平，海啸波到达时间也有所延迟，这些观测事实都指向了该次海啸事件很可能是地震及其引发的海底滑坡共同作用的结果。在这之后，巴布亚新几内亚海啸的引发机制引起了广泛的研究和讨论，经过众多学者的理论研究和对海啸区域的海底影像图的分析，确认该次海啸事件确实受到了海底滑坡的影响。与此同时，关于历史上海啸波形存在异常的海啸事件是否也是受到了海底滑坡影响的讨论也逐渐多了起来，滑坡海啸逐渐引起了人们的重视。

近年来，随着各国科研工作者对滑坡海啸重视程度的不断提高，滑坡海啸的研究也涌现出了很多新的成果。Watts等（2003）基于滑坡海啸的理论，对滑坡海啸的类型进行了分类，并针对不同类型的滑坡海啸建立了模拟海啸初始场的数值模型，同时基于Boussinesq方程建立了滑坡海啸的海啸波传播模型，并开发出了一个用于模拟滑坡海啸生成和传播的GeoWave模式，Watts等（2003）利用该模式成功模拟了1946年美国的阿拉斯加州阿留申群岛海啸、1994年阿拉斯加海啸及1998年巴布亚新几内亚海啸，证明该模式具有良好的模拟滑坡海啸的能力。Enet和Grilli（2007）对滑坡海啸在室内实验室进行了模拟，对滑坡体设置不同的初始深度进行滑坡实验，采集表面波高、爬高、滑坡加速度等数据并进行分析，发现海啸波具有很强的频散性和定向性，海啸爬高与滑坡体的初始深度相对应。胡涛骏和叶银灿（2006）对三个典型的滑坡海啸强度预测模型进行了介绍，并将其与海底边坡稳定性分析相结合，提出了滑坡海啸的预测方法，采用滑坡海啸预测方法计算了岙山原油码头潜在滑坡区滑坡海啸的强度，结果表明，若该地区发生滑坡，局部海岸将会产生2～3m的海啸波。魏柏林等（2008）对2004年印度尼西亚9.1级地震引发海啸和2005年印度尼西亚8.7级地震未引发海啸的两次事件进行了对比分析，发现二者在构造环境、震级、震源深度、地震类型上都较为相似，前者引发海啸而后者未引发海啸是因为2004年印度尼西亚地震时，震源体附近的两板块相交的海沟两侧陡坡孕育着滑坡体或崩塌体，9.1级地震发生时，强烈的地震波促使滑坡体滑动或崩塌体崩塌，推压和扰动海水，从而引发了海啸。关于海啸波在近岸的传播过程，人们发现海啸波在特定的海湾地形条件下可能会发生共振，使海啸波的波高增大，持续时间延长，因此考虑海啸波在近岸的破坏性还需要考虑共振的作用。因此，在地震引发的海啸过程中，海底滑坡也可能扮演增大海啸灾害的角色，滑坡海啸问题需要引起人们更多的重视。

4.7.4　滑坡海啸数值模拟方法

一般将滑坡产生的波浪称为滑坡海啸，滑坡海啸因其激发机制不同又可分为海底滑坡产生的海啸和海岸滑坡产生的海啸。严格来说，由于其激发机制不同，因此对其过程的模拟所采用的数学方法也有差异。图4.56给出了两种诱发机制的滑坡体触发状态、滑坡体运动过程中的水波运动、滑坡体与水和空气的相互作用，以及激发产生水波与水波的传播、爬坡、漫堤过程。

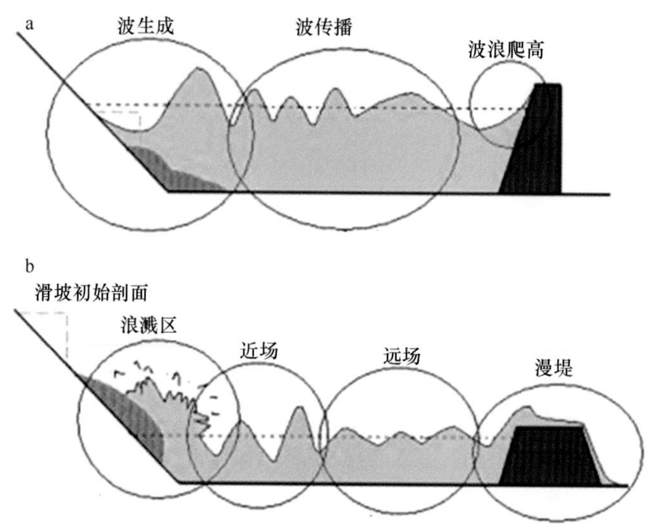

图4.56 海底滑坡与海岸滑坡产生的水波演变过程示意图

a. 海底滑坡；b. 海岸滑坡

当海底滑坡发生或海岸滑坡体浸入水中时，滑坡体和水体开始相互作用，同时引发海啸。与地震海啸所不同的是地震断层破裂形变过程通常持续时间较短，可以假定海底形变与海表面的抬升一致，将问题简化为波浪传播的初值问题。尽管如此，滑坡过程通常持续时间较长，以至于有足够的时间引发滑坡体与水体的相互作用，从而影响海啸波特征。

目前，用于滑坡引发海啸的数值模拟方法主要包括以下三类：①改进地震海啸模型的初值或边值问题，直接将其用于滑坡产生的海啸波传播与淹没过程的数值研究；②通过两相相互作用耦合模型模拟滑坡海啸的产生、传播、淹没过程，在该模型中主要考虑刚性滑坡体和形变滑坡体两类；③多模型耦合方法，该方法可以更加准确地模拟滑坡海啸的激发及传播过程。

计算代价及其对海啸波产生后非线性、频散性行为的处理能力是滑坡海啸数值模型在选择数学方程时主要考虑的因素。目前，滑坡海啸数值模型主要分为以下三类（图4.57）：①深度平均方程（DAEs）；②宽度平均方程（WAEs）；③完全三维方程（3DEs）。上述三类方程的计算量也将随着弱频散项、完全频散项的处理使计算量成10余倍增加。

4.7.5 滑坡海啸研究实例——2018年9月28日帕卢湾海啸

1. 帕卢湾海啸概述

2018年9月28日18时2分（北京时间），印度尼西亚苏拉威西附近海域（0.255°S，119.840°E）发生7.5级地震，震源深度为20km，地震类型为走滑型。该次地震随即在帕卢湾内引发局地海啸。据印度尼西亚官方事后调查采访了解，海啸发生时传播时速达到400km，冲击力巨大，在帕卢市附近海域掀起的海浪高达6m，帕卢市的巴拉洛和佩托波

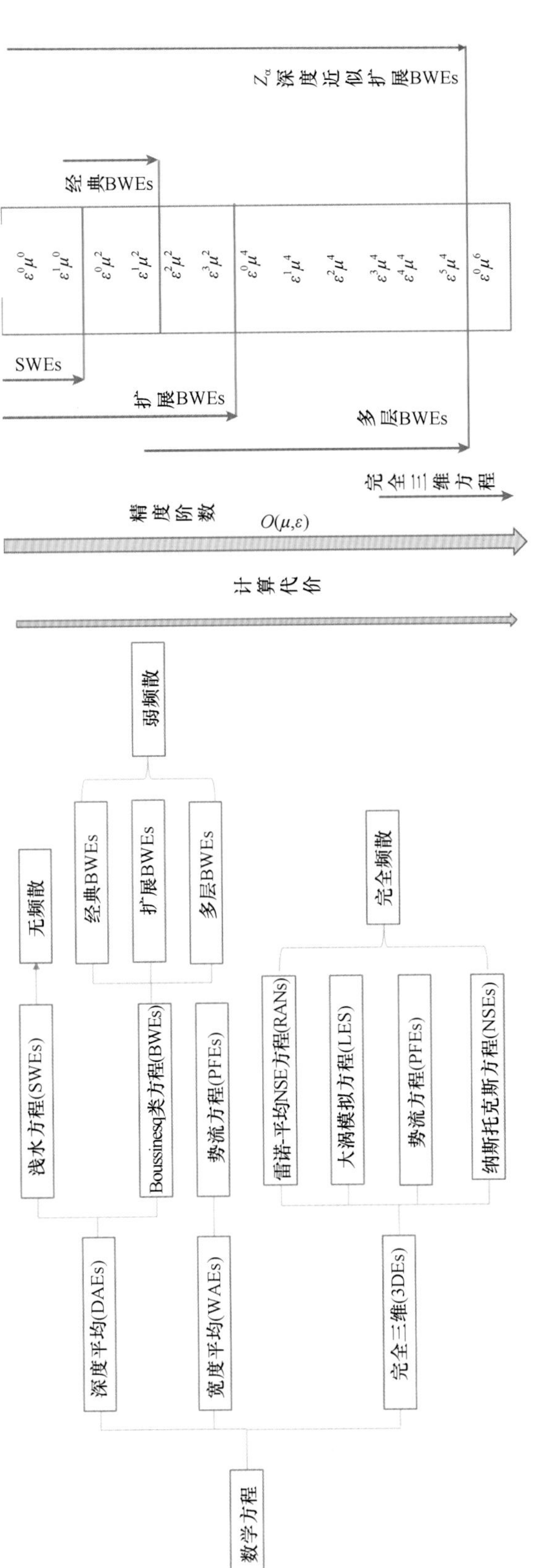

图4.57　滑坡海啸数值模型控制方程分类汇总及其对应的方程精度

两个村庄发生“土壤液化”现象。印度尼西亚官方统计数据显示，该次地震及海啸灾害造成2256人死亡、4612人受伤、近7万座房屋损毁、约20万人撤离家园，造成的经济损失达到9.1亿美元，该次灾害为过去5年来印度尼西亚发生的最严重自然灾害。

根据印度尼西亚国家气象气候与地球物理局（BMKG）在灾后提供的数据，帕卢湾内的Pantoloan站在地震发生后6min（18h 8min）观测到了海啸波，最大波幅将近2m，海啸波在湾内持续震荡将近60min。根据灾后对受灾区域的实地考察，帕卢湾内的海啸爬高达5m以上，在湾顶区域海啸爬高可以达到6～8m。海啸灾害过后，日本东北大学灾害科学国际研究所（IRIDeS）组织科研团队前往印度尼西亚对震源区域和帕卢湾区域进行了实地考察。据调查报告（“2nd Field Survey Report for Palu Tsunami 2018”）描述，帕卢湾内多处区域有滑坡痕迹，因此猜测在地震发生后帕卢湾内可能发生了海底滑坡，进一步加剧了海啸灾害。

值得注意的是，相比于历史上同等震级的地震海啸，该次海啸在帕卢湾引起了异常大的海啸波幅。对于这一现象，部分学者从震源机制的角度对海啸事件进行了分析，部分学者认为帕卢湾狭长的海湾地形起到了“放大”海啸波幅的作用，也有部分学者认为地震使帕卢湾内发生了海底滑坡，从而引发了滑坡海啸，加剧了该次海啸灾害。为了探究该次海啸的原因，本小节将从地震和滑坡两方面对该次海啸进行分析，探究该次海啸与海底滑坡的关系，为之后的滑坡海啸研究工作和预警工作提供参考。

2. 海啸波形特征

海啸发生时，位于帕卢湾内的Pantoloan站（0.7116°S，119.8572°E）记录下了海啸波幅，为我们研究该次海啸提供了宝贵的数据。根据印度尼西亚国家气象气候与地球物理局（BMKG）和日本东北大学灾害科学国际研究所（IRIDeS）提供的数据，绘制的Pantoloan站海啸波幅如图4.58所示。从图4.58可以看到，地震发生约6min后海啸波到达Pantoloan站，波幅将近2m。海啸波在该站点的大幅度波动长达1h。可以发现，该站点海啸波具有波幅偏大（与同等级地震海啸相比）、主要周期偏小的特点。

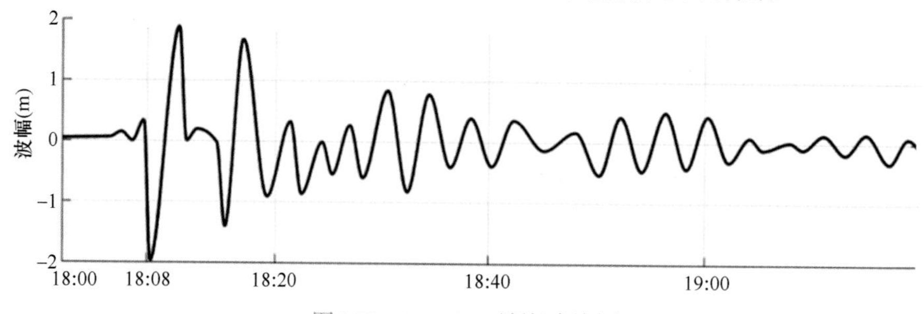

图4.58 Pantoloan站海啸波幅

3. 帕卢湾海啸数值模拟

为了探究该次海啸事件的产生机制，本小节采用Okada给出的弹性介质海底位移场同震位移计算模型、有限断层模型和GeoWave模式中的海底滑坡海啸源模块作为海啸源模型，分别计算海啸初始水位场，并采用GeoWave模式中基于Boussinesq方程的海啸传播模块作为海啸传播模型模拟海啸波的传播情况。

在本小节的数值模拟工作中，采用Okada弹性介质海底位移场同震位移计算模型，海啸的模拟范围为1°S～0.5°N、119°～120°E（图4.59），模拟采用的地形水深数据为美国国家航空航天局（NASA）提供的SRTM15_PLUS全球地形起伏数据，其数据范围为81°S～81°N的陆地和海洋，空间分辨率为15″，相当于460m左右。模拟时间步长为0.83s，模拟时间为1h。

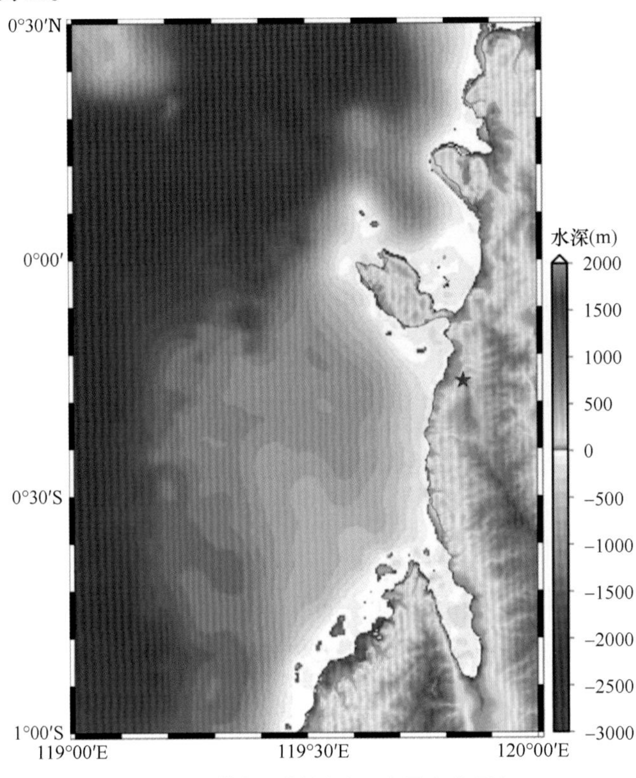

图4.59　模拟区域图（★为震中位置）

采用有限断层模型和海底滑坡模型模拟海啸波的范围为0.45°～0.94°S、119.625°～119.975°E（图4.60），模拟采用印度尼西亚官方提供的帕卢湾局部区域的地形水深数据，其分辨率为90m左右。模拟时间步长为0.30s，模拟时间为40min。

均一滑移量模型的震源参数在表4.6中给出。根据震源参数得到的初始水位场如图4.61a所示。从图4.61可以看出，根据均一滑移量模型得到的初始水位场主要分布在震源区域附近，初始水位场受陆地影响，最大增水为0.15m，最大减水为0.30m，在帕卢湾内的海啸初始水位几乎为0。根据初始场模拟海啸传播，得到的最大波高和Pantoloan站海啸波高如图4.62a、图4.63a所示。可以看到，帕卢湾内的最大海啸波高非常小，Pantoloan站海啸波模拟值的最大波高不到1cm，这与观测情况存在极为显著的差别。从模拟结果来看，均一滑移量模型不能有效解释该次海啸事件发生的原因，需要考虑其他模型或其他因素的作用。

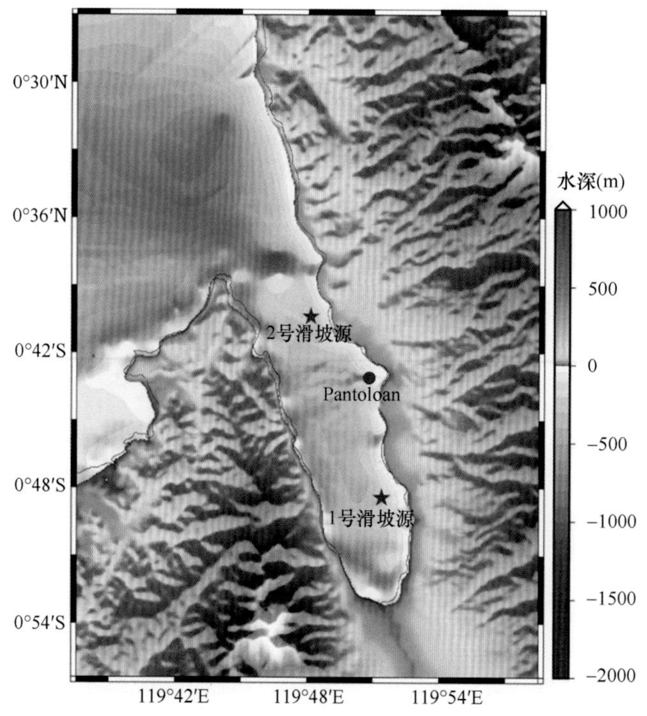

图4.60 模拟区域及水深分布图

表4.6 海啸初始场模型参数

参数	符号	参数值
断层破裂长度（km）	L	84.46
断层破裂宽度（km）	W	31.38
倾角（°）	δ	67
滑动角（°）	λ	−17
走向角（°）	φ	350
滑移量（m）	D	2.5
深度（km）	d	20
震中位置	（x_0，y_0）	0.255°S，119.840°E

在使用有限断层模型模拟海啸波时，本小节选取了美国地质调查局（USGS）在地震后提供的有限断层解海啸初始场，如图4.61b所示。可以看到，相比于均一滑移量模型，有限断层模型计算得到的初始场在帕卢湾内引起了更大的初始水位。在帕卢湾内，最大增水可达0.65m，最大减水为0.75m，增水区域要明显大于减水区域。根据初始场对海啸波传播进行模拟，结果如图4.62b、图4.63b所示。可以看到，Pantoloan站附近区域的最大波高在0.5m以上，该站点的最大模拟波高为1m左右。相对于均一滑移量模型，有限断层模型的模拟结果有了很大的改善，但是与实际的观测值之间仍然存在一定的差异。

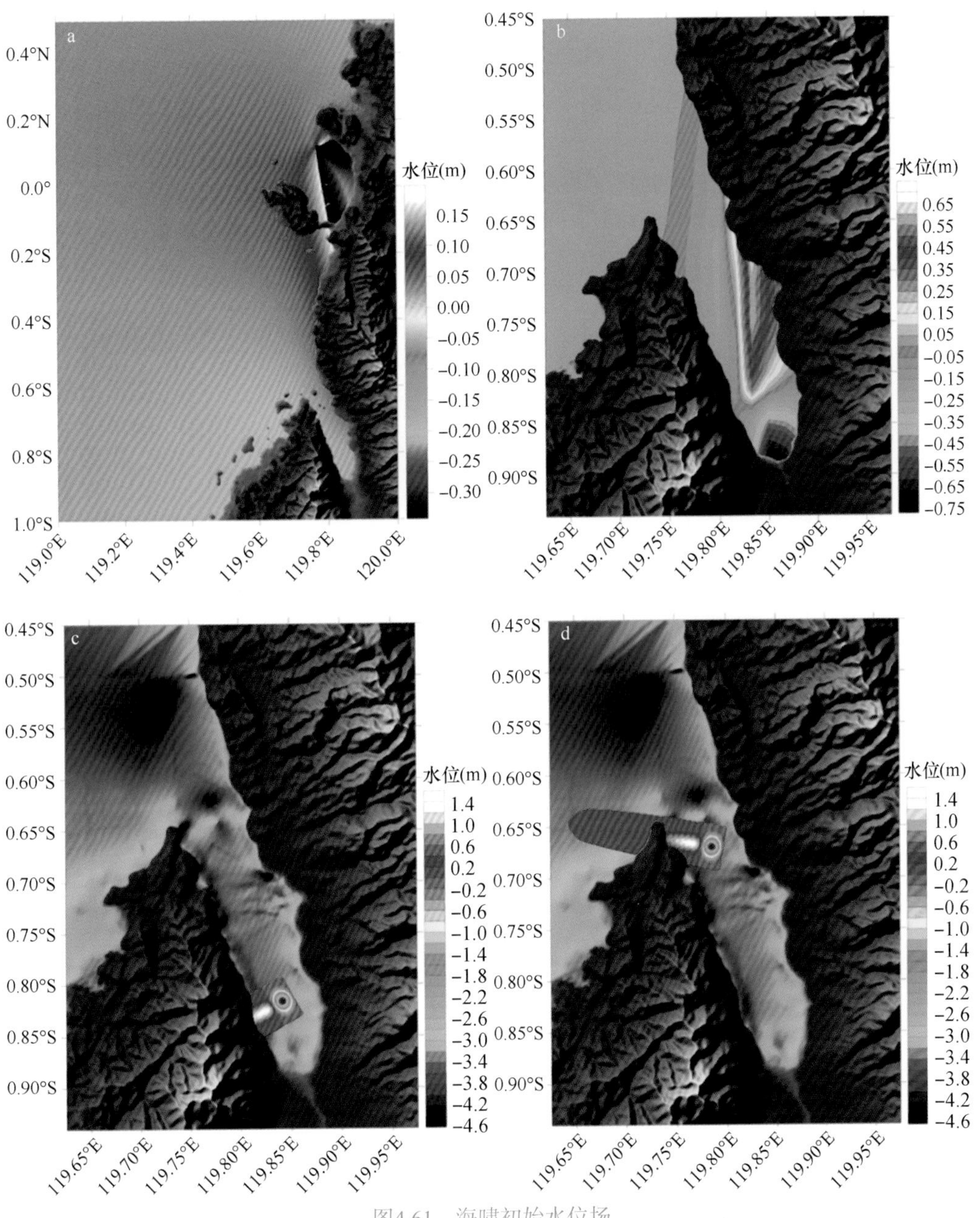

图4.61　海啸初始水位场

a. 均一滑移量模型；b. 有限断层模型；c. 滑坡模型1号滑坡源；d. 滑坡模型2号滑坡源

通过均一滑移量模型和有限断层模型的模拟与对比情况，有限断层模型的模拟结果在该次海啸事件中更接近实际，模拟效果更好。在有限断层模型模拟结果中，Pantoloan站模拟值的最大波高为1m左右，帕卢湾内的中部和湾顶区域最大波幅达0.5m以上。

为了验证滑坡海啸发生的可能性，本小节首先从Pantoloan站的海啸波情况出发，推断海底滑坡可能发生的位置。为了推断滑坡源位置，本小节以Pantoloan站为海啸源，计算海啸波的到达时间。如图4.64所示，已知首个大波到达Pantoloan站的时间为地震发生后6min（18h 8min），假设地震立即引发海底滑坡，则滑坡可能发生的区域为湾口和湾顶位置。由传播时间推断所确定的滑坡源区域与日本东北大学实地调查报告中所提到的可能发生滑坡的区域一致，这也从侧面说明了湾口和湾顶发生海底滑坡进而引发海啸的可能性较大。

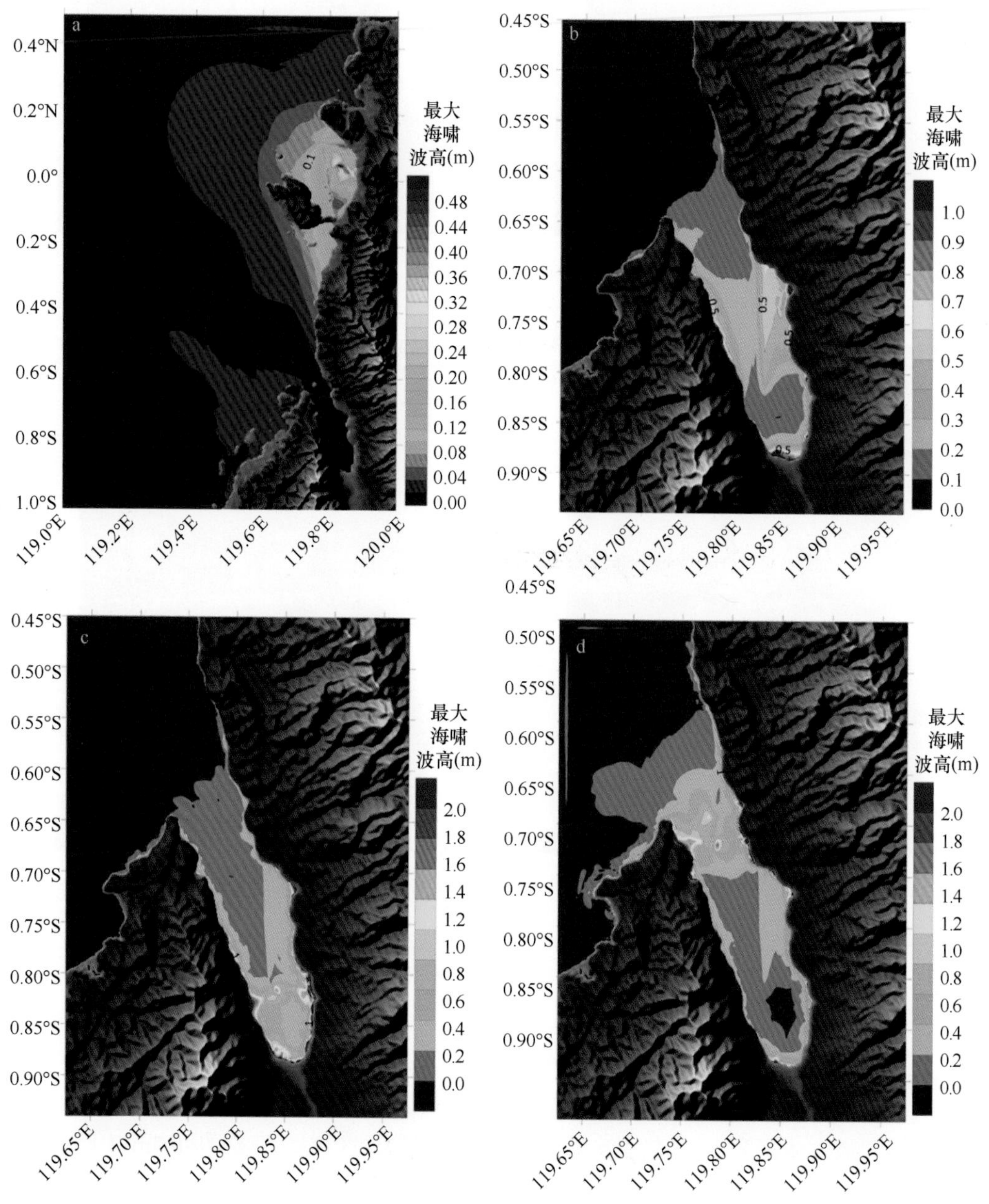

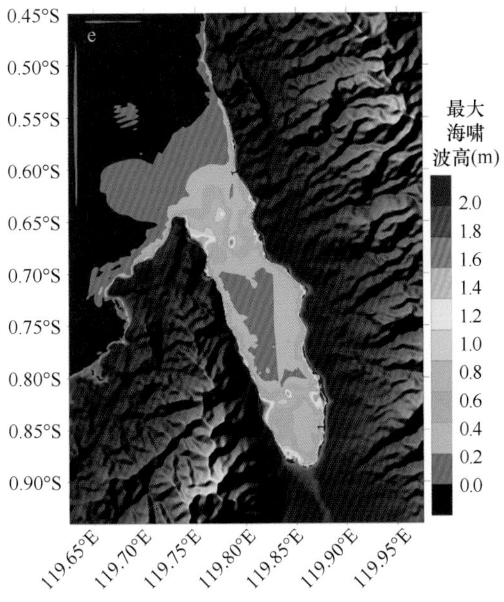

图4.62　最大海啸波高分布模拟值

a. 均一滑移量模型；b. 有限断层模型；c. 有限断层模型+1号滑坡源；d. 有限断层模型+2号滑坡源；
e. 有限断层模型+1号、2号滑坡源

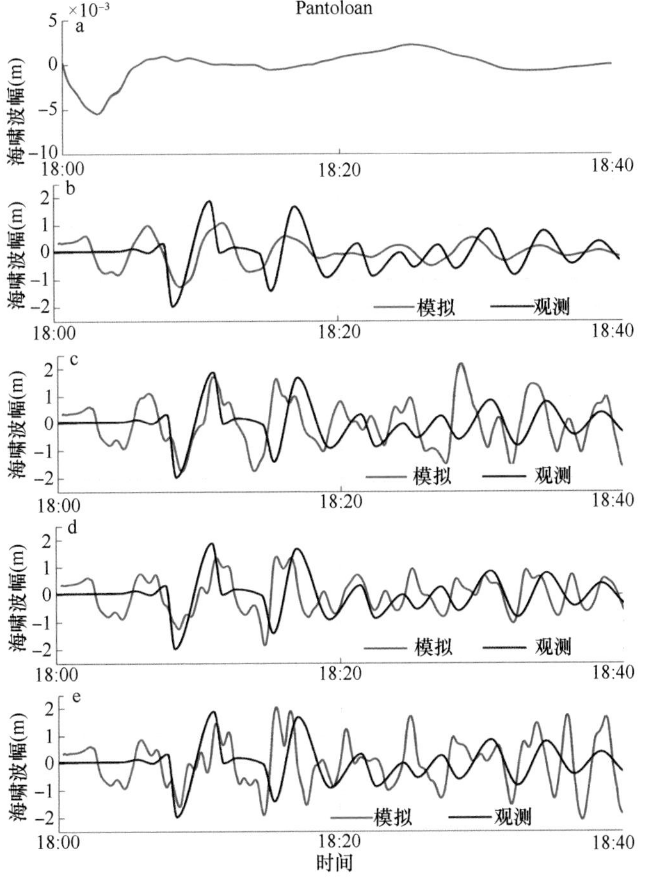

图4.63　Pantoloan站海啸波幅模拟图

a. 均一滑移量模型；b. 有限断层模型；c. 有限断层模型+1号滑坡源；d. 有限断层模型+2号滑坡源；
e. 有限断层模型+1号、2号滑坡源

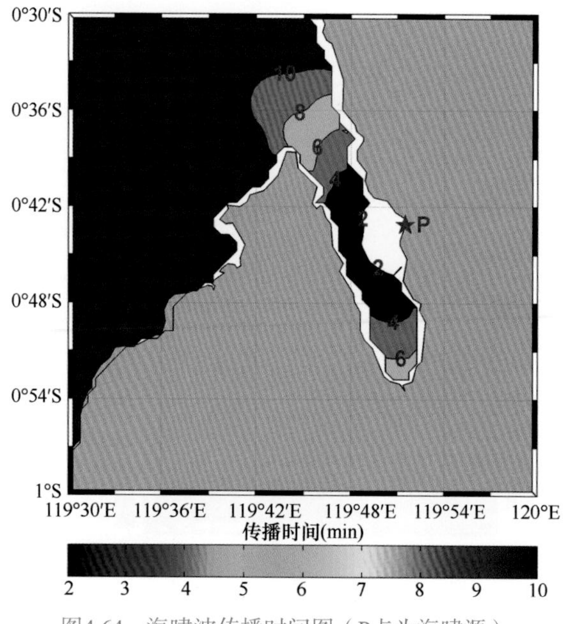

图4.64　海啸波传播时间图（P点为海啸源）

为了确定滑坡海啸发生的可能，进行了滑坡海啸数值模拟，并与观测值进行了对比验证。在确定滑坡源及参数时，本小节进行了大量的数值模拟工作，通过调整滑坡源的位置及具体参数使模拟结果不断接近真实情况，最终选取了图4.60所示的1号和2号滑坡源，选取这两处滑坡源的理由如下。

（1）由海底滑坡引发海啸的机制：沿滑坡方向，前端为增水场，末端为减水场，考虑到Pantoloan站首个大波为减水的实际情况，海底滑坡应为从东侧向西侧深水滑坡。

（2）单个滑坡源要达到实际情况的水位波动需要比较大的滑坡体体积才可能实现，但滑坡体体积过大就不符合帕卢湾地形狭小的实际情况，因此推断湾内可能存在两个甚至多个滑坡源。

（3）帕卢湾内的湾口和湾顶均存在滑坡，符合实地调查报告的结果。

滑坡海啸初始场模型参数由表4.7给出，根据GeoWave模式中的滑坡海啸初始场模块计算所得的滑坡初始场如图4.61c、d所示。相对于地震引起的海啸初始场，滑坡海啸初始场范围要小得多，但是初始场水位明显更大。

表4.7　滑坡海啸初始场模型参数表

参数	1号滑坡源	2号滑坡源
滑坡体长度（m）	1000	1000
滑坡体厚度（m）	15	15
滑坡体宽度（m）	2000	2000
滑坡方向（°）	120	80
平均坡度（°）	4	4
滑坡体位置	0.8070°S，119.8563°E	0.6731°S，119.8024°E

为了同时考虑地震和滑坡因素，本小节在滑坡海啸模拟中同时添加了有限断层解得到的地震海啸初始场和1号、2号滑坡源引起的滑坡海啸初始场，将地震与滑坡引起的海啸波初始场同时进行传播模拟，模拟得到最大波高分布和pantoloan站海啸波幅分别如图4.62c、d、e和图4.63c、d、e所示。

从最大海啸波幅（图4.62）和Pantoloan站海啸波幅（图4.63）可以看到，在“地震+滑坡”情景下，帕卢湾内的最大海啸波幅分布情况主要受滑坡位置的影响。在1号滑坡源影响下，帕卢湾湾顶及两侧区域波幅最大，最大波幅在湾顶及两侧的沿岸区域可达1.2～2.0m，Pantoloan站模拟结果与观测值较一致，尤其是该站的第一个大幅波动，两者高度吻合；在2号滑坡源影响下，帕卢湾湾口及两侧区域波幅最大，最大波幅范围同样为1.2～2.0m，此外，在湾顶处同样有1m以上的最大波幅分布，在Pantoloan站初期的大幅度波动部分，2号滑坡源的模拟效果与1号滑坡源相比较差，但是在后续的小幅度波动部分，2号滑坡源的模拟效果更好。

4. 结论

对于印度尼西亚帕卢湾海啸，本小节参考当地政府机构提供的海啸信息及日本东北大学的实地调查报告，对海啸波形进行分析，采用均一滑移量模型、有限断层模型及海底滑坡模型计算海啸初始场，并对海啸传播进行数值模拟。通过对模拟结果的对比分析及对海啸波观测值的分析，主要得出以下结论。

（1）利用Okada均一滑移量模型、有限断层模型计算了帕卢湾海啸初始场，并模拟了海啸波传播情况。对比发现，有限断层模型在该次海啸事件中模拟效果较好，但是仍与真实情况存在一定差距。说明除地震和地形因素外，可能还有其他因素影响该次帕卢湾海啸事件。

（2）通过以Pantoloan站为海啸源模拟海啸波传播时间，根据观测值推断海底滑坡可能发生的位置，判断帕卢湾湾口和湾顶处可能发生海底滑坡。

（3）设计海底滑坡情景并进行了模拟，模拟结果与观测结果吻合度较高。因此可以推断，在帕卢湾内发生了海底滑坡，并且其引发了强烈的局地海啸，对帕卢湾近岸区域造成了强烈的灾害。

由于该次帕卢湾海啸事件中的观测数据有限，在湾内仅有Pantoloan一个站点记录到了海啸波，要确认帕卢湾内海底滑坡的具体情形，还需要大量的观测数据及对海底的地质调查结果。从本小节的研究结果看，帕卢湾内有相当大的可能发生了海底滑坡并引发了滑坡海啸，而且真实情景可能比本小节中设置的滑坡源参数更为复杂，这些问题都需要进一步的研究确认。本文在此只给出一种合理解释，不排除还有其他因素影响了该次帕卢湾海啸。但是研究结果仍然可以说明，在今后研究海啸的工作中，我们要更加重视地震后可能产生的海底滑坡等地质活动，其可能对海啸造成二次影响，加剧海啸的破坏性。这为之后研究海啸预警工作提供了参考。

4.8 基于浮标数据反演的海啸预警技术概述

在深海中海啸波长可达几百千米，远大于水深，被称为“浅水波”，它们在深水区能够“感觉”到海底的存在。而风浪则被称为“深水波”，当水深大于波长的一半时，波浪对海底压力的影响可以忽略不计。深海可以作为一个理想的低通滤波器，使得人们可以通过在海底某个固定点简单地测量压力的方式对海啸、潮汐和其他长周期波动进行监测。DART（deep-ocean assessment and reporting of tsunami）浮标正是应用这一原理对海啸波进行监测的。每个DART浮标站包括一个锚定的海底压力记录仪（bottom pressure recorder，BPR）和一个锚系海面浮标。BPR能够探测由海啸等“浅水波”引起的海水压力变化，并通过声学连接方式将信息传给浮标，浮标再将数据通过卫星传给地面接收站。美国国家海洋与大气局（NOAA）从1986年开始实施DART海啸浮标项目。DART海啸浮标项目是设计、制造、检验、布放和维护一个可靠的深海实时海啸监测网，监测网部署在预计会发生海啸的区域以便实时监测。1996年NOAA开始正式布放海啸浮标，现已在太平洋、大西洋共布放了40多个海啸监测浮标（图4.65）。

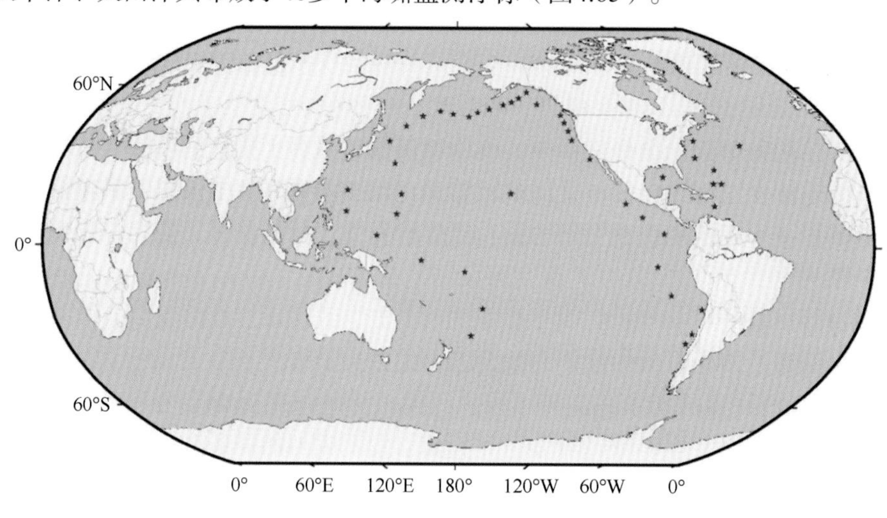

图4.65 NOAA布放的DART海啸浮标

DART浮标一般布放在深海中靠近潜在震源的位置，当有地震海啸发生时，它能实时传送浮标位置处的海啸波实测数据。结合实测波形和海啸源函数库中浮标位置的海啸波形数据反演估计海啸源区的初始水位，即可获得震源范围内的单位震源权重系数，然后用获得的单位震源权重系数结合海啸源函数库中相应单位震源的模拟海啸波形场，即可加权计算得到模拟区域内任何地点的海啸波。这种基于浮标数据反演计算的预报方法能够得以应用的前提假设是浮标处的海啸波是每个单位震源产生的海啸波的线性叠加。由于海啸波在深海中的传播可以近似为线性传播，因此这种前提假设是成立的，这种方法完全可以用来估计海啸源区的初始水位。

NOAA已经将海啸浮标监测数据通过Green函数反问题方法同化到海啸计算模型中，用以预报海啸，并进行业务化运行。系统基于由预先计算的海啸源在深海传播的结果组成的数据库。潜在的海啸源由15个板块、804个海啸源组成。当有海啸发生时，海啸浮标实时数据通过反问题方法可以确定断层滑动分布并将其作为预报模型初始条件。该系统在业务化试运行的两年中对多个海啸事件进行了追踪预报，单点预报精度达到80%以上，大大优于定量海啸预警系统。

4.8.1　基于浮标数据反演的海啸预警技术原理

我们采用了非负限制条件下的最小二乘法来计算每个单位震源的权重值，使浮标位置处拟合的海啸波形与实测的海啸波形之间的偏差最小。这一方法最早是由Satake于1987年提出的，并被很多研究者所采用。反演算法如下。

假设地震源区被分为N_s个单位震源。G_i（x, y, t）表示由第i个单位震源在位置（x, y）处引起的t时刻的水位变化，则这一位置的实际水位变化可以通过下式表示（线性叠加）：

$$\eta(x,y,t) = \sum_{i=1}^{N_s} c_i G_i(x,\ y,\ t) \tag{4.56}$$

式中，c_i表示第i个单位震源的权重。

海啸发生后，位于（x_0, y_0）处的浮标就会监测到一系列离散的海啸波形数据$\{Z_k(x_0, y_0, t_k), k\quad 1, 2, \quad , N_t\}$，$k$代表时间序列。每个单位震源的权重为

$$c_i = \min\|Ac - b\|_2 \tag{4.57}$$

式中，

$$A = \left\{\begin{matrix} G_1(x_0, y_0, t_1) & \cdots & G_{N_s}(x_0, y_0, t_1) \\ \cdots & \ddots & \cdots \\ G_1(x_0, y_0, t_{N_t}) & \cdots & G_{N_s}(x_0, y_0, t_{N_t}) \end{matrix}\right\},\quad c = \left\{\begin{matrix} c_1 \\ \vdots \\ c_{N_s} \end{matrix}\right\},\quad b = \left\{\begin{matrix} Z_1(x_0, y_0, t_1) \\ \vdots \\ Z_{N_t}(x_0, y_0, t_{N_t}) \end{matrix}\right\}$$

要求N_t大于N_s，以保证方程组是超定的，因此c_i的解是唯一的。

如果第i个单位震源发生的海底形变表示为$z=F_i$（x, y），那么整个地震源区的海底形变可以表示为

$$z = F(x, y) = \sum_{i=1}^{N_s} c_i F_i(x, y) \tag{4.58}$$

单位震源权重c_i确定下来后，模拟区域内任何位置处的海啸波都可以通过对海啸源函数库中该点的数据进行加权线性叠加快速得到。因此在海啸还没有到达近岸的时候，我们就可以通过以上反演速报的方法得到我们所关心位置处的海啸波预报值。

目前，我们已经建立了一套环太平洋单位震源情景数据库。沿着环太平洋地震带，划分了1300多个单位震源，每个单位震源的长度为100km、宽度为50km、滑移量为1m，相当于7.5级地震的强度，走向角、倾角和滑动角根据实际地质构造设置。应用数值模型，对每一个单位震源的地震海啸情景进行数值模拟，得到海啸浮标、潮位站的模拟结果，并将这些数据存储在单位震源数据库中。

4.8.2 基于浮标数据反演的海啸预警技术的参数敏感性试验

试验目的：通过数值模拟试验，检验浮标反演预警技术的应用过程中，相关参数设置对预报结果准确性的影响程度。

试验内容：在浮标反演预警技术的应用中，主要涉及两个参数的设置，一个是选取合适的单位震源，一个是选取合适的浮标观测数据，所以针对这两个参数分别进行敏感性试验，可以得到一些有价值的经验，帮助预报员更好地应用这项技术。

试验方法：应用理想试验场景，可以去除实际海啸事件中很多未知的或者不确定性的因素，以确保试验结果是在唯一参数变化的情况下进行的对比。

人工设置一次8.5级假想地震，通过数值模拟，得到浮标点和预报点的模拟结果，将该模拟结果作为“观测结果”。因为是假想地震，我们可以控制地震发生的位置、震源范围等参数，我们也就知道了应该选取的“合适的单位震源”是哪些，所以我们首先可以选择“合适的单位震源”，来排除掉单位震源选取不合适对试验的影响，在此基础上检验浮标数据对反演预报的影响程度，在得到合理的浮标数据的选取方案后，再返回去检验在“合适的单位震源”之外，选取了其他的单位震源的情况下反演预报的结果如何。

浮标数据的选取涉及两个问题：一是同一个浮标观测的数据，我们选用哪一段的数据进行反演是合适的；二是对于同一个地震，可能有多个浮标观测到了海啸数据，我们应该选择哪个浮标的观测数据进行反演预报。基于以上两个问题，我们相应地设计了两个试验。试验一：选取一个浮标不同时间段的观测数据进行反演预报，比较反演结果及预报误差的稳定性。试验二：选择不同浮标的观测数据进行反演，检验预报效果的差异。而对于单位震源的选择问题，我们设计了试验三：选取不同范围内的单位震源进行反演预报，比较反演结果的稳定性，以及预报点上的预报结果准确性。

误差分析方法：为了更清楚地显示预报误差的大小，我们计算标准均方根误差和相对最大值误差。

我们将均方根误差和水位实测值的范围（最大值与最小值之差）的比值定义为标准均方根误差NRMSE（normal RMSE）。

$$\mathrm{NRMSE}=\frac{\mathrm{RMSE}}{z_{\max}-z_{\min}} \tag{4.59}$$

式中，RMSE为预报结果的均方根误差；$z_{\max}$、$z_{\min}$是海啸波的最大和最小波高值。

相对最大值误差是指最大值误差的绝对值除以实际的最大波高值，得到误差相对于实际水位的比例。

假想地震：我们将假想地震震源位置设置在日本东部海沟，震源位置位于南北两个单位震源之间，震级为8.5级，断层破裂长度为200km，破裂宽度为100km，滑移量为11.8m，倾角、走向角和滑动角与单位震源相同。震源范围相当于4个单位震源的范围，但是并不与数据库中的单位震源范围完全重合，如果完全重合的话，预报结果会过于理想，就没有办法检验不同参数设置下预报结果的差异性。

试验设置的假想地震源在ki25a、ki25b、ki25z、ki26a、ki26b、ki26z这6个单位震源的范围之内，因此，这6个单位震源就是“合适的单位震源”（图4.66）。距离震源较近的浮标有21418、21401、21413、21402、21416、52401、52402等。

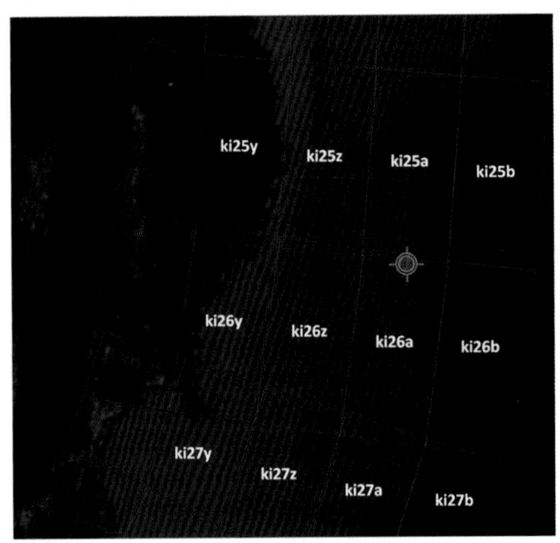

图4.66　震源位置及单位震源示意图

1. 浮标观测数据的敏感性试验

在前面我们介绍了基于最小二乘法的反演计算方法，这种方法要求方程组是超定方程组，才能有唯一的解。超定方程组即方程的数量要大于未知数的数量，在海啸源的反演计算中方程的数量等于同化浮标数据的数量，未知数的数量即参与计算的单位震源的数量，即应用到反演计算中的浮标数据的数量必须大于单位震源的数量，反演方法才能实现。理论上，应用到反演计算中的数据越多，反演的结果越可靠，但是我们在实际的海啸预警中不能等到获得大量的海啸浮标数据后再去反演震源信息，因为海啸波的传播速度快，在海啸预警中每一分钟都是宝贵的，越早发出海啸预警信息就越能够减轻沿海居民生命财产损失。那么应用多少浮标数据进行反演计算既能够保证预报的准确性，又能够将预警时间缩至最短呢？我们通过下面的试验来检验海啸预报对同化浮标数据量的敏感程度。

由于我们已经知道了假想地震的震源范围，因此我们选择“合适的单位震源”来做以下试验。为了试验结果更有普适性，我们分别使用21418、21401、21413这3个浮标进行试验，来检验数值试验的结果是否一致。

1）试验方法

浮标的采样频率通常为每分钟1个数据。假设海啸波到达浮标位置的时间为发生地震后第N分钟，到第M分钟时海啸波高达到最大。从第M分钟开始，每增加1个海啸浮标数据，我们就应用$N \sim M+i$（$i = 1, 2, 3\cdots$）的数据进行一次反演计算，检验反演结果（单位震源系数）的稳定性，以及在该浮标位置上的预报误差情况。

2）试验结果

图4.67和图4.68是应用浮标21418的观测数据进行反演得到的试验结果。其中，图

4.67a是浮标21418的观测数据，在第31分钟的时候开始记录到海啸波，在第39分钟的时候海啸波幅达到最大。我们选择第31分钟至第39分钟的数据进行反演计算，并应用反演结果预报浮标21418的海啸波，再对观测数据和预报数据进行误差分析，得到标准均方根误差和相对最大值误差这两个反映预报准确性的指标，同时保存反演结果，即6个单位震源的系数值。之后我们再选择第31分钟至第40分钟的观测数据来重复上面的计算，再依次继续，每次计算所使用的浮标观测数据都是从第31分钟开始，每一次都比上一次多使用1min的数据，以此类推，最终将每次计算的预报误差绘制成曲线，即图4.67b、c。从这两个曲线图可以看出来，随着反演计算中使用的浮标数据的增多，预报误差一

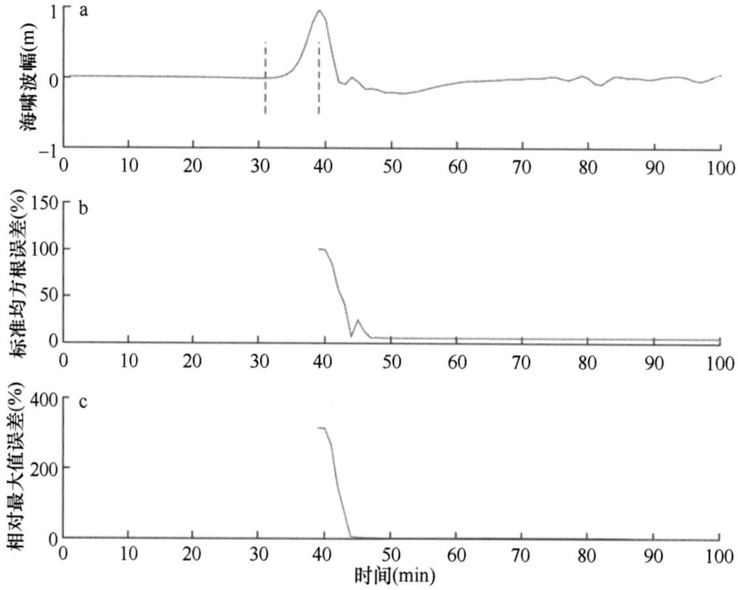

图4.67 预报误差随浮标数据量的变化曲线（浮标21418）

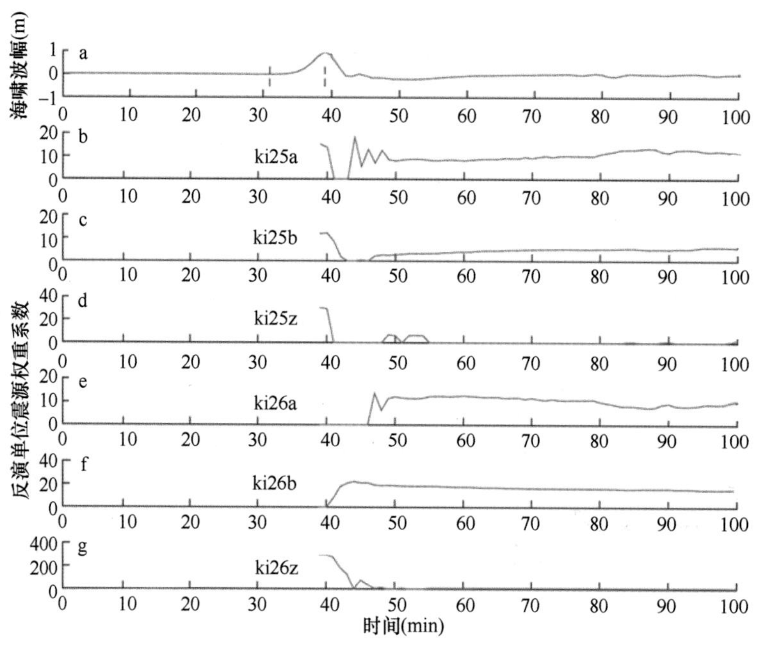

图4.68 单位震源系数值随浮标数据量的变化曲线（浮标21418）

开始快速降低，而当使用第31分钟至第48分钟之后的观测数据时，预报误差不再有太大的变化，趋于稳定，这一特点非常明显。同样地，图4.68a是浮标21418的观测数据，图4.68b～g分别是每一次反演计算得到的6个单位震源的系数值，可以看到，其和图4.67非常类似，使用第31分钟至第48分钟之后的观测数据时，6个单位震源的系数值趋于稳定。这就说明，这一时间段内的观测数据已经足够预报使用，数据量再继续增加，对预报效果已经没有太大的改善作用了。

图4.69～图4.72分别是使用浮标21401和浮标21413做的试验，试验方法和上面介绍的一样，结果非常相似。对于浮标21401来说，最优的数据区间是第61分钟至第80分钟，

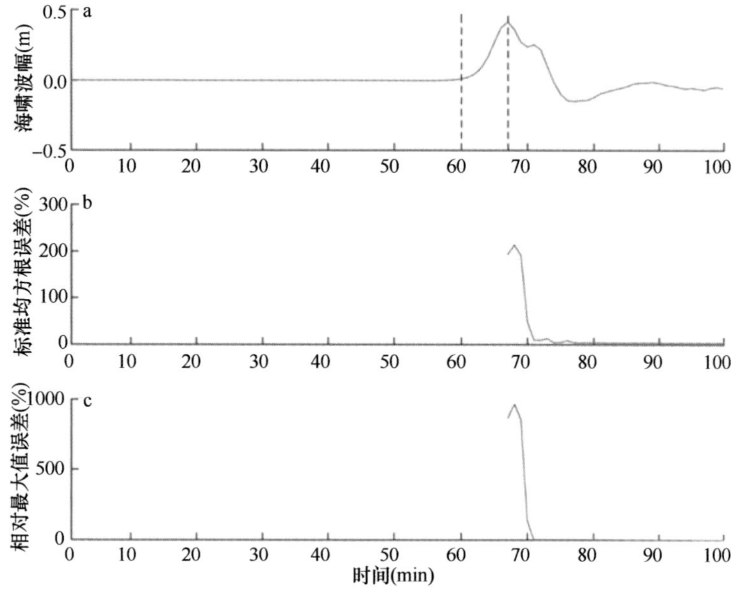

图4.69　预报误差随浮标数据量的变化曲线（浮标21401）

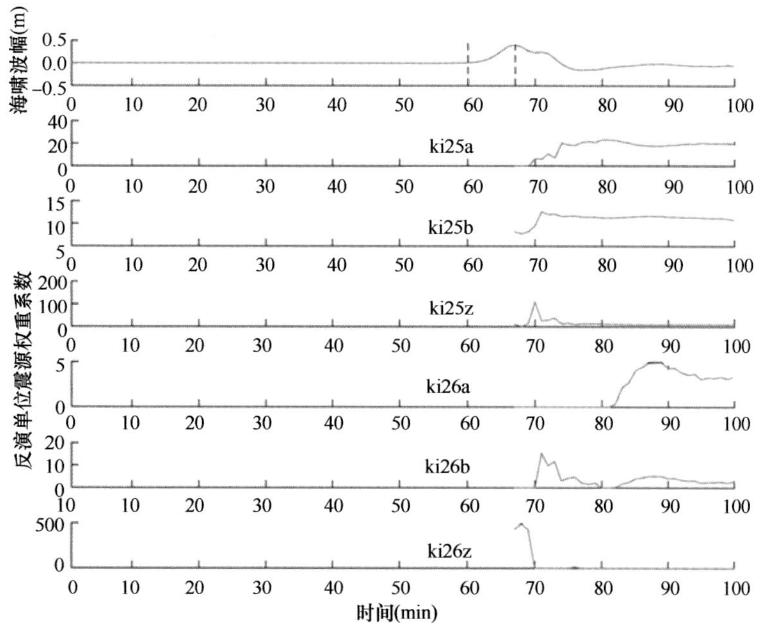

图4.70　单位震源系数值随浮标数据量的变化曲线（浮标21401）

浮标21413的最优数据区间是第81分钟至第100分钟。而通过观察我们可以发现，对于以上3个浮标，它们的最优数据区间基本都是正好覆盖其观测曲线的第一个完整波形的范围。通过该数值试验，我们得到以下结论：当海啸浮标捕获海啸波的第一个完整波形后，预报误差即可降到比较小的程度，继续增加浮标数据到反演计算中，预报误差缓慢减小并逐渐趋于稳定。所以在实际预报中，只需利用第一个完整的海啸波形进行反演计算即可得到精度较高的海啸预报结果。这样能够最大程度地的提高预警速度，及早发出准确的海啸预警信息。

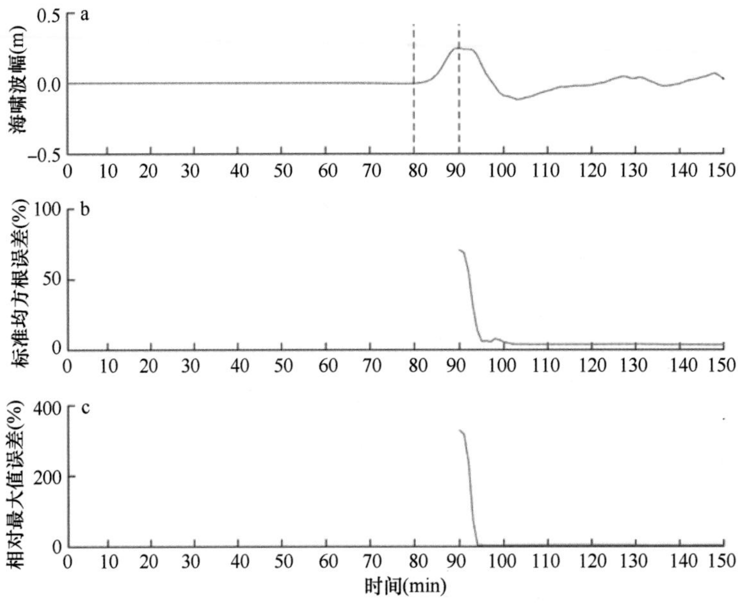

图4.71　预报误差随浮标数据量的变化曲线（浮标21413）

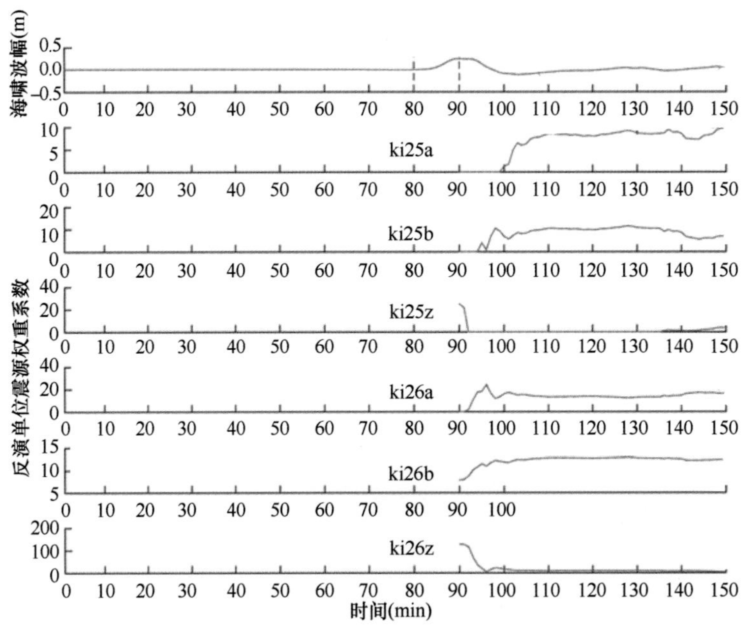

图4.72　单位震源系数值随浮标数据量的变化曲线（浮标21413）

2. 浮标位置的敏感性试验

我们已通过数值试验了解了浮标观测数据的选取方式，在数值试验中我们使用了“合适的单位震源”，这是因为地震的震源范围是我们设定的，所以我们知道哪些单位震源发生了破裂，但是在实际预警工作中，我们只知道震源点，并不知道具体的震源范围，震源范围只能凭借经验来估计，这就给实际操作带来了一些随机性。因此我们试着改变一下单位震源的选取范围，来检验一下反演预报的效果。

试验方法：我们设计了4种单位震源的选取范围，分别如下。

方案1：ki25a、ki25b、ki25z、ki26a、ki26b、ki26z。

方案2：ki24a、ki24b、ki24z、ki25a、ki25b、ki25z、ki26a、ki26b、ki26z。

方案3：ki25a、ki25b、ki25z、ki26a、ki26b、ki26z、ki27a、ki27b、ki27z。

方案4：ki24a、ki24b、ki24z、ki25a、ki25b、ki25z、ki26a、ki26b、ki26z、ki27a、ki27b、ki27z。

方案1至方案4的设置，相当于我们从已知的“合适的单位震源”向外扩展，方案2是向断层北侧扩展了一行，方案3是向断层南侧扩展了一行，方案4是向南北两侧各扩展了一行。这样做就是为了反映在实际预警工作中，我们并不知道真正“合适的单位震源”范围在哪里，我们只能凭借经验在震源附近做选择，所以可能的选择方案有很多种。如果我们的反演计算方法是合适的，那么选择不同的单位震源范围，只要包括了“合适的单位震源”，理论上预报结果不会有太大变化。为此，我们做了以下试验。

1）试验1

使用浮标21418的观测数据来做反演计算。以浮标21402、21416、52401、52402为观测对象，来评估预报误差。试验结果如图4.73～图4.76所示。

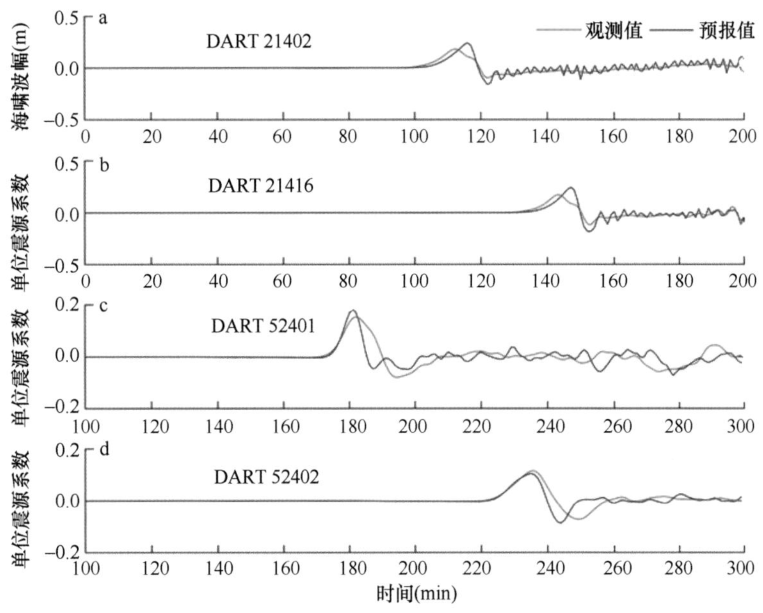

图4.73　方案1的反演预报结果（浮标21418反演）

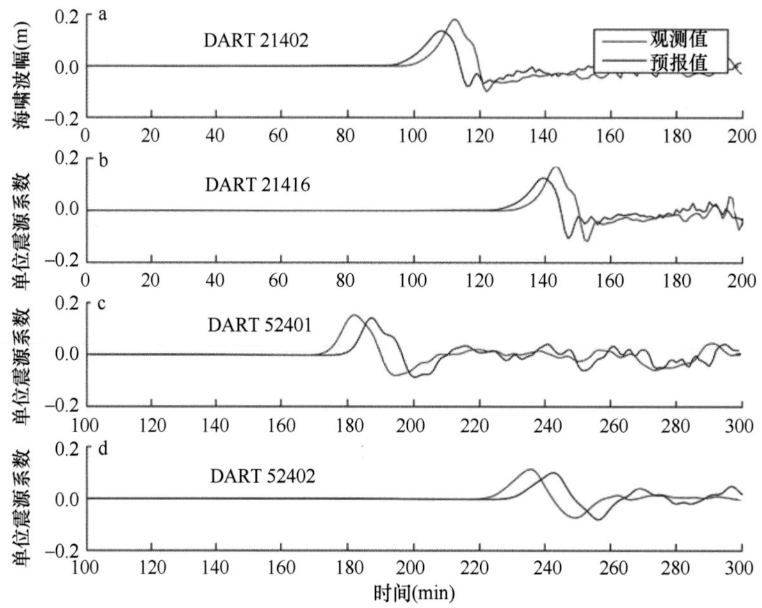

图4.74　方案2的反演预报结果（浮标21418反演）

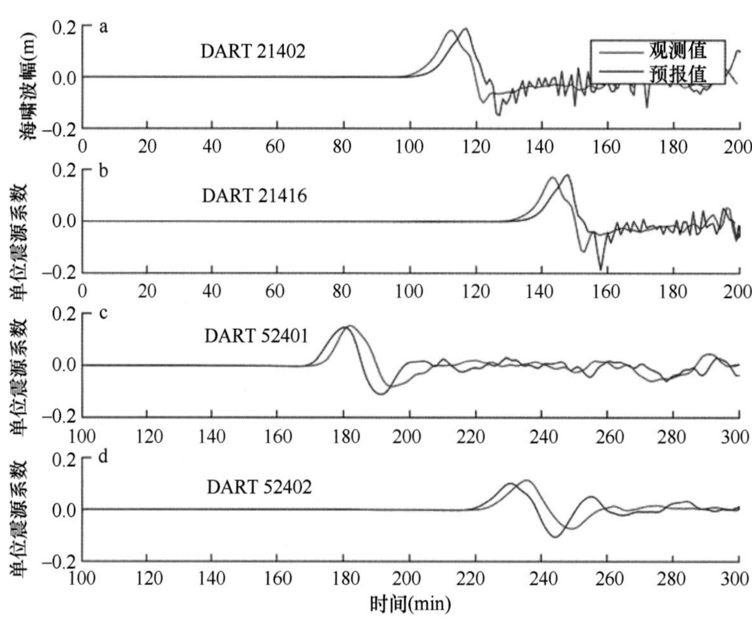

图4.75　方案3的反演预报结果（浮标21418反演）

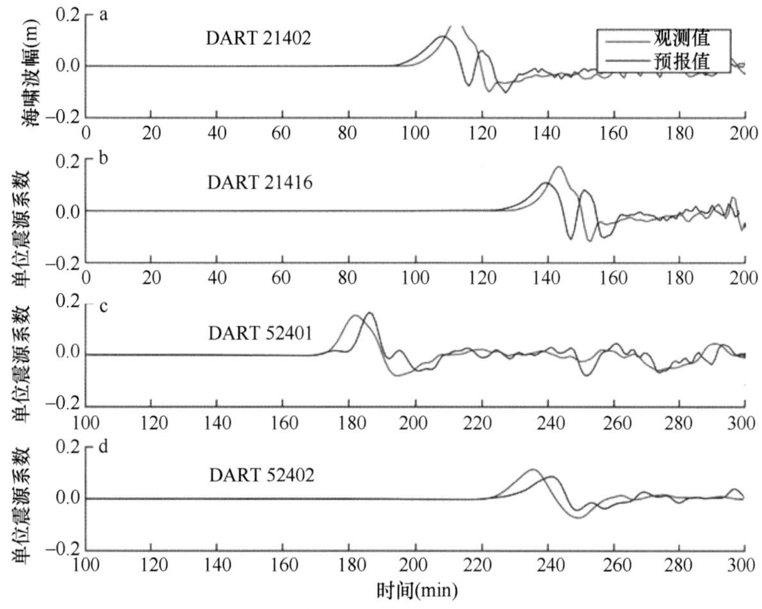

图4.76　方案4的反演预报结果（浮标21418反演）

试验结果表明，当单位震源范围扩大后，也就是所选择的单位震源不再是“合适的单位震源”，预报误差开始变大，无论是波形相位还是波幅的预报效果都没有使用“合适的单位震源”好。这说明在“合适的单位震源”之外的其他单位震源参与反演计算时，给计算过程带来了信号干扰。

为此，我们继续设计试验2、试验3。试验2使用浮标21418和浮标21401的观测数据进行联合反演，试验3使用浮标21418和浮标21413的观测数据进行联合反演。和试验1一样，还是以浮标21402、21416、52401、52402作为观测对象，来评估预报误差。

2）试验2

从试验2的结果（图4.77～图4.80）可以看到，如果使用浮标21418和浮标21401的观测数据进行联合反演，当单位震源范围不断扩大的时候（方案1至方案4），对浮标21402和浮标21416的预报结果始终较好，但是对浮标52401和浮标52402的预报结果在变差。可见，反演计算中增加了浮标21401的观测数据，提高了对浮标21402和浮标21416的预报效果，而浮标21401和浮标21402、浮标21416都位于震源的东北方向上，这就说明了浮标21401的观测数据修正了反演计算过程中的一部分干扰项，这部分干扰项的干扰效果就是使得某些“不合适的单位震源”的系数变大，导致预报的结果在震源区域的东北方向上出现偏差。

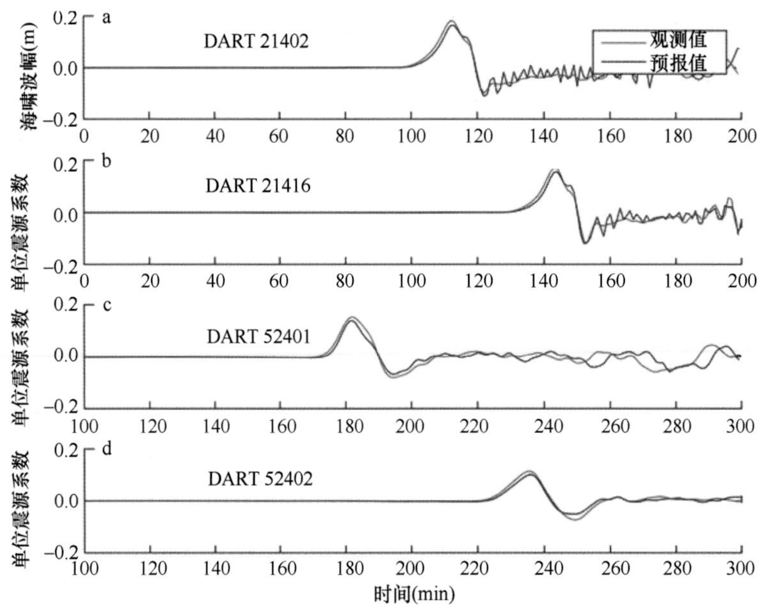

图4.77　方案1的反演预报结果（浮标21418+浮标21401反演）

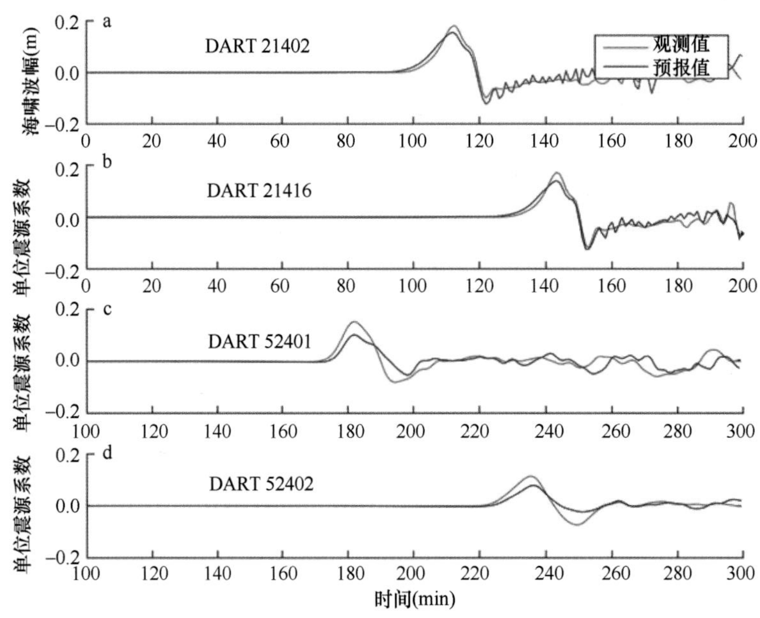

图4.78　方案2的反演预报结果（浮标21418+浮标21401反演）

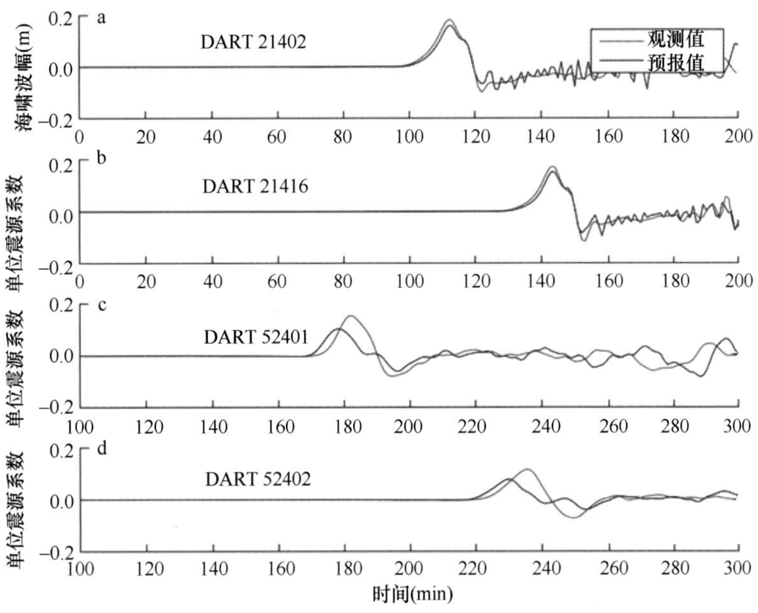

图4.79　方案3的反演预报结果（浮标21418+浮标21401反演）

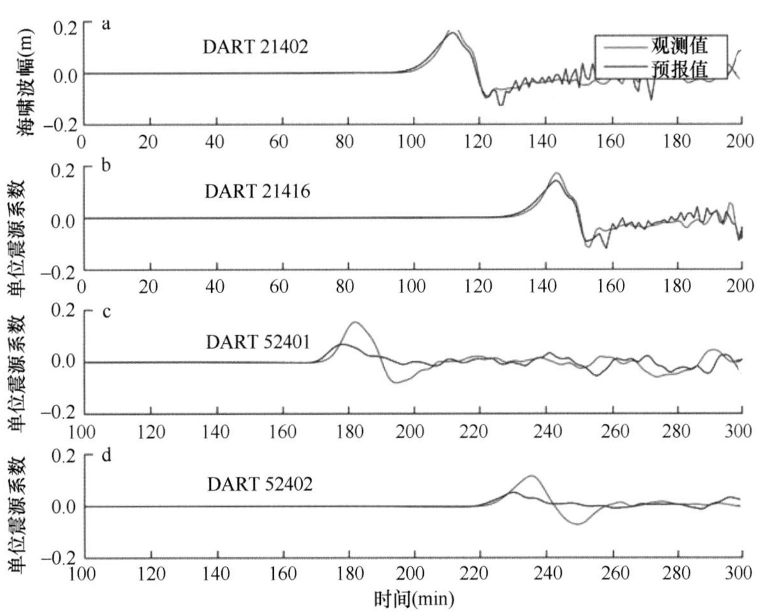

图4.80　方案4的反演预报结果（浮标21418+浮标21401反演）

3）试验3

和试验2的结果相反，在试验3中（图4.81～图4.84），随着单位震源范围的不断扩大（方案1至方案4），对浮标52401和浮标52402的预报效果始终较好，但是对浮标21402和浮标21416的预报效果变差。然而和试验2相似的地方是，在试验3的反演计算中增加的是震源区域东南方向上的浮标21413的观测数据，预报效果保持较好的也是震源区域东南方向上的浮标。所以，我们得到了和试验2一样的结论，使用震源区域东南方向上的浮标21413的观测数据，修正了反演计算中会对相同方向上的预报产生干扰效果的因素。

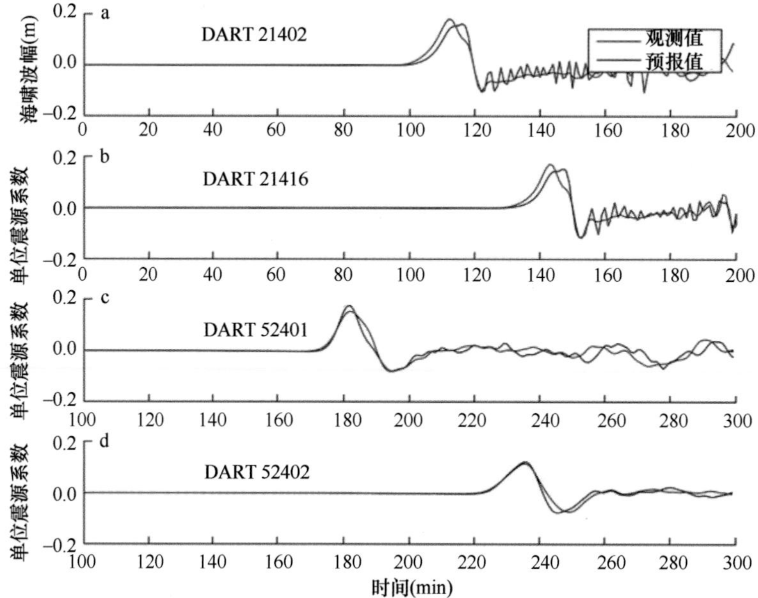

图4.81 方案1的反演预报结果（浮标21418+浮标21413反演）

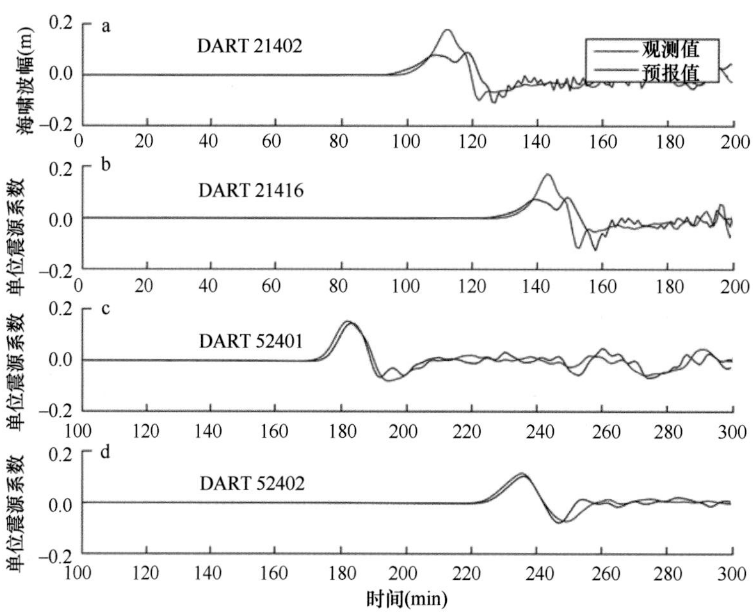

图4.82 方案2的反演预报结果（浮标21418+浮标21413反演）

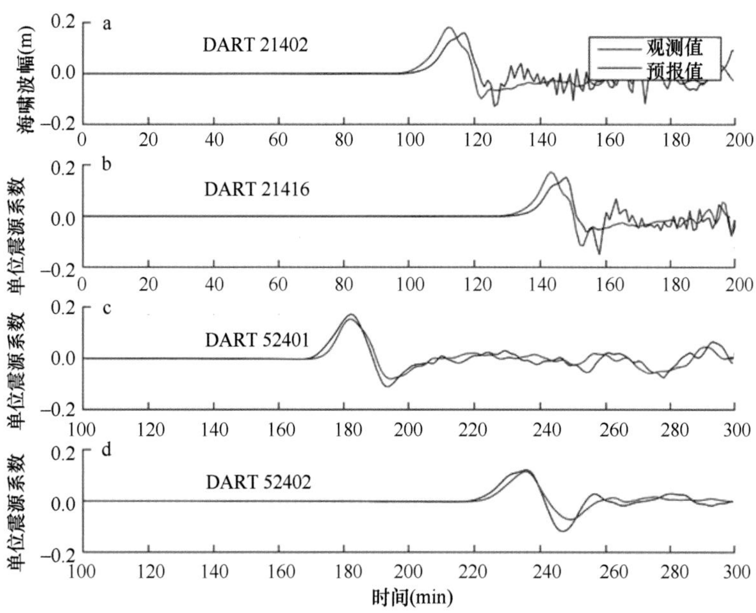

图4.83　方案3的反演预报结果（浮标21418+浮标21413反演）

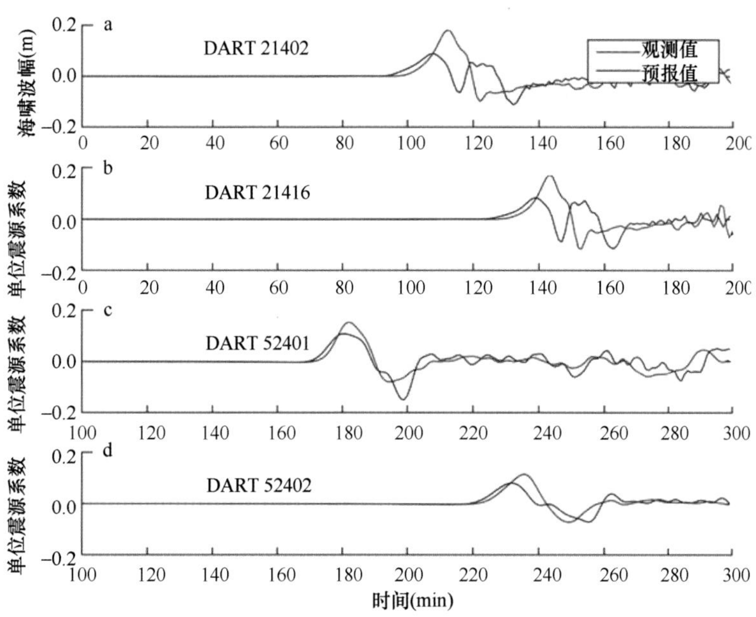

图4.84　方案4的反演预报结果（浮标21418+浮标21413反演）

4）试验4

综合试验2和试验3的结果，我们设计了试验4，使用浮标21418、浮标21401和浮标21413的观测数据进行联合反演，浮标21401位于震源区域东北方向，浮标21413位于震源区域东南方向，通过该试验检验是否可以同时修正影响这两个方向上的预报效果的干扰项。从试验4的预报结果（图4.85～图4.88）可见，使用3个浮标联合反演，单位震源范围扩大并没有对预报结果产生太大的影响，在震源区域不同方向上的4个浮标的预报效果始终较好。这就验证了我们的猜想，浮标21413和浮标21401的观测数据，削弱了反演计算中“不合适的单位震源”的干扰，使得反演结果（单位震源系数）比较稳定，增加或减少某几个“不合适的单位震源”，不会对结果产生较大影响。

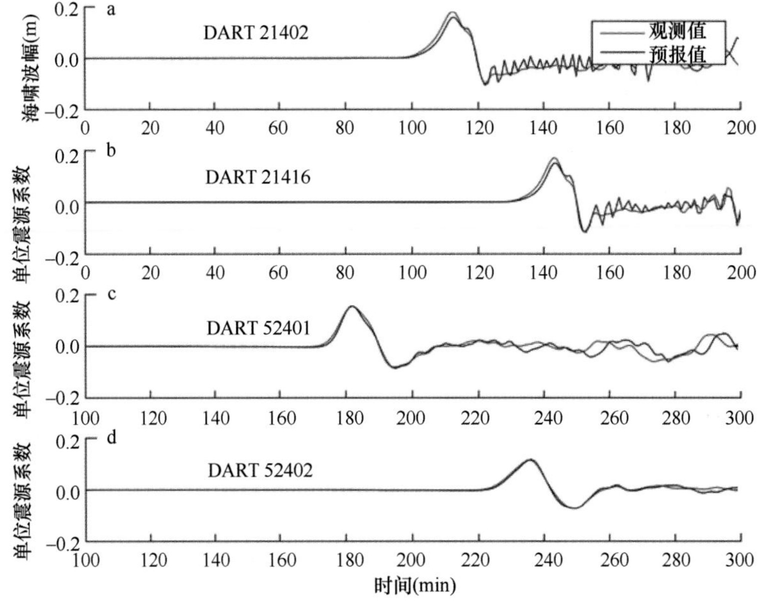

图4.85　方案1的反演预报结果（浮标21418+浮标21401+浮标21413反演）

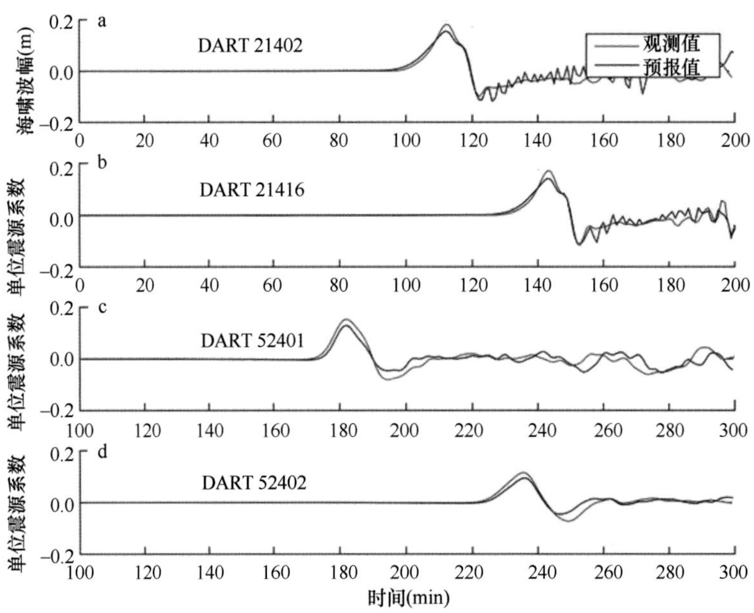

图4.86　方案2的反演预报结果（浮标21418+浮标21401+浮标21413反演）

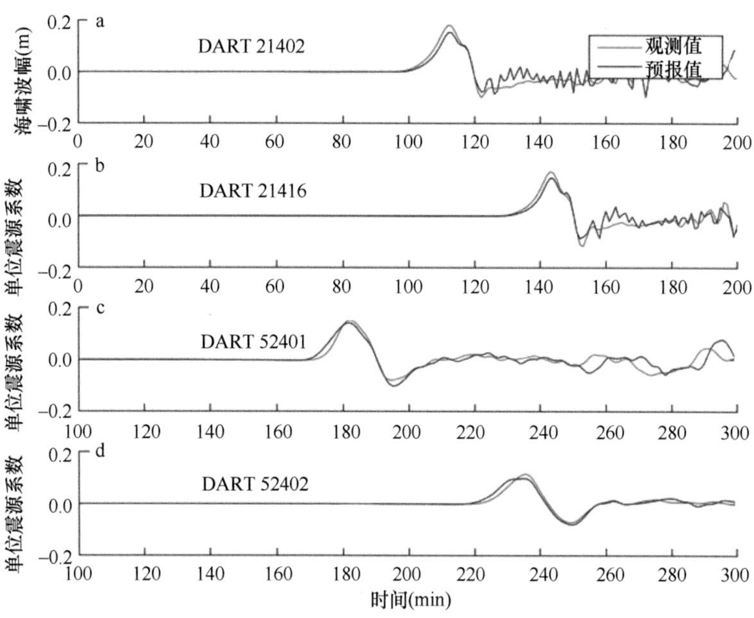

图4.87 方案3的反演预报结果（浮标21418+浮标21401+浮标21413反演）

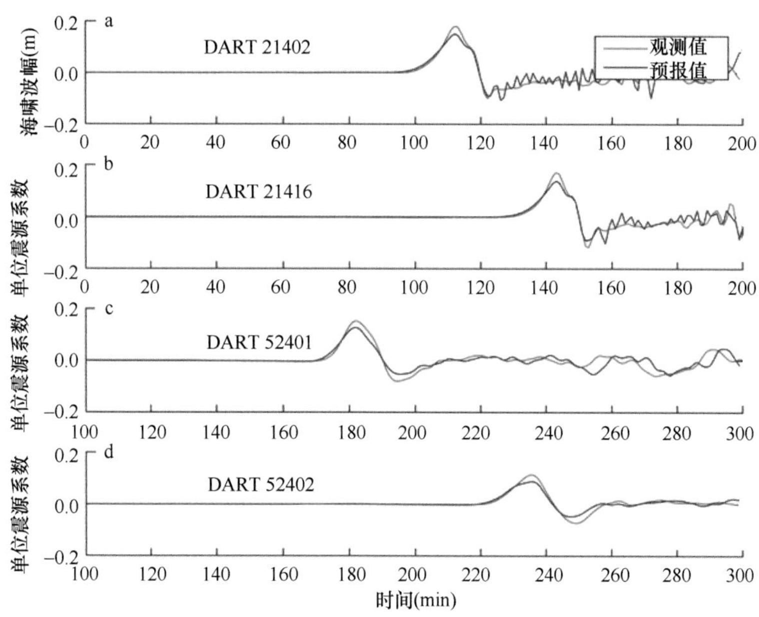

图4.88 方案4的反演预报结果（浮标21418+浮标21401+浮标21413反演）

然而以上的结果还只是从预报效果的角度来反向说明结论，下面我们从反演计算结果（单位震源系数）的角度来验证这一结论。

使用浮标21418、浮标21413和浮标21401联合反演，单位震源范围的选择从方案1到方案4，表4.8～表4.11分别是方案1至方案4的反演计算结果（单位震源系数）。表中“合适的单位震源”也就是实际地震发生的区域，可见随着反演计算中单位震源数量和范围的变大，实际地震发生区域的值保持了较好的稳定性和较大的权重，所以，这些结果从正向解释了使用3个浮标联合反演效果更好的结论。

表4.8 方案1的反演计算结果（浮标21418+浮标21413+浮标21401反演）

单位源	z	a	b
ki25	0.0*	9.6*	9.8*
ki26	6.6*	12.0*	12.5*

＊“合适的单位震源”

表4.9 方案2的反演计算结果（浮标21418+浮标21413+浮标21401反演）

单位源	z	a	b
ki24	7.8	4.7	4.6
ki25	0.0*	8.0*	9.4*
ki26	0.0*	10.6*	10.6*

＊“合适的单位震源”

表4.10 方案3的反演计算结果（浮标21418+浮标21413+浮标21401反演）

单位源	z	a	b
ki25	0.0*	10.5*	10.0*
ki26	0.0*	8.8*	11.7*
ki27	10.2	3.3	3.7

＊“合适的单位震源”

表4.11 方案4的反演计算结果（浮标21418+浮标21413+浮标21401反演）

单位源	z	a	b
ki24	4.8	4.7	3.5
ki25	0.0*	8.0*	9.3*
ki26	0.0*	9.5*	11.1*
ki27	5.1	1.6	2.4

＊“合适的单位震源”

通过以上试验，我们得到了反演预报中的一些经验：①在实际操作中，选择浮标观测数据的第1个完整波形就足够了，再多的数据量并不会提供更好的预报效果；②如果能够获取到位于震源区域不同方向上浮标的观测数据，那么使用多个浮标观测数据联合反演的效果要明显好于使用单一浮标观测数据反演的效果。

4.8.3 历史海啸事件的后报检验

本节应用浮标反演预报方法，对2011年3月11日的日本地震海啸事件进行后报检验。

1. 浮标数据

我们选择了21401、21413、21418、21419四个浮标，浮标波形曲线如下（图4.89）。

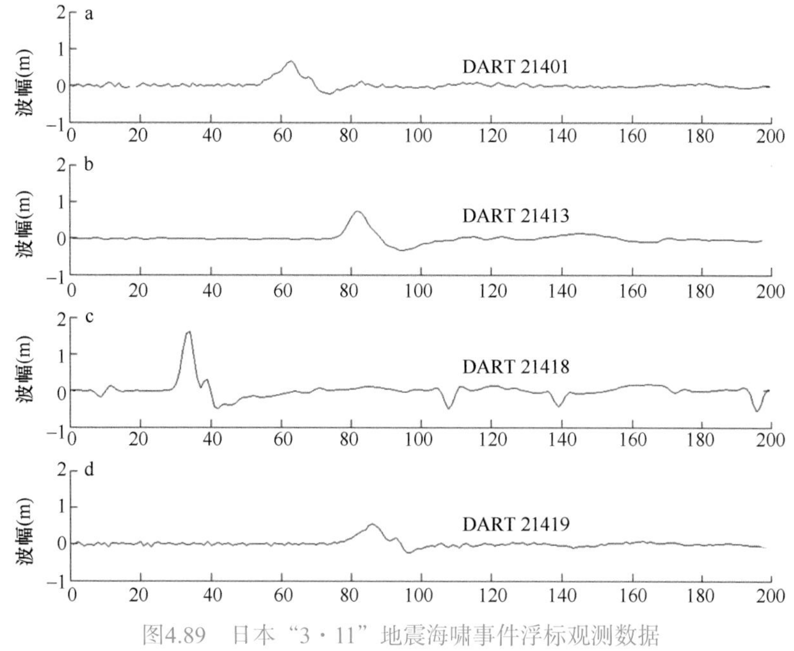

图4.89　日本“3·11”地震海啸事件浮标观测数据

2. 单位震源选取

我们选择了ki25a、ki25b、ki26a、ki26b、ki27a、ki27b、ki28a、ki28b共8个单位震源（图4.90）。

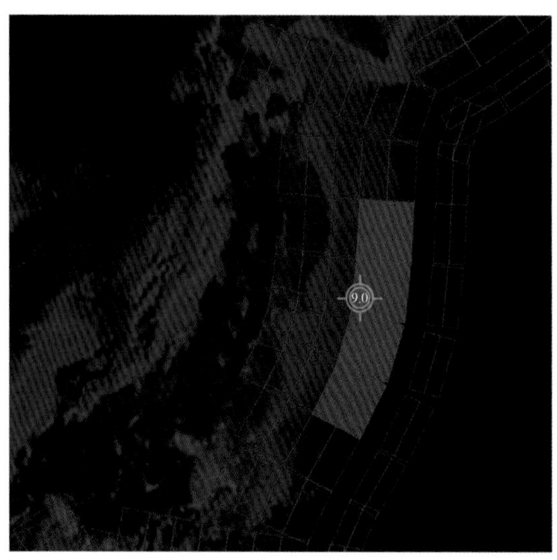

图4.90　日本“3·11”地震海啸后报试验——单位震源选取

通过单位源地震能量累加拟合实际地震破裂特征，获得单位源组合参数关系用于快速的海啸情景计算

3. 反演计算

我们选择浮标21401的一段数据作为观测数据进行反演计算，截取数据如图4.91所示。

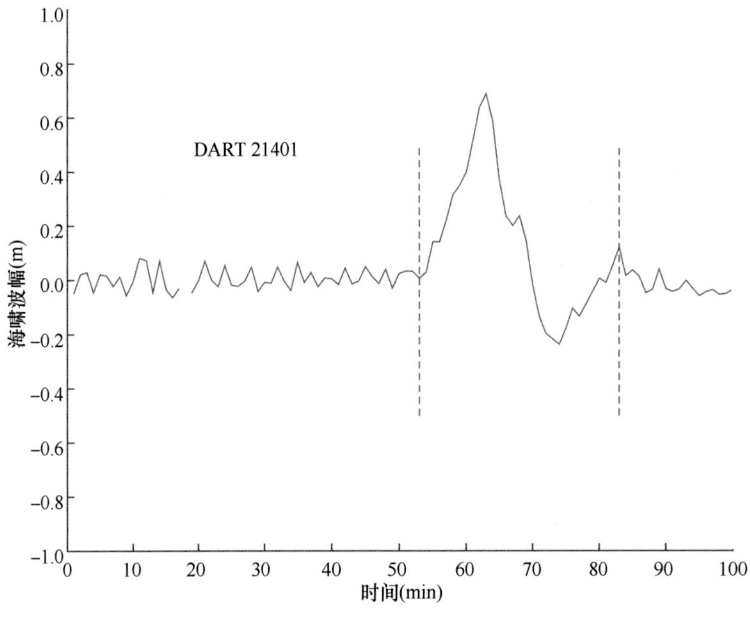

图4.91 日本“3·11”地震海啸后报试验——浮标观测数据选取

结合选取的单位震源对应的数据库数据，应用反演计算方法，计算得到的每个单位震源的加权系数分别为19.45、1.53、19.43、1.87、15.02、9.08、4.81、0.52。

4. 浮标预报

根据上述得到的单位震源的加权系数，结合单位震源的数据库数据，预报各浮标的海啸波形，结果如图4.92所示。

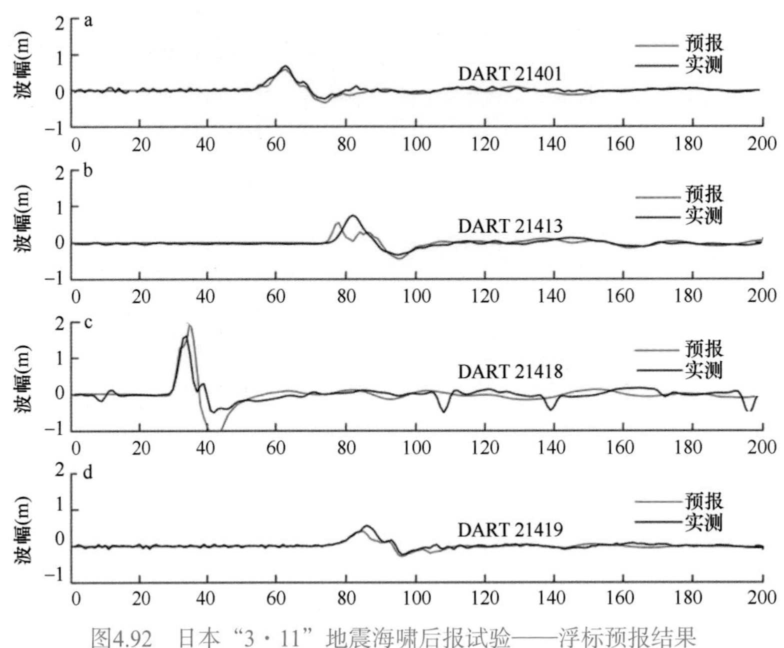

图4.92 日本“3·11”地震海啸后报试验——浮标预报结果

参考文献

陈珊珊, 孙运宝, 吴时国. 2012. 南海北部神狐海域海底滑坡在地震剖面上的识别及形成机制. 海洋地质前沿, (6): 40-45.

陈运泰, 杨智娴, 许力生. 2005. 海啸、地震海啸与海啸地震. 物理, (12): 864-872.

冯文科, 石要红, 陈玲辉. 1994. 南海北部外陆架和上陆坡海底滑坡稳定性研究. 海洋地质与第四纪地质, (2): 89-94.

胡涛骏, 叶银灿. 2006. 滑坡海啸的预测模型及其应用. 海洋学研究, 24(3): 21-31.

陆全康. 1982. 数学物理方法(下册). 北京：高等教育出版社.

马云, 李三忠, 梁金强, 等. 2012. 南海北部琼东南盆地海底滑坡特征及其成因机制. 吉林大学学报(地球科学版), (S3): 196-205.

孙运宝, 吴时国, 王志君, 等. 2008. 南海北部白云大型海底滑坡的几何形态与变形特征. 海洋地质与第四纪地质, 28(6): 73-81.

王磊, 吴时国, 李伟. 2013. 人机交互地貌解释技术在海底滑坡研究中的应用. 地球物理学进展, 28(6): 3299-3306.

魏柏林, 杨选, 郭良田, 等. 2008. 印度尼西亚两次特大地震引发海啸和不引发海啸的比较研究. 华南地震, 28(2): 72-79.

Carrier G F. 1991. Tsunami propagation from a finite source. Proceedings of 2nd UJNR Tsunami Workshop, NGDC, Hawaii: 101-115.

Cho Y S. 1995. Numerical simulations of tsunami propagation and run-up. Ithaca, New York: Cornell University.

Duputel Z, Rivera L, Kanamori H, et al. 2011. Real-time W phase inversion during the 2011 off the Pacific coast of Tohoku Earthquake. Earth, Planets and Space, 63(7): 535-539.

Duputel Z, Rivera L, Kanamori H, et al. 2012. W phase source inversion for moderate to large earthquakes (1990-2010). Geophysical Journal International, 189(2): 1125-1147.

Enet F, Grilli S T. 2007. Experimental study of tsunami generation by three-dimensional rigid underwater landslides. Journal of Waterway, Port, Coastal, and Ocean Engineering, 133(6): 442-454.

Hance J J. 2003. Development of a database and assessment of seafloor slope stability based on published literature. The University of Texas at Austin. 89-90.

Imamura F, Shuto N, Goto C. 1988. Numerical simulation of the transoceanic propagation of tsunamis. Proceedings of 6th Congress Asian and Pacific Regional Division, IAHR: 265-271.

Kanamori H, Kikuchi M. 1993. The 1992 Nicaragua earthquake: a slow tsunami earthquake associated with subducted sediments. Nature, 361(6414): 714-716.

Kanamori H, Rivera L. 2008. Source inversion of W phase: speeding up seismic tsunami warning. Geophysical Journal of the Royal Astronomical Society, 175(1): 222-238.

Kanamori H.1972. Mechanism of Tsunami earthquakes Physics of the earth and planetary interiors, 6(5): 346-359.

LeVeque R J, George D L, Berger M J. 2011. Tsunami modelling with adaptively refined finite volume methods. Acta Numerica, 20: 211-289.

Liu P L F, Cho Y S, Yoon S B, et al. 1995. Numerical simulations of the 1960 Chilean tsunami propagation and inundation at Hilo, Hawaii//Tsuchiya Y, Shuto N. Tsunami: Progress in Prediction, Disaster Prevention and Warning. Dordrecht: Springer Science & Business Media: 99-115.

Mansinha L, Smylie D E. 1971. The displacement fields of inclined faults. Bulletin of the Seismological Society of America, 61(5): 1433-1440.

Milne J. 1897. Sub-Oceanic Changes. Geographical Journal, 10(2): 129-146.

Mori N, Takahashi T, Yasuda T, et al. 2011. Survey of 2011 Tohoku earthquake tsunami inundation and runup. Geophysical Research Letters, 38: L00G14.

Philip J D, Philip R. 1986. 数值积分法. 冯振兴, 伍富良. 北京: 高等教育出版社

Shuto N. 1991. Numerical simulation of tsunamis—Its present and near future. Natural Hazards, 4(2-3): 171-191.

Tannehill J H, Anderson D A, Pletcher R H. 1998. Computational Fluid Mechanics and Heat Transfer. 2nd ed.. Philadelphia, Pa: Taylor and Francis.

Tinti S, Tonini R. 2005. Analytical evolution of tsunamis induced by near-shore earthquake on a constant-slope ocean. Journal of Fluid Mechanics, 535: 33-64.

Watts P, Grilli S T, Kirby J T, et al. 2003. Landslide tsunami case studies using a Boussinesq model and a fully nonlinear tsunami generation model. Natural Hazards and Earth System Science, 3(5): 391-402.

Yoon B, Liu P L F. 1992. Numerical simulation of a distant small-scale tsunami. Kona, Hawaii: Pacific congress on Marine Science and Technology.

Yoon S B. 2002. Propagation of distant tsunamis over slowly varying topography. Journal of Geophysical Research, 107: (4-1)-(4-11).

第5章 基于海啸情景数据库的实时预警技术

海啸预警经常被比喻为与时间赛跑的“游戏”。对于局地地震海啸源，海啸波往往在地震发生后数十分钟即抵达近岸并造成灾害，因此留给海啸预警的时间往往仅有短短的数分钟。以1993年日本北海道7.8级地震海啸为例，虽然日本气象厅（JMA）于地震发生后5min针对北海道日本海沿岸发布了大海啸预警，但震后仅3min海啸波就席卷了震中附近的奥尻岛，导致198人死亡、数百间房屋被冲毁。此次海啸事件过后，日本开始加密建设地震观测网，并大力发展海啸情景数据库用于快速海啸预警。1999年，日本新一代海啸预警数据库研制完成并投入业务化运行，使得日本针对局地海啸的预警响应时间缩短至3min。

该系统主要原理如下：通过对海啸地震高风险区进行风险分析，列举出所有地震海啸源，给出潜在的地震震源参数进行组合；通过地震海啸数值模型计算出所有的假想海啸个例，将计算结果归档入数据库。当一个地震足够强以致引发海啸时，系统会立即搜索与现实地震参数最为匹配（震中位置、震源深度、震级等参数最接近现实地震）的几个地震个例的计算结果；然后，通过线性近似或插值确定最终海啸的预报。从获得地震参数、查询震源、插值，直到海啸预报结果生成，整个过程在几分钟内完成。

早在“十一五”期间，我国便自主研发了我国东海和南海海啸预警数据库。日本2011年9.1级地震海啸之后，我国将海啸预警数据库覆盖范围拓展至整个西北太平洋，显著提高了我国的海啸预警快速响应能力。目前，基于海啸情景数据库的实时海啸预警技术在我国、澳大利亚、印度尼西亚等得到了普遍应用。随着计算模拟技术的不断发展，虽然如今高性能计算机可在地震发生后数十秒内完成海啸波的生成和传播过程模拟，但是海啸预警数据库方法由于运行稳定、操作便捷、响应快速的特点，仍然在海啸预警业务中占主导地位。

5.1 基本原理

5.1.1 海啸线性波动

应用传统的海啸数值模拟方法，基于已知海底地震造成的初始海平面即可计算其在模拟区域所有格点造成的响应，这种方法也称为正演。该方法从物理上便于理解，描述了震源引起的海面波动在洋面上或大陆架上传播的情况。一般认为，忽略了非线性对流项和底摩擦效应的线性浅水波动方程可用于模拟海啸波在深海中的传播，但海啸波从洋面传播到有限水深的近海后，线性浅水方程是否能够对海啸波动进行一阶近似描述，以及忽略掉非线性对流项和海底摩擦效应是否会引入较大误差，需要进一步探讨。数值研究结合观测数据表明，海啸波靠近近岸时会呈现非线性效应，但水深为30～50m的海域，线性浅水方程可以满足模拟精度（Shuto，1991；王培涛等，2014）。假设南海马尼拉海沟北侧发生8.0级地震并引发海啸，我国沿海30～50m水深处的数值模拟结果显示，在海啸波抵达后的2～3个波周期，海啸波动曲线是较为吻合的（图5.1）。采用非线性浅水方程时，由于近海底摩擦效应和非线性效应，海啸波幅在数个波周期之后会产生显著衰减。海啸预警往往仅关注海啸首波及其之后数个周期的波幅，因此采用线性浅水方程，同时结合近岸格林定律（Green’s Law）换算，可以近似给出近岸变形后的最大海啸波幅。

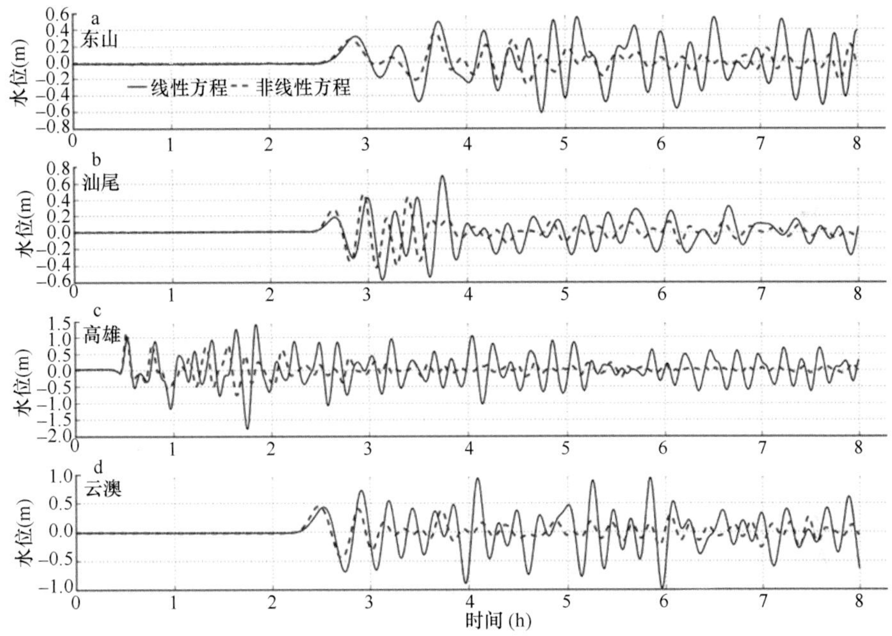

图5.1　马尼拉海沟北侧8.0级地震产生的海啸在线性和非线性浅水方程控制下在我国沿海典型水位站外海30～50m水深处的水位曲线

在地震、声学等波动学中，经常定义格林函数为线性系统中单位波源在传播场中造成的响应，可将其推广应用于海啸线性波动模拟。线性波动系统满足两个基本特性：一是可叠加性，即任意振幅的波源在传播场中造成的响应等同于其单位震源格林函数线性叠加的结果；二是可逆性，即相同的波源在A点对B点造成的影响等同于在B点对A点造成的影响。假设A点为接收点，B点为地震海啸源，那么B点产生的海啸波传播到A点的振幅（即格林函数）等于A点产生的海啸波传播到B点的振幅（格林函数）。如图5.2所示，在中国福建东山近海和台湾恒春以南近海40m水深处各选取一点并放置单位波源（两个单位波源都位于中国陆架之上，水深均不大于100m），经线性浅水方程计算，两点的格林函数曲线吻合较好，说明格林函数在线性系统中是可逆的。

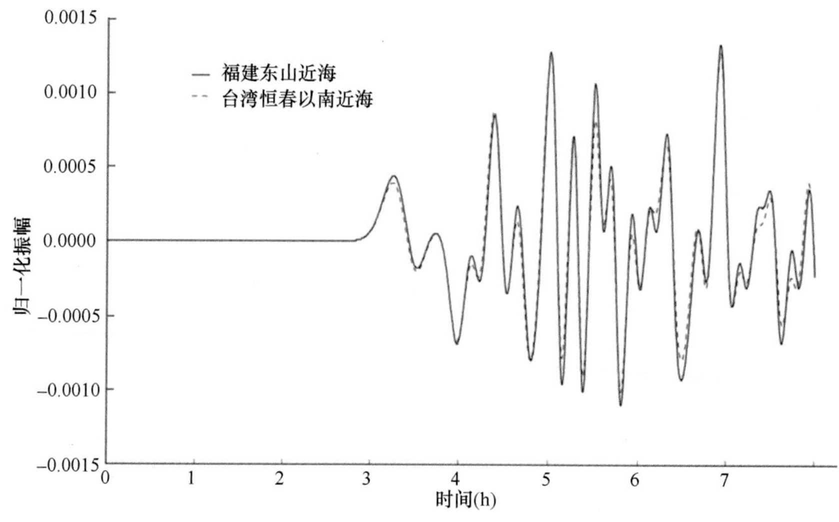

图5.2 线性系统中格林函数的可逆性

线性波动方程的上述两个基本特性在实时海啸预警中是非常重要的。基于线性叠加原理，可以将强震震源根据地震矩离散为单位震源，通过事先计算单位震源的格林函数场和简单的线性计算，得到相应的海啸波幅场。此外，基于可叠加性和可逆性，任意位置的震源引发的海啸可以通过其相邻的已经事先计算好的场景进行空间插值得到。

5.1.2 地震矩

忽略地球的曲率、重力、温度等空间变化，可将其看成一个各向同性的半无限空间完全弹性均匀介质，假设地震震源可视为一个有限矩形源，且在该矩形源内地震引发的海底垂向位移可体现为海表面的水位初始场，则可用弹性形变源场模型（Okada，1985）推导出引发海啸的初始海面波动场。模拟海啸产生过程所需的地震参数包括断层破裂长度（L）、破裂宽度（W）、震中位置、深度（h）、滑移量（D）和断层的走向角、倾角及滑动角。地震矩的定义为

$$M_0 = \mu DLW$$

式中，μ是剪切模量，一般取$4.0\times10^6 \mathrm{N/cm^2}$；$D$、$L$和$W$的单位均为cm。根据地震矩计算公式及地震震级-滑移量的统计关系，可以计算得到地震断层空间范围。反之，通过地震震级-破裂面积的统计关系，可以计算得到滑移量。

5.1.3 基于海啸情景数据库的实时预警方法

引发大规模海啸的地震源集中在全球重要板块相互作用的海底俯冲带上，主要包括环太平洋地震俯冲带、印度洋桑达地震俯冲带、地中海地震俯冲带等。例如，2010年智利8.8级地震发生在南美洲板块和纳斯卡板块相互挤压的智利中部地震俯冲带上；2011年日本9.1级地震发生在太平洋板块和欧亚板块之间的日本海沟中。虽然当今并行数值模拟技术（如OpenMP并行和GPU并行）和计算机运行速度已经可以初步满足实时预警的需

求，但即便是5～10年前，洋盆尺度的海啸波传播过程模拟仍需耗时十至数十分钟。为缩短预警响应时间，最快捷的做法就是提前模拟可能发生的地震海啸场景，然后将运算结果存储在数据库中。一旦发生地震，根据一定的插值和检索算法将预警岸段的波幅预报结果快速提取出来。

构建海啸情景数据库可采用不同的技术思路。一类是提前将地震俯冲带按照一定的空间间隔离散为点源，假设每个点源上典型深度处发生典型震级（一般是6.5～9.0级，以0.5为间隔）的地震，根据该点源所在位置设定合适的走向角、倾角和滑动角，基于震级-滑移量和震级-破裂长度等的统计关系，模拟海啸波的生成和传播场景。当在地震俯冲带中任意位置和任意深度上（小于100km）发生一定震级的地震时，从数据库中调取相邻震级、震源深度和空间位置的海啸场景（2^n个场景，插值维数n=3）进行插值，可近似得到海啸波幅预报结果。如图5.3所示，假设日本本州岛近岸10km深度处发生地震，利用水平和垂向空间插值算法将8个预先计算的海啸场景进行插值（此处未考虑震级维度的插值）。

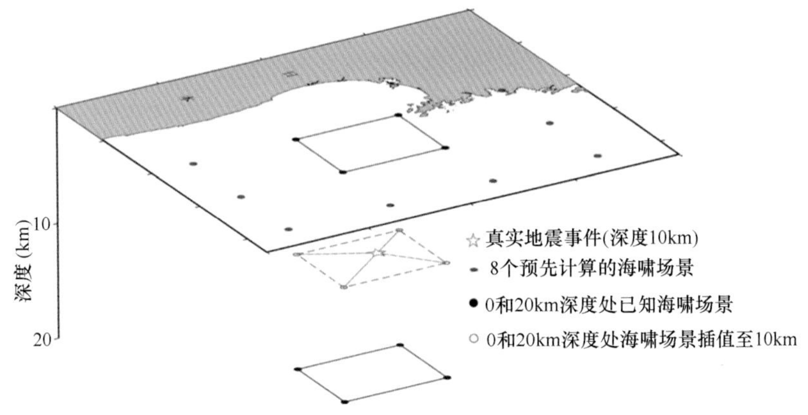

图5.3　海啸场景数据库检索和插值方法示意图

另一类是将地震俯冲带划分为固定长度和宽度的单位震源（见图5.4，一般为100km × 50km），采用线性浅水方程模拟该单位震源发生单位滑移所引发的海啸情景并

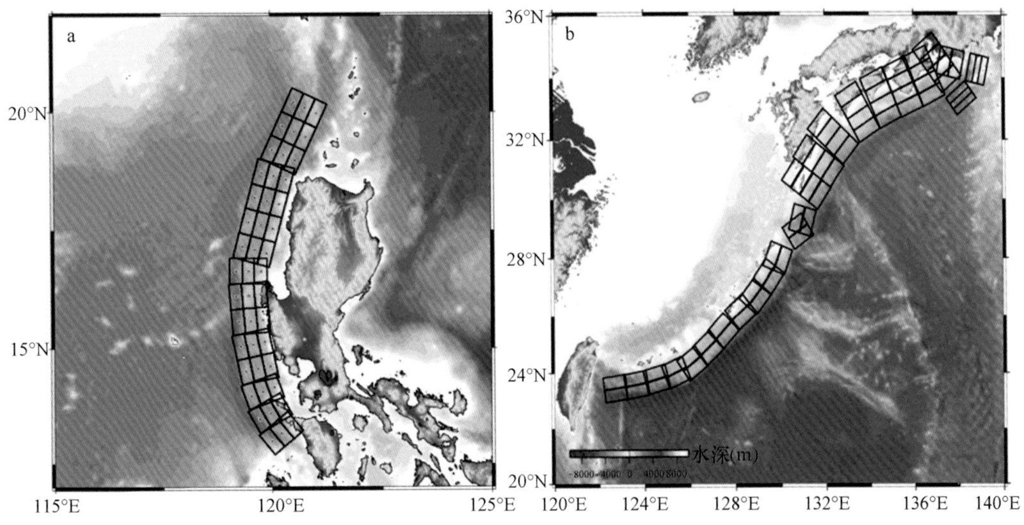

图5.4　我国周边的日本南海道海槽、琉球海沟和马尼拉海沟地震俯冲带单位震源划分

存储至数据库中。假设该单位震源上发生任意震级的地震，根据地震震级-滑移量、震级-破裂面积统计关系，可将该地震源视为一定数量相邻单位震源的集合，进而对单位地震源海啸场景进行线性叠加运算，进而获取该地震引发海啸的预报结果。

采用海啸情景数据库方法的优点十分显著，但是实际应用到海啸预警工作中也存在如下问题。

（1）由于仅仅依赖于地震震级、位置和深度等基本参数，忽略了地震的震源破裂机制参数，海啸预警的空报率较高，且预警等级普遍偏高。

（2）虽然绝大多数地震均发生在已知的地震断层内，但不能排除在这些断层之外发生强震的可能性。

5.2 我国西北太平洋海啸预警数据库构建

我国沿海处于欧亚板块和太平洋板块交界处，琉球群岛、台湾岛、菲律宾群岛一线是环太平洋地震带的一部分，也是地震和海啸的多发地带。2004年印度洋大海啸之后，国家海洋环境预报中心加强攻关，在“十一五”期间建立了基于数据库和GIS技术的南海定量海啸预警系统。当我国近海发生地震海啸时，可通过南海定量海啸预警系统输入相关地震参数进行检索和查询。系统会在1min内完成所有的计算和输出。

“十二五”期间，国家海洋局海啸预警中心在南海定量海啸预警系统的基础上，考虑了西北太平洋范围内所有的地震断层，预报岸段由东南沿海扩展到我国所有沿海和南中国海区域国家岸段。经过扩建，潜在海啸源由235个增加到1671个，海啸情景个例由7050个增加到6万多个。

西北太平洋定量海啸预警系统开发的技术路线是：首先，确定预警区域及影响该区域的潜在地震海啸源；其次，划分地震海啸单位震源，确定每个单位震源的相关参数；再次，选择成熟、可靠的地震海啸数值模式，针对每个地震海啸单位震源在不同震源参数情况下的情景进行海量计算；然后，建立数据库，并将所有计算结果存储于数据库中；最后，开发便于海啸预警值班人员使用的人机交互软件。

5.2.1 西北太平洋潜在地震海啸源及其参数

定量海啸预警系统的预警岸段为我国沿海、苏禄海、苏拉威西海。考虑到局地和区域海啸的威胁，该系统的海啸数值计算范围为包含了南中国海区域在内的西北太平洋区域，即5°S～50°N、100°～160°E。首先，需要根据历史地震和历史海啸事件分布的空间范围，划分潜在海啸源区域；其次，根据地震发生断层属性及发震构造，确定可能引发海啸的地震断层参数，断层参数主要包括走向角、倾角和滑动角。

1. 西北太平洋板块构造格局

西北太平洋俯冲带位于欧亚大陆东缘，是欧亚板块、太平洋板块、菲律宾海板块及鄂霍次克板块（北美板块）彼此之间相互俯冲碰撞的产物。西北太平洋俯冲带具有典型的“沟—弧—盆”体系，例如，菲律宾海板块俯冲到欧亚板块之下形成的琉球俯冲带，由“南海海槽-琉球海沟”“西南日本-琉球岛弧”“日本海盆-冲绳海槽”三部分构成；太平洋板块俯冲到鄂霍次克板块及欧亚板块之下形成的日本俯冲带和千岛群岛俯冲带，则由“千岛-日本海沟”“千岛-东北日本岛弧”“日本海盆-鄂霍次克海盆”构成。位于中国南海东缘的马尼拉海沟是由欧亚板块隐没入菲律宾板块之下形成的。

2. 历史地震事件

收集美国USGS国家地震信息中心1900年以来在研究区域内震级为5.0级以上的历史地震目录，根据历史地震分布来确定潜在地震海啸源区范围。历史地震主要沿着阿留申群岛、堪察加半岛、日本列岛南下至中国台湾省，再经菲律宾群岛转向东南等地区，震级为8.0级及以上的地震共32次，大部分地震为浅源地震（表5.1）。

表5.1　1900～2013年西北太平洋8.0级及以上历史地震列表

发震时间	纬度	纬度	震源深度（km）	震级	位置
2011-03-11	38.297°N	142.373°E	29	9.0	east coast of Honshu，Japan
2007-09-12	4.438°S	101.367°E	34	8.5	southern Sumatra Islands，Indonesia
2007-04-01	8.466°S	157.043°E	24	8.1	Solomon Islands
2007-01-13	46.243°N	154.524°E	10	8.1	east of the Kuril Islands
2006-11-15	46.592°N	153.266°E	10	8.3	Kuril Islands
2003-09-25	41.815°N	143.910°E	27	8.3	Hokkaido，Japan region
2000-11-16	3.980°S	152.169°E	33	8.0	New Ireland Island，PNG
1996-02-17	0.891°S	136.952°E	33	8.2	Biak region，Indonesia
1994-10-04	43.773°N	147.321°E	14	8.3	Kuril Islands
1972-12-02	6.405°N	126.640°E	60	8.0	Mindanao Island，Philippines
1971-07-26	4.817°S	153.172°E	40	8.1	New Ireland region，PNG
1971-07-14	5.524°S	153.850°E	40	8.0	New Ireland region，PNG
1969-08-11	43.424°N	147.859°E	30	8.2	Kuril Islands
1968-05-16	40.86°N	143.435°E	29.9	8.2	east coast of Honshu，Japan
1965-01-24	2.608°S	125.952°E	20	8.2	Kepulauan Sula，Indonesia
1963-11-04	6.843°S	129.684°E	65	8.1	Banda Sea
1963-10-13	44.872°N	149.483°E	35	8.5	Kuril Islands
1960-03-20	39.869°N	143.228°E	15	8.0	east coast of Honshu，Japan

续表

发震时间	纬度	纬度	震源深度（km）	震级	位置
1958-11-06	44.479° N	148.485° E	35	8.4	Kuril Islands
1952-03-04	42.084° N	143.899° E	45	8.1	Hokkaido，Japan region
1946-12-20	33.116° N	135.895° E	15	8.3	south coast of western Honshu
1944-12-07	33.682° N	136.204° E	15	8.1	south coast of western Honshu
1939-12-21	0.073° S	122.510° E	35	8.1	Sulawesi Sea，Indonesia
1938-02-01	5.045° S	131.614° E	25	8.5	Banda Sea
1933-03-02	39.209° N	144.590° E	15	8.5	east coast of Honshu，Japan
1924-04-14	6.722° N	126.038° E	15	8.0	Mindanao，Philippines
1923-09-01	35.413° N	139.298° E	15	8.1	south coast of Honshu，Japan
1920-06-05	23.684° N	121.986° E	20	8.2	Taiwan
1918-09-07	46.737° N	150.653° E	15	8.1	Kuril Islands
1918-08-15	5.967° N	124.377° E	20	8.3	Mindanao，Philippines
1914-05-26	1.829° S	136.943° E	15	8.1	Biak region，Indonesia
1910-04-12	25.911° N	123.973° E	235	8.1	northeast of Taiwan

收集哈佛大学震源机制解事件集，共获得研究区域内1976～2013年1762条震源机制解，所用的震源机制解数据是下半球投影。同时对这些参数进行处理得到*P*轴、*B*轴和*T*轴的倾角与方位角。震源机制解所反映的震源错动类型，可由Zoback M D和Zoback M L（1981）给出的断层错动类型分类表（表5.2）反映。按照Zoback M D和Zoback M L（1981）的分类方法统计分析可知，共918条震源机制解具有逆断层信息（图5.5）。根据这些震源机制信息，为构建的假想地震震源参数提供参考。

表5.2　震源机制解*P*轴、*B*轴和*T*轴判断震源机制解类型

断层性质	*P*轴（°）	*B*轴（°）	*T*轴（°）
NF	≥52	—	≤35
NS	40≤Pl＜52	—	≤20
SS	＜40	≥45	≤20
	≤20	≥45	＜40
TS	≤20	—	40≤Tl＜52
TF	≤35	—	≥52
UD	其他		

注：NF代表正断层；NS代表走滑型正断层；SS代表倾滑型断层；TS代表走滑型逆断层；TF代表逆断层；UD代表未知

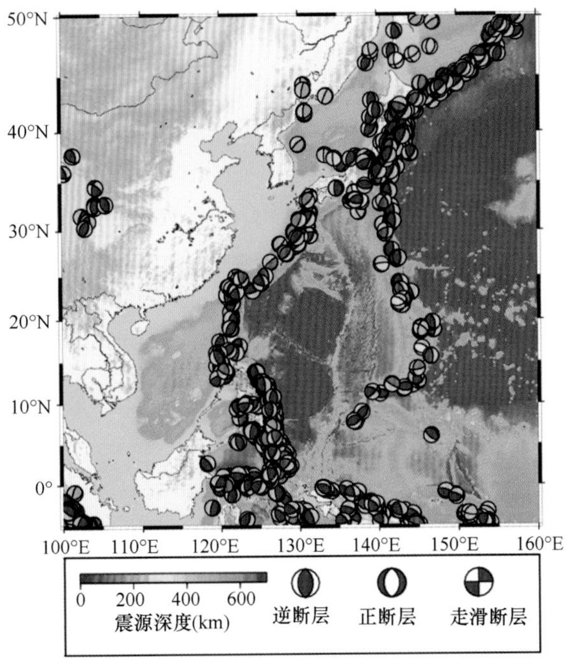

图5.5　西北太平洋断层类型震源机制解分布

3. 潜在震源区划分

参考地震目录数据和主要俯冲带分布进行潜在震源区划分。选取震级为5.0级以上，震源深度范围为0～100km的地震目录数据，浅源5.0级以上地震共记录24 194次。根据震中分布空间范围、俯冲带主要走向和历史震源机制分布及地形等信息，确定潜在海啸震源区，共划分36个子区域。图5.6即为西北太平洋潜在震源区划分。可见，该区域内绝大部分地震均位于所划分的潜在震源区域内。

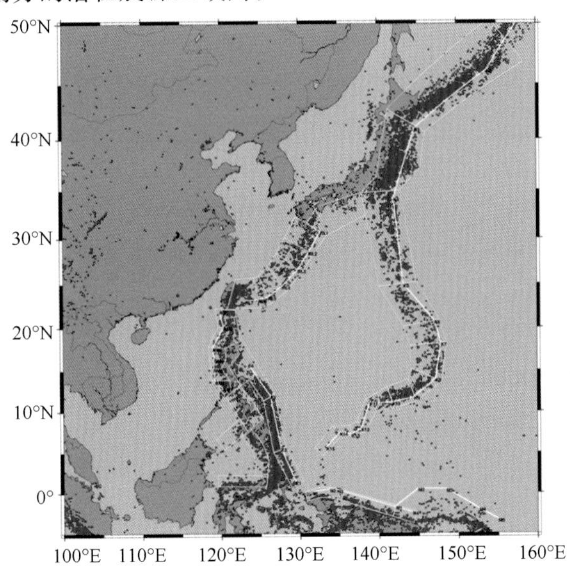

图5.6　西北太平洋潜在震源区划分（浅源地震）

红点表示历史震中位置；白线为主要俯冲破裂带分布；黄线为潜在震源区划分

4. 潜在海啸源参数确定

通过对西北太平洋主要俯冲带的几何形状，包括板片的俯冲深度、走向角和倾角，以及地震震源机制进行统计分析，参考Slab1.0俯冲带模型参数（图5.7），确定假想海啸源参数，包括走向角、倾角和滑动角。根据Slab1.0模型参数，西北太平洋地区包括4个主要俯冲带：日本伊豆-小笠原海沟（Izu-Bonin Trench）俯冲带；堪察加半岛-千岛群岛-日本（Kamchatka Peninsula-Kurils Islands-Japan）俯冲带；东菲律宾海（East Philippine Sea）俯冲带；琉球海沟（Ryukyu Trench）俯冲带。依据上述模型，可以统计分析得到西北太平洋主要俯冲带俯冲界面的平均倾角参数（表5.3）。

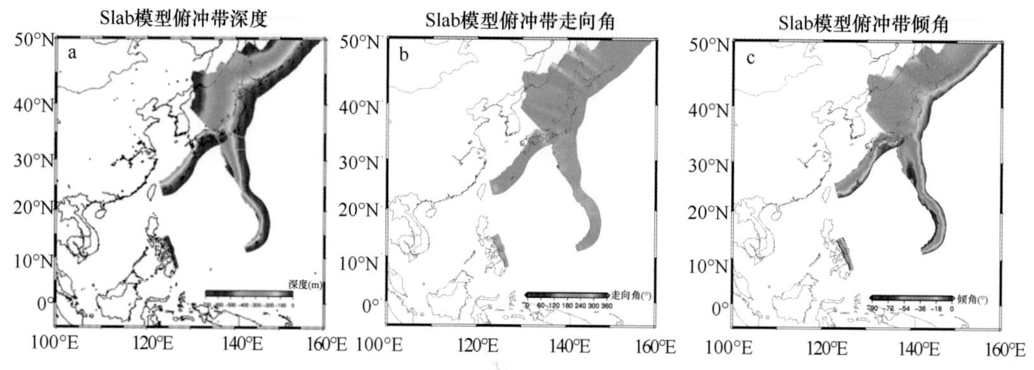

图5.7 西北太平洋主要俯冲带板片深度、走向角和倾角图

表5.3 西北太平洋主要俯冲带俯冲界面的平均倾角参数表

序号	主要俯冲带	平均倾角（°）
1	东菲律宾海（East Philippine Sea）	24
2	琉球海沟（Ryukyu Trench）	15
3	堪察加半岛-千岛群岛-日本（Kamchatka Peninsula-Kuril Islands-Japan）	14
4	日本伊豆-小笠原海沟（Izu-Bonin Trench）	17

在西北太平洋主要俯冲带及南海、苏禄海和苏拉威西海中按照50km的空间分辨率综合划定了1671个地震海啸源，如图5.8所示。在每个地震海啸源上，假设在不同震源深度处发生不同震级的地震。其中，震级分为6.5级、7.0级、7.5级、8.0级、8.5级和9.0级，低于6.5级认为不会引发海啸；震源深度分为0km、20km、40km、60km、80km、100km，其中震源深度超过100km认为不会引发海啸。针对每个假想地震海啸源将提供36种假想模拟结果。震源参数参见表5.4。由此，在西北太平洋区域内，本数据库可构建60 156个海啸模拟情景。

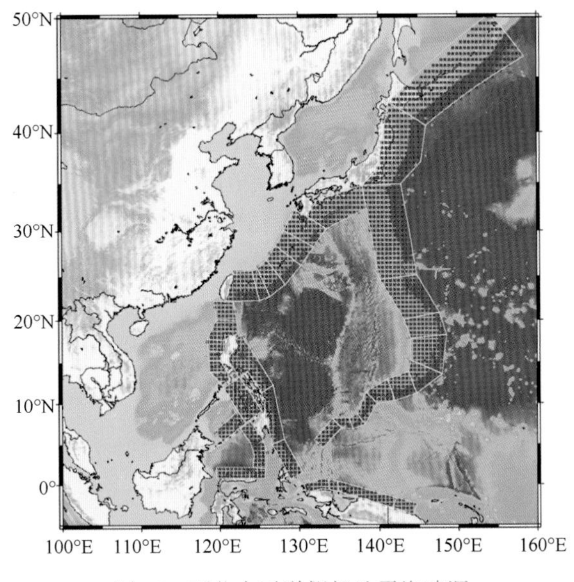

图5.8 西北太平洋假想地震海啸源

表5.4 潜在海啸源区假想地震海啸源震源参数列表 （单位：°）

序号	走向角	倾角	滑动角	序号	走向角	倾角	滑动角	序号	走向角	倾角	滑动角
1	261	35	90	14	240	45	90	27	357	20	90
2	252	30	90	15	199	45	90	28	9	20	90
3	233	25	90	16	270	42	90	29	353	30	90
4	225	20	90	17	256	30	90	30	308	30	90
5	212	19	90	18	232	29	90	31	115	37	90
6	210	15	90	19	189	13	90	32	36	28	90
7	194	28	90	20	164	22	90	33	274	29	90
8	105	10	90	21	137	22	90	34	102	24	90
9	105	10	90	22	173	20	90	35	153	19	90
10	113	16	90	23	201	20	90	36	168	43	90
11	113	16	90	24	240	24	90	37	156	50	90
12	223	45	90	25	350	14	90				
13	278	45	90	26	29	20	90				

5.2.2 海啸情景数据库计算和入库

潜在地震海啸源及其参数确定后，利用线性海啸数值模型对所有潜在的海啸情景进行海量数值计算。数值模型及有关设置如下。

1. 线性海啸数值模型建立

海啸数值模型所采用的基础模型是在COMCOT（Liu et al.，1995）基础上改进得到的。为了使该模型能够满足海量计算的需求，对其进行了并行开发和代码优化。COMCOT是海啸研究领域常用的模型之一（Kian et al.，2014），Wang和Liu（2006）验证了模型的准确性和可靠性。但是，COMCOT作为一个研究模型，不能满足海啸预警业务的需求（Lin et al.，2015）。主要原因包括以下几个方面：一是模型代码采用串行格式编写，对于实时海啸预警流程而言，耗时太长；二是模型的输入输出文件均采用ASCII码格式，数据读写效率不高；三是其他影响计算效率的代码，如大量循环计算中的逻辑判断语句，以及数据在内存和高速缓冲存储器中的读写顺序等。为了突破上述效率瓶颈，对模型做了并行开发和针对性的代码优化工作，使其能够满足业务化海啸预警的时效性。

采用OpenMP和GPU并行技术对海啸数值模型进行了二次开发。并行化之后的模型较原先的串行版本加速比达到100倍左右，计算效率大幅提升。将并行模拟结果与串行结果进行了对比分析，结果显示，海啸最大波幅相对误差不超过5%。

NetCDF网络通用数据格式是一种面向数组型并适于网络共享的数据描述和编码标准，目前广泛应用于大气科学、水文、海洋学、地球物理等诸多领域，具有自描述性、易用性和读写速度极佳的优势。通过重写相应代码，实现了模型输入水深文件、最大海啸波幅和海啸波时间序列输出结果的NetCDF格式封装，大大缩短了模型读写数据文件的耗时，输入输出接口获得接近3倍的效率提升。

2. 海啸源计算

在均一破裂假设条件下，海啸数值模型需要9个震源参数，分别为震源经度、纬度、深度、走向角、倾角、滑动角、断层破裂长度、破裂宽度及均一滑移量。如前所述，对于每个海啸源情景，震源位置、深度及走向角、倾角和滑动角已经确定，断层长度和宽度则是根据震级-破裂尺度的统计关系进行估计。考虑到引发灾难性海啸的地震大部分为俯冲型强震，选择了Blaser等（2010）推导的大洋俯冲带逆冲型统计关系作为断层破裂长度和宽度的计算公式，表达式如下：

$$\log_{10}L=a+b\times M_w\ (a=-2.81,\ b=0.62)$$

$$\log_{10}W=a+b\times M_w\ (a=-1.79,\ b=0.45)$$

式中，M_w为矩震级。再根据震源深度计算剪切模量μ，美国地质调查局（USGS）给出的地壳剪切模量参考量为32GPa。但实际上，μ是一个随深度变化的量，Geist和Bilek（2001）对海啸产生过程中剪切模量随深度的变化进行了综述。本小节采用Bilek和Lay（1999）给出的经验关系计算剪切模量，但是将其阈值设定在[18，40]。最后计算均一滑移量：

$$\bar{D}=M_0/\mu LW$$

式中，M_0为地震矩，可转化为地震矩震级。

3. 深水区海啸传播情景计算

海啸波在大洋中的传播，几乎可以不考虑非线性效应，线性浅水方程即可很好地模拟海啸波的行进。球坐标系下的线性浅水方程为

$$\frac{\partial \eta}{\partial t}+\frac{1}{R\cos\varphi}\left[\frac{\partial P}{\partial \psi}+\frac{\partial}{\partial \varphi}(Q\cos\varphi)\right]=0$$

$$\frac{\partial P}{\partial t}+\frac{gH}{R\cos\varphi}\frac{\partial \eta}{\partial \psi}-fQ=0$$

$$\frac{\partial Q}{\partial t}+\frac{gH}{R\cos\varphi}\frac{\partial \eta}{\partial \varphi}+fP=0$$

式中，η 为相对于平均海平面的自由表面扰动；ϕ 为纬经度；ψ 为纬度；R为地球半径；P为沿纬度单位宽度的通量；Q为沿经度单位宽度的通量；f 为科氏力系数；g为重力加速度。

模型区域范围为5° S～50° N、99° ～160° E。空间分辨率为4′，地形水深采用GEBCO_14，东中国海部分区域融合了实测水深。模型采用线性浅水方程，差分方案为球坐标系下蛙跳格式有限中央差分。经测试，时间步长4s满足CFL条件（Courant-Friedrichs-Lewy condition），模型最小水深为10m，辐射边界条件。模型部署的硬件计算环境为2个8核Inter Xeon CPU E5-2650 v2芯片（16进程），主频为2.6GHz，64G内存。

4. 近岸浅水波幅计算

当海啸波传播到陆架或者近岸区域时，水深变浅，波长变短，海啸波传播不再满足线性浅水假设。因此，为了满足岸段预警的需求同时兼顾科学性，采用和太平洋海啸预警中心类似的方法（Wang et al.，2012），即利用格林公式将模型离岸（offshore）深水区的海啸波幅预报结果换算到近岸（coastal）预报点：

$$A_c=A_o(H_o/H_c)^{1/4}$$

式中，A_c和A_o分别为近岸（coastal）和离岸（offshore）预报点最大海啸波幅；H_o和H_c分别对应离岸和近岸预报点水深。根据模型分辨率的不同，Wang等（2012）对离岸预报点的水深做了条件限制。例如，对于4′ 的模型分辨率，H_o应大于992m，分辨率越高，H_o的上限值越小；H_c使用固定值1m。我国黄海和东海具有极其宽广的陆架，严格按照Wang等（2012）的方法选取离岸预报点（水深超过1000m）并不现实。因此，我们尽量沿着我国的海岸线在水深为30～50m的区域成对选取离岸深水点和对应岸段点。

最终，沿着南中国海区域岸线一共选取了1139个城市岸段预报点及与之对应的离岸预报点，用于海啸预警结果输出（图5.9）。

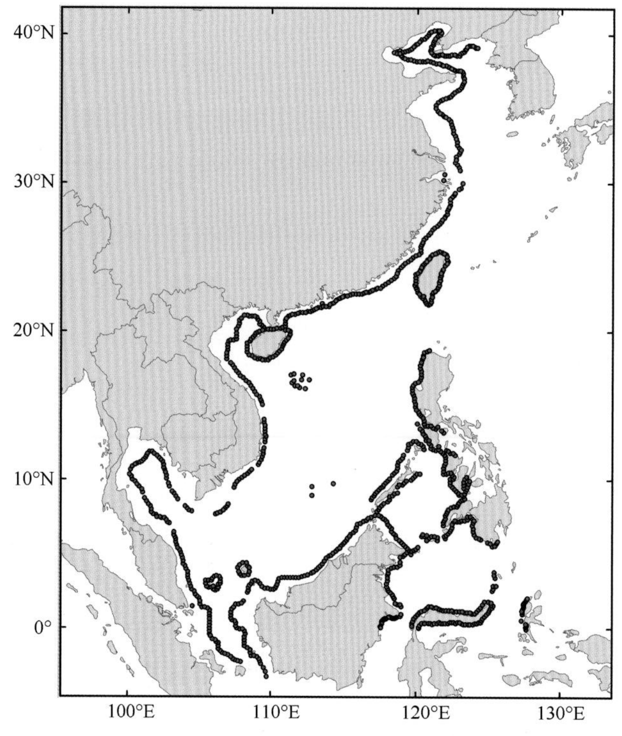

图5.9　海啸情景数据库岸段预报输出点

5.2.3　海啸预警检索查询方法

当从地震台网获取地震震源位置、震级和震源深度等地震基本信息以后，在系统中输入这些参数，可实时获取影响南中国海区域各个岸段的海啸预警信息，包括海啸抵达时间和最大海啸波幅。以震级为7.3级、震源深度为23km的地震海啸预警结果检索为例，该地震位于4个地震海啸点源之间。首先，从数据库中获取周边4个地震海啸点源上震级分别为7.0级和7.5级、震源深度分别为20km和40km的16个海啸情景；其次，在每个点源上，将同一深度上7.0级和7.5级地震海啸情景进行插值；然后，对相邻深度的插值结果进行二次插值；最后，将4个相邻点源的插值结果按照反距离线性插值进行第三次插值，得到最终的预警结果。

1. 空间位置插值检索算法设计

反距离权重法主要依赖于反距离的幂参数，其可基于距输出点的距离来控制已知点对内插值的影响。幂参数是一个正实数，默认值为2。通过定义更高的幂值，可进一步强调最近点。因此，邻近数据将受到更大影响，表面会变得更加详细（更不平滑）。随着幂参数的增大，内插值将逐渐接近最近采样点的值。指定较小的幂参数将对距离较远的周围点产生更大的影响，从而导致平面更加平滑。在进行反距离权重（inverse distance weighted，IDW）插值之前，我们可以事先获取一个离散点子集，用于计算插值的权重，离散点距离插值点越远，其对插值点的影响力越低，甚至完全没有影响力。权重函数为

$$W_i = \frac{\left(\dfrac{R-h_i}{Rh_i}\right)^2}{\sum_{i=1}^{n}\left(\dfrac{R-h_i}{Rh_i}\right)^2}$$

式中，$h_i = \sqrt{(x-x_i)^2+(y-y_i)^2}$ 是离散点到插值点的距离；x_i、y_i是潜在海啸源位置；R为潜在海啸源到插值点的最远距离（图5.10）；n为离散点总数。

当查询点超出所有潜在海啸源范围之外时（外缘外扩0.5°），系统不再提供插值结果。当查询点附近只有一个潜在海啸源时，即采用该点源上的海啸情景进行插值。

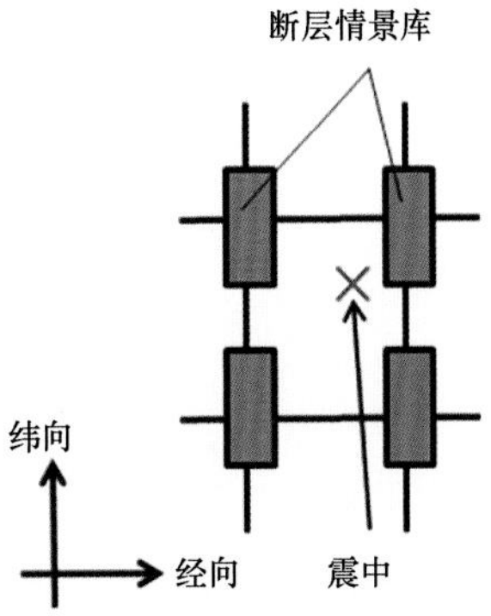

图5.10　空间位置插值示意图

2. 震级插值检索算法设计

首先探讨海啸波幅随震级变化的定量关系。通过设计一组数值实验说明震级与海啸波幅的量化关系。假定潜在海啸源位置为28.25° N、127.25° E，震源深度为10km，走向角为240°。考察震级为6.5～8.5级、间隔为0.1的震级-海啸波幅对应关系。

从图5.11可以看出，震级与海啸波幅的对数呈现线性相关性。通常，线性关系通用的拟合公式采用如下形式：

$$f(x) = f(x_0)\times(1-k) + f(x_1)k$$

式中，x在区间$[x_0, x_1]$，并且它与x_0、x_1的距离之比为$k:(1-k)$。

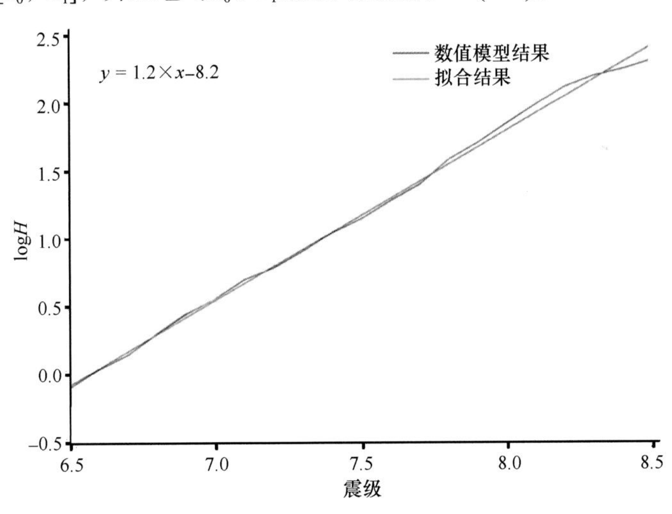

图5.11　震源震级与海啸波幅对数的关系图

3. 震源深度插值检索算法设计

通过设计另一组数值实验讨论海啸波幅随震源深度变化的定量关系。假定潜在海啸源位置为28.25° N、127.25° E，震级为7.5级，走向角为240°。考察震源深度为

2～100km、间隔为2km的震源深度-海啸波幅对应关系（图5.12）。

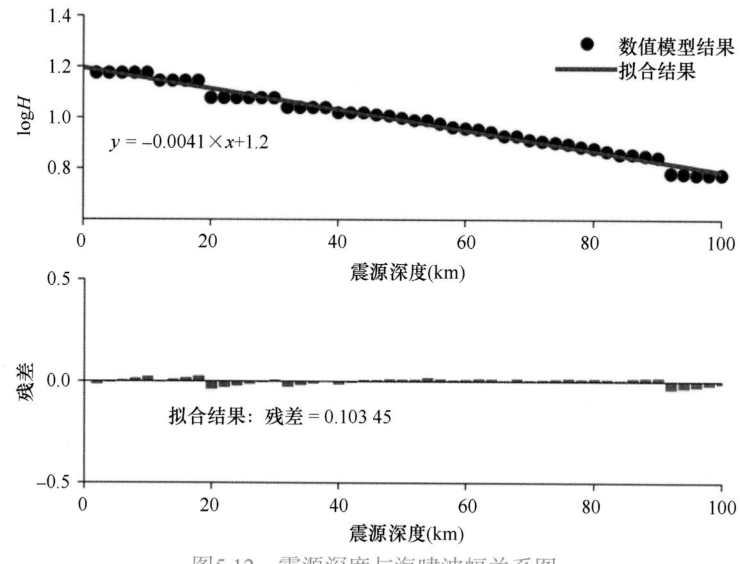

图5.12 震源深度与海啸波幅关系图

同样，相邻震源深度的地震海啸情景进一步通过以下公式插值得到：

$$f(x,y)=(1-l)[(1-k)f(x_0,y_0)+kf(x_1,y_0)]+l[(1-k)f(x_0,y_1)+kf(x_1,y_1)]$$

5.2.4 海啸情景数据库业务化产品

海啸预警对时效性的要求，决定了西北太平洋海啸情景数据库必须无缝融合到海啸预警业务流程中，因此该数据库必须能够实时获取当前发生地震的基本参数，检索和插值得到的预警结果与图形产品必须与海啸警报单连接起来，确保整个流程的自动化。如图5.13所示，自然资源部海啸预警中心开发了西北太平洋海啸情景数据库系统，使得海啸首波定量预警产品也可以在地震发生后10min内得到（图5.14）。

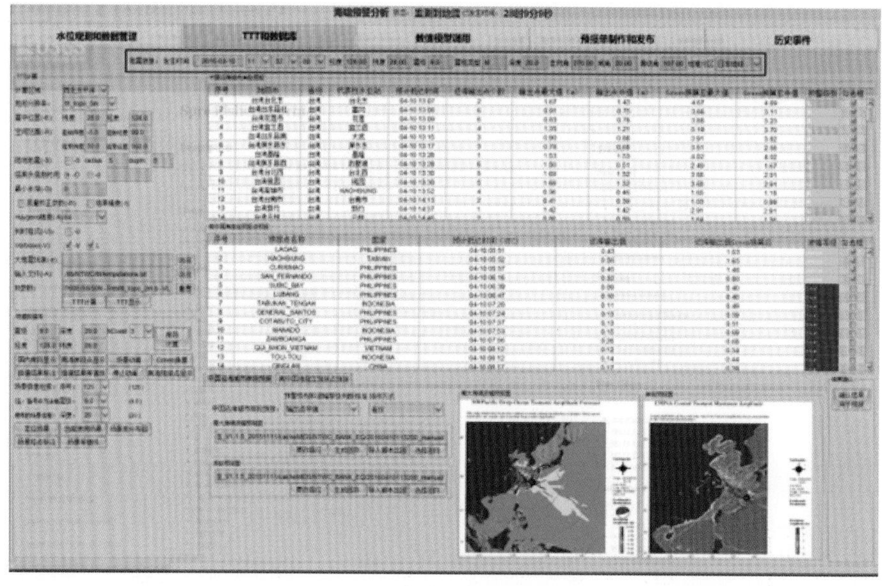

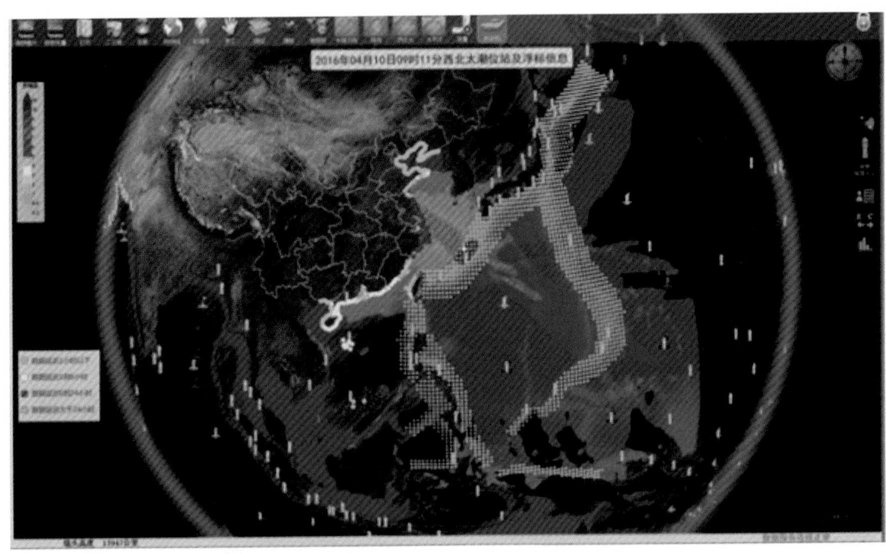

图5.13　海啸情景数据库系统

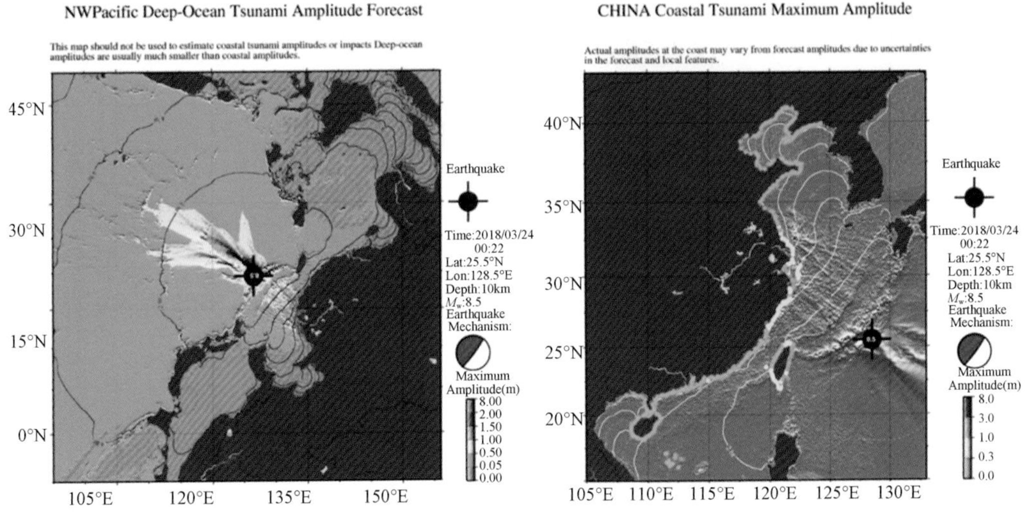

图5.14　西北太平洋海啸预警数据库业务化图形产品

5.3　海啸情景数据库检验

利用两个假想地震海啸场景和2011年日本“3・11”地震海啸事件对海啸情景数据库方法进行检验。

5.3.1　假想地震海啸情景检验

假设在琉球海沟和马尼拉海沟发生了灾害性海啸过程，震源基本参数如表5.5所示，预计最大海啸波幅分布如图5.15所示。首先，利用震源参数调用海啸情景数据库并输出中国近海所有岸段预报点的最大海啸波幅；然后，利用上述基本参数和构建该数据库时采用的该位置震源机制解参数（走向角、倾角和滑动角设为90°）驱动线性海啸数值模型，得到所有岸段预报点的最大海啸波幅；最后，将情景数据库检索插值结果与数值模型结果相减，作为海啸情景数据库预警结果的绝对误差。

表5.5　中国近海海啸情景数据库检验场景

位置	经纬度	震级	震源深度（km）
琉球海沟	27.0° N，128.3° E	8.7	40
马尼拉海沟	18.2° N，120.3° E	8.3	35

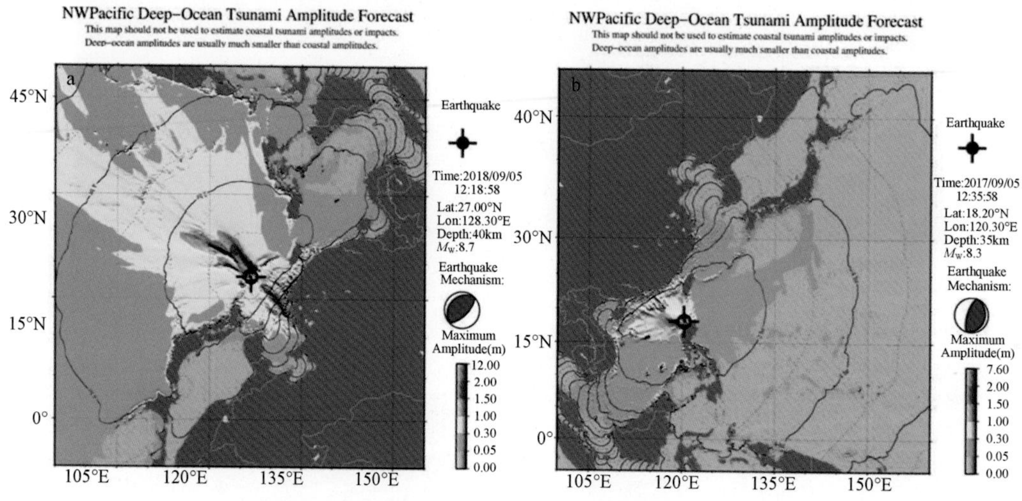

图5.15　检验场景

a. 琉球海沟8.7级假想场景最大海啸波幅分布；b. 马尼拉海沟8.3级假想场景最大海啸波幅分布

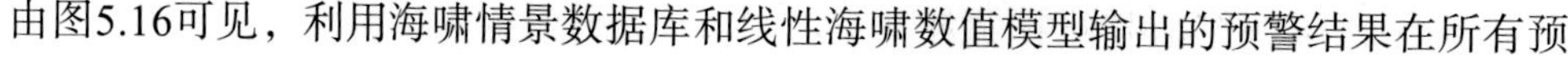

由图5.16可见，利用海啸情景数据库和线性海啸数值模型输出的预警结果在所有预

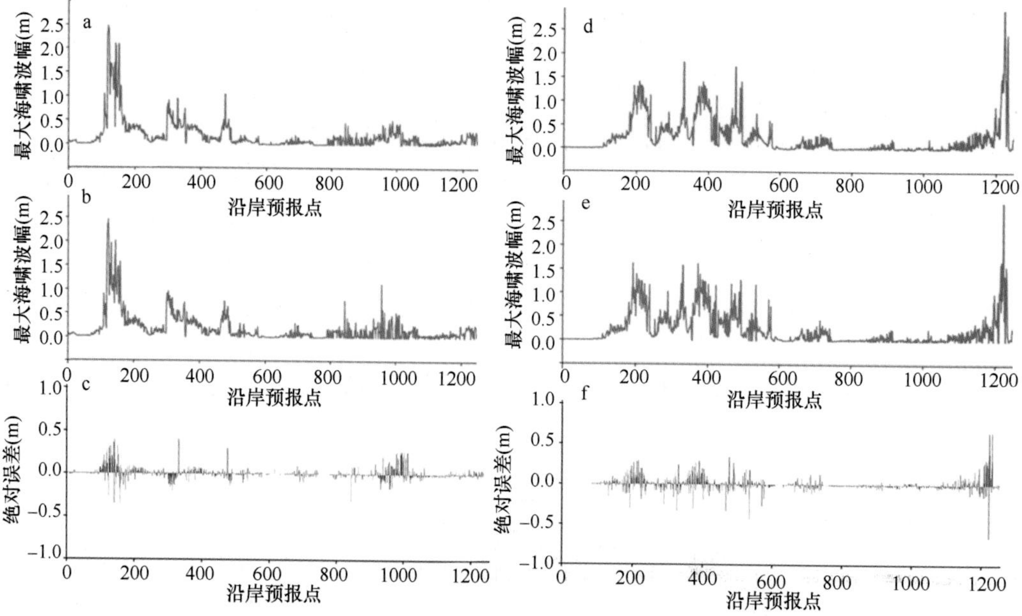

图5.16　琉球海沟8.7级（a～c）和马尼拉海沟8.3级（d～f）假想地震海啸情景沿岸预报点最大海啸波幅和绝对误差

a、d. 海啸情景数据库输出；b、e. 线性海啸数值模型输出；c、f. 绝对误差

报点上的空间分布是相似的。对于琉球海沟假想场景，最大误差不超过0.4m；在1254个输出点中，平均绝对误差为0.05m，在沿岸最大波幅大于0.3m的沿海预报点中，平均绝对误差为0.09m。对于马尼拉海沟假想场景，最大误差为0.55m，位于菲律宾吕宋岛沿岸，是该地震海啸场景影响最严重的近场区域；在沿岸最大波幅大于0.3m的预报点中，平均绝对误差为0.12m（图5.16）。

对西北太平洋范围内多个地震俯冲带假想地震海啸情景的插值结果进行验证，结果如表5.6所示。需要指出的是，平均绝对误差只针对海啸情景数据库在南中国海区域的输出点进行统计。可以看到，由于日本海沟、千岛群岛等地震俯冲带产生的海啸事件对我国影响不大，因此平均绝对误差很小。总体来看，海啸情景数据库在震级、震源位置和深度3个维度上的检索与插值方法是可靠的。

表5.6　西北太平洋典型地震俯冲带假想地震海啸情景插值结果和线性海啸数值模型输出结果的对比

序号	俯冲带	经纬度	深度（km）	震级	平均绝对误差（m）
1	日本海沟	42.4° N，38.3° E	29	9.0	0.02
2	南海道海槽	134.5° N，32.8° E	32	8.4	0.02
3	千岛群岛	153.3° N，46.6° E	10	8.3	0.01
4	台湾东部	123.9° N，25.9° E	20	8.2	0.05
5	菲律宾海沟	125.5° N，12.5° E	25	8.3	0.04
6	小笠原群岛	142.3° N，29.3° E	65	8.4	0.04
7	琉球海沟	27.0° N，128.3° E	40	8.7	0.05
8	马尼拉海沟	18.2° N，120.3° E	35	8.3	0.07

5.3.2　2011年日本9.1级地震海啸事件检验

针对日本2011年“3・11”地震海啸过程，检验方法如下。

首先采用日本9.1级地震海啸有限断层破裂模型（Fujii et al.，2011）驱动线性海啸数值模型，计算南中国海区域沿岸预报点的最大海啸波幅。经对比研究，王培涛等（2016）认为利用该有限断层模型计算得到的海啸波幅模拟结果与近场和远场的浮标、水位站观测结果吻合，因此可近似将该数值模拟结果视为“观测值”。接下来采用该地震基本震源参数检索海啸情景数据库，并将插值结果与数值模拟结果进行对比。

在我国，根据国家海洋局《风暴潮、海浪、海啸和海冰灾害应急预案》，海啸警报等级分为黄色、橙色和红色三级，其中黄色代表最大海啸波幅为0.3～1m（图5.17）。如图5.18d所示，红色圆点代表情景数据库方法比“观测值”大一个预警等级（即高估），而紫色圆点代表小一个预警等级（即低估）。在日本地震海啸应急过程中，我国发布了海啸预警，预计浙江和台湾东部沿岸将出现30～60cm的最大海啸波幅。观测表明，在浙江沿岸普遍观测到了30cm以上的海啸波动，最大观测值出现在舟山和宁波等地，为50～60cm。可见，采用海啸情景数据库方法发布首波定量海啸预警，预测的最大海啸波幅为50～80cm，主要出现在台湾东部和浙江沿岸，海啸警报的级别将是准确的（同样为黄色），但上述波幅出现的范围要比实际情况大（即图5.18中红色圆点出现的位置）。由于采用了更为保守的假想震源机制解，因此采用海啸情景数据库方法发布首波海啸预警是略偏大的。从海啸预警的角度来讲，略为保守的预警结果是允许的，可以促使政府和有关部门提高重视程度，加快开展应急决策部署工作。

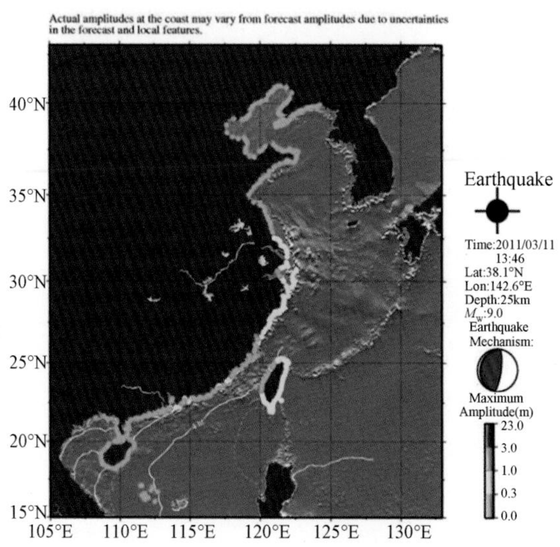

图5.17　针对日本9.1级地震海啸事件采用海啸情景数据库输出的我国沿岸最大海啸波幅分布

沿岸输出点的颜色对应于我国海啸警报等级

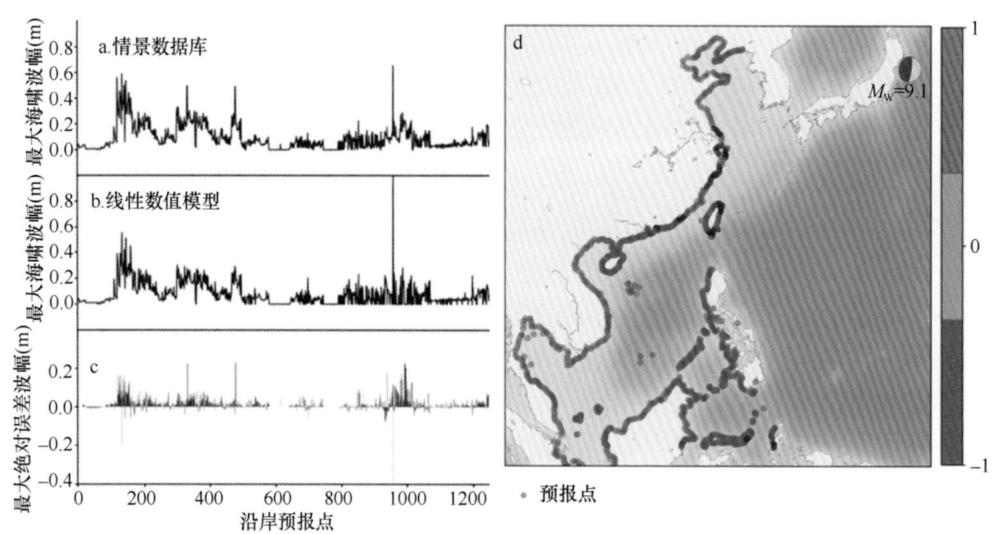

图5.18　日本9.0级地震海啸事件后报检验结果

a～c. 沿岸预报点最大海啸波幅和绝对误差；d. 预警等级检验情况

5.4　国际主要海啸情景数据库的发展及应用

5.4.1　日本海啸预警数据库

如前所述，我国目前所采用的定量海啸预警数据库技术是由日本最先提出并投入应用的。日本自1995年着手建立基于数值预报技术的定量海啸预警系统，并于1999年投入业务化运行。该系统围绕日本列岛选择了众多潜在地震海啸源，其中越靠近日本陆地，地震海啸源的分布越密。日本气象厅（JMA）对这些单位震源进行了大量的数值计算。当真实的地震发生后，JMA会迅速定位并确定地震相关参数。随后检索数据库，获得与实际地震参数最为接近的情景数值结果。借助该数据库，日本具备在局地地震海啸发生后3min内发布定量海啸预警的能力（图5.19）。

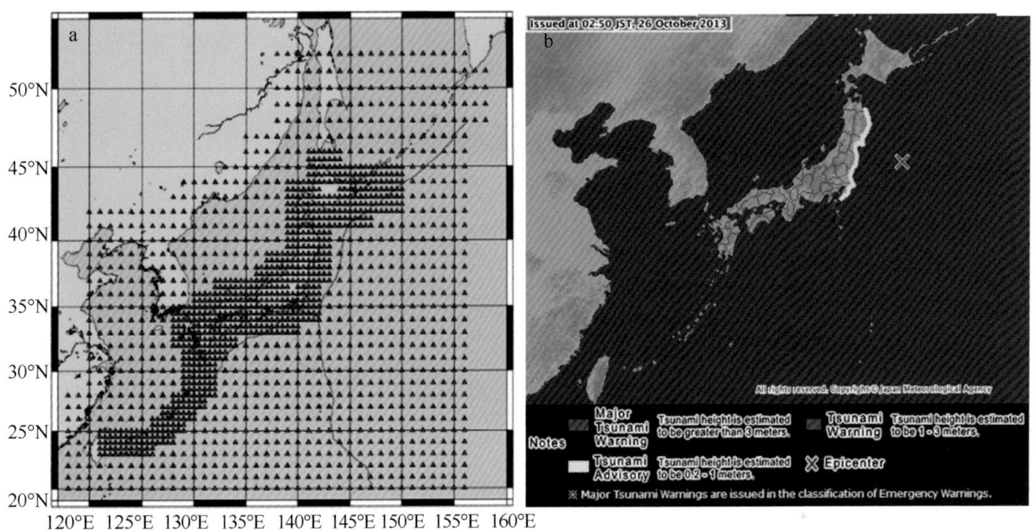

图5.19　日本海啸情景数据库

a. 潜在地震海啸源分布；b. 最大海啸波幅岸段预报图

5.4.2　澳大利亚海啸预警数据库

澳大利亚气象局于2010年建立了海啸情景数据库，具备了澳大利亚及印度洋区域的海啸预警能力。其基本原理如下。

1. 地震情景数据库建立

沿着俯冲断裂带，设置一列单位震源（图5.20），单位震源长度固定为100km，宽度和滑动量随震级变化而变化（根据地震矩$M_0 = \mu LWD$推算），走向角和倾角根据断层几何特征及历史震源机制来确定。在每一个单位震源上，假设发生7.5级、8.0级、8.5级、9.0级4个等级的地震情景，该地震断层的破裂尺度（即破裂长度和破裂宽度）通过震级-破裂面积的统计关系确定。利用MOST海啸数值模型计算每个单位震源设定的4个海啸情景并输出潮位站、浮标站和沿海预报点的波形数据，以此建立了一个海啸情景数据库。

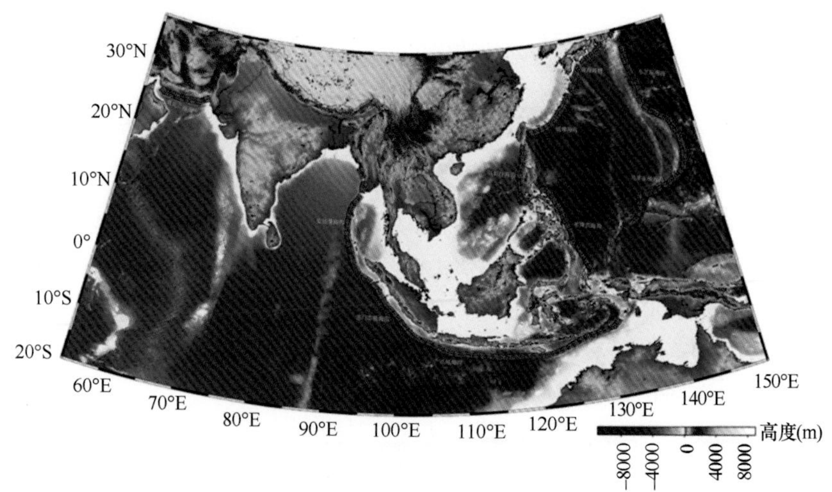

图5.20 澳大利亚海啸情景数据库单位震源

当地震发生在地震俯冲带时，首先检索离震源位置最近的单位震源，再从数据库中匹配合适的地震情景，然后根据震级换算关系就可以快速计算得到实际地震引发的海啸灾害情况。震级换算关系如下所述。

2. 震级换算关系

当实际地震震级不等于7.5级、8.0级、8.5级、9.0级时，如8.3级，不能直接使用数据库存储的情景进行预报，因此需要建立一个换算关系，将数据库中的数据换算到实际地震震级的情景下。

定义实际地震引发的海啸在传播至预报点处时的波幅为H_e，相应地，检索数据库中和实际地震震级最为接近的场景下预报点处的海啸波幅为H_d，那么，定义它们的线性关系如下：

$$H_e = F_s \times H_d$$

式中，F_s就是需要确定的换算系数。由于海啸波在深海中传播可以认为是线性传播方式，因此震源位置的地震矩同样可以用公式表示为

$$M_{0,e} = F_s \times M_{0,d}$$

在此，我们假设震级相近的地震在震源长度和宽度上是相同的，则根据地震矩的定义，实际地震的滑移量D_e也具有如下关系：

$$D_e = F_s \times D_d$$

结合上述各式，可得

$$F_s = 10^{\frac{3}{2}(M_{w,e} - M_{w,d})}$$

以上公式推导中，假设震级相近的地震震源长度和宽度相同。所以，对于数据库中的地震情景，每一个列举震级只做上下浮动0.2级的换算，以保证假设成立。因此可以得到7.3～9.2级的震级换算关系，见表5.7。

表5.7　震级换算关系

M_w（实际地震）	M_w（数据库）	F_s	L（km）	W（km）
7.3	7.5	0.50	100	50
7.4	7.5	0.71	100	50
7.5	7.5	1.00	100	50
7.6	7.5	1.41	100	50
7.7	7.5	1.90	100	50
7.8	8.0	0.52	200	65
7.9	8.0	0.71	200	65
8.0	8.0	1.00	200	65
8.1	8.0	1.41	200	65
8.2	8.0	1.90	200	65
8.3	8.5	0.52	400	80
8.4	8.5	0.71	400	80
8.5	8.5	1.00	400	80
8.6	8.5	1.41	400	80
8.7	8.5	1.90	400	80
8.8	9.0	0.53	1000	100
8.9	9.0	0.71	1000	100
9.0	9.0	1.0	1000	100
9.1	9.0	1.41	1000	100
9.2	9.0	2.00	1000	100

澳大利亚海啸情景数据库采用4′的地形分辨率对所有海啸场景进行数值模拟，预警结果每隔2min输出一次。对于岸段最大海啸波幅预报产品（图5.21），每个岸段预报点上采用波峰处出现的最大海啸波幅（正值）时间序列的95%分位值作为该岸段的预报值。对该数据库的检验评估发现，采用每个预报点的时间序列极值作为预警结果可能会高估海啸警报级别，而95%分位值的预警效果要更好。

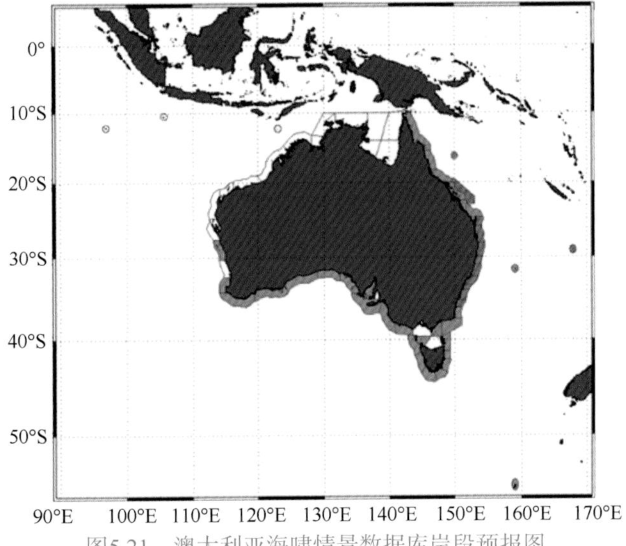

图5.21　澳大利亚海啸情景数据库岸段预报图

5.4.3 印度尼西亚海啸预警数据库

从2005年起，德国投入巨额资金帮助印度尼西亚建设印度洋地震海啸预警系统，包括援助建设地震、水位和GPS观测站，以及研发地震和海啸预警业务平台与建设海啸预警情景数据库等。在该项目滚动支持下建立的SeisComP3地震监测软件和海啸观测与模拟系统（tsunami observation and simulation terminal，TOAST）海啸预警软件目前已经成为国际领先的地震海啸预警分析软件。其中，TOAST软件融合了印度洋海啸情景数据库模块，可实时制作印度洋所有岸段的定量化海啸预警信息。

印度尼西亚沿岸分布着包括苏门答腊岛-爪哇地震俯冲带在内的260余条地震断层，是世界上受局地海啸影响最严重的地区之一。因此，印度尼西亚海啸预警数据库主要针对局地海啸而设计。主要原理是假设在主要地震断层上，沿着断层走向每隔100km设计一个地震海啸源，假设在该地震海啸源发生7.0～9.2级地震（不同断层的震级上限不同），每隔0.2级计算一个海啸数值场景并纳入数据库（图5.22）。截至2015年，印度尼西亚海啸预警数据库共包括715个局地震源和4570个海啸场景。

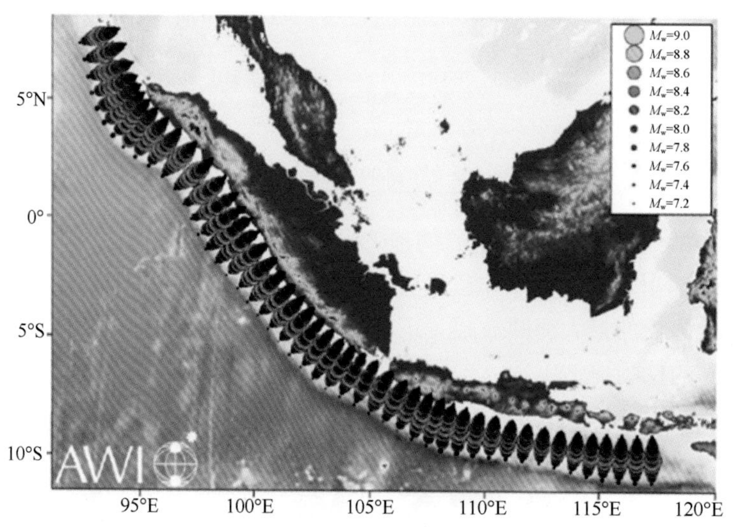

图5.22 印度尼西亚海啸情景数据库假想地震海啸源分布

由于考虑局地海啸近岸爬高和淹没的影响，该数据库建设所采用的TsuAWI模型是由德国阿尔弗雷德·魏格纳研究所（Alfred Wegener Institute，AWI）研发的基于三角网格和非线性浅水方程的海啸数值模型，在近岸的最高分辨率可以达到50m，而在深海中的分辨率仅为15～20km。这样的网格设计策略既可以刻画出局地海啸对近岸的灾害性影响（图5.23），又可以显著节约海啸情景数据库的存储空间。该数据库业务化产出的产品包括最大海啸波幅、海啸淹没面积和海啸预计抵达时间等。

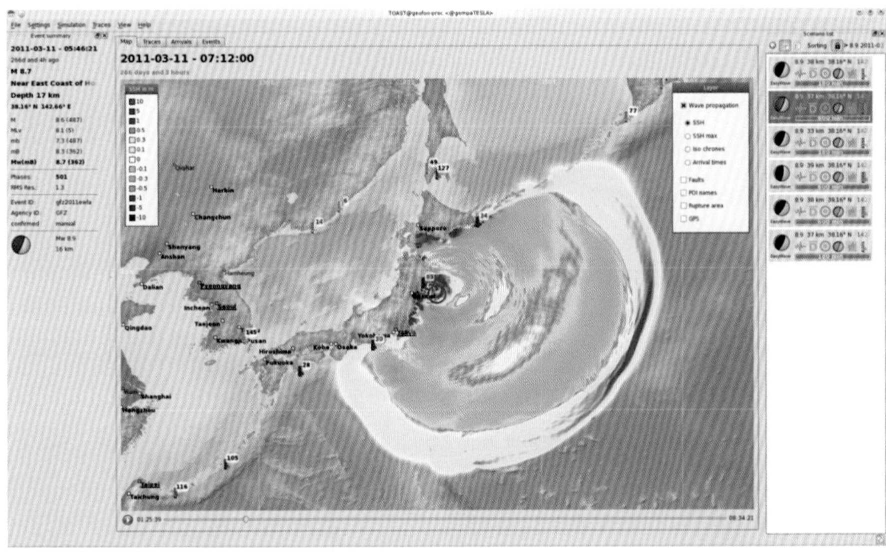

图5.23　GIETWS（German & Indonesian Early Tsunami Warning System）海啸观测与模拟系统（TOAST）

参考文献

王培涛，于福江，范婷婷，等. 2014. 海啸波传播的线性和非线性特征及近海陆架效应影响的数值研究. 海洋学报，（5）：18-29.

王培涛，于福江，原野，等. 2016. 海底地震有限断层破裂模型对近场海啸数值预报的影响. 地球物理学报，59（3）：1030-1045.

Bilek S L，Lay T. 1999. Comparison of depth dependent fault zone properties in the Japan Trench and Middle America Trench. Pure & Applied Geophysics，154（3-4）：433-456.

Blaser L，Kruger F，Ohrnberger M，et al. 2010. Scaling relations of earthquake source parameter estimates with special focus on subduction environment. Bulletin of the Seismological Society of America，100（6）：2914-2926.

Fujii Y，Satake K，Sakai S，et al. 2011. Tsunami source of the 2011 off the Pacific coast of Tohoku Earthquake. Earth，Planets and Space，63（7）：815-820.

Geist E L，Bilek S L. 2001. Effect of depth-dependent shear modulus on tsunami generation along subduction zones. Geophysical Research Letters，28（7）：1315-1318.

Kian R，Yalciner A C，Zaytsev A. 2014. Evaluating the performance of tsunami propagation models. Bauhaus summer school in Forecast Engineering，Weimar，Germany：17-29.

Lin S C，Wu T R，Yen E，et al. 2015. Development of a tsunami early warning system for the South China Sea. Ocean Engineering，100：1-18.

Liu P L F，Cho Y S，Yoon S B，et al. 1995. Numerical simulations of the 1960 Chilean tsunami propagation and inundation at Hilo，Hawaii//Tsuchiya Y，Shuto N. Tsunami：Progress in Prediction，Disaster Prevention and Warning. Dordrecht：Springer：99-115.

Okada Y. 1985. Surface deformation due to shear and tensile faults in a half-space. Bulletin of the Seismological Society of America，75（4）：1135-1154.

Shuto N. 1991. Numerical simulation of tsunamis—Its present and near future. Natural Hazards，4（2-3）：171-191.

Wang D L，Becker N C，Walsh D，et al. 2012. Real-time forecasting of the April 11，2012 Sumatra tsunami. Geophysical Research Letters，39（19）：L19601.

Wang X M，Liu L F. 2006. An analysis of 2004 Sumatra earthquake fault plane mechanisms and Indian Ocean tsunami. Journal of Hydraulic Research，44（2）：147-154.

Zoback M D，Zoback M L. 1981. State of stress and intraplate earthquakes in the United States. Science，213（4503）：96-104.

第6章 海啸灾害风险评估

进入21世纪以来，全球地震海啸活跃，海啸巨灾频发（图6.1）。2004年印度尼西亚苏门答腊岛海域9.1级地震海啸和2011年日本9.1级地震海啸影响深远，全球各国都开始重视海啸灾害风险评估和防范工作。在这期间，国际上地震海啸危险性评估技术的研究和应用迎来了一个快速发展的阶段。从基于海啸场景数值模拟的确定性风险评估方法，到基于历史地震和海啸资料的概率性风险评估方法，在美国、日本、澳大利亚、中国、新西兰、印度尼西亚等国家和地中海地区得到了应用。近年来，概率性风险评估方法不断发展，以蒙特卡罗随机理论方法、逻辑树方法和精细化海啸淹没模拟等理论与技术为框架的评估体系日趋完善。

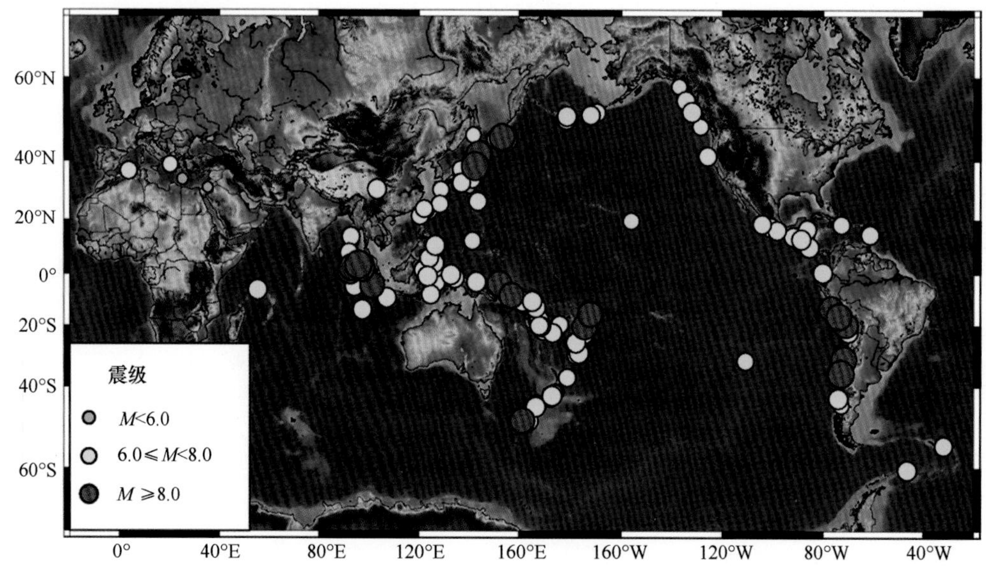

图6.1 2000～2017年全球地震海啸事件分布图

引发大规模海啸的地震源集中在全球重要板块相互作用的地震俯冲带上，主要包括环太平洋地震俯冲带、印度洋板块地震俯冲带、桑达板块地震俯冲带、地中海地震俯冲带等。海啸灾害风险评估的核心内容之一是潜在影响评估区域地震源的地震活动性、震级上限及其震级-频度的评估。2004年印度尼西亚苏门答腊岛海域发生9.1级地震并引发印度洋海啸，几乎出乎所有人的意料，在此之前，该区域记录到的最大地震震级不超过7.9级。2011年日本东北部9.1级地震发生之前，该区域200年内记载的地震震级最高不超过8.2级。当前有仪器观测记录以来的地震事件集仅有100余年，因此利用现有历史地震事件集估计地震源活动性特征和危险性是远远不够的，会低估地震源最高震级上限及强震年发生频率。

我国以占陆域面积不到30%的沿海经济带承载着全国半数以上人口，创造着超过60%的GDP，海岸带一线聚集着大量的石化工业园区与核电站等重点工程和人口稠密区，海洋灾害风险较大。沿海地区经济发展与海洋灾害风险的矛盾日益突出，普遍存在对海洋灾害风险考虑不足、防范措施不够，特别是对海啸灾害风险设防薄弱等诸多问题，一旦发生重大海洋灾害，其后果和损失将十分严重。2011年日本东北部9.1级地震海啸在我国东部沿海引发30～60cm的最大海啸波高，国家海洋预报台针对浙江发布了海啸蓝色预警。此次地震海啸事件表明，越洋海啸也有可能对我国沿海产生灾害性影响。初步评估结果表明，一旦日本南部海槽、小笠原俯冲带等发生特大规模地震，会在我国沿海产生1～5m的最大海啸波幅。此外，地震板块运动及震级上限等相关最新研究结果表明，我国东海边缘的琉球海沟、南海东部的马尼拉海沟均具备产生8.8～9.0级以上强震的可能性（Hsu et al.，2016；Qiu et al.，2019）。因此，开展沿海海啸灾害风险排查及评估、编制应急疏散图和排查隐患，对提高我国沿海抗灾防灾能力、减少灾害损失，具有十分重要的意义。

6.1　海啸灾害风险评估技术

1991年联合国开发计划署提出自然灾害风险是致灾因子危险性与承灾体易损性或脆弱性的乘积。海啸灾害风险定义为某一特定海岸线遭受海啸袭击并形成灾害损失的可能性。对于海啸灾害来讲，致灾因子包括海啸波幅、淹没范围和深度及强流等，主要采用海啸数值模拟方法与历史海啸波幅、爬高和淹没数据确定。承灾体的脆弱性是指承灾体承受致灾因子打击的能力，可分为自然脆弱性和社会脆弱性，一般通过建立指标体系来计算承灾体的脆弱性指数，归一化后表征评价单元的脆弱性程度。因此，开展海啸灾害风险评估的核心是确定某一评估区域的海啸危险性程度，具体来讲是确定该评估区域可能遭受的最大海啸波幅、海啸爬高、淹没深度等。目前，国际上普遍采用确定性和概率性两种风险评估技术路线来确定海啸危险性。

6.1.1　确定性风险评估方法

确定性风险评估方法主要是根据历史事件推断出最具破坏性的地震海啸源，利用海啸传播模式研究其传播、爬高及淹没的过程，给出影响评估区域的最不利淹没情景。确定性风险评估方法的优点是简单易行，往往通过一个或者几个场景的模拟即可得到结论，结论形式简单直观。

确定性风险评估方法虽然具有众多优点，但该方法的缺点也同样明显，无法给出“最坏”淹没场景的发生频率，无法评估区域内不同地点发生不同程度海啸灾害的可能性（重现期）。此外，多参数的复合保守性使得“最坏”淹没场景的发生概率极低，甚至是不可能的，因此该方法的评估结果对沿海土地和经济规划利用、灾害防御设施建设（上述均需要致灾因子发生概率）的指导意义不大。

6.1.2 概率性海啸风险评估国内外研究进展

概率性海啸风险评估作为一个新的研究方向被提出后，很快引起了众多研究学者的关注。近年来，在美国、日本、澳大利亚、中国、新西兰、印度尼西亚等国家及地中海等地区得到了应用。不确定性研究作为概率性风险评估结果的一个重要组成部分，一直以来都是研究的热点问题。不确定性可以分为可认知的不确定性（epistemic uncertainty）和不可认知的不确定性（aleatory uncertainty）两部分。可认知的不确定性是由现有数据不足造成的，如海啸源的震级-频度关系（Gutenberg-Richter关系，G-R关系）、海啸源区域的地质和运动学参数等，当数据充足时，可认知的不确定性会降低。不可认知的不确定性则是由人们对自然界的认知有限造成的，如震源滑移量分布、研究区的天文潮位等，这种不确定性不会随着数据的增加而减少，是无法避免的。已有的概率性海啸风险评估成果按照其不确定性的侧重点可以分为两类：侧重于海啸源区G-R关系的不确定性研究和侧重于地震断层滑移量分布的不确定性研究。

海啸源区内的G-R关系自概率性海啸风险评估方法提出以来，就一直是其中的关键问题，该关系表明一段时间内研究区内大于等于某个震级m的地震数目N的对数与震级m呈线性关系，由于其决定模拟生成的地震事件集中强震发生的频次，因此对概率性海啸风险评估结果起决定性作用。在实际研究工作中，该关系通常通过对历史地震事件震级的统计拟合得到，然而目前的地震目录过短，个别地区的地震记录缺失强震事件，导致该关系的拟合存在较大的误差。例如，2011年日本东北部9.1级地震发生之前，该区域200年内历史记载的地震震级最高不超过8.2级。针对上述问题，Annaka等（2007）在评估日本地区海啸风险时，建立了震级-频度关系的逻辑树；Burbidge等（2008）在运用概率性风险评估方法评估澳大利亚西部的海啸风险过程中，通过对全球所有俯冲带的G-R关系加权得到了各个海啸源区的G-R关系，该权重与海啸源区域的长度及其所在板块运动的速率有关；Power等（2007）在分析新西兰地区的海啸风险时，运用逻辑树方法给出了克马德克俯冲带的多个最大震级用以分析其不确定性；Hoechner等（2015）分析了莫克兰俯冲带对周边海啸的影响，并着重阐述了震级上限对于概率性风险评估结果的影响。

在海啸数值模拟过程中，海啸初始位移场模型通常是通过Okada（1985）提出的弹性位错断层模型计算的。该模型中断层的滑移量决定了初始场的海平面起伏量，因此其对数值模拟的结果影响较大。然而，在风险评估研究及应用初期，人们在计算断层的滑移量时通常是假定其均匀分布，并根据震级经验公式计算得出。随着地震有限断层反演技术的发展，人们发现实际地震破裂的滑移量分布是不均匀的，且对区域海啸数值模拟结果的影响很大。Geist和Parsons（2006）随机生成了100个震级均为8.1的滑移量分布，这些海啸源在墨西哥沿岸的海啸波幅差距最大可以达到3倍以上；Mueller等（2015）的研究结果表明，滑移量的不均一性是海啸数值模拟结果的一阶影响因子。一个滑移量不均匀分布的8.4级地震与一个8.7～8.8级滑移量均匀分布的地震产生的淹没范围类似；Li等（2016）运用概率性风险评估方法评估了南中国海地区的海啸风险，并且分析了破裂不均一性对结果的影响，结果表明采用非均一滑移量模型得到的评估结果要比采用均一滑移量模型的结果大20%～86%。

为了评估滑移量分布所产生的不确定性，相关研究开始利用单位源格林函数库来计算近场海啸波幅。格林函数库的主要理论依据是海啸波在深水区到离岸一定距离的水深范围内满足线性性质。在这个原则下，可以将海啸源区分为若干个子单位源，任意海啸事件在指定输出点的海啸波形可以看作所有子海啸源波形的线性叠加（图6.2）。

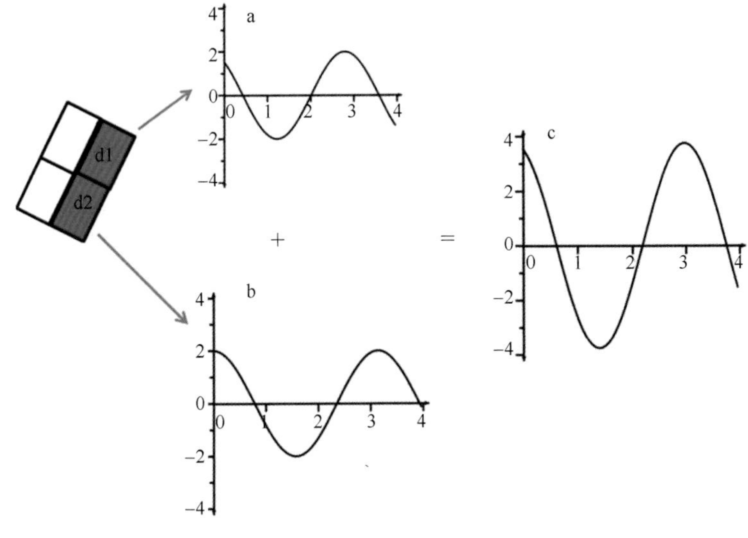

图6.2　格林函数库应用示意图

红色部分为地震发生并产生滑移量的部分，单位海啸源d1在输出点产生的海啸波如图a所示，d2在输出点产生的海啸波如图b所示，则该地震海啸事件在输出点产生的海啸波为图a与图b的叠加，如图c所示

除不确定性的研究之外，以精细化淹没为基础的海啸概率性淹没风险评估方法也日渐成熟。González等（2009）将概率性风险评估技术与淹没模拟相结合，得到了第一幅海啸概率性淹没风险分布图；Lane等（2013）选取了100个最具危险性的场景进行淹没模拟，给出了新西兰地区2500年一遇的淹没深度分布图；Park和Cox（2016）运用5个表征海啸强度的变量（最大淹没深度、最大速率、动量通量、海啸到达超过1m淹没深度的时间及其持续时间）评估了美国滨海地区的海啸风险。Risi和Goda（2017）运用贝叶斯定理统计概率性海啸淹没结果，减少了模拟场景个数。

随着近几年海啸风险评估技术的发展，海啸风险评估研究也更多地向概率性海啸风险评估方法转变，但与国际上的发展趋势相比，我国概率性海啸风险评估研究仍然处于起步阶段。我国概率性海啸风险评估研究开始于20世纪70年代，与国际上以蒙特卡罗算法模拟的海量场景模拟为基础的研究相比，我国的研究更倾向于根据海啸源的G-R关系选取少量特征海啸场景进行模拟，并通过统计得到风险评估结果。例如，Liu等（2007）将马尼拉海沟及其附近断层作为区域海啸源对南海沿岸的地震海啸危险性进行了评估，给出了我国南部沿岸不同概率的最大海啸波幅分布情况；Ren等（2014）总结了近几年我国海啸风险评估的进展并应用概率性风险评估方法评估了两个局地海啸源及马尼拉海沟对我国的海啸威胁。

此外，我国学者也对概率性风险评估及不确定性分析的方法原理进行了总结，并对基于历史数据的概率性风险评估方法进行了初步尝试。Zhou和Adams（1988）对我国沿海历史海啸记录进行了分析，给出了我国沿海海啸危险性的相对比值；温瑞智和任叶飞

（2007）与温瑞智等（2011）对我国的海啸危险性分析方法进行了研究，提出了我国地震海啸概率性危险性分析的基本步骤，并运用历史数据对珠江三角洲地区的海啸风险进行了初步评估；任鲁川等（2014）总结了基于数值模拟的地震海啸危险性评估及其不确定性分析的基本步骤。

6.1.3 概率性评估方法技术流程

针对确定性风险评估方法的不足，概率性海啸风险评估方法（probabilistic tsunami hazard assessment，PTHA）被提出。概率性海啸风险评估方法（PTHA）是由Cornell于1968年从概率性地震风险评估（probabilistic seismic hazard assessment，PSHA）中延伸得出的，该方法借鉴了地震危险性方法的定义，即对于某一给定的海滨地区，求出将来若干年内一定海啸波高值的超越概率。假设有N个地震海啸源区对沿岸点的海啸危险性有贡献，其中第n个潜在地震海啸源区影响近海沿岸场点h海啸波高T年的超越概率$P_n(H\geqslant h)$，则场点h海啸波高T年总的超越概率表示为

$$P(H\geqslant h)=1-\prod_{n}^{N}(1-P_n(H\geqslant h))$$

根据计算方法的不同，概率性评估方法可以分为基于历史数据的评估方法和基于数值模拟的评估方法。

1. 基于历史海啸事件的概率性评估方法

基于历史数据的概率性海啸评估方法主要通过研究区历史海啸观测记录的统计来对未来的海啸风险进行评估。具体步骤如下。

（1）统计研究区的历史海啸波高数据，计算每一个海啸波高值的年累计频率；假设统计时间T内共有m个波高记录，超过某一波高值H_h的记录个数为n，则该浪高值的年累计频率为

$$N(H\geqslant H_h)=\frac{n}{m}\times\frac{m}{T}\times\frac{n}{T}$$

（2）拟合波高值与年累计频率的关系曲线。前人在研究过程中，给出了多种形式的关系经验公式。频度经验公式首先是由Soloviev等（1986）引入的，该公式给出了海啸强度与其对应的年发生率的关系：

$$n(i)=\alpha_1 10^{-\beta_1 i}$$

式中，α_1和β_1为常数；n为强度为i的海啸事件的年发生率。海啸强度i通过一个岸段的一系列爬高的平均值h_{avg}确定，即

$$i=\log_2(\sqrt{2h_{avg}})$$

Houston等（1977）在运用历史海啸数据分析夏威夷的海啸风险时，选取内陆200ft①位置的海啸波高h_{200}作为频率分布关系的自变量：

$$n(h_{200})=\alpha_2 10^{-\beta_2 h_{200}}$$

① 1ft≈0.3048m

Garcia和Houston（1975）、Houston（1980）与Crawford（1987）在各自的研究中采用了一种指数的分布形式：

$$n(i)=\alpha_3 \mathrm{e}^{-\beta_3 i}$$

Burroughs和Tebbens（2001）指出，海啸爬高与其他自然系统一样满足幂法则（如地震的震级-频度关系满足G-R关系），为此他们给出了如下形式的海啸爬高频率分布关系：

$$n(h)=Ch^{-\alpha_4}$$

式中，h为爬高样本；C为累积幂律系数；α_4为累积幂律指数；$n(h)$为爬高频率分布函数。与此同时，他们也发现在个别点上，上限截断的幂法则能够更好地描述频率分布关系：

$$n(h)=C(h^{-\alpha_4}-h_U^{-\alpha_4})$$

这种截断幂函数更加适合可能是由于历史数据长度的限制（较大的历史事件没有出现在目录中）或者在某个点的物理边界（即海啸波在爬高之前已经衰减了）的原因。

（3）根据泊松公式得出一定重现期内研究区的海啸波高；每个浪高T年内的超越概率为

$$P(H \geqslant H_h)=1-\mathrm{e}^{-N(H \geqslant H_h)T}$$

从而根据曲线得到指定浪高H_h的重现期为

$$T_h(H=H_h)=\frac{1}{\ln(1-P(H \geqslant H_h))}$$

该方法的主要依据是，对于海岸上某一个指定位置，海啸波高在足够长的时间内满足一定的频率-波幅关系。海啸是少发性灾害，大多数地震均不会引发海啸。目前，全球主要岸段中，只有日本等部分岸段保持了可信度较高的历史海啸数据库。在近现代之前海啸观测主要依赖于目测，其数值和可信度均存疑。由于基于历史海啸数据库的概率性评估方法对海啸目录的完整性要求较高，因此适用该方法的地区少之又少。

2. 基于蒙特卡罗随机理论和海啸数值模拟的概率性评估方法

基于事件模拟的概率性风险评估方法是根据海啸源区历史地震的G-R关系生成未来一段时间内的随机地震事件集，模拟这些地震事件所引发的海啸场景在指定输出点上的最大海啸波幅，并通过统计得到这些输出点上不同重现期的最大海啸波幅。与基于历史数据的评估方法不同，该方法需要对大量的地震海啸场景进行计算，且其依赖的各个物理参数本身具有不确定性，可以说不确定性来源于风险评估的每个步骤，如地震海啸源的空间几何参数、可能最大震级、板块运动学耦合参数等。因此，该方法的不确定性分析也是评估结果的一个重要组成部分。

总体来讲，该方法的研究内容主要包括4个方面：基于蒙特卡罗算法的随机地震事件集生成、基于海量数值模拟的概率性最大海啸波幅分布统计计算、基于精细化淹没模拟的概率性海啸淹没分布，以及基于多尺度综合分析的南中国海地震海啸风险评估区划（图6.3）。该评估还需对海啸源区的G-R关系、地震破裂滑移量不均匀分布、震级-破裂面积和震级-滑移量统计关系及天文潮影响等主要不确定性因素进行系统的分析，研究内容和技术方法如下。

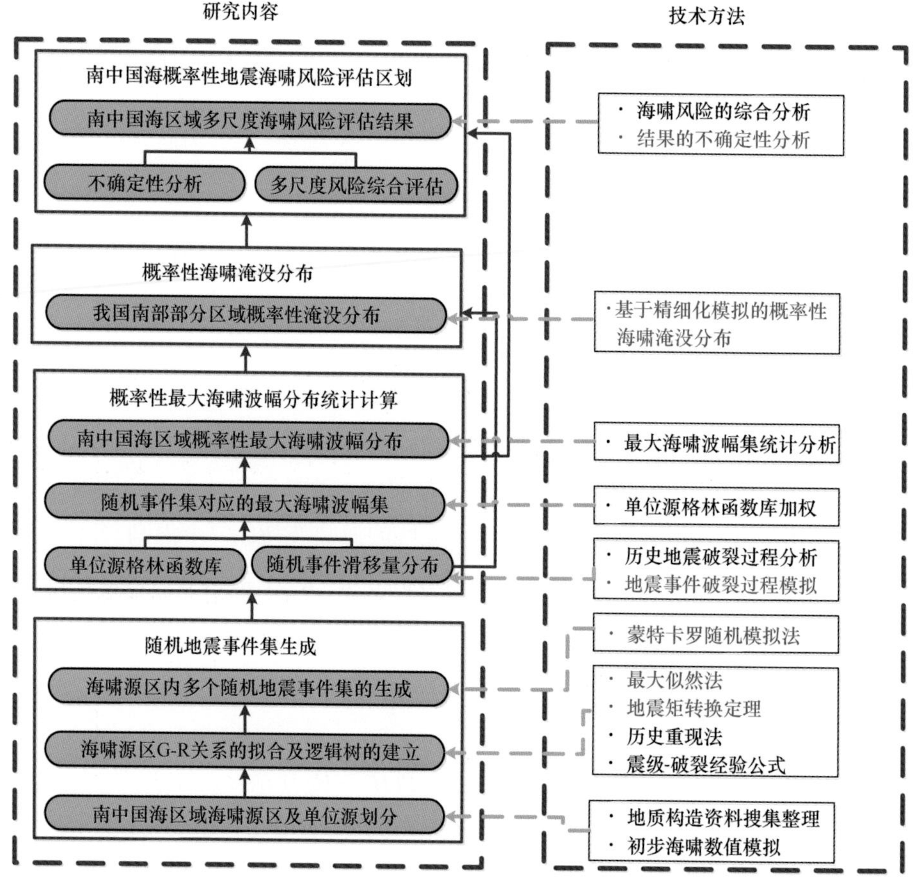

图6.3　基于蒙特卡罗随机理论和海啸数值模拟的概率性海啸风险评估研究内容及技术方法

1）潜在地震海啸源区划分和震级-频度关系的确定

潜在海啸源区的划分通常都是依据历史地震及历史海啸源的分布情况来确定的。潜在海啸源区大多位于板块与板块之间的俯冲带上，因为这些区域地震活动性强且地震类型多为逆冲型，容易引发海啸。潜在海啸源区的宽度通常是通过该区域的历史地震事件确定的，要保证该区域95%以上的地震都位于所划分的海啸源区内。

首先，搜集研究区域地形、水深、岸线和遥感资料，建立研究区域海啸数值模型，开展海啸数值模型验证。通过初步的海啸数值模拟筛选出可能影响研究区域的主要海啸源区；收集并分析源区内构造资料和历史地震数据集，明确板块之间的俯冲机理，统计俯冲带上地震断层的几何参数及地震震源参数（走向角、倾角、板面深度等），将海啸源沿着走向划分为若干大小相等的单位源（一般设为100km × 50km的矩形），单位源的滑移量设为1m。

其次，确定潜在海啸源区的震级-频度关系。震级-频度关系（G-R关系）需要通过对区域内的历史地震事件进行统计来确定。G-R关系阐述了一定时间内在某一特定区域内大于某个震级m的地震数N与该震级的关系，有

$$\log_{10} N = a - bm$$

式中，a和b为常数。然而，这种关系存在一定矛盾，该关系式表明大地震的数量是呈指数形式减少的，而其所释放的能量却是呈指数形式增加的，按照这个理论，地震释放的总能量将是无穷的，这显然是不合理的。为了克服这个矛盾，前人对这个关系式做了一定的改进，目前应用最多的是截断G-R关系（truncated G-R）和TG-R关系（tapered G-R）。截断G-R关系是将大于某个震级的累计频率设定为0，目前已经应用于美国的地震风险评估中（Frankel et al.，1996，2002；Petersen et al.，2008）。TG-R关系则是通过地震矩的形式表现，表达式如下：

$$F(M) = \left(\frac{M_t}{M}\right)^{\beta} e^{\frac{M_t - M}{M_c}}$$

式中，M为地震矩；M_t是地震目录完整的临界地震矩；M_c是转角地震矩，其确定了曲线末端的分布关系；β是该分布关系的斜率，反映了区域的地震活动性；$F(M)$是地震矩大于M_t的地震发生率，当$M=M_t$时，该值为1。地震矩M与震级m有如下近似关系（Hanks and Kanamori，1979）：

$$M=10^{1.5m+C}$$

式中，地震矩M的单位为N・m；C为常数，通常取9.0～9.1。理论上如果地震目录时间足够长，TG-R关系中的参数β和M_t就可以通过最大似然法估计得到。

运用最大似然法基于历史地震目录统计海啸源区的渐变震级-频度关系（图6.4）。值得注意的是，由于现有地震目录长度不足，单纯利用历史地震资料拟合会引进TG-R关系中的转角震级（m_c），其主要作用是对G-R关系中的高震级部分进行修正，TG-R关系中大于该震级地震事件的重现期呈指数形式迅速增长，故可以将其近似为该俯冲带的最大震级，从而低估海啸的风险。

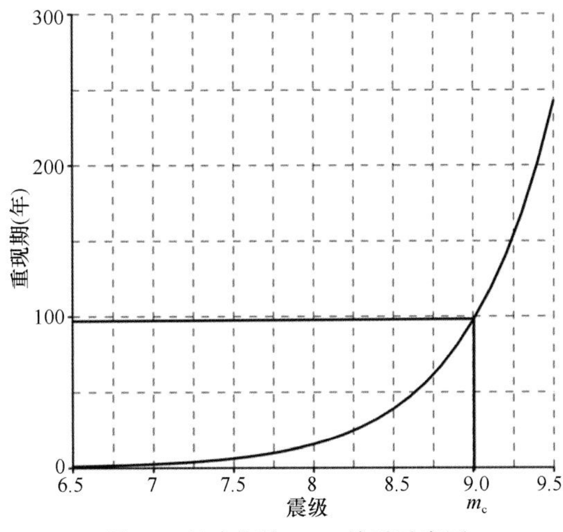

图6.4　日本海沟TG-R关系示意图

运用地震矩转换定律来对这些区域的TG-R关系进行修正，该定律能够通过一段时间的地震年发生率和俯冲带的区域构造参数（俯冲速率、地震耦合因子、剪切模量等）来计算TG-R关系中的转角震级，进而得到更为合理的转角震级。

由于地震目录短，利用最大似然法估计全球主要地震俯冲带的转角震级可能导致系统性偏低。美国加利福尼亚州大学研究人员（Kagan and Jackson，2013；Rong and Jackson，2014）提出，可以利用地震矩守恒定律来计算M_c。该定律使用了一个基本假定，即由板块运移导致的俯冲带地壳岩石形变与地震累计释放的能量存在守恒关系。地震矩释放的能量可以通过对G-R关系进行积分得到，板块长期运移所累积的能量M_T（tectonic moment）的表达式为

$$M_T = \chi\mu WL\bar{u}$$

式中，χ为板块间地震耦合参数（seismic coupling coefficient）；μ为刚性系数，可设定为49GPa；W是沿下倾方向的发震带宽度（down-dip width of the seismogenic zone）；L是俯冲带长度；$\bar{u}$是板块年运移速率（Kagan and Jackson，2013）。上述参数中，χ表征板块的汇聚速率，Scholz和Campos（2012）对此有深入研究，板块的几何和运动学特征量均可由Bird（2003）整编的PB2002地壳板块模型得到。环太平洋15个主要地震俯冲带的地震学和几何学参数如表6.1所示。

表6.1 环太平洋主要地震俯冲带的TG-R关系、地震源几何参数、板块运动学参数、转角震级等

地震俯冲带	N（>6.5）	β	m_c①	L（km）	W②（km）	χ③	$\bar{u}$④（mm/a）	μ（GPa）	$m_{c,T}$	$m_{c,T}-m_c$
菲律宾海沟	139	0.51	7.8	1364	80	0.5	103.2	33	7.7	–0.1
马尼拉海沟	14	0.45	7.5	1061	98	0.4	90.0	33	8.5	1.0
琉球海沟	18	0.61	7.8	1126	116	0.5	87.0	33	8.5	0.7
南海道海槽	29	0.48	8.2	762	124	1.0	50.3	33	8.8	0.6
伊豆海沟	16	0.56	7.8	1128	95	0.5	54.0	33	8.8	1.0
马里亚纳海沟	26	0.32	7.5	2513	89	0.5	42.7	33	8.1	0.6
日本海沟	125	0.53	9.0	793	162	0.6	92.2	33	8.3	–0.7
千岛群岛海沟	166	0.58	8.8	2223	130	0.5	85.6	33	8.5	–0.3
西阿留申海沟	20	0.56	7.6	1058	90	0.5	74.2	33	8.8	1.2
东阿留申海沟	124	0.68	8.9	2714	107	0.8	59.9	33	9.3	0.4
卡斯凯迪亚海槽	23	0.44	7.5	1415	127	1.0	39.6	33	9.0	1.5
中美海沟	136	0.41	7.8	3120	111	0.5	59.2	33	7.9	0.1
秘鲁 - 智利海沟	42	0.38	8.2	2503	124	0.7	69.6	33	8.7	0.5
智利中部海沟	121	0.55	9.8	3505	148	0.9	59.9	33	9.3	–0.5
新几内亚海沟	60	0.45	7.9	1773	111	0.5	48.1	33	8.0	0.1
新不列颠和所罗门海沟	116	0.5	7.8	1177	75	0.5	94.4	33	7.6	–0.2

注：①转角震级m_c和$m_{c,T}$分别利用TG-R最大似然法拟合与地震矩守恒原理得到；②发震带宽度W采用Herrendörfer等（2015）的研究结果；③χ采用Scholz和Campos（2012）的研究结果；④板块运移速率$\bar{u}$由板块运动学模型PB2002得到（Bird，2003）

通过整理TG-R公式的积分形式和M_t计算公式，可得到转角震级$m_{c,T}$（添加下标T，将该转角震级与前述最大似然法拟合得到的转角震级m_c区分开）的计算公式：

$$m_{c,T}=\left[\frac{\chi M_T(1-\beta)}{\alpha_\tau M_T^\beta \Gamma(2-\beta)}\right]^{1/(1-\beta)}$$

式中，α_τ是大于临界地震矩M_t的年发生频率；操作符Γ表示Gamma函数。

图6.5显示了利用最大似然法（灰色圆圈）和地震矩守恒定律（三角形）得到的环太平洋主要地震俯冲带转角震级。

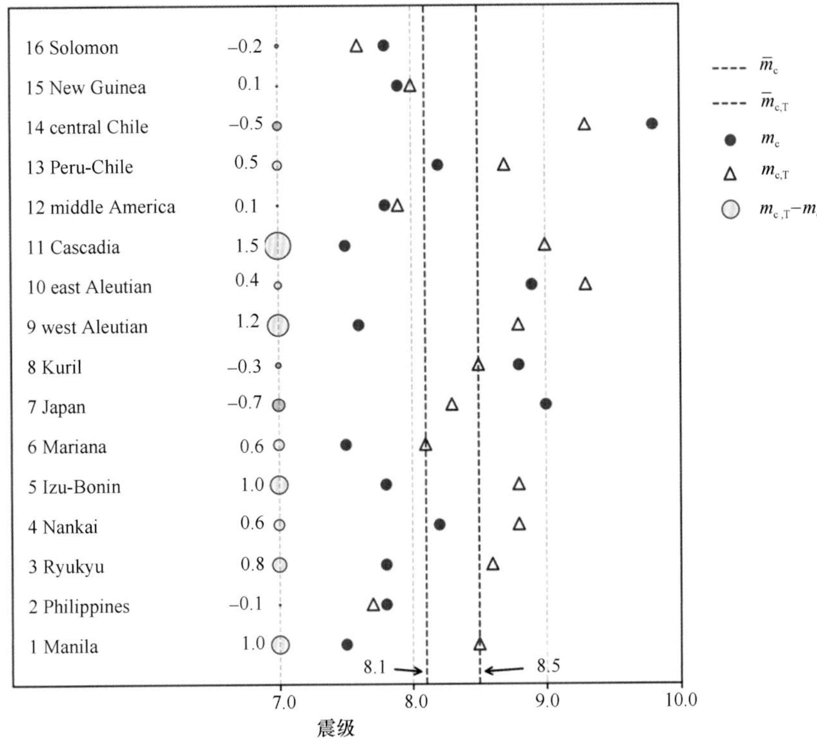

图6.5 利用1900年以来地震目录计算得到的环太平洋16个地震俯冲带的转角震级

利用TG-R最大似然法得到的转角震级m_c为红色填充圆圈；由地震矩守恒定律得到的转角震级$m_{c,T}$为蓝色空心三角形；半透明填充色圆圈为$m_{c,T}$和m_c的差值

2）综合利用逻辑树方法和蒙特卡罗方法生成随机地震事件集

地震随机样本的生成分为两种形式：一种是运用蒙特卡罗方法在潜在海啸源区根据该区域的震级-频度关系直接生成一段时间内的地震目录，地震目录中包含地震事件的基本参数，即发生时间、震中、深度和震级；另一种是根据地震具有原地重发的特点，在某一特定的位置，随机生成多个震级一定的震源破裂模型。显然基于蒙特卡罗方法更为先进一些。

结合震级-长度统计关系法、历史重现法等，对转角震级的修正结果及全球俯冲带的G-R关系，建立海啸源的G-R关系逻辑树（图6.6），逻辑树分为两级，分别对应TG-R关系中的β值和转角震级m_c，每一级对应有多种可能，并根据经验对逻辑树的每个分支给予一定的权重W_{ij}。

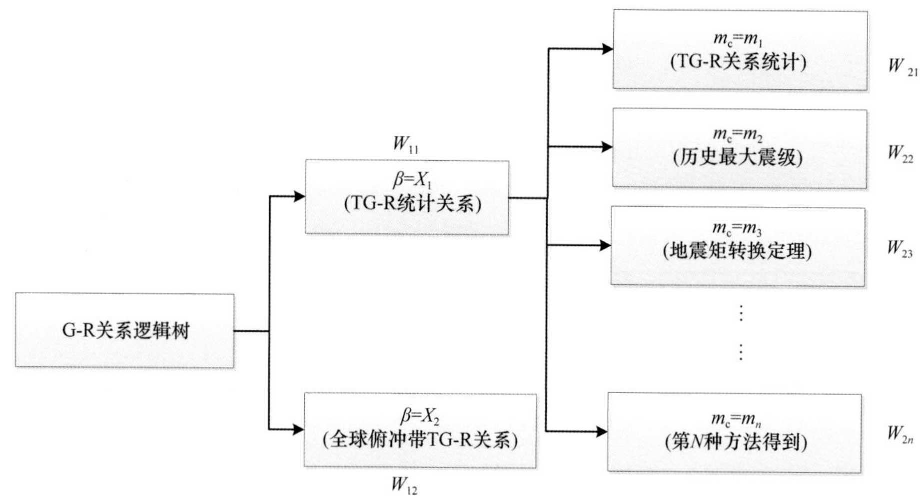

图6.6 海啸源G-R关系逻辑树示意图

利用蒙特卡罗算法，基于建立的海啸源G-R关系逻辑树，在所划分的海啸源区范围内随机生成一定时间段的多个地震事件。每个事件都包含发震时间、震源位置及震级等基本参数。

3）概率性海啸最大波幅危险性评估

首先，应用线性浅水方程模拟划分好的海啸单位源（图6.7）产生的海啸波并建立海啸源区的单位源格林函数库。

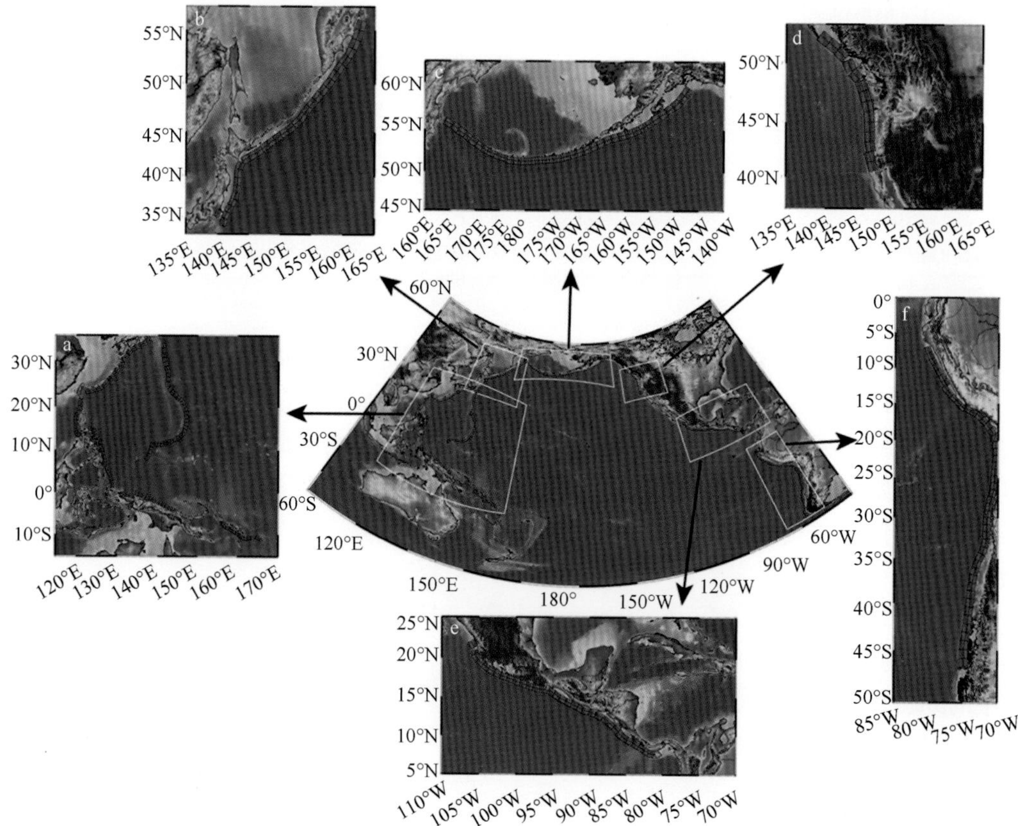

图6.7 环太平洋主要地震俯冲带海啸单位源划分

其次，通过对海啸源区历史地震滑移量分布的分析，根据震级-断层长度和震级-滑移量等经验统计关系，随机生成每个地震事件的滑移量分布。

然后，采用海啸单位源格林函数库对海量随机地震事件进行海啸危险性快速评估，建立南中国海沿岸每个输出点的最大海啸波幅集。

最后，通过对最大海啸波幅集的统计，可以得到多个确定重现期内输出点的最大海啸波幅分布及其达到指定海啸波幅所需要的重现期、重点站位和城市的海啸危险性（最大海啸波幅-平均重现期）曲线。以年发生概率为例，假设在上一步中共模拟了N个海啸场景，那么对于沿岸的每一个输出点，都有N个最大海啸波高值，根据这些海啸波高值可以绘制出每个输出点的海啸波高-重现期曲线。通过对曲线进行插值可以得到某一输出点任意重现期的海啸波高值。此外，还可以通过解耦的方式来分析影响沿岸某一点的海啸源分布情况。

4）概率性精细化海啸淹没风险评估

概率性精细化海啸淹没风险评估技术路线如图6.8所示。大体可分为4个步骤，具体细节如下。

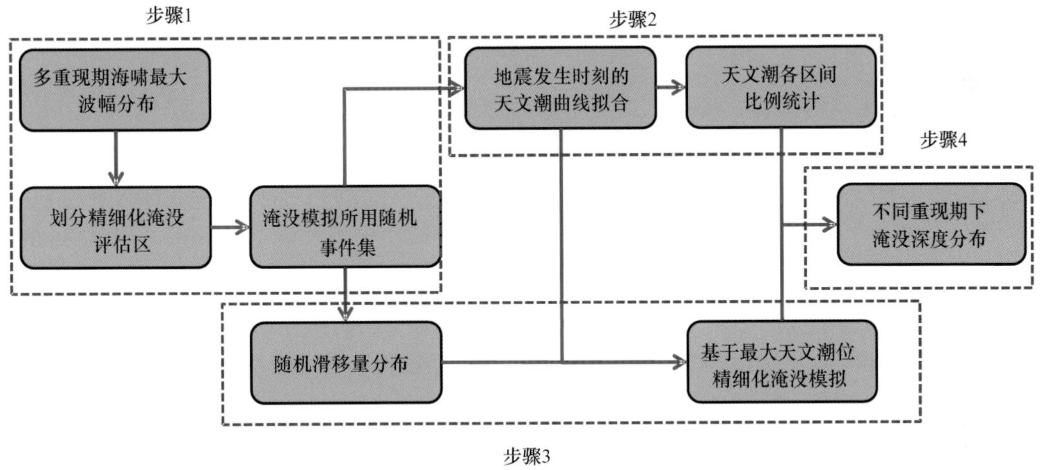

图6.8 概率性精细化海啸淹没风险评估技术路线图

首先，通过最大海啸波幅分布划分重点研究区域，将其确定为精细化淹没的评估区。由于淹没计算耗时过长，不能进行海量数据模拟，因此我们通过随机事件的最大波幅集对场景进行筛选，只选择在该区域产生最大波幅的多次事件进行精细化淹没模拟。事件次数与所计算的重现期有关，以计算2500年重现期的淹没范围为例，至少要从10万年集合中挑出40个最大场景（即淹没次数/10万年=1/重现期），因为淹没区域对震源的位置和震级等因素都很敏感，所以保守起见应多选一些场景进行模拟。

然后，利用代表性潮位站的潮汐调和常数计算上述淹没场景发生期间的天文潮位曲线，并进行插值。在最高潮位T_{max}和最低潮位T_{min}（T_{min}为负值）之间取若干等分点，每个等分点之间时间间隔相同，统计曲线中大于每个点的部分所占的比例（记为$P(h)$，h为该点对应的潮位）。如图6.9所示，最高潮位和最低潮位分别为2m和–2m，以h=–1m为例，需要统计曲线图中潮高大于–1m所对应的时间（红线部分）占整个时间段（4h）的比例。

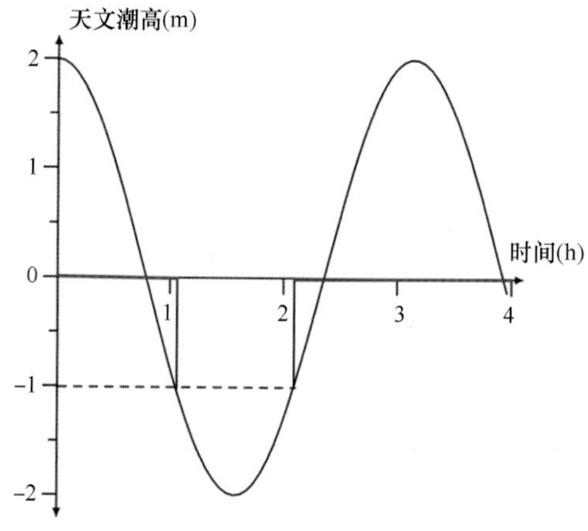

图6.9 天文潮潮高概率计算示意图

6.1.4 概率性风险评估中的不确定性分析

概率性风险评估中存在诸多不确定性。对于基于历史事件的海啸风险评估方法而言，不确定性主要来自经验公式的选取及历史资料的准确性。经验公式的选取所产生的不确定性属于可认知的不确定性。Shuto（1993）在计算海啸强度大于等于4事件的年发生率时发现，运用指数分布得到的结果为0.005（200年一遇），而运用幂法则得到的结果为0.01（100年一遇）。由此可见，经验函数的选取对结果起决定性作用。Burroughs和Tebbens（2001）给出了某种经验公式是否可以应用到研究区做概率性风险评估的标准：①某一特定点的标度指数α应为一个常量，不会随着所选历史数据的长度而变化；②去除最大的海啸事件后所得到的经验公式应该与运用所有数据计算得到的经验公式是一致的。

历史海啸记录所产生的不确定性是不可认知的。尤其是对于那些有多种海啸记录形式的区域（如潮位站记录的最大海啸波高和通过事后考察获得的海啸爬高等），因为这些观测记录有不同的测量范围及精度。在20世纪50年代以前，历史海啸波高通常都是通过视觉估计（目测），视觉估计的最大波高具有较大的误差，通常为1～2m。随着海洋观测技术的发展，潮位站资料成为海啸波的主要记录手段，潮位站记录虽然受到港口共振的影响，但是精度相对较高，误差大约为0.1m。

在基于海啸数值模拟的概率性风险评估中，大多数不确定性都是可认知的，如海啸源区的震级-频度关系、震源的深度、断层面的长度和宽度、滑移量、剪切模量等，这些不确定性可以通过逻辑树方法或蒙特卡罗法推演。

海啸源震级-频度关系的确定是风险评估最为重要的步骤，也是主要的误差来源，其误差主要包含两个方面，即地震活动性参数（β值）和最大震级的确定。地震活动性参数是地震-频度关系曲线的斜率，体现研究区地震活动性的强弱。Bird和Kagan（2003）运用全球所有俯冲带的地震事件进行统计，所得该值为0.66。然而在个别潜在海啸源区的实际计算过程中，由于地震目录时间短，缺少大震级的事件，计算出的β值往往具有较大的偏差。

最大震级是指在G-R关系中重现期接近于无穷时所对应的震级，在TG-R关系中也可以用转角震级来表示，因为大于转角震级地震事件的重现期将呈指数形式快速增长。前人的研究表明，最大震级的选取对于海啸风险评估的影响是巨大的（Li et al.，2016），然而历史地震记录的局限性往往会导致统计计算所得的最大震级偏低，例如，在2011年3月11日的日本9.1级地震之前，该区域最大震级的估计值在8.5级以下，而在2004年苏门答腊岛海域9.1级地震发生前，该区域的最大震级估计值仅为8.0级左右。针对上述问题，人们尝试运用多种方法来确定最大震级，包括历史最大地震法、震级经验公式法及地震矩能量守恒法等。前两种方法较为简单，分别是运用研究区最大的历史地震事件和震级-破裂长度经验公式来计算可能的最大震级。

前面已经提到，海啸源断层的破裂长度、宽度及平均滑移量通常是通过经验公式来确定的。近十年来，多位学者根据历史地震事件的参数统计了震级-破裂长度经验公式（Papazachos et al.，2004；Blaser et al.，2010；Strasser et al.，2010；Leonard，2010；Yen and Ma，2011；Stirling et al.，2010），但由于其选取的样本不同，各个经验公式的适用范围也是不同的，因此震级-破裂面积、震级-滑移量经验公式的选取也是概率性风险评估的不确定性来源之一。

除了上面提到的不确定性因素，断层的走向、倾角和滑动角也会对风险评估结果产生影响。其中，走向角决定了海啸能量传播的方向，对风险评估结果的影响相对较大。然而在实际应用过程中，我们可以通过俯冲带的走向得到较为准确的断层走向，所以该参数产生的误差较小。

在以往的确定性海啸风险评估过程中，通常假设震源滑移量分布是均一的，并且可以通过经验公式来获得。然而，Geist（2002）的研究表明，区域海啸事件的波幅与地震破裂的细节有很大的关系。而对于越洋海啸源，Geist和Parsons（2006）指出，只有对于强震才需要考虑滑移量分布的不均一性，较小的地震可以看作点源或者线源。由于震源随机滑移量属于不可认知不确定性，在实际的计算过程中，通常通过建立海啸单位源格林函数库的方法来对其中的不确定性进行估计。

6.2　我国沿海海啸灾害危险性

我国周边沿海处于环太平洋地震带上，既面临局地海啸的威胁，又受区域和越洋海啸的影响。影响我国的海啸最有可能发生在南海东部的马尼拉海沟、台湾岛周边海域、琉球群岛。其中，马尼拉海沟是国际公认的海啸潜在发生源地。局地海啸一般发生在近海和岸边，海啸波到达岸边的时间很短，有时仅几分钟或几十分钟，通常猝不及防，往往造成严重危害。我国历史上1867年台湾基隆和1992年海南岛的海啸事件均属于局地海啸。越洋海啸主要来自太平洋海域，虽然有外围岛链的阻挡和大陆架地形的影响，但越洋海啸对我国东海沿岸和台湾岛的影响不容忽视。2010年智利海啸和2011年日本海啸事件均属于越洋海啸，我国东部沿海分别监测到了32cm和55cm的最大海啸波幅。

根据目前的研究，我国周边可能发生海啸的海域如下。

一为台湾岛周边海域。因地理位置，台湾受太平洋海啸、琉球群岛海啸的严重影响。台湾周边地震频发，为我国海啸记录最多、人员伤亡最严重的地区。1867年12月18日，台湾基隆近海发生7.0级地震，同治《淡水厅志》称“海水暴涨，屋宇倾坏，溺数百人”。据Soloviev（1974）等的资料，上海居民因感受到该地震而惊逃，杭州湾观察到潮汐异常现象，不排除浙江受到台湾基隆近海地震海啸影响的可能性。台湾周边历史上最大的地震震级达8.3级，未来仍是地震海啸的高风险区。

二为南海东部海域。南海东部的马尼拉海沟，从吕宋岛北部一直向南延伸到巴拉望群岛，是影响我国的潜在地震海啸源地。菲律宾南部的苏拉威西海域在1976年发生了8.1级地震，引发的海啸造成约8000人死亡或失踪。虽然马尼拉海沟在过去百年间很少发生7.5级以上地震，但观测表明该海沟今后发生8.0级以上强震的可能性非常高，不排除发生8.8级左右强震的可能性。根据数值模拟研究，该海域8.0级以上地震引发海啸后，将会严重波及我国大陆和台湾。

三为东海海域。东海东侧是琉球海沟，东北部为日本南海海槽，这两个地震带发生的地震海啸将会直接影响我国东海沿岸。1771年4月24日在琉球海沟发生的8.0级地震（也称为“八重山地震”）引发的海啸袭击了琉球列岛，造成石垣岛与宫古岛共计上万人丧生。此外，琉球海沟以北的日本南海道历史上多次发生8.0级以上地震海啸，其中，1498年9月20日发生的8.6级地震引发的海啸在我国江浙一带引发多处“水溢”。

四为渤海、黄海海域。该地区曾多次发生7.0级以上的大地震，其中部分引发海啸。虽然渤海、黄海水深较浅，可能引发的海啸较弱，但由于其主要受局地海啸影响，且渤海的海上油气开采设施多，海啸引发的强流对近海近岸设施的影响不可忽略，有必要开展海啸监测预警。此外，1668年南黄海近岸郯城发生了8.5级地震并引发了海啸，据史料记载朝鲜半岛西岸遭受影响。

历史上我国沿海经常遭受地震海啸的侵袭。据美国国家地球物理数据中心（NGDC）资料统计，从公元前47年至2011年，在渤海、黄海、东海和南海及其周边海域（2.5°～41° N，99°～131° E）共发生178次地震海啸事件（图6.10），其中我国沿海共发生50多次地震海啸，绝大多数的海啸源位于日本南部、我国台湾周边和吕宋半岛北部，对我国产生了影响。

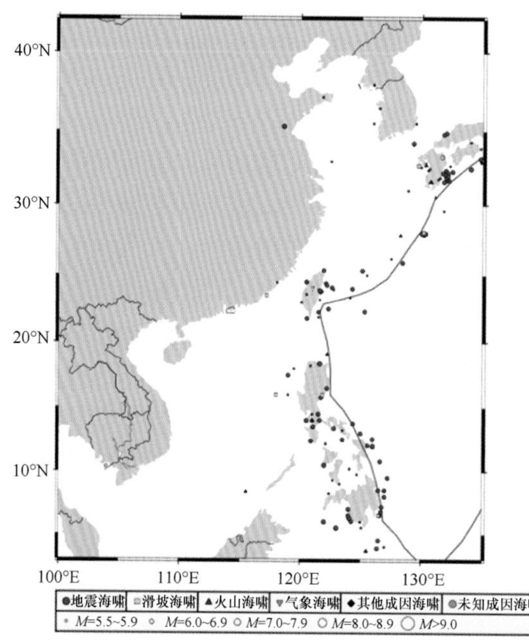

图6.10　NGDC整编的历史地震海啸分布

中华人民共和国成立后仪器记录到多次地震海啸。1969年7月18日渤海中部发生了7.4级地震，引发海啸后传到河北唐山，淹没了昌黎附近沿海的农田和村庄。1992年1月，海南岛西南海底发生群震，受其影响三亚港内出现50～80cm的海啸波，港内的潮水急涨急退，造成渔船相互碰撞、搁浅、损坏，港区附近居民因恐惧而弃家出走。1994年台湾海峡发生地震海啸，福建沿海潮位站测得超过20cm的海啸波。2006年12月26日，台湾南部发生7.1级地震海啸，台湾南部、福建沿海、香港等地的潮位站均监测到数十厘米的海啸波。

2010年2月27日6时34分（北京时间14时34分），智利中南部近岸（36.1° S，72.6° W）发生了8.8级地震，并引发了泛太平洋范围的海啸。海啸波奔袭25h后到达我国沿海，浙江近海的海洋监测系统监测到了5～33cm的海啸波（图6.11）。

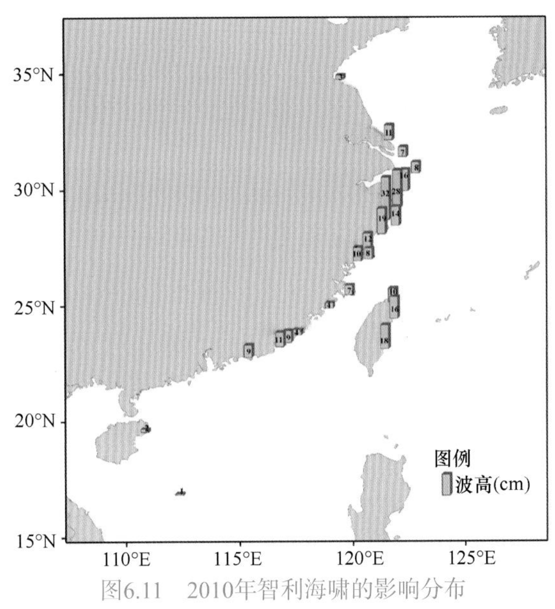

图6.11　2010年智利海啸的影响分布

2011年3月11日5时46分（北京时间13时46分）日本东北部近海（38.3° N，142.4° E）发生了9.1级特大地震。该次地震引发了越洋海啸，海啸奔袭23h到达南美洲的智利沿岸；该次海啸除了对近场的日本东北部沿岸地区造成了巨大灾害，还对太平洋东岸的部分国家和地区造成了一定程度的影响。地震发生4h后海啸波到达我国台湾东部沿海，地震发生6～8h后海啸波到达我国东南沿海，上海、浙江、福建、广东、台湾沿岸的潮位站监测到了55cm左右的海啸波（图6.12）。受此影响我国发布了第一份海啸蓝色警报。

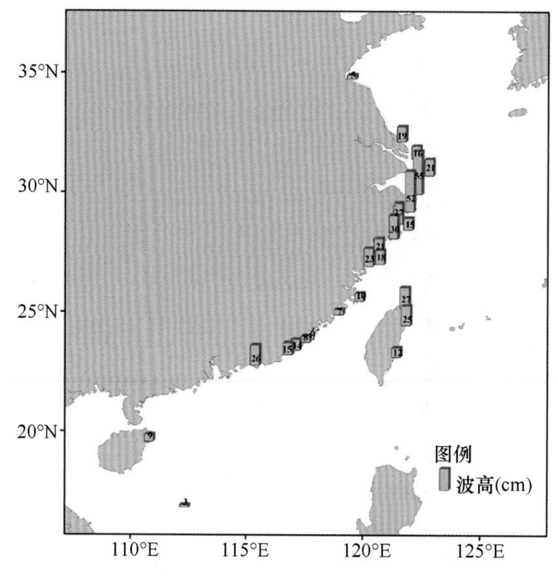

图6.12 2011年日本“3·11”地震海啸期间潮位观测结果

6.2.1 我国沿海确定性海啸风险评估

随着海啸数值模型的发展，我国很多学者基于确定性方法对我国海啸风险进行了评估，于福江（2001）对1994年发生在台南的地震海啸进行了数值模拟，并将其用于福建惠安核电厂址的海啸数值计算。赵曦等（2007）运用高阶Boussinesq模型和波浪爬高模型，针对冲绳海沟和东海大陆架的实际地形，模拟了不同震级地震引发的海啸。温瑞智等（2008）以2004年苏门答腊岛海啸为例对越洋海啸传播的数值模拟进行了研究。潘文亮和王盛安（2009）基于COMCOT海啸模型对马尼拉海沟处假想的地震进行了相应的海啸数值模拟并给出了南海海域特别是我国华南沿海存在海啸风险的结论。任叶飞（2008）根据历史地震及历史海啸记录划分了影响我国近岸的47个海啸源，并通过确定性方法评估了其对我国沿岸的影响。王培涛（2012）通过数值模拟初步分析了越洋海啸对我国沿海地区的影响。温燕林等（2014）通过海啸模拟评估了日本南海海槽发生罕遇地震情况下我国华东沿海的海啸危险性。王培涛等（2014）运用数值模拟的方法研究了我国渤海是否曾经受到海啸灾害的影响。我国在“十二五”期间重点开展了基于最不利场景的海啸危险性评估方法研究和示范应用。确定性的海啸源主要分为区域震源和越洋震源。局地和区域海啸源的划分依据所记录的影响较大的海啸事件。

我国近海的强震主要集中在琉球-台湾地震构造带，其西界大致在大陆坡200m等深线附近，东界在琉球海沟。琉球岛弧呈NE向，台湾岛近SN向。该地震构造带历史上有记录的最大地震超过了8.0级。进入20世纪后，记录到的8.0级地震如1920年、1972年台湾东部的8.0级地震等。在琉球群岛西侧的东海陆架盆地极少有地震发生，仅在盆底边缘有些中强震，但最大震级不超过6.0～7.0级，在浙闽苏沪滨海地区，现今仪器监测到的地震多为5.0～6.0级；台湾海峡地区地震活动水平较高，历史上1604年在台湾海峡内泉州外海发生的8.0级地震（史料记载），1973年在台湾西南浅滩附近发生的7.3级地震，1994年在台湾海峡中部、2006年在浅滩发生的6.9级地震，均引发了海啸。后3次海啸事件中国家海洋局监测到数十厘米的海啸波，但均集中在福建中南部沿海。

根据历史地震分布状况，我国沿海局地海啸源分布如图6.13所示，主要分布在渤海中部、黄海南部（海州湾）、台湾东北部和台湾海峡及珠江口沿海地区。我国东南近海地跨欧亚板块和菲律宾板块两大构造单元。琉球群岛和台湾岛是西太平洋岛弧构造带的一部分。琉球海沟、琉球岛弧、冲绳海槽盆地构成完整的西太平洋“沟-弧-盆”系统。在琉球海沟水深6000m处存在板块俯冲带，琉球-台湾地震构造带是西太平洋火山、地震和海啸的主要发生源地。从图6.14看出，影响我国东部沿海区域的潜在海啸源主要分布在琉球海沟、台湾岛、马尼拉海沟一线。在上述海沟中构造影响我国的极端地震海啸情景，必须要考虑海沟各分段的级联破裂。

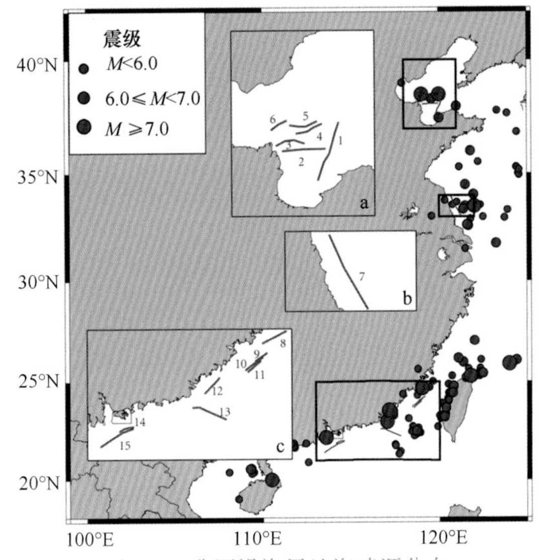

图6.13　我国沿海局地海啸源分布

红线为我国近海陆架上的主要断裂；蓝色圆圈为历史地震事件

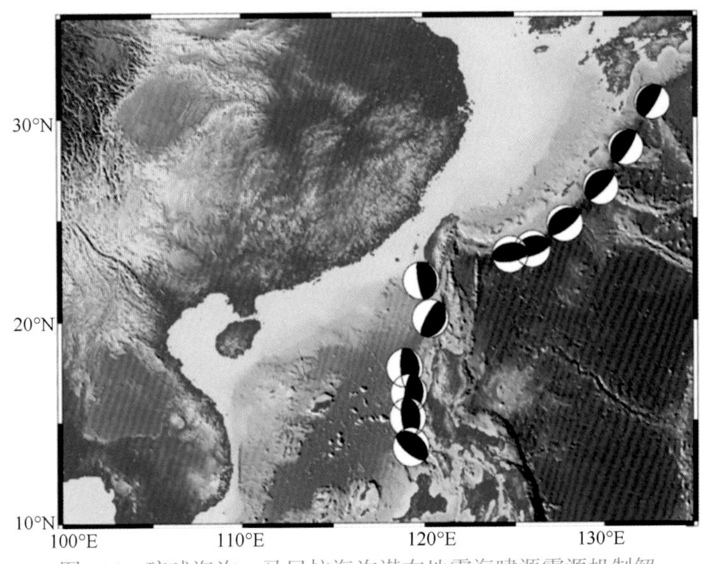

图6.14　琉球海沟、马尼拉海沟潜在地震海啸源震源机制解

能够对我国产生影响的越洋海啸均由强震引发。环太平洋区域超过8.0级的大地震中绝大部分发生在环太平洋地震俯冲带。板块俯冲过程中积累的应变能突然释放和同时伴生的海底同震形变，容易引发海啸。Slab1.0模型提供了环太平洋主要地震俯冲带（图6.15～图6.17）的几何形状，包括板片的俯冲深度、走向角和倾角，为海啸风险评估提供了合理的断层参数。应依据地震活动和地质构造特征等对活动断层进行分段，遵循历史重演和构造类比原则，综合采用地震构造法和历史地震法等震级上限估计方法，逐段确定发震构造和潜在震级上限。对历史地震资料丰富的区域，系统整理地震带内历史地震的最大震级和地震构造特征，评估研究区域俯冲带震级上限。

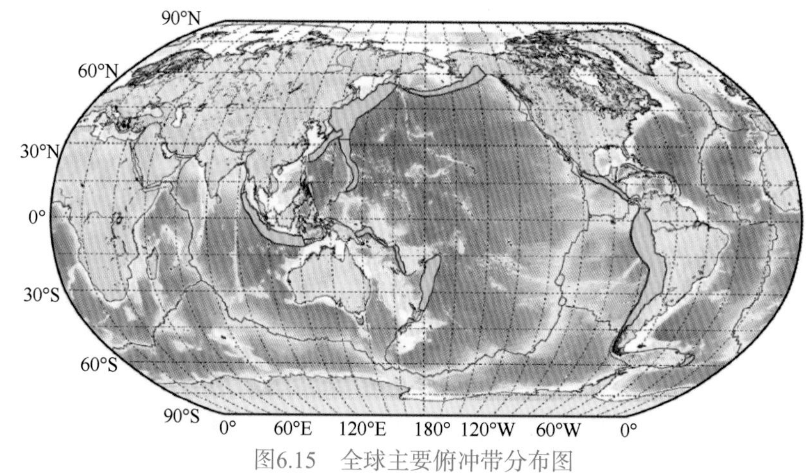

图6.15　全球主要俯冲带分布图

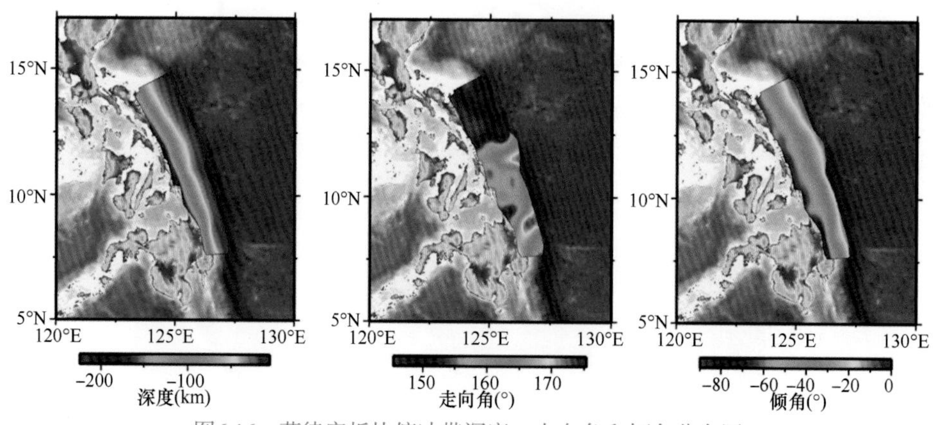

图6.16　菲律宾板块俯冲带深度、走向角和倾角分布图

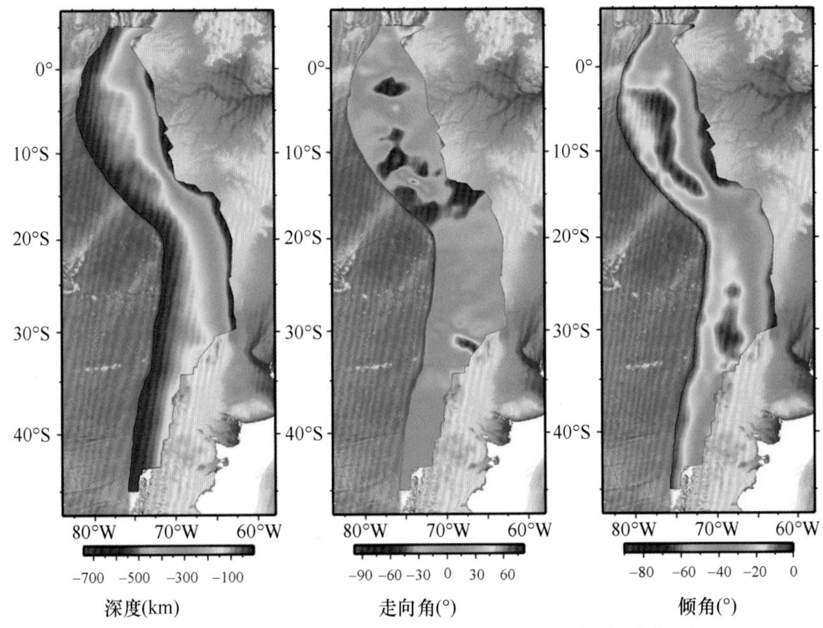

图6.17 南美洲板块俯冲带深度、走向角和倾角分布图

根据全球主要俯冲带海底断层板片特征分析，结合我国观测到的越洋海啸资料，在分析和统计全球近50年7.5级以上强震的震源机制解和相关研究文献的基础上，得出了越洋海啸源地（表6.2）。需要指出的是，在越洋海啸震源的选取上，环太平洋主要断裂带又根据其几何走向、地震历史统计等分为若干段，根据断裂带走向等因素只选取对我国潜在影响最大的一段的中点位置作为地震海啸源，而不是对每段都进行评估。共选取了阿留申群岛俯冲带破裂源、中美洲俯冲带破裂源、南美洲俯冲带破裂源、克马德克—汤加海沟俯冲带破裂源、所罗门群岛俯冲带破裂源、马里亚纳海沟俯冲带破裂源、东菲律宾海俯冲带破裂源、日本—千岛群岛—堪察加半岛俯冲带破裂源8个环太平洋俯冲带破裂源的13个破裂情景的震源参数。采用历史重演和构造类比的原则，得出极端场景的地震震级上限均在8.8～9.5级。部分场景的模拟结果如图6.18所示。

表6.2 全球主要俯冲带俯冲界面平均倾角参数表

序号	全球主要俯冲带		倾角平均值（°）
1	阿留申群岛（Aleutian Islands）		17
		鼠岛	19
		阿留申群岛中部	19
		阿留申群岛东部	15
		阿拉斯加半岛	8
2	中美洲（Central American）		22
		中美洲北部	19
		中美洲南部	24
3	南美洲（South American）		16
		智利中部	16
		智利南部	14

续表

序号	全球主要俯冲带	倾角平均值（° ）
	智利北部	16
	秘鲁南部	17
	秘鲁北部	11
4	克马德克—汤加海沟（Kermadec-Tonga Trench）	20
	克马德克海沟	22
	汤加海沟	17
	瓦努阿图	25
5	所罗门群岛（Solomon Islands）	31
	所罗门群岛	30
	新几内亚岛	29
6	马里亚纳海沟（Mariana Trench）	16
7	东菲律宾群岛（East Philippine Islands）	26
8	日本—千岛群岛—堪察加半岛（Japan-Kuril Islands-Kamchatka peninsula）	17
	日本	16
	千岛群岛南部	18
	千岛群岛北部	18
	堪察加半岛	17

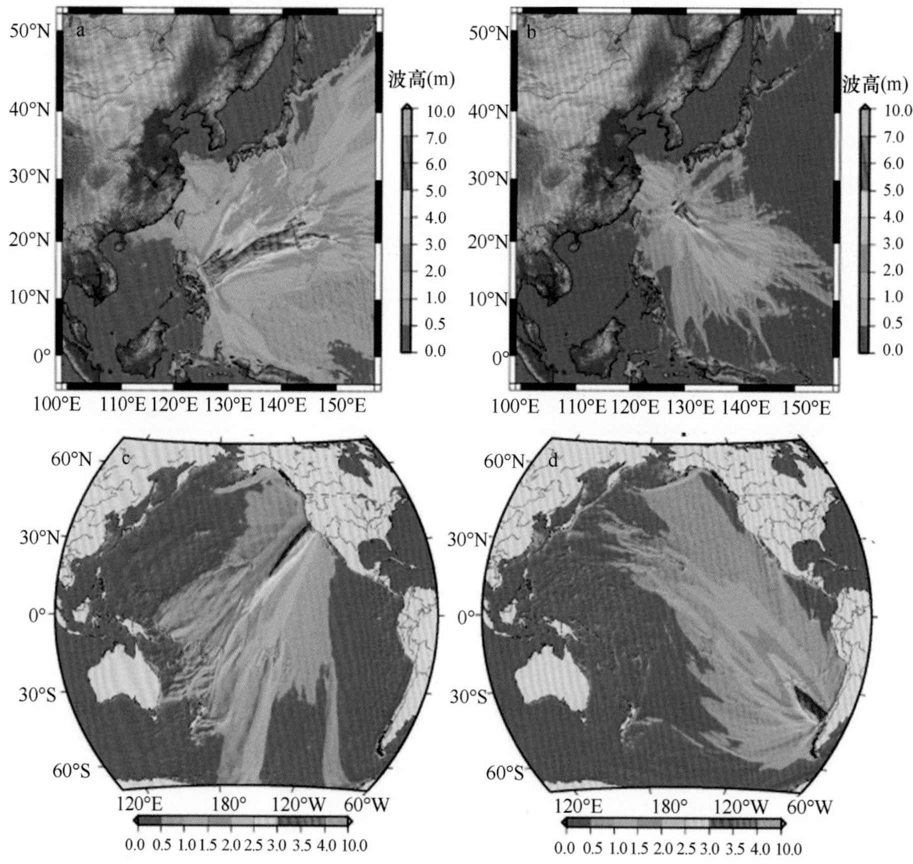

图6.18 确定性海啸风险评估个别场景最大波高分布图

a. 菲律宾海沟地震海啸事件；b. 琉球海沟地震海啸事件；c. 卡斯凯迪亚地震海啸事件；d. 智利海啸事件

依照国家海洋局颁布的《海啸灾害风险评估与区划技术导则》，海啸灾害危险性依据海啸波幅大小分为4级，见表6.3。其中Ⅰ级最高，代表该海啸致灾强度最大；Ⅳ级最低，代表海啸致灾强度最小。

表6.3 海啸灾害危险性等级划分标准

等级	波幅
Ⅰ	$H_{ts} > 3.0\text{m}$
Ⅱ	$1.0\text{m} < H_{ts} \leqslant 3.0\text{m}$
Ⅲ	$0.3\text{m} < H_{ts} \leqslant 1.0\text{m}$
Ⅳ	$H_{ts} \leqslant 0.3\text{m}$

注：H_{ts}代表海啸波幅

利用建立的危险性等级划分标准，在局地、区域和越洋海啸数值模型计算结果的基础上，以县（市、区）为基本单元，进行海啸灾害危险性等级评估。

从全国范围来看，我国受海啸灾害影响危险性最大的沿海区域是江苏南部、上海、浙江中北部，以及广东珠江口以东和海南东部局部岸段，最大海啸波幅超过了3m，这意味着处于近岸的社区、重点工业园区有遭受海啸淹没的风险；其次是浙江南部、福建大部、广东西部等地区，上述沿岸区域可能遭受的最大海啸波幅超过1m，沿岸堤防和设施可能遭到破坏，部分区域可能出现漫堤和漫滩；危险性最小的沿海区域是渤海周边岸段、海南西部和北部湾沿岸。

6.2.2 我国渤海地区概率性海啸风险评估

渤海连接华北和东北，地处环渤海经济带的核心部位，邻近京津唐，沿海地区人口稠密、经济发达，在我国经济发展规划布局中占有重要的地位。虽然渤海区域历史上没有海啸致灾事件的详细记录，但是渤海作为我国近海海域中地震活动性最强的区域，曾发生过多次强震。一旦该区域内再次发生强震并引发海啸，不排除造成一定程度的人员伤亡和经济损失。

目前，国际上普遍采用确定性和概率性两种评估技术路线来评估某一区域海啸灾害的风险。相比于简单地根据极端地震事件对海啸风险进行评估的确定性风险评估方法，概率性风险评估方法能够给出不同重现期的海啸风险或不同海啸波幅的年发生概率，方便决策者针对性地做出防灾减灾部署和城市建设规划。本小节应用基于蒙特卡罗随机生成算法的概率性风险评估方法对渤海地区局地海啸的风险进行评估，给出不同重现期内渤海周边地区的海啸风险，该结果对于环渤海区域未来的防灾减灾工作将更具有指导性意义。

1. 渤海区域构造及地震活动性

渤海是我国最大的内海，与华北平原连成一片，构成一个北东走向的裂谷式盆地。该地区地质构造复杂，整体而言主要由北东-北北东向、近东西向和北西向3组断裂控制（图6.19）。其中，北东向的郯庐断裂带是东亚大陆上一系列巨型断裂系中的一条主干断裂带，该断裂南起长江北岸，经安徽庐江与山东郯城、渤海，过沈阳后分为西支和东支，总体呈“S”状北北东向延伸，长达2400km。从古至今，郯庐断裂带及其附近两侧，大大小小的地震活动从未间断过，说明它是处于活动状态的断裂，是一条明显分段、活动程度不等的地震活动带。

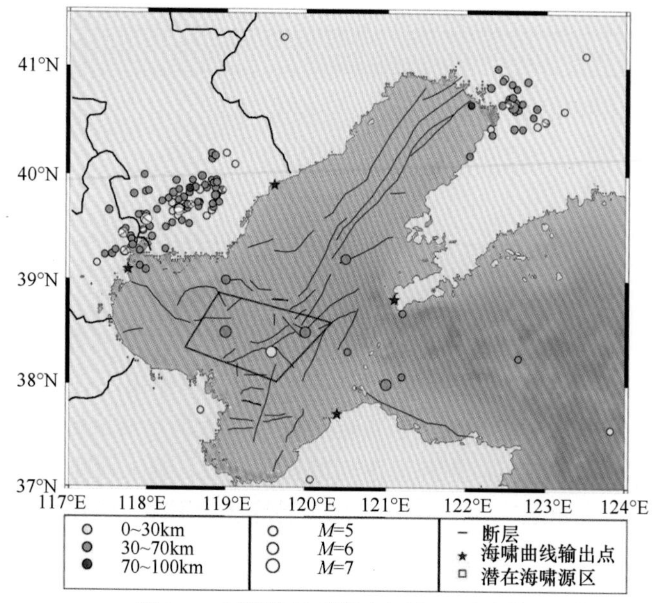

图6.19 环渤海地震带和历史地震分布

在郯庐断裂带与燕渤断裂带的影响下，渤海成为我国近海海域中地震活动性最强的区域。渤海及周边的历史地震分布如图6.19所示，区域内的地震以70km以内的浅源地震为主，震级总体较高，地震活动性在空间上分布呈明显的不均匀性，渤海内部地震主要集中在两大断裂带的交汇处，历史上该区域发生过4次7.0级以上的强震。相比中部而言，南部和北部的地震活动性较弱，总体上南部地震活动性强于北部。图6.19所示的部分历史地震事件的震源机制解来源于哈佛大学全球震源机制解数据库，由于震源机制解目录时间较短（1976～2018年），渤海内部没有震源机制解信息，但其周边区域的36条震源机制解表明该区域的断层活动性质以走滑型为主，这主要是由渤海受北西西向挤压应力场控制造成的。

2. 潜在海啸源划分及地震活动性统计

根据已有的海啸观测信息及海啸数值模拟研究，越洋海啸和区域海啸对渤海地区影响较小，渤海海啸威胁主要来自局地海啸。根据渤海区域内的历史地震分布及前人在该区域的地震风险评估相关研究成果划分了渤海内的潜在海啸源区域，如图6.19红色框所示。

由于渤海内部历史地震事件较少，如果仅仅利用这些事件分析其地震活动性难免会产生较大的误差。因此，我们收集了渤海区域内全球震源机制解目录用以分析海啸源区域的地震活动性。选择该目录主要是由于其地震事件记录较为准确，且事件震级均为矩震级，方便进行海啸数值模拟，避免了通过经验公式将其他震级形式转化为矩震级所引入的误差。

应用最大似然法拟合得到的震级-年发生频率曲线如图6.20所示，其中黑色圆点代表GCMT目录中对应震级的重现期。从图6.20可以看出，曲线在高震级区域拟合结果较差，这主要是由目录时间过短、缺少高震级事件造成的。统计所得β值为0.37，远远低于全球俯冲带的统计值0.66，说明其地震活动性与俯冲带相比很低。转角地震矩M_c所对应的转角震级m_c为7.6，这与前人计算的该区域最大震级为7.5～8.0的结论吻合。

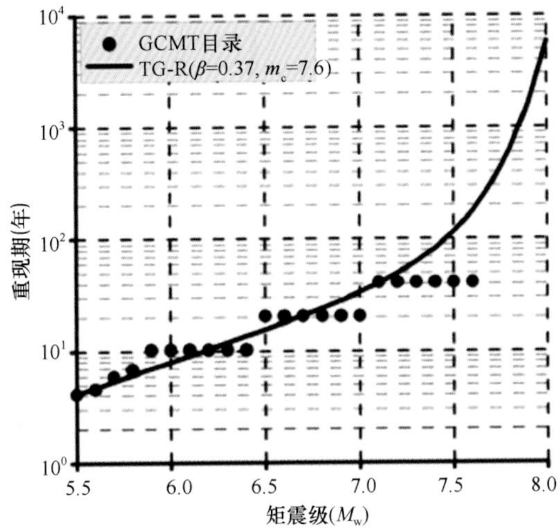

图6.20　TG-R震级-年发生频率拟合关系

基于上面统计所得到的TG-R关系，应用蒙特卡罗算法在海啸源区域内随机生成了一套10万年的地震目录，震级下限为7.0级，目录中的地震事件共计3053个，最大震级为8.2级。震中位置在指定的海啸源区域内随机分布。震源深度根据前人统计结果统一设为15km。

在海啸数值模拟中，断层模型计算的海啸初始位移场（海底形变量）直接关系海啸模拟结果的准确性。本小节利用基于弹性错位理论的Okada模型计算初始海面位移。地震事件均为随机生成，断层模型需要的走向角、倾角和滑动角则是结合了震源机制解及前人的统计结果分别设为均值55°、75°、225°且标准偏差为5°的随机序列。断层的几何参数（即断层的破裂长度、宽度和平均滑移量）一般都是通过震级-破裂尺度经验公式来确定，此处选取前人统计的东北和东亚地区的经验公式来计算这些参数，经验公式为

$$M=3.821+1.86\log L$$

$$M=4.134+0.954\log L\times W$$

$$M=5.34+\log L+\log d$$

式中，M为地震震级；L为断层破裂长度；W为断层破裂宽度；d为断层滑移量。

3. 环渤海区域海啸概率性风险评估结果

经过一系列的数值模拟之后，在每个输出点都生成了一套3053个点的最大海啸波幅目录，对该波幅目录进行统计即可得到每个输出点不同重现期的海啸波幅及环渤海重点城市的海啸波幅-重现期曲线。

海啸风险分布图主要是描述每个输出点在指定重现期的海啸波幅分布情况，典型重现期（50年、200年、500年、2000年）环渤海城市沿岸的最大海啸波幅分布如图6.21所示。当重现期为50年时，整个环渤海区域基本没有海啸风险，最大波幅不足0.4m。但当重现期超过200年时，海啸风险变得不可忽视。重现期为200年、500年和2000年的海啸波幅分布情况类似，波幅值随重现期的增大而明显增加。其中，海啸风险最高的岸段为莱

州湾东部龙口—莱州段，最大海啸波幅都在1m以上。当重现期为2000年时，该岸段的最大海啸波幅可达2m左右。

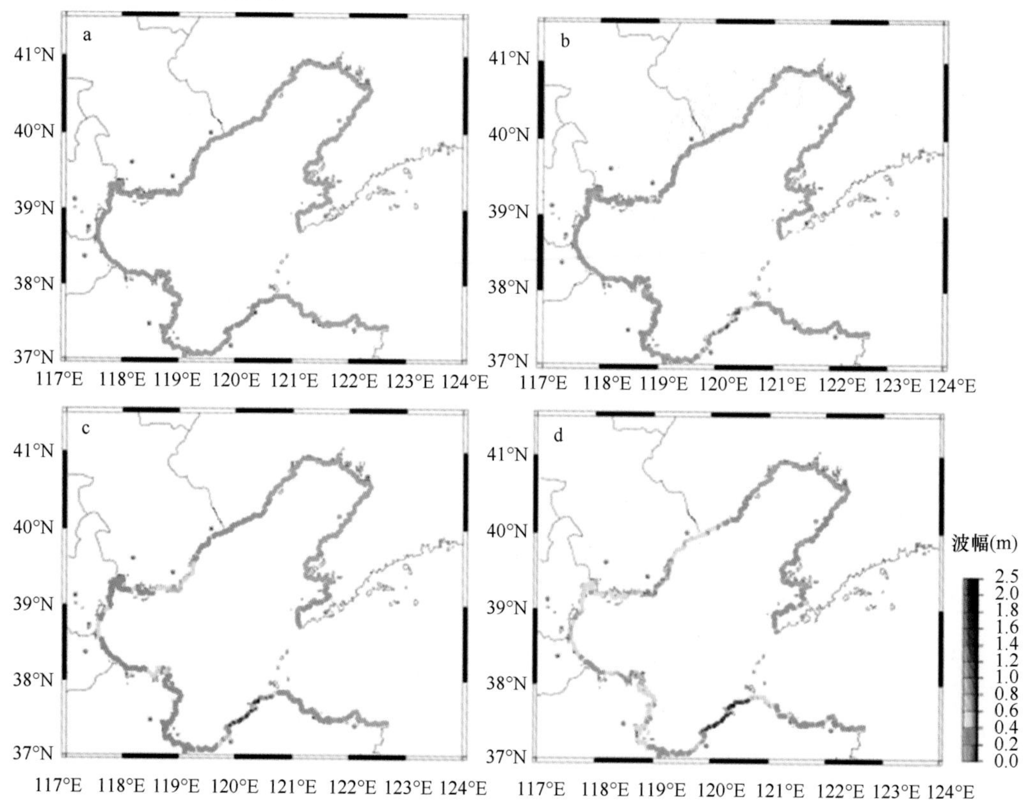

图6.21 环渤海海啸风险分布图

造成该区域海啸风险较高的主要原因有两个，一方面，该区域距离潜在海啸源区较近，海啸波能量还未耗散就已经到达；另一方面，海啸源区的假想地震均为郯庐断裂的北东走向，该区域恰好位于海啸传播的主路径上。渤海湾北部的乐亭—秦皇岛附近岸段同样具有较高的海啸风险，该区域500～2000年重现期的最大海啸波幅可以达到1.0～1.5m。相对来说，莱州湾东营—莱州段的海啸风险较低，在多个重现期内海啸波幅仅为0.2～0.4m，2000年重现期部分岸段的最大波幅也不超过0.6m。辽东湾北部营口附近是整个环渤海区域海啸风险最低的岸段，给定重现期内的最大海啸波幅都不足0.2m，可以断定该区域基本没有海啸风险。

重现期-海啸波幅曲线描述了某个特定输出点的海啸波幅随重现期的变化关系，本小节选取了4个输出点，分别位于龙口、大连、秦皇岛和天津。虽然某个城市的海啸风险很难仅通过一个输出点来说明，但是对于给定的重现期而言，各岸段的海啸波幅基本上是连续的，我们可以通过一个输出点来表现该城市附近输出点的整体变化趋势。输出点重现期-海啸波幅曲线如图6.22所示，可以看出，大连、秦皇岛及天津的海啸曲线斜率较大，说明这三个区域的海啸风险较低，其中大连的海啸风险最低，1000年重现期的海啸波幅仅为0.3m左右，而秦皇岛和天津1000年重现期的海啸波幅接近0.5m。龙口的海啸曲线较为平缓，表明其具有较高的海啸风险，其100年的海啸波幅接近1m，而1000年重现期的海啸波幅更是超过了2m。

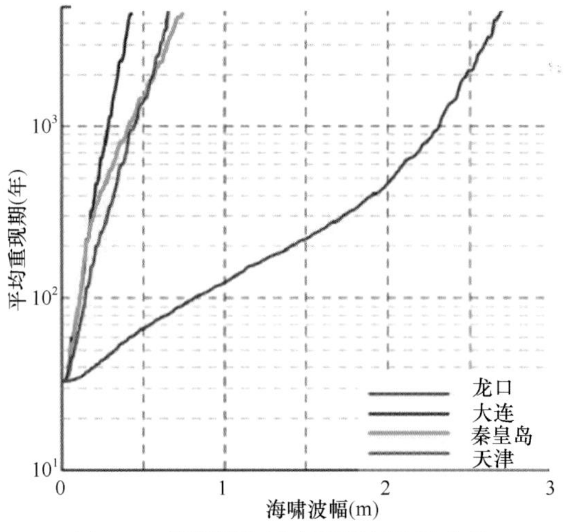

图6.22　渤海周边城市海啸危险性曲线

6.2.3　我国东南沿海概率性风险评估

国家海洋环境预报中心于2015年开始了概率性风险评估的研究工作，主要是评估区域海啸源（马尼拉海沟，琉球海沟）和越洋海啸源（环太平洋俯冲带）对我国东南沿海的影响，所选海啸源区如图6.23所示。

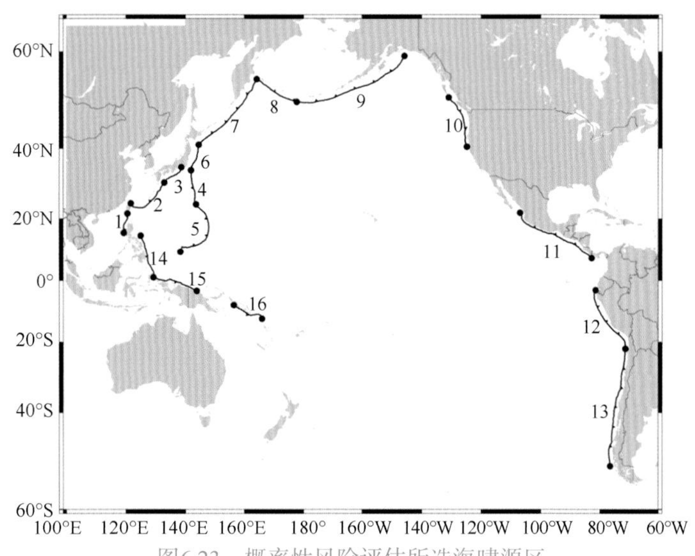

图6.23　概率性风险评估所选海啸源区

1. 马尼拉海沟；2. 琉球海沟；3. 南海道海槽；4. 伊豆-小笠原海沟；5. 马里亚纳海沟；6. 日本海沟；7. 堪察加-千岛群岛海沟；8. 阿留申海沟西部；9. 阿留申海沟；10. 卡斯凯迪亚海槽；11. 中美海沟；12. 秘鲁-智利北部海沟；13. 智利中部海沟；14. 菲律宾海沟；15. 新几内亚海沟；16. 新不列颠-所罗门海沟

海啸源的震级-频度关系选用的是TG-R关系，根据美国地质调查局近100年的地震目录，运用最大似然法求取了地震活动性参数β和转角震级m_c，并且运用地震矩能量守恒法对m_c进行了修正。此外，还考虑了强震源区破裂不均一性的不确定性影响，即对于蒙特卡罗方法生成的每一个地震事件，其震源的破裂方式是不同的，如图6.24所示，对于在琉球海沟生成的两个震级均为8.5级的地震事件，由于其破裂的不均一性和随机性，所产生的最大海啸波幅分布截然不同。图6.24a中我国沿海的最大海啸波幅是图6.24b的近2倍。

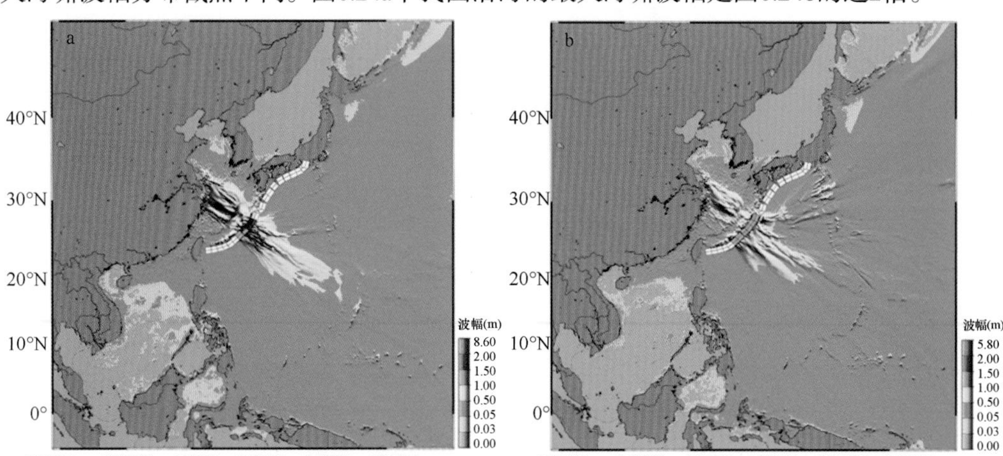

图6.24 考虑震源破裂的不均一性和随机性对海啸数值模拟结果的影响

根据各海啸源区的G-R关系，利用蒙特卡罗法模拟出100 000年的地震目录，并根据历史地震事件及各俯冲带的地质构造特征确定海啸源断层面的走向角和倾角，滑动角设定为90°。海啸数值模拟选用基于海啸单位源格林函数库的线性叠加方法，快速得到不同地震场景的海啸沿岸波幅预报值。

对所生成的地震事件进行数值模拟后，在我国沿岸每个输出点（图6.25）上都可以

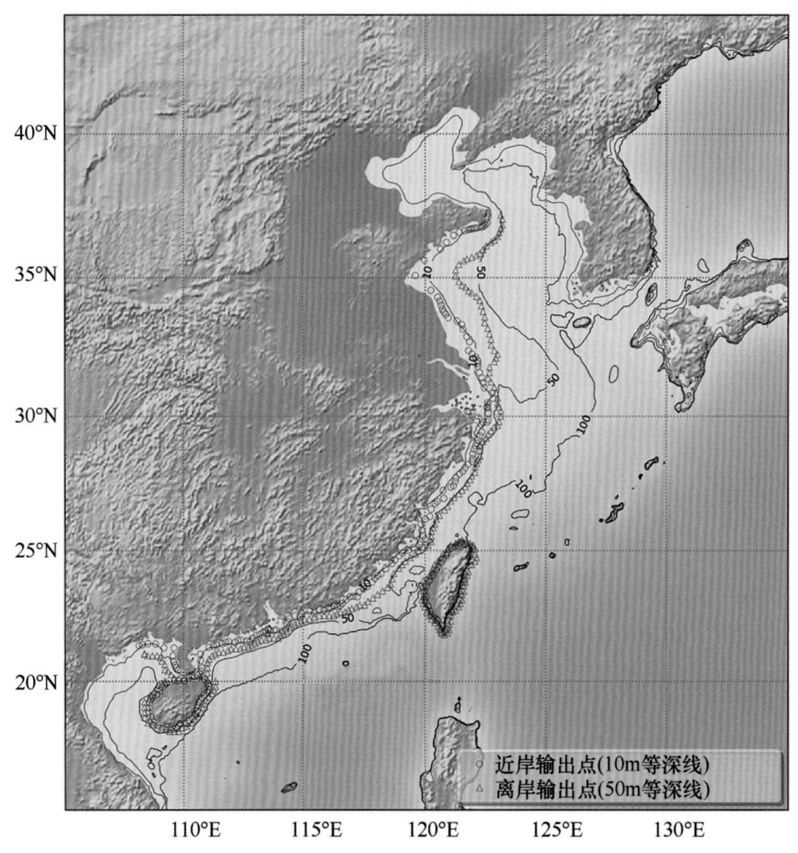

图6.25 我国沿岸海啸波幅输出点分布图

得到未来10万年的最大海啸波幅数据集，对这些波高值进行统计可以得到不同重现期内近岸输出点的最大海啸波高（图6.26）及5个主要城市的海啸波高曲线（图6.27）。此外，筛选不同地震俯冲带在沿岸重点城市引发的最大海啸波幅事件集，进而计算其发生频次，可以得到某一地震俯冲带对该点海啸危险性的贡献（百分比），该步骤也称为解耦，结果如图6.28所示，我国上海、厦门、香港和花莲在出现0.5m、1.0m、1.5m和2.0m最大海啸波幅的情景下，各地震俯冲带对该海啸危险性的贡献。

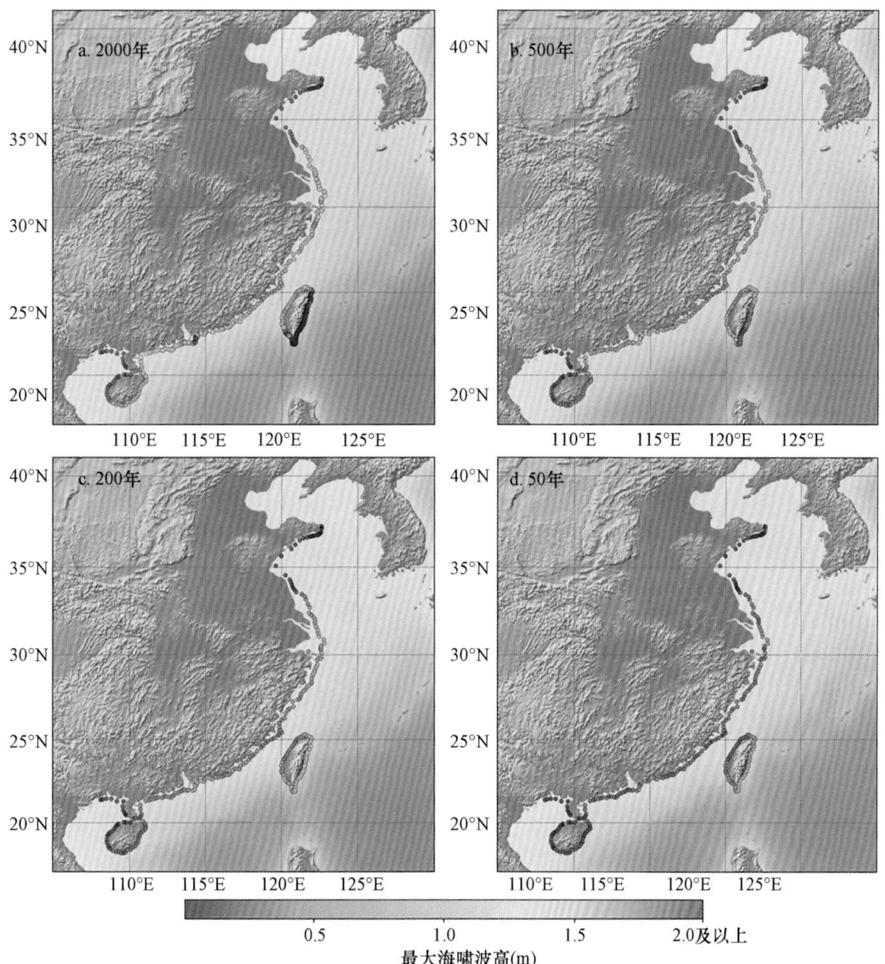

图6.26 沿10m等深线输出点不同重现期的最大海啸波高

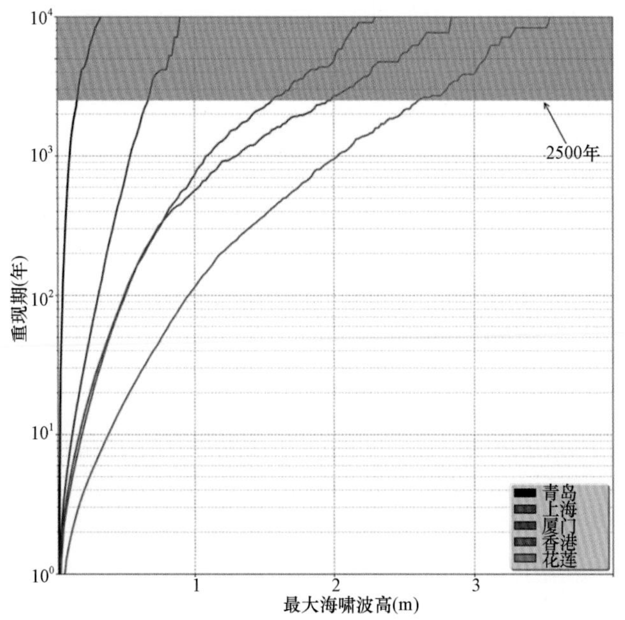

图6.27 沿10m等深线重点输出城市的最大海啸波高曲线

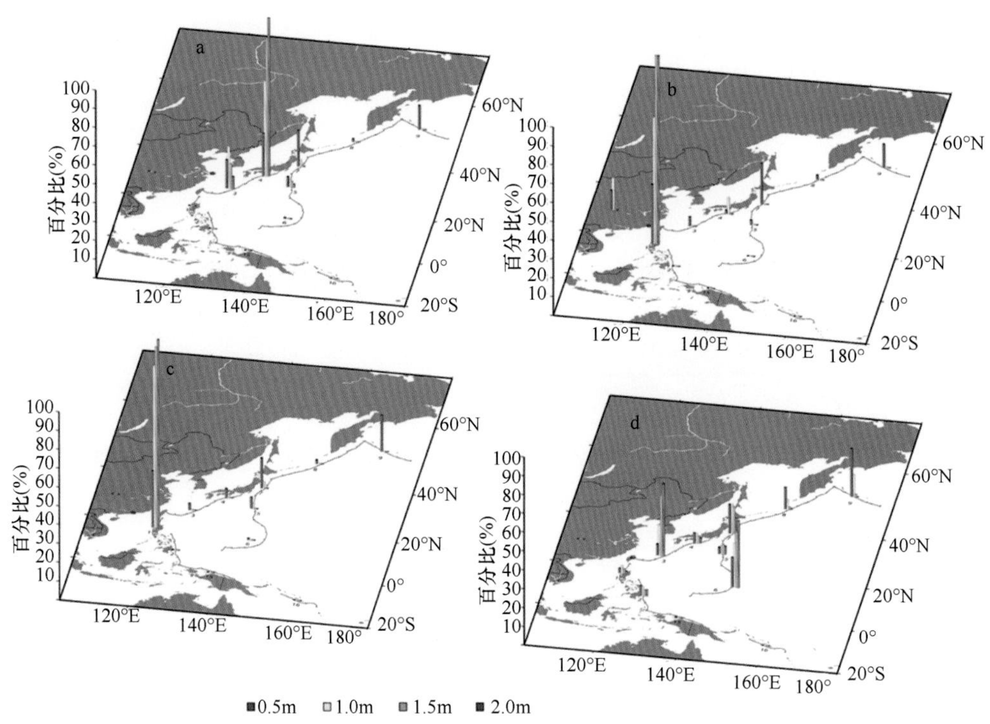

图6.28 我国上海、厦门、香港和花莲在不同最大海啸波幅影响下各越洋海啸和区域海啸对该海啸危险性的贡献

a. 上海；b. 厦门；c. 香港；d. 花莲

结合图6.28可以看出，在200年重现期下，我国台湾东侧最大海啸波幅达到1.0～1.5m，而我国东部的浙江中北部沿岸和江苏南部为0.4～0.6m；在极端的2000年一遇重现期下，我国台湾、浙江中北部沿岸的最大海啸波幅达到1.5～3.0m，而我国华南珠

江口沿海达到1.5～2.0m。从解耦结果来看，威胁我国东部沿海的海啸源区主要包括南海道海槽、琉球海沟，而威胁我国华南沿海的主要海啸源区则是马尼拉海沟。从海啸危险性曲线来看，在1000年一遇重现期下，我国东部的上海、宁波、舟山群岛最大海啸波幅普遍达到1.0m以上。其中，台湾东部的花莲海啸危险性最高，其100年、1000年和2000年重现期的最大海啸波幅分别达到了1.0m、2.0m和2.5m。

6.2.4　海啸淹没风险评估

海啸淹没（图6.29）是海啸在产生及传播过程中最具破坏性的阶段，它指的是海啸波冲上内陆、淹没沿海地区的过程。由于受不同的水深、地形和海岸线的影响，海啸波对不同的海岸或港口的淹没影响也不尽相同。当海啸传播到海岸线时，海啸波会发生破碎，涌水上岸。海啸波的淹没过程受多个因素影响，包括海啸波高度、爬高高度和淹没距离。

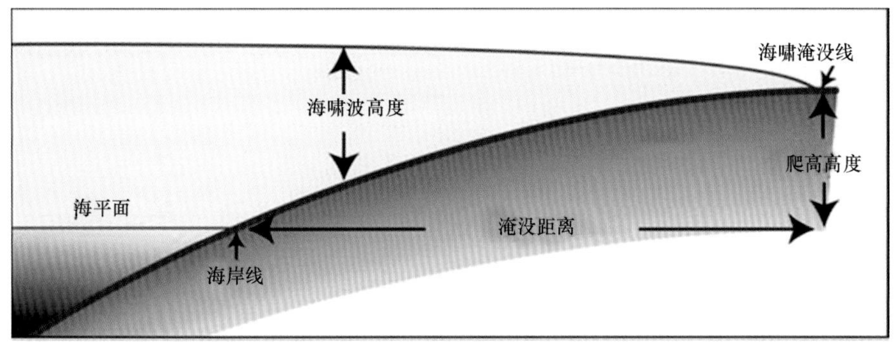

图6.29　海啸淹没示意图

2004年，印度尼西亚苏门答腊岛海域发生大海啸。海啸波深入印度尼西亚班达亚齐市城区距离海岸3～4km的范围。在印度尼西亚米拉务镇，海啸到达后，海水先是后退约500m，随后破坏性海啸波到达，海啸波爬高超出椰子树的高度，淹没距离大约为5km。泰国惹拉府，海啸波最大爬高12.5m，淹没距离1.5km。印度喀拉拉邦淹没距离0.5～1.5km。2011年3月11日日本地震引发的海啸淹没了包括仙台平原在内的多个地区（图6.30）。海啸淹没总面积大约561km^2。最大海啸爬高39.7m，使海岸地区城镇和城市遭受灾难性破坏。

图6.30　海啸淹没仙台机场

我国开展了大量基于确定性方法的海啸淹没危险性评估。高分辨率海啸淹没模型的分辨率小于50m，模型的建立主要利用DEM陆地高程和水深等基础地理信息数据。数据经过了统一立体参考面及插值、融合和订正等处理过程。同时，利用地形数据详细刻画底摩擦曼宁系数，利用海堤数据在模型中设置了堤防高度，考虑了天文潮对海啸危险性的影响，并分析了溃堤与不溃堤对海啸淹没的影响。数值模型可以用来计算和模拟潜在极端海啸波的到达时间、海啸波幅、流速和淹没深度及范围。

在海啸淹没数值计算的基础上绘制海啸淹没危险性等级图，显示可能会淹没的沿海陆地区域。淹没图上应标注的辅助要素包括：①发生淹没的震级等震源参数；②海啸波到达时间及持续时间；③海啸淹没水深及危险等级；④发生时的潮汐水平。

海啸灾害淹没危险性依据海啸淹没深度或淹没区域内的海啸流速分为4级，若无淹没，则认为无危险性，见表6.4。

表6.4　海啸灾害淹没危险性等级划分标准

等级	淹没深度（m）	流速（m/s）
Ⅰ	＞3.0	＞3.0
Ⅱ	1.2 ~ 3.0（含）	1.5 ~ 3.0（含）
Ⅲ	0.5 ~ 1.2（含）	0.5 ~ 1.5（含）
Ⅳ	0.0 ~ 0.5（含）	0.0 ~ 0.5（含）

以舟山市定海区海啸淹没危险性评估为例。在叠加高潮位的假设下，受各潜在海啸源集成的影响，定海区沿海主要乡镇均发生不同程度的淹没现象。临城街道、长峙岛、干石览镇等发生淹没，其中定海区的解放街道、临城街道和长峙岛及其邻近区域淹没范围较大，淹没等级大多为Ⅱ级和Ⅲ级，淹没区域主要是养殖用地、港口用地及城镇用地。定海区南侧的定海区政府和舟山市政府主城区一带淹没等级为Ⅲ级，临城街道靠海一侧、长峙岛、长白乡、干石览镇等地淹没等级为Ⅱ级，淹没深度为1.2m以上。

6.3　海啸应急疏散

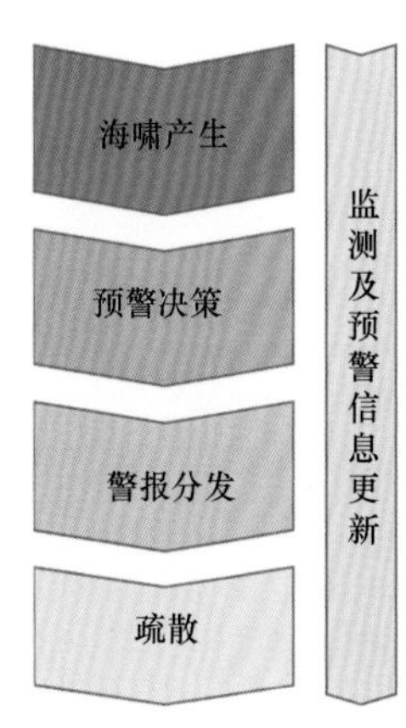

图6.31　海啸防灾应急流程

海啸应急疏散是海啸防灾减灾环节中的重要一环（图6.31）。海啸预警研究分析结果都服务于疏散行动。疏散的结果直接决定海啸防范工作与努力的成功与否。海啸疏散研究建立在充足的空间地理信息基础之上，GIS环境下的空间信息系统通过叠加分析多种数据来优化避灾点位置和疏散路线，为疏散计划提供决策支持。海啸疏散研究不仅要考虑海啸灾害的物理因素，如海啸传播时间、淹没范围等，还需考虑受影响地区的社会经济情况及其相互作用。根据不同的疏散研究区域及民众所处的不同地理位置，选择不同的疏散方法。

海啸疏散研究首先要分析海啸危险性。通过危险性分析，可以显示灾害的影响范围，明确疏散研究的位置和范围，利用海啸数值模型计算出海啸淹没范围，并在淹没范围的基础上制定疏散撤离计划。疏散时间计算是海啸疏散研究中一个至关重要的环节，它的长短直接决定采用何种疏散方法。在撤离时间充足的前提下，民众可以进行水平疏散，撤离到海啸淹没区以外的安全区。如果没有足够的撤离时间，或者出现交通拥堵等其他情况，民众只能撤离到居住地附近地势较高的垂直避灾点，垂直疏散是水平疏散的必要替代，二者相互补充。另外，疏散民众所处的具体环境影响疏散的效率，因此有必要对疏散路线上的成本进行研究分析，提供动态信息和说明，以帮助人们做出正确的决定。海啸疏散可以引进一个基本的专题图层——成本面层。成本面层是一个栅格图层，图层上每个单元的数值代表疏散时经过该单元所需的时间成本。

6.3.1　海啸疏散时间

疏散通常是指暂时将人们从危险区域转移到安全地点的行为。疏散通常指快速发展的急切紧急情况，通常需要在短时间内完成，因此需要制定程序，以挽救生命和尽量减少伤害。成功的海啸疏散需要满足3个条件：①基本的地震和海啸传播知识；②提前规划好疏散路线和疏散地点；③及时传递相关海啸灾害信息。

疏散时间（图6.32）是海啸疏散计划中的重要因素，从地震发生到海啸传播到近岸需要一定的时间，可能是数分钟也可能是数小时，这取决于海啸源到近岸的距离和海啸传播过程中所经过的海底地形及水深。地震海啸发生后，海啸预警中心需要一定的时间来判断分析地震是否能引发海啸并发布海啸预警信息。民众在接收到海啸警报后，自己也应对海啸事件进行分析判断并作出撤离决定，这也需要一定的时间。海啸传播时间减去警报分析发布时间和民众接收警报与决定疏散时间后，剩余的时间为海啸疏散时间。总疏散时间分为反应时间、移动时间和等待时间。

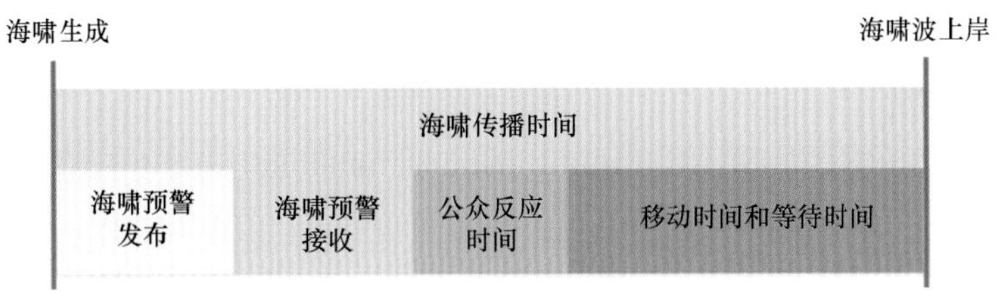

图6.32　疏散时间定义

6.3.2　海啸疏散方法

1. 水平疏散，垂直疏散

在海啸减灾计划中，疏散是至关重要的措施，拯救人的生命，尤其是对居住在沿海低洼地区的社区。在一些地方，由于预警时间短，不可能使社区疏散到一个遥远的位置，因此可能的解决方案是垂直疏散，即撤离至建筑物或者构筑物的上层，旨在抵御海啸的影响。

在海啸减灾计划中，疏散措施对于挽救生命至关重要。国家海啸灾害减灾计划（NTHMP）指出，防范海啸的首要策略是立即疏散海啸危险区的群众。

2. 成本距离方法和基于代理主体的方法

从疏散点到避灾点的最佳疏散路线，并不总是点到点的最短路径，不同的地物类型对疏散撤离有不同的影响。例如，在道路上的撤离速度明显大于田地里的撤离速度。疏散成本方法可以解决不同土地利用方式对疏散路线的影响，疏散成本反映每个单元格在疏散上的难易程度。疏散成本综合了土地利用方式和坡度两种数据，其中，土地利用数据基本可以反映该地区社会经济活动的位置、类型和开发强度等情况，坡度反映步行经过该地区的难易程度。通过计算疏散成本，将最佳疏散路线选在疏散成本较低的地区。具体计算时，首先需要将土地利用方式和坡度进行分级。最小成本距离（least-cost distance，LCD）方法是指利用地理信息系统（GIS）来计算静态的疏散成本，考虑疏散通过每个单元的难度（如坡度和土地覆盖），并计算从危险区域到每一个安全位置的最短路径。

基于主体的模型主要是动态模拟疏散速度和撤离人员（主体）的位置，要考虑交通容量、交通阻塞、疏散速度等因素。LCD方法和基于代理的模型都可以为海啸疏散计划提供有用的信息。对于基于代理的模型，多个重要输入参数均难以约束，包括疏散人群（如居民、员工和游客）的大小和位置及地震发生后主体之间的相互作用。因此，基于主体的模型可以更好地服务于海啸演习，针对特定的海啸场景、假设的海啸波到达时间及人口分布来研究小范围的海啸疏散。然而，在实际海啸疏散过程中，应急管理人员并不掌握大范围沿海地区人口的空间和时间变化，以及每个主体的行为变化。也因为我们的重点是了解疏散时间空间和分布，而不是个人的避难行为，所以我们专注于LCD方法。我们认识到，疏散方法研究不完全代表一个实际的疏散主体，我们的方法不能完全捕捉个人的行为变化、自然环境的动态特性（如气候条件、微观尺度的土地改变）或疏散主体之间的相互作用及其对疏散的影响。

3. 避灾点的选择

避灾点是疏散研究的基础，对于水平疏散而言，避灾点应选择在海啸淹没区外围的疏散成本较低、地势较高的地区，最好是有公路连接的地点，遵循高海拔、易达性、容量大等原则。除此之外，还应对备选建筑物的结构、功能、容量、通达性和安全性等方面的情况进行调查。通常，可以用来当作避灾点的建筑物主要是一些带有社会化功能的场所，包括学校、医院、商场、会展中心、体育场、旅馆、公园、各级政府机关及企事业单位。根据我国行政区划特点，村级行政区（居民小区）也可以作为疏散避灾场所。综合海啸到达时间、避灾点和道路网络等数据，在疏散成本面的基础上，选择最佳撤离路线。

由于在通常的水平疏散中，需要在短时间内疏散大量的民众，这受时间、交通状况及民众自身条件等多种因素的影响和制约。另外，在人口众多的沿海城市，大范围人群的远距离疏散可能会导致道路拥堵，从而影响撤离计划，因此民众应根据自身和所处环境条件采用垂直疏散。

垂直疏散避灾点的选取需进行现场调查，综合考虑建筑物的结构、层数、功能、容量、通达性、安全性等方面情况。结合各种资料，选出淹没区内的建筑物作为备选避灾点，并利用位置分配方法确定垂直避灾点。通过位置分配方法整合居民点、备选避灾点、道路和障碍等多个图层以合适的方式来确定避灾点位置，保证避灾点能够高效地满足居民点避灾的需求，在定位避灾点的同时也将居民点分配到避灾点。

6.3.3　应急疏散应用

应急疏散图用于灾害期间人群的紧急疏散。以受灾害影响的沿海乡镇和社区为单元，结合避灾点分布，确定避灾点选取原则，对可能最大海啸淹没情景下的避灾点进行适用性评价，规划可行的最优疏散路径，针对各个可能受海啸灾害影响的乡镇、社区制作大比例尺应急疏散图。

1. 舟山市定海区海啸疏散研究

综合各地震海啸源的影响，临城街道淹没区主要集中在北部临长路以东、定沈路以南到海边的区域内，以及长峙岛东部地区。淹没区内包含商业区、养殖区、居民区、厂房及学校等。北部本岛居民由于没有较近的避灾点，可以按照就近疏散的原则撤离至地势较高的地区，基本方向是向北撤离。长峙岛淹没区内的居民可以疏散至地势较高的外长峙山，离此山较远的居民可以就近疏散至地势较高的地区。

2. 嘉兴市平湖市海啸疏散研究

综合各地震海啸源的影响，平湖市海啸淹没区集中分布在九龙山度假区，与其最近的3个避灾点分别为林埭镇避灾安置中心、林埭镇群丰村避灾安置点、独山港镇海塘村避灾安置点。海啸灾害发生时，距离淹没区最近的避灾点也在6km以上，由于海啸突发性强，若按照就近高海拔疏散原则，九龙山度假区的群众应该就近疏散到地势较高的区域。

参考文献

潘文亮，王盛安. 2009. COMCOT数值模式的介绍和应用. 海洋预报，26（3）：45-52.

任鲁川，霍振香，洪明理. 2014. 耦合潜源参数不确定性效应的地震海啸危险性分析——原理与方法. 海洋预报，31（6）：7-13.

任叶飞. 2008. 基于数值模拟的我国地震海啸危险性分析研究. 中国地震局工程力学研究所硕士学位论文.

王培涛. 2012. 越洋海啸的数值模拟及其对我国的影响分析. 海洋学报，34（2）：39-47.

王培涛，高义，于福江，等. 2014. 基于数值模拟的渤海海域地震海啸危险性定量化研究. 海洋学报，36（1）：56-64.

温瑞智，任叶飞. 2007. 我国地震海啸危险性分析方法研究. 世界地震工程，23（1）：6-11.

温瑞智，任叶飞，李小军，等. 2011. 我国地震海啸危险性概率分析方法. 华南地震，31（4）：1-13.

温瑞智，任叶飞，周正华，等. 2008. 越洋海啸的数值模拟. 地震工程与工程振动，28（4）：28-34.

温燕林，赵文舟，李伟，等. 2014. 日本南海海槽发生罕遇地震情况下我国华东沿海的海啸危险性研究. 地震学报，（4）：651-661.

于福江. 2001. 1994年发生在台湾海峡的一次地震海啸的数值模拟. 海洋学报，23（6）：32-39.

赵曦，王本龙，刘桦. 2007. 基于Boussinesq方程的海啸生成数学模拟. 太原：全国水动力学研讨会.

Annaka T，Satake K，Sakakiyama T，et al. 2007. Logic-tree approach for probabilistic tsunami hazard analysis and its application to the Japanese coasts. Pure and Applied Geophysics，164（2-3）：577-592.

Bird P，Kagan Y Y. 2003. Plate-tectonic analysis of shallow seismicity：Apparent boundary width，beta，corner magnitude， coupled lithosphere thickness, and coupling in seven tectonic settings. Bulletin of the Seismological Society of America, 94（6）: 2380-2399.

Bird P. 2003. An updated digital model of plate boundaries. Geochemistry Geophysics Geosystems, 4（3）: 1027.

Blaser L, Krüger F, Ohrnberger M, et al. 2010. Scaling relations of earthquake source parameter estimates with special focus on subduction environment. Bulletin of the Seismological Society of America, 100（6）: 2914-2926.

Burbidge D, Cummins P R, Mleczko R, et al. 2008. A Probabilistic tsunami hazard assessment for western Australia. Pure and Applied Geophysics, 165: 2059-2088.

Burroughs S, Tebbens S. 2001. Upper-truncated power laws in natural systems. Pure and Applied Geophysics, 158（4）: 741-757.

Cornell C A. 1968. Engineering seismic risk analysis. Bulletin of the Seismological Society of America, 58: 1583-1606.

Crawford P L. 1987. Tsunami predictions for the coast of Alaska, Kodiak to Ketchikan. Waterways Experiment Station, Technical Report CERC-87-7, Vicksburg, MS.

Dieterich J H. 1979. Modeling of rock friction: 1. Experimental results and constitutive equations. Journal of Geophysical Research: Solid Earth, 84（B5）: 2161-2168.

Frankel A D, Mueller T, Barnhard D, et al. 1996. National seismic-hazard maps, documentation. US Geological Survey Open-File Report, 532: 71.

Frankel A D, Petersen M D, Mueller C S, et al. 2002. Documentation for the 2002 update of the national seismic hazard maps. US Geological Survey Open-File Report, 420: 33.

Garcia A W, Houston J R. 1975. Type 16 Flood Insurance Study: Tsunami Predictions for Monterey and San Francisco Bays and Puget Sound. Vicksburg: Army Engineer Waterways Experiment Station.

Geist E L. 2002. Complex earthquake rupture and local tsunamis. Journal of Geophysical Research, 107（5）: 2086.

Geist E L, Parsons T. 2006. Probabilistic analysis of tsunami hazards. Natural Hazards, 37: 277-314.

González F I, Geist E L, Jaffe B, et al. 2009. Probabilistic tsunami hazard assessment at seaside, Oregon, for near- and far-field seismic sources. Journal of Geophysical Research, 114: C11023.

Hanks T C, Kanamori H. 1979. A moment magnitude scale. Journal of Geophysical Research, 84（5）: 2348-2350.

HerrendöRfer R, Van Dinther Y, Gerya T, et al. 2015. Earthquake supercycle in subduction zones controlled by the width of the seismogenic zone. Nature Geoscience, 8（6）: 471-474.

Hoechner A, Babeyko A Y, Zamora N. 2015. Probabilistic tsunami hazard assessment for the Makran region with focus on maximum magnitude assumption. Natural Hazards and Earth System Sciences Discussions, 3（9）: 5191-5208.

Houston J R. 1980. Type-19 flood insurance study, tsunami predictions for Southern California. Vicksburg: Waterways Experiment Station, Technical Report HL-80-18.

Houston J R, Carver R D, Markle D G. 1977. Tsunami-wave elevation frequency of occurrence for the Hawaiian Islands. Vicksburg: US Army Engineer Waterways Experiment Station.

Hsu Y J, Yu S B, Loveless J P, et al. 2016. Interseismic deformation and moment deficit along the Manila subduction zone and the Philippine Fault system. Journal of Geophysical Research: Solid Earth, 121（10）: 7639-7665.

Kagan Y Y, Jackson D D. 2013. Tohoku earthquake: A surprise? Bulletin of the Seismological Society of America, 103: 1181-1194.

Lane E M, Gillibrand P A, Wang X, et al. 2013. A Probabilistic Tsunami Hazard Study of the Auckland Region, Part Ⅱ: Inundation Modelling and Hazard Assessment. Pure and Applied Geophysics, 170: 1635-1646.

Leonard M. 2010. Earthquake fault scaling: self-consistent relating of rupture length, width, average displacement, and moment release. Bulletin of The Seismological Society of America, 100: 1971-1988.

Li L, Switzer A D, Chan C, et al. 2016. How heterogeneous coseismic slip affects regional probabilistic tsunami hazard assessment: A case study in the South China Sea. Journal of Geophysical Research: Solid Earth, 121（8）: 6250-6272.

Liu Y, Santos A, Wang S M, et al. 2007. Tsunami hazards along Chinese coast from potential earthquakes in South China Sea. Physics of the Earth and Planetary Interiors, 163: 233-244.

Mueller C, Power W, Fraser S, et al. 2015. Effects of rupture complexity on local tsunami inundation: Implications for probabilistic tsunami hazard assessment by example. Journal of Geophysical Research: Solid Earth, 120: 488-502.

Okada Y. 1985. Surface deformation due to shear and tensile faults in a half-space. Bulletin of the Seismological Society of America, 75（4）: 1135-1154.

Papazachos B, Scordilis E, Panagiotopoulos D, et al. 2004. Global relations between seismic fault parameters and moment magnitude of earthquakes. Bulletin of the Geological Society of Greece, 36（3）: 1482-1489.

Park H, Cox D T. 2016. Probabilistic assessment of near-field tsunami hazards: Inundation depth, velocity, momentum flux, arrival time, and duration applied to Seaside, Oregon. Coastal Engineering, 117: 79-96.

Petersen M D, Frankel A D, Harmsen S C, et al. 2008. Documentation for the 2008 Update of the United States National Seismic Hazard Maps. US Geological Survey Open-File Report 2008-1128.

Power W, Downes G, Stirling M. 2007. Estimation of Tsunami Hazard in New Zealand due to South American Earthquakes. Pure and Applied Geophysics, 164: 547-564.

Qiu Q, Li L L, Hsu Y J, et al. 2019. Revised earthquake sources along Manila Trench for tsunami hazard assessment in the South China Sea. Natural Hazards and Earth System Sciences, 19 (7): 1565-1583.

Ren Y, Wen R, Song Y. 2014. Recent progress of tsunami hazard mitigation in China. Episodes, 37 (4): 277-283.

Risi R D, Goda K. 2017. Simulation-based probabilistic tsunami hazard analysis: Empirical and robust hazard predictions. Pure and Applied Geophysics, 174 (8): 3083-3106.

Rong Y, Jackson D D. 2014. Magnitude limit of subduction zone earthquakes. Bulletin of the Seismological Society of America, 104 (5): 2359-2377.

Schaefer A M, Daniell J E, Wenzel F. 2015. M_9 returns–towards a probabilistic pan-Pacific Tsunami Risk Model. Sydney: Tenth Pacific Conference on Earthquake Engineering Building an Earthquake-Resilient Pacific.

Scholz C H, Campos J. 2012. The seismic coupling of subduction zones revisited. Journal of Geophysical Research: Solid Earth, 117 (B5): B05310.

Shuto N. 1993. Tsunami Intensity and Disasters//Tinti S. Tsunamis in the World. Advances in Natural and Technological Hazards Research, vol 1. Dordrecht: Springer.

Soloviev S L, Go C N, Kim K.S. 1986. Catalogue of tsunamis in the Pacific Ocean, 1969-1982 (in Russian). Moscow: Soviet Geophysical Committee.

Stirling M, Goded T, Berryman K, et al. 2010. Selection of earthquake scaling relationships for seismic hazard analysis. Bulletin of the Seismological Society of America, 103 (6): 2993-3011.

Strasser F, Arango C, Bommer J. 2010. Scaling of the Source dimensions of interface and intraslab subduction-zone earthquakes with moment magnitude. Seismological Research Letters, 81: 941-950.

Yen Y T, Ma K F. 2011. Source-Scaling Relationship for M 4.6-8.9 Earthquakes, Specifically for Earthquakes in the Collision Zone of Taiwan. Bulletin of the Seismological Society of America, 101 (2): 464-481.

Zhou Q, Adams W M. 1988. Tsunami risk analysis for China. Natural Hazards, 1 (2): 181-195.

第7章 海啸预警与减灾系统

2012年，中央机构编制委员会办公室正式批准设立国家海洋局海啸预警中心（现为自然资源部海啸预警中心），并依托国家海洋环境预报中心开展建设和业务运行，以加强我国的海啸预警业务能力、增强防灾减灾能力。在2019年6月召开的联合国教育、科学及文化组织政府间海洋学委员会第30次大会上，正式通过了中国自然资源部海啸预警中心牵头承建的联合国教育、科学及文化组织政府间海洋学委员会（UNESCO/IOC）南中国海区域海啸预警中心于2019年11月5日开展业务化运行。

我国的海啸预警业务起步较晚，自1983年加入太平洋海啸预警与减灾系统政府间协调组以后，主要转发美国太平洋海啸预警中心（Pacific Tsunami Warning Center，PTWC）发布的国际海啸预警消息。2004年印度洋大海啸之后，国家海洋环境预报中心开始全面深入分析和研究我国沿海的海啸风险，逐步提高海啸预警报能力。2011年日本地震海啸之后，在国家有关部门的大力支持下，我国海啸预警业务发展驶入快车道：2012年国家海洋环境预报中心引入全球地震监测分析系统，开发完成以海啸业务流程为主线的第一代海啸预警业务平台，具备了不依赖国外机构开展地震海啸预警的能力，为我国的海啸预警业务逐步探索自动化、智能化发展进程奠定了坚实的基础；2016年，新一代海啸预警业务系统正式投入使用，该系统集成了全球海底地震监测、全球水位监测、太平洋海啸并行预报模型、海啸情景数据库及海啸产品制作发布等12个子系统，实时与太平洋海啸预警中心、中国地震台网中心、国家气象信息中心等国内外业务及数据中心紧密相连，建立了海啸预警标准业务流程。该系统使我国海啸预警时效大幅缩短至10min。目前，自然资源部海啸预警中心已经发展成为全国唯一的开展地震海啸预警的国家级业务中心（图7.1）。

图7.1　自然资源部海啸预警中心业务平台

2004年印度洋大海啸之后，UNESCO/IOC考虑建立新的海啸预警机制框架，即全球—区域—次区域—国家四级海啸预警系统。由原来仅有的太平洋海啸预警系统区域，扩展到印度洋、大西洋地区，建立了覆盖全球的海啸预警系统。由于全球80%以上的地震海啸集中在太平洋，为推进太平洋各区域国家之间的协同发展，促进区域内观测和预警资源共享，太平洋海啸预警系统政府间协调组推动建设南中国海、西南太平洋、东南太平洋和中美洲四个次区域级预警系统。其中，我国与南中国海周边其他8个国家共同开展了南中国海区域海啸预警与减灾系统建设，并承建了南中国海区域海啸预警中心。

一个完整的海啸预警与减灾系统，至少应包括以下几个核心部分（图7.2）。

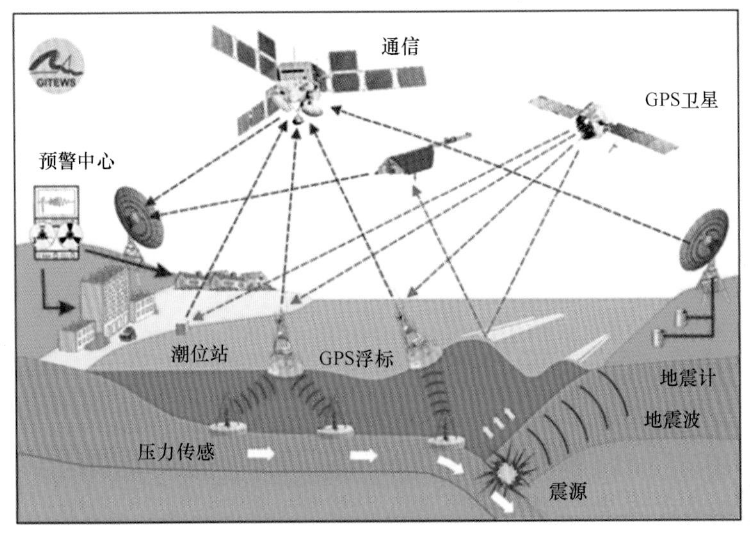

图7.2　海啸预警与减灾系统结构图

（1）地球观测网络：布放在各地的观测设施，主要用来观测与记录地震和海啸信息，一般指地震和水位观测，部分国家也将火山监控、GPS大地测量数据等纳入海啸预警。

（2）海啸预警中心：主要职责是获取、处理和使用观测数据来发布海啸信息或者警报。海啸预警中心全天候不间断运行，必须满足可持续性、冗余性、可靠性等要求，并致力于快速准确地发布海啸预警信息。

（3）稳定畅通的通信网络：可以确保数据的接收和预警信息的发布。

（4）灾害应急响应管理部门：主要职责包括灾前组织防灾意识宣传、灾害风险评估和区划、建设诸如高音喇叭和电子显示屏之类的预警信息“最后一公里”发布渠道、组织开展应急演习，灾中负责快速接收海啸预警信息并开展管辖范围内所有民众的应急疏散指挥等。

在上述4个环节中，目前全球海啸预警与减灾系统均面临巨大挑战。目前地震和水位共享观测网在全球范围内分布不均匀，例如，南中国海、中美洲和西南太平洋等次区域地震海啸风险较高，但观测资料十分匮乏。与气象灾害预警不同，海啸预警的第一期预警是在地震发生之后根据地震基本参数立即发出的，但大部分地震可能不会引发海啸，使得海啸预警的空报率十分高（表7.1）。此外，强震的基本参数在其发生后数分钟内很难准确测得，使得海啸预警还存在漏报和低报的可能性。这种情况下引发的海啸往往造成巨大的灾害。例如，对于2004年印度洋大海啸，美国太平洋海啸预警中心（临时负责印度洋海啸预警）发布的首份海啸预警采用的震级参数仅为7.4级，与最终的9.2级相去甚远；对于日本2011年“3・11”地震海啸，在地震发生后3～5min，日本气象厅给出的地震震级仅为7.9级，导致海啸预警结论出现偏差。此外，海岛或群岛国家开展地震和水位观测及预警信息发布工作，往往借助于卫星传输，传输代价高昂，稳定性差。

表7.1 太平洋海啸预警中心（PTWC）重大地震海啸事件预警统计

时间	地震位置	震级	是否及时预警（小于15min）	灾害影响	是否空报
2005-03	苏门答腊岛	8.7	及时警报	小海啸	空报
2005-07	北加利福尼亚	7.7	及时警报	轻微海啸	空报
2006-05	汤加群岛	8.0	及时预警	灾害性海啸	否
2006-07	爪哇海	7.7	及时预警	轻微海啸	空报
2006-11	千岛群岛	8.3	及时预警	轻微海啸	空报
2007-01	千岛群岛	8.1	及时预警	没有海啸	空报
2007-08	秘鲁	8.0	及时预警	轻微海啸	空报
2007-09	苏门答腊岛	8.4	及时预警	没有海啸	空报
2010-02	智利	8.8	及时预警	越洋大海啸	否
2010-10	苏门答腊岛	7.7	无预警	灾害性海啸	漏报
2011-03	日本	9.0	及时预警	越洋大海啸	否
2012-04	苏门答腊岛	8.6	及时预警	轻微海啸	空报

最近重大的地震海啸灾害表明，海啸减灾工作在整个海啸预警系统中发挥了举足轻重的作用。日本“3·11”地震海啸灾后调查表明，受此次海啸影响的区域内，只有大约10%的民众知道在海啸发生后应该如何逃生，只有一半的民众知晓政府开展了当地的海啸灾害风险评估和区划，但相当一部分并不知道自己居住的区域为高风险区。此外，对于沿海发展中国家，海啸预警信息发布的“最后一公里”问题十分突出，政府应急指挥部门和普通民众对海啸灾害风险的认知均不足，海啸信息的快速传递渠道并不畅通，电视、广播媒体在参与突发事件宣传和发布方面的意识不够。海啸是少发性灾害，即便是日本、智利等海啸灾害高发的区域，与台风、洪水等灾害相比，遭受特大海啸灾害影响的事件发生频率也十分低。无论是政府部门还是专业领域的科学工作者，均应在培育、树立和宣传灾害风险意识方面走在前列。

7.1 地震和水位监测网

对于易受局地海啸影响的区域，海啸一旦发生，往往在数分钟至数十分钟内影响近场区域。因此，快速有效地监测地震和海啸是海啸预警的基础。换句话说，海啸预警严重依赖于地震和水位实时观测数据的获取。事实上，自从联合国教育、科学及文化组织政府间海洋学委员会于21世纪初致力于全球海啸预警与减灾系统建设以来，一直将推动国际数据共享和全球观测网络建设作为其工作的重点。

7.1.1 地震监测网

海啸预警依赖地震参数的确定。地震观测台网主要监测海底地震发生后产生的地震动，快速确定地震发震时间、震中、震级等震源基本参数。当前国际上各国均十分重视地震台站数据的共享，使得在全球范围内进行快速地震监测和定位成为可能。对于海啸预警来说，一般需要在1～5min快速确定地震基本参数，进而发布海啸预警。因此，只有足够密集的全球及我国周边区域的地震台网才能满足上述需求。

地震监测数据中蕴含着丰富的信息，如地震的震中位置和震级、震源的破裂机制及地层的信息。在海啸预警中，关注地震P波和S波的震动信息，对确定地震基本参数十分重要。地震监测站位置的选取对于地震监测来说十分重要，一般应考虑电力、环境噪音、人为破坏、基岩深度、维护成本和可到达性等。而最终选址的确定是一个复杂和各方面协调的结果。对于海啸预警来说，一般重点关注6.0级以上的中强震，因此，大部分地震观测站对于海啸预警来说是可用的。

更具体地来讲，为了获得快速准确的震源参数，海啸预警中心需要宽频带实时传输的数字化地震观测波形资料。目前，一个先进的海啸预警中心必须具备在3～5min准确测定局地和区域地震基本参数的能力，这对沿海地震台站分布的密度提出了相当高的要求。

（1）900km的海岸线内至少应均匀分布12个以上的宽频带地震台站。

（2）上述台站应至少保证80%以上的运行率。

（3）考虑到一旦海底强震发生，可能损毁局地地震观测站，地震观测站的密度还应适当加密。

（4）无论是有线还是无线传输，数据的延时不能超过30s。实际工作中，对于国际共享的观测台站，由于其共享的主要目的是促进国际地震科学研究，而不是进行业务化观测预警，因此上述台站的数据传输延时往往大于30s。

（5）地震发生后，满足上述观测条件的海啸预警中心应在2.5min内得到地震震中位置，3.5min内确定地震的矩震级或者宽频带体波震级。

（6）值班人员应在30s内对地震波形和参数进行回顾检查，并在地震发生后4～5min确定地震参数。

对于虚拟地震观测台网来讲，其观测质量也应该满足如下要求。

（1）需要数字化的宽频带地震观测数据用于分析。

（2）地震计对于0.1～130s周期的地震动均有良好的响应。

（3）海啸预警中心不能只依赖一个地震台网或一个数据通信链路，否则一旦数据通信或者该台网的数据服务出现中断，整个海啸预警中心将瘫痪。

此外，一个完整的海啸预警中心还应具备如下业务能力。

（1）能够对P波波头到达时间和有关速度振幅量进行有效测定。

（2）能够在单个地震台站出现异动时进行报警，这对于大洋中发生的地震尤为重要，因为对于这些区域地震观测站的密度远远不够。

（3）具有良好的用户操作系统或者界面，便于值班人员对地震波形和参数进行人工交互订正。

（4）在P波到达1～2min能够确定单站的矩震级。

（5）具备地震震源机制及地震破裂过程等产品的分析制作和发布能力。

在我国，用于国家海洋局海啸预警中心开展海底地震监测的台站或台网包括国家海洋局牵头建设的25个沿海（岛屿）宽频带地震台站、54个中国地震局东南沿海国家级台站，以及美国地震学研究联合会（Incorporated Research Institutions for Seismology，IRIS）、德国GEOFON和法国GeoScope等全球台网数据。

1. 海啸预警宽频带地震台站

2012年以来，国家海洋局根据中国地震局数字观测台站建设的相关规范和技术指标，依托现有的海洋观测站，选择观测环境和地质条件适合、基础设施完善的海洋观测站，采用均匀分布的原则建设了25个海啸预警宽频带地震台站，其主要分布在我国由北至南的沿岸及岛屿上。25个地震观测系统均为北京港震仪器设备有限公司生产的BBVS-120宽频带速度型地震计和EDAS-24GN地震数据采集器，通过海洋数据通信网络进行实时数据传输，与架设在国家海洋局海啸预警中心的地震数据流服务器相连接，实现实时数据的接收、存储、处理与分析。海啸预警台站的建设不仅对海啸预警有重要支撑作用，还对地震监测业务和研究有一定的借鉴意义，有效弥补了我国在沿海一线地震监测的不足。

2. 中国地震局地震台站

在跨部委合作框架下，自然资源部海啸预警中心与中国地震台网中心开展地震波形数据交换与共享业务工作。基于实时数据流服务技术，实现中国地震局54个地震台站和国家海洋局25个海啸预警宽频带地震台站的数据实时交换与共享。通过引入中国地震局国家级地震台网数据，使得自然资源部海啸预警中心在局地地震的监测预警时间由5～8min缩短至1～3min，意义重大。

3. 全球虚拟地震台网

自然资源部海啸预警中心引进了开源的SeisComP3地震监测分析系统并实现了业务化运行，基于SeedLink地震数据传输协议，接入IRIS和GEOFON全球500余个共享公开实时地震波形数据，为地震监测处理系统提供实时的地震波形数据，实现全球海底地震的实时监测与地震自动处理。将国际公开的地震观测资料和前述我国的地震观测资料融合起来，共同对我国周边海域、南中国海和全球大洋进行实时地震监测（图7.3）。

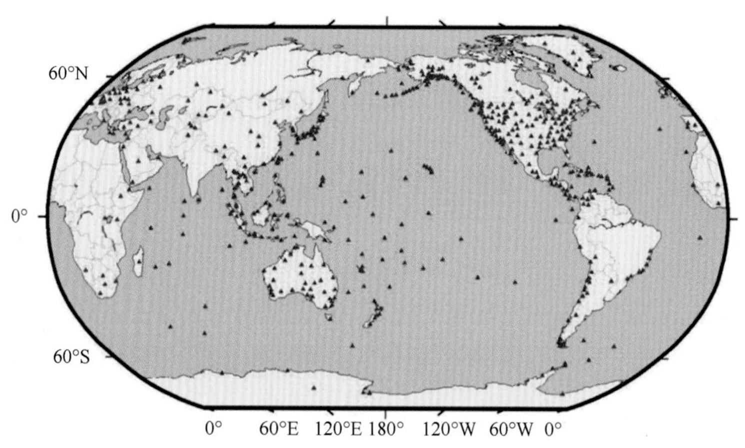

图7.3 实时海底地震监测台网台站分布图

4. 海底地震理论最小监测用时

海底地震理论最小监测用时基于地震台网分布和密度计算，是衡量地震监测机构或海啸预警中心地震监测能力的一个重要指标。

我国承担着联合国教育、科学及文化组织政府间海洋学委员会南中国海区域地震海啸监测预警的职责。以南中国海区域为例，周边的地震台网包括中国地震局运行维护的中国地震台网、IRIS国际共享资料和德国GEOFON台网资料（分布在印度尼西亚），共计102个观测台站，2019年台站实时运行率（总数据连续率超过90%的台站数量）为78%。该区域为桑达板块、菲律宾海板块和印度-澳大利亚板块挤压碰撞的区域，形成了马尼拉海沟、菲律宾海沟等地震俯冲带和岛弧地震带。从地震台站分布来看，该区域台站分布不均匀，东部、南部地震台站数量严重不足。根据P波传播理论计算得到的理论地震震级监测阈值分布图和理论P波到时分布图（图7.4），对于我国台湾东部和南部的地震，海啸预警中心理论上可在4.0～5.0级地震发生后2～3min监测到有关地震参数；对于吕宋半岛中南部、苏禄海和苏拉威西海发生的地震，只能在5.0～6.0级地震发生后4～6min确定基本地震参数。

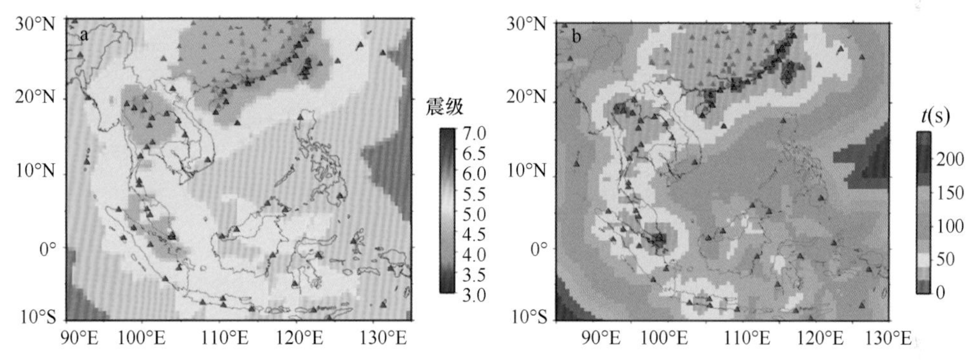

图7.4　南中国海区域地震监测能力

a. 理论地震震级监测阈值分布图；b. 理论P波（站位>3）到时分布图

从全球地震台站的分布来看，北美洲、南美洲、澳大利亚、地中海等区域的地震台站分布密集，而太平洋中部岛弧带、南中国海区域等地震台站较为稀疏。如图7.5所示，假设同时监测到5个站位的P波到时作为海啸预警中心的地震触发条件，沿着全球主要地震俯冲带的走向，可以计算得到在当前全球地震台网分布状况下（2016年），对于西南太平洋岛弧带、南美洲智利南部和南桑德维奇海域、南中国海区域、小笠原-马尼亚纳-雅浦、千岛群岛等地震俯冲带的地震监测最小用时均超过了3～5min，考虑到地震数据传输延时、人工交互订正、参数确定发布等耗时，确定上述区域的地震参数耗时应在5～8min。但这只是基于全球可获取的公开数据而言，对于沿海各国，其国家级地震监测台网密度往往要大得多。例如，日本气象厅对于其局地和区域的地震震源，地震监测延时为1～3min，3～5min即可发布海啸预警。

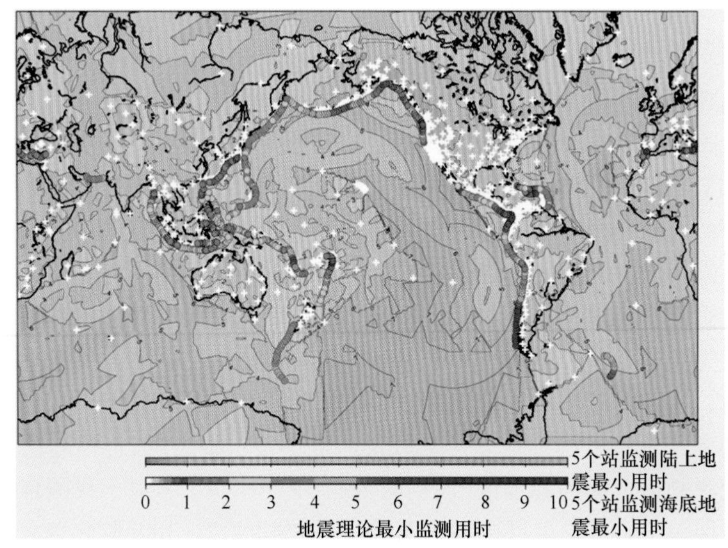

图7.5 全球地震俯冲带地震理论最小监测用时分布图

7.1.2 全球水位观测网

海啸本质上是一个周期为数十分钟、波长为数十千米的海洋重力波动现象。因此观测海啸波动最直接的方式是进行水位监测。海啸波动监测的主要手段是潮位站和海啸浮标。联合国教育、科学及文化组织政府间海洋学委员会通过推动国际合作和资料共享工作，组成了全球水位观测网（global sea level observing system，GLOSS），美国、智利、俄罗斯、澳大利亚、泰国等在太平洋、印度洋也布放了大约50个海啸监测浮标。上述观测手段组成了有效的全球海啸监测预警体系。

用于海啸预警用途的水位观测站，尤其是沿岸水位观测站，应满足如下要求。

（1）采样和传输频率：设备采样频率应不低于1min；传输频率不能低于5min。

（2）冗余备份：应采用浮子式、压力式和超声波式等传感器进行综合水位测量，除了保证数据观测稳定性的考虑，不同的观测方式所采集的数据适用于不同用途，如浮子式所采集的数据适用于气候变化和海平面观测，而压力式所采集的数据适用于水位、波浪和海啸等不同周期信号波动的“广谱”观测。此外，超声波式测潮仪便于维护（没有部件位于水中）。

（3）应采用太阳能、市电、蓄电池等综合供电。

（4）布放于港湾内，具有一定的消浪措施。

1. 全球水位观测网

自2004年印度洋大海啸以来，联合国教育、科学及文化组织政府间海洋学委员会（UNESCO/IOC）通过其与世界气象组织成立的海洋与海洋气象联合委员会，推动全球水位观测网数据在海啸预警中的应用。截至2017年，已经有超过150个国家和机构通过全球电传系统（global telecommunication system，GTS）、FTP和网络方式共享了超过800个水位观测站的分钟级实时数据（图7.6）。其中，美国、欧洲地中海沿岸国家及智利、日本等国贡献了70%以上的潮位观测站资料。对于海啸预警监测，上述岸段均可在地震发生后15～30min确认海啸波。

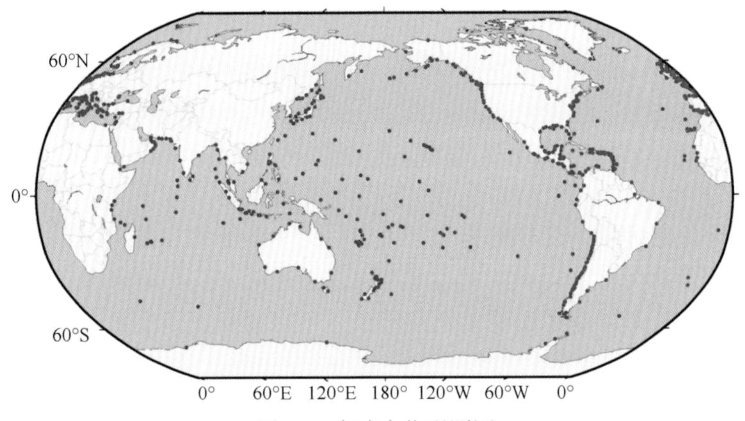

图7.6 全球水位观测网

海啸波传播至近岸时，水位观测数据包括了沿海潮汐变化（本质上也是超长周期和波长的潮波）、气象因素引起的水位波动（如风暴潮、海浪）及海啸波动。由于上述各类海洋波动现象的周期截然不同，如潮波或风暴潮的典型周期为数小时以上，而海浪的周期一般小于1min，因此可通过简单的潮汐调和分析方法或者带通滤波方式过滤掉潮波和海浪的波动信号，从而保留海啸波动时间序列。通过潮汐调和分析方法，虽然可以滤除大部分潮汐波动信号，但对于浅水分潮滤除效果不佳，且对于高频段的涌浪信号也无法滤除。近几年来，我国优先采用带通滤波器进行水位资料处理，该方法的优点在于可以提取“干净”的海啸波动曲线，即便海啸波幅十分微弱（图7.7），提取也十分准确。但是，该方法也有其局限性，当数据缺测较多且间隔较长时，该方法不可使用。因此，在业务中上述两种方法交叉使用。

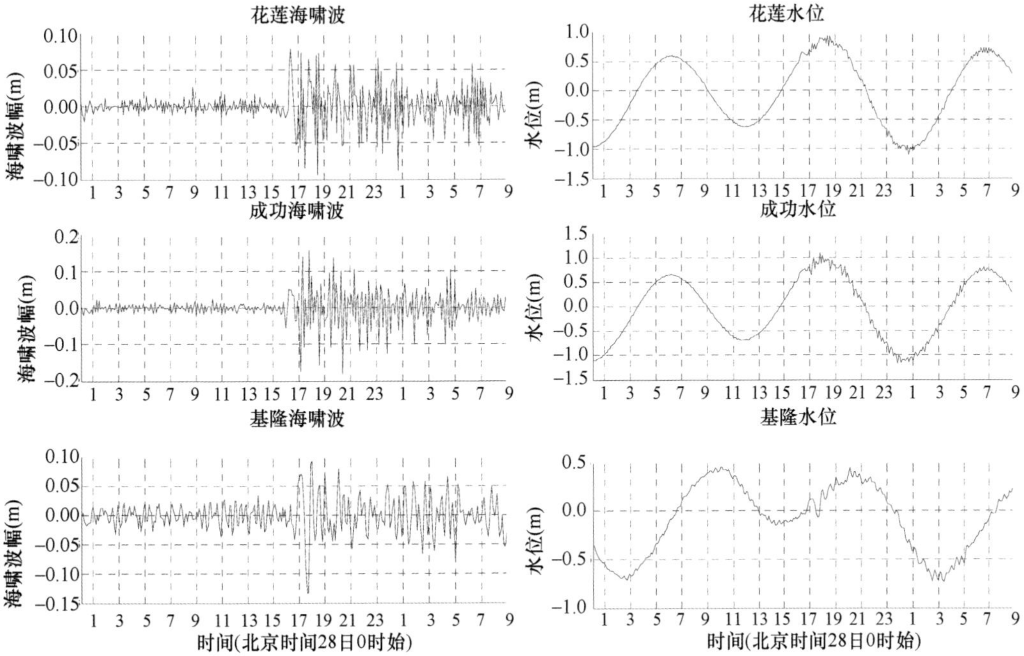

图7.7 2010年2月28日智利8.8级地震海啸中我国台湾东部沿海花莲、成功及基隆潮位站监测到的海啸波幅和总水位

潮位站只能观测到近岸的海啸波动，无法在第一时间确认海啸波是否产生。地震海啸产生之后，近场潮位站的观测结果可以为海啸远场的国家开展海啸预警提供参考，但对于其局地影响的国家和地区来讲，其作用不大。因此，很多饱受局地海啸侵袭的国家，在其近海的海沟、陆架上布放了海啸浮标、GPS波浪浮标等设施，可以在海底地震发生后数分钟确认是否引发海啸。

2. 全球海啸浮标观测网

海啸浮标布放于地震俯冲带附近，其主要目的是监测海底地震引发的海啸。由于其直接布放于地震海啸源区，因此可以在地震发生后10min左右测得海啸波动。其测得的海啸波动序列，不仅可以用于海啸早期预警，还可以通过线性浅水波动理论和地震矩原理直接反演得到地震源区断层同震形变（coseismic deformation）与滑移分布（dislocation distribution），进而大幅提高海啸预报的精度，大大降低海啸预警的空报率。海啸浮标包括一个海床基压力计（附带声学释放器和电池单元）、水面锚系标体（主要用于水声通信和卫星数据传输）。海啸一旦发生，海啸浮标可自动或通过人工指令（通过卫星指令传输）触发，进行高密度采样和数据传输。

美国国家海洋与大气局（NOAA）投入巨资于1996年筹划布放海啸浮标，至2008年3月，美国在太平洋“火环”海域及大西洋共部署了39个海啸监测浮标，建立起一个完善的海啸浮标监测网。此后，智利、俄罗斯、印度尼西亚、澳大利亚也在其近海布放了海啸浮标（图7.8）。截至2017年，太平洋、印度洋、加勒比海、墨西哥湾等区域共布放了近60个海啸浮标。海啸浮标的人为故意损害十分严重。例如，印度尼西亚国家气候、气象和地球物理管理局在其沿海布放了超过20个海啸浮标，但截至2017年仅有1个海啸浮标存活。美国布放的海啸浮标在太平洋的存活率为70%～80%，但由于NOAA削减海啸预警业务运行经费，其在西太平洋的海啸浮标目前存活率不超过40%。日本在日本海沟布放了3个海啸浮标，受运行维护经费限制，目前已经全部停止观测。我国在南海马尼拉海沟西侧布放了海啸浮标，但长期遭受人为故意破坏，目前没有海啸浮标在位观测。

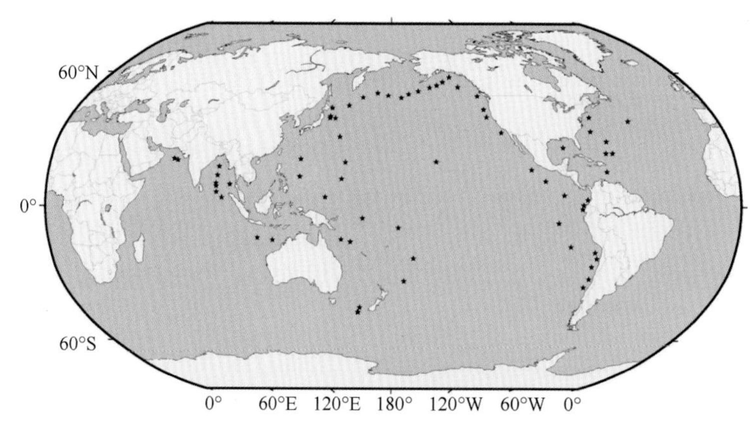

图7.8　全球海啸浮标观测网

3. 海啸波动理论最小监测用时

由于海啸波传播遵守浅水线性波动理论，其传播波速取决于重力加速度和水深。因此假设在任何一个水位观测站放置一个海啸源，分别计算整场的海啸传播时间格点分布（计为一个个例），然后在每个计算格点取所有计算个例的海啸传播时间最小值，则可以得到海啸波动监测延时分布图（或称为海啸波动理论最小监测用时分布图），如图7.9所示。该图可作为评估某一特定海域海啸监测能力的依据。

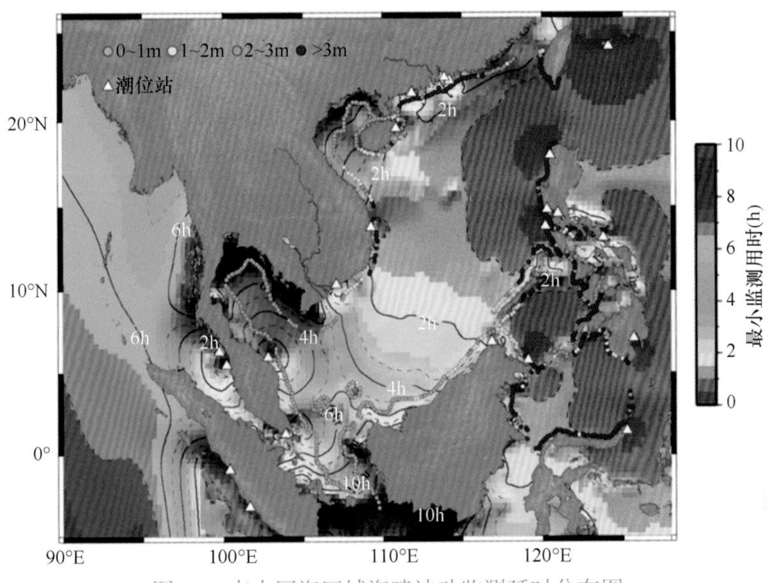

图7.9　南中国海区域海啸波动监测延时分布图

根据周边已共享潮位站分布进行计算

对于饱受海啸灾害影响的国家，如智利、日本、美国等，在其沿岸布放了大量的水位观测设施进行海啸实时监测。我国承建的南中国海区域海啸预警中心在南中国海区域也开展了业务化海啸水位监测，但水位数据资料十分匮乏。如图7.9所示，沿岸分布圆圈的颜色代表了2000年重现期下该岸段的最大海啸波幅，可见，我国在南中国海区域大多数海啸高风险区的水位观测能力严重不足，只能在海啸发生后1～2h确认海啸波幅。对于波幅较小的局地海啸，无法确定海啸是否发生。

从全球水位监测能力评估结果（图7.10）来看，对于沿环太平洋和印度洋主要地震俯

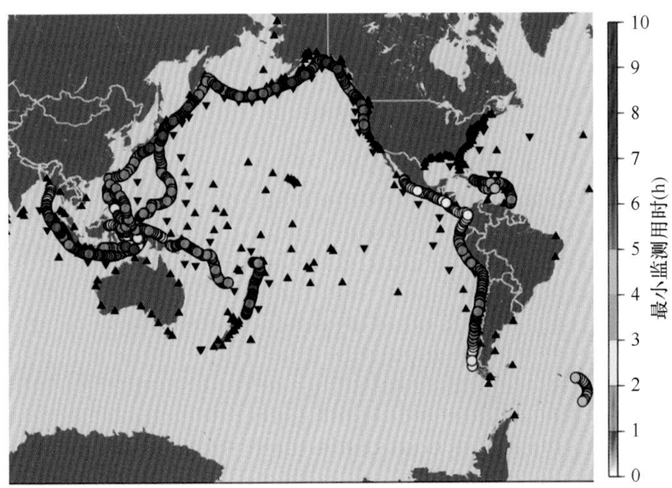

图7.10　全球主要地震俯冲带海啸观测延时分布图

基于2011年水位共享观测站位，黑色三角形为潮位观测站；圆圈代表主要俯冲带震源；圆圈的填充色与颜色条对应，代表监测该震源最小用时

冲带，北美沿岸、阿拉斯加、日本、新西兰、中美洲沿岸的海啸监测能力十分突出，均可在海啸发生后30min至1h确认海啸波幅，但是靠近西北太平洋的我国周边海域、南中国海区域海啸监测能力不足，部分区域只能在海啸发生后1～2h确认海啸波幅，局部地区甚至需要3h。在上述区域，需要大力推动水位观测数据共享工作。我国在海洋观测数据的国际合作和交换共享方面存在短板。

7.2 海底地震监测分析平台

目前，海啸预警中心发布海啸预警信息主要依靠地震台网实时记录的海底强震信息。地震发生后，海啸值班人员根据地震发震时间、震中位置、震级、震源深度及近实时的震源机制解参数，为海啸预警信息发布提供判据。地震数据采集、台站台网数据管理、震源参数分析、地震信息发布都离不开基于数据库系统的可视化地震监测分析软件平台。国际上用于地震监测的软件系统较多，常见的有美国地质调查局和美国国家海洋与大气局使用的EarthWorm及EarlyBird、德国的SeisComP3等软件系统。此外，中国地震台网中心长期以来也基于Motif和C语言自主开发了一套地震监测分析软件，主要用于自身业务开展。自然资源部海啸预警中心从自身职责定位出发，安装部署了SeisComP3和Antelope两套地震监测分析软件，并与自主开发的海啸预警人机交互平台进行了无缝对接，开展了用于海啸预警的海底强震监测业务。

7.2.1 SeisComP3地震监测分析平台

SeisComP（seismological communication processor）是近年发展起来的一款免费的、部分开源的地震实时监测与自动处理系统。SeisComP最初是在GEOFON/GFZ（德国地学科学研究中心）和ORFEUS（欧洲地震学研究实验室）的支持下，由德国GEOFON台网开发的全自动数据获取和（准）实时数据处理工具，实现了数据质量控制与地震事件检测、定位和报警等功能，并在MEREDIAN项目中得到扩展。2006～2008年，在德国印度洋海啸预警系统（German Indian Ocean Tsunami Early Warning System，GITEWS）项目背景下，SeisComP增加了新功能，用以满足海啸预警需求。随着功能的进一步完善及主体框架的改变，2007年，GITEWS/GEOFON开发小组发布了第三代SeisComP软件系统——SeisComP3。

SeisComP3系统主要采用C++和Qt语言进行开发，支持MySQL、PostgreSQL，SQLite等数据库接口，具有很好的可移植性。SeisComP3具有强大的地震数据处理与分析能力，可对台网日常处理的地震波形、定位结果、震相数据进行统一管理，能够完成地震台网所承担的地震速报、地震编目和数据服务等日常工作任务。目前，SeisComP3已广泛应用于欧洲、东南亚、南美等国家和地区，用于地方、区域及全球的地震活动监测和大地震海啸预警、预报等工作。

SeisComP3是基于数据库体系的地震实时监测与自动处理软件系统。图7.11给出了SeisComP3软件系统的组成构架，系统集成了多个独立的模块，模块间采用分布式的TCP/IP协议进行数据通信，实现地震数据的实时接收、处理等功能。根据功能的不同，各模块可以分为数据获取、数据处理、数据分析和数据管理四种类型。表7.2列出了SeisComP3的主要模块，并对各模块功能进行简单的描述。

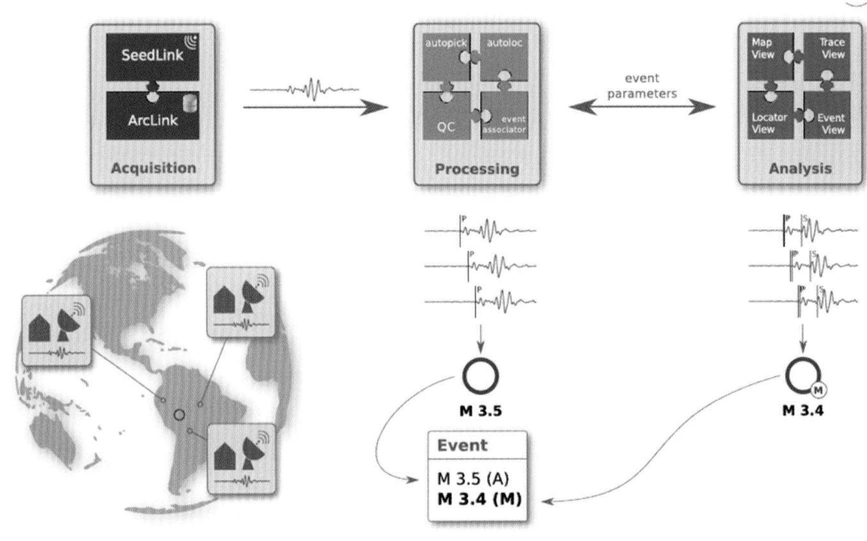

图7.11　SeisComP3软件系统组成

表7.2　SeisComP3软件系统主要模块列表

类型	模块名称	功能描述
数据获取	seedlink	实时地震数据获取
	slarchive	SDS结构波形数据归档
	arclink	波形数据分发
数据处理	scmaster	TCP/IP消息服务器
	scautopick	震相自动拾取
	scautoloc	自动定位
	scamp	计算振幅
	scmag	计算震级
	scevent	事件关联
	scqc	波形质量参数
	scwfparam	波形参数化（PGA、PGV、响应谱）
	scevtlog	事件状态日志
	scvoice	声音报警
数据分析	scrttv	实时波形显示
	scmv	台站状态显示
	scolv	人机交互界面
	scesv	事件列表
	scqcv	台站状态监控
数据管理	scbulletin	创建事件报告
	scart	波形导入或导出
	scmm	消息和状态监控
	scevtls	列出事件

续表

类型	模块名称	功能描述
数据管理	scevtstream	提取流信息
	scimex	事件参数导入或导出
	scimport	系统间信息交换
	scm	系统状态监控
	scxmldump	事件参数转化为XML格式
	scdb	XML文件或消息导入数据库

7.2.2 Antelope地震监测与自动处理系统

Antelope地震数据实时处理系统是由美国BRTT（Boulder Real Time Technologies）公司开发的一款基于unix平台的分布式开放结构的软件。该软件集数据获取、分析和管理于一身，是一个可进行实时地震台网数据监测和处理的综合软件。作为一款全功能软件，Antelope融合了最新的科技成果，是地方、区域及全球台网和台阵地震监测的理想软件。Antelope充分利用了unix平台众多的支持服务和标准TCP/IP的多种物理界面网络功能。

Antelope主要由2个子系统构成：①ARTS（Antelope Real Time System），即Antelope实时系统；②ASIS（Antelope Seismic Information System），即Antelope地震信息系统。新一代的Antelope具有地震台网和台阵的运行及控制方面的完整功能，包括台站记录器实时数据采集、台站设备的交互控制、系统健康状态监测，以及实时自动数据处理（检测、提取、地震事件关联、地震事件定位、存档）。另外，它还具有交互和批处理功能、信息系统功能、原始数据和处理结果自动发布功能、地震台阵批处理功能，以及支持系统扩展和个性化开发的强大开发工具。

国家海洋局海啸预警中心在2012年底引进Antelope地震监测系统，用来监测海啸地震，如图7.12所示。该系统与SeisComP3系统同时接收同源的地震台站数据，为海啸预警提供快速、准确的地震基本参数，同时实现地震监测系统的备份运行，确保海啸预警系统平台可靠、稳定运行。

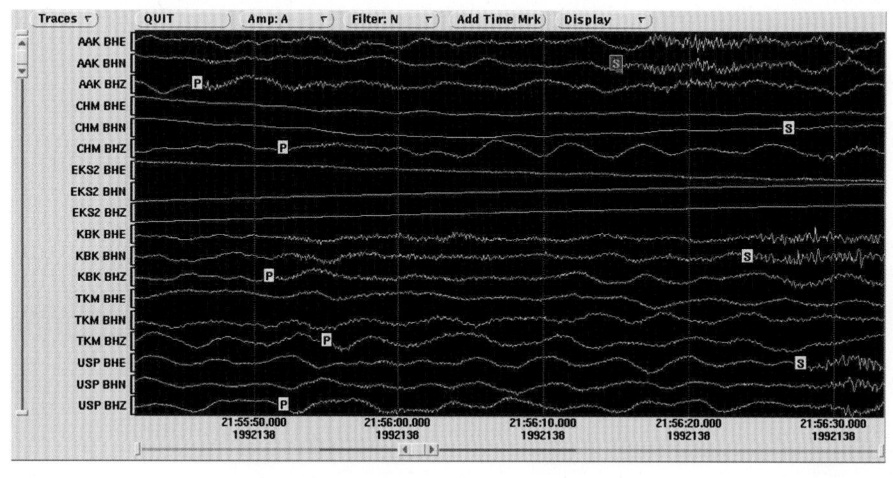

图7.12 Antelope地震监测分析软件界面

Antelope系统根据不同的震级计算方法和适用范围快速估计震级大小，快速测定震级m_b、M_s和M_{wp}。长期业务运行表明，Antelope系统震级计算上偏差较小，但是由于其定位过程中需要较长计算时间，初次定位结果平均时间为8min，比SeisComP3略慢。

7.2.3　中国地震局自动EQIM

为了快速获取中国地震局地震速报信息，自然资源部海啸预警中心部署安装了中国地震局的地震速报信息（Earthquake Instant Messager，EQIM）共享服务系统，如图7.13所示。该系统通过专线快速获取地震自动速报信息，为海啸预警服务。

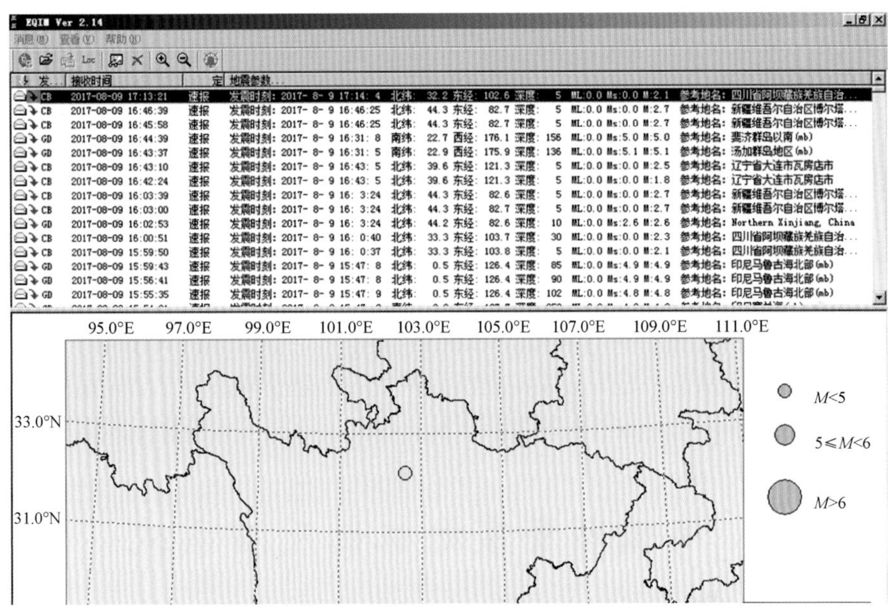

图7.13　中国地震局的地震速报信息交换系统EQIM

地震发生后，中国地震局多套地震自动速报系统会提供快速定位结果，通过EQIM系统进行信息共享与交换。为适应海啸预警业务的需求，自然资源部海啸预警中心对EQIM系统的报警阈值进行了调整，在全球发生6.0级以上地震后，EQIM会自动报警。对于同一地震，系统会出现多次报警，主要是因为EQIM接收不同自动速报系统和同一个速报系统对同一地震的多次定位结果。

目前，EQIM系统接收GD、CB、SG和AU四种地震自动速报结果。其中，GD为广东省地震局自动速报结果；CB为中国地震台网中心自主开发系统地震速报结果；SG为中国地震台网中心SeisComP3自动速报结果；AU为系统综合判定速报结果。需要有两个及两个以上的自动速报系统提供地震速报结果，防止系统出现误报或漏报的情况。

7.2.4　海啸地震震源机制解快速反演系统

目前，大多数国家的海啸预警中心根据地震基本参数（震中位置、震级和深度）来判断是否引发海啸，大大地低估了大地震引发海啸的危险性，可能会发生误报或漏报等情况。例如，2004年印度尼西亚苏门答腊岛海域9.1级大地震和2006年爪哇地震均低估了地震引发海啸的危险性。数值模拟方法是模拟和预报海啸灾害的有效手段之一，首波到达时间和最大波高是海啸警报发布前需预估的两个重要指标。海啸数值模拟可以较准确地模拟海啸波传播及近岸爬坡的全过程，为海啸预报人员提供大量参考数据，为准确评估海啸灾害提供必要的支撑。在海啸数值模拟计算过程中，初始选取的地震断层参数（走向角、倾角和滑动角）直接影响模拟结果的准确性。因此，为了提高地震海啸预警的时效性和准确性，防止误报和漏报，应用近实时的震源机制解反演结果开展海啸数值模拟工作势在必行。

在大地震发生之后如何快速、准确地判断该地震是否会激发海啸仍然是个悬而未决的科学问题。海啸预警系统的工作原理就是利用地震波传播速度比海啸波传播速度快的物理机制同海啸波赛跑，为减轻海啸灾害和保护人们生命财产安全赢取更多时间。如果仅根据地震基本参数信息（震中位置、震级和深度）来判断地震是否会引发海啸，可能会出现误报或漏报等情况。随着地震观测系统和技术方法的进步，以及对地震震源机制、反演方法和可视化的深入研究，地震记录质量越来越高，应用范围不断扩大。Kanamori和Rivera（2008）提出应用W震相反演地震矩、矩震级和震源机制解。该方法已经应用于美国国家地震信息中心（National Earthquake Information Center，NEIC）、太平洋海啸预警中心（PTWC）、印度尼西亚海啸预警中心、日本气象厅等，进行大地震的快速震源机制解反演，为海啸数值模拟提供可靠的地震断层参数（走向角、倾角和滑动角），大大提高了海啸预警的准确度。

自然资源部海啸预警中心联合中国地震台网中心，基于W震相方法应用中国数字地震台网波形资料和国际共享地震台网波形资料，建立了近实时地震海啸强震震源机制解反演系统，如图7.14所示，主要实现以下主要功能。

图7.14 近实时地震海啸强震震源机制反演系统

（1）在海底6.0级以上地震发生后，利用W震相方法快速反演海底强震地震矩、矩震级和震源机制解等参数。

（2）实时显示中国地震台网中心测定的地震基本参数，包括发震时刻、震中位置、震级、深度、地理位置名称及震源机制解等信息，实现相关参数的图形可视化。

（3）根据海底强震发生位置，实现震源区附近历史地震震中位置、深度、震级及历史震源机制解分布的图形显示，实现用户的图形可视化。

（4）基于Web应用程序，以网页的形式浏览、显示相关产品信息。

近实时地震海啸强震震源机制反演系统，在大地震发生后14～20min快速给出实际发震断层的走向角、倾角和滑动角，为海啸数值模拟提供了初始模拟条件，为准确评估海啸灾害提供了必要的技术参数。

7.3　海啸预警人机交互平台

海啸预警人机交互平台主要是根据全球及区域地震和海啸观测数据，采用海啸情景数据库、海啸实时数值计算、基于海啸浮标同化反演的海啸数值预报等手段，对预报岸段和指定预报点的海啸波到达时间、最大海啸波高、岸段危险等级等进行快速预报，并且通过可靠的通信传输方式，将海啸预警报产品分发给各类用户和社会公众。海啸预警人机交互平台的构建应遵循以下几个原则，对其他海洋、气象监测预报人机交互平台的设计建设也有借鉴作用。

（1）以地震海啸监测预警标准业务流程为导向。海啸预警人机交互平台对全球的地震与水位数据进行实时搜集、解码、显示和分析处理，一旦海底地震发生，预报员需要在数分钟内完成地震参数确定、海啸数值预报方法调用、预警结果显示分析和预报单制作发布等业务流程。因此，海啸预警人机交互平台的系统框架、流程和界面设计必须严格遵循地震海啸监测预警标准业务流程，必须符合预报员的操作流程和习惯。

（2）以快速有效的数值计算和可视化手段为基础。平台必须采用具备快速并行计算能力的海啸预警技术。例如，海啸情景数据库模块将7万个海啸情景个例入库，调用时效不超过2s；基于GPU并行的海啸数值模型可在50s内完成西北太平洋范围内地震海啸事件的快速模拟和绘图；平台基于全球三维可视化基础地理信息系统，采用“金字塔”结构存储和调取方案，可实时浏览和调用全球海底地形瓦片数据、地震和水位数据，该过程不会产生任何延迟。

（3）以系统不同功能模块的冗余备份为保障。平台在设计之初必须考虑各关键功能模块的冗余性，本系统对全球地震、水位数据的获取和解码，均采用了多条链路和多家机构等多种方式进行备份，如水位数据的来源分别是中国气象局全球电传系统（GTS）专线、美国国家海洋与大气局GTS系统专用服务器和联合国教育、科学及文化组织政府间海洋学委员会全球水位数据传输服务器三条链路，确保了全球水位数据传输的稳定性；全球地震参数来源于自然资源部海啸预警中心地震监测分析系统、中国地震局地震监测速报系统和美国地质调查局、日本气象厅、中国台湾气象局等多个机构，确保地震参数获取的实时性；对于海啸数值计算模块，配备了多个集群和GPU计算服务器，确保数值计算任何时候均可进行。

（4）注重系统不同功能模块的“无缝衔接”和多个可视化界面的使用。该原则是保证海啸预警人机交互平台迅速响应的关键。很多海洋预报的人机交互平台割裂了系统不同模块的衔接，导致数据流、信息流和人工辅助判断等割裂，使得预报所需时间大大延长。例如，平台所有预报单模板中的关键预报信息，全部从海啸数值预报模型中产出，预报模型计算完成后一旦其结果被采纳，预报单也随之生成，接下来可以直接进行发布，而不需要再制作预报单；充分利用现今计算机和显示器等硬件设备，平台设计时即按照“多屏”并行显示的思路。国外海啸预警机构的经验表明，预报员在发布海啸预警的同时兼顾地震监测、水位变化和预警分析结果等信息，可大幅提高预警发布效率。

7.3.1 系统模块和功能

绝大部分海啸是由海底地震引发的，因此完整的地震海啸监测预警系统至少应包括全球地震监测分析平台、海啸预警人机交互平台两部分。前者主要通过实时地震数据流确定地震基本参数和地震震源机制解，后者则基于地震参数开展后续的海啸预警分析和发布工作。地震监测分析平台不在本小节的讨论范围内。目前，太平洋海啸预警中心采用美国自主研发的EarlyBird地震监测平台，我国自然资源部海啸预警中心采用德国研发的SeisComP3免费开源地震监测分析软件和美国研发的Antelope商业化地震监测分析软件，二者互为备份。此外，我国还自主开发了全球6.0级以上中强震震源机制反演系统。

海啸预警人机交互平台应至少包括地震监测子系统、海啸监测子系统、海啸预警分析子系统和海啸预警发布子系统等（图7.15）。该平台主要根据全球地震台网与区域地震台网快速测定的地震震中位置、震级和震源深度等参数来判断是否发布海啸预警信息。随后，参考各不同地震机构发布的近实时震源机制解反演结果，识别地震发震类型，根据近实时的断层面解参数进行快速海啸数值模拟预报，并结合潮位站、海啸浮标观测水位数据来进一步更新海啸预警信息（图7.16）。

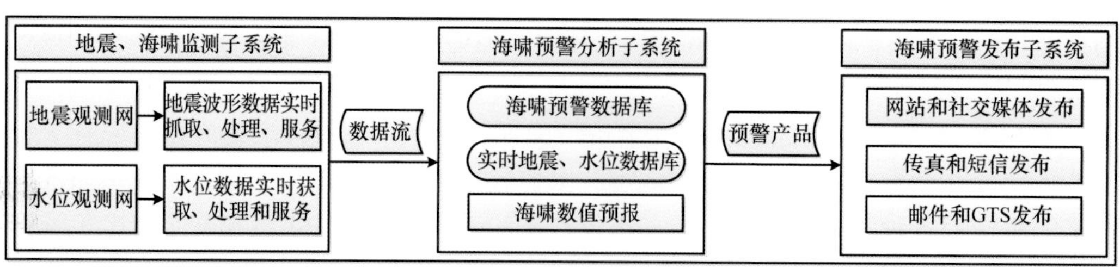

图7.15 海啸预警人机交互平台业务流程图

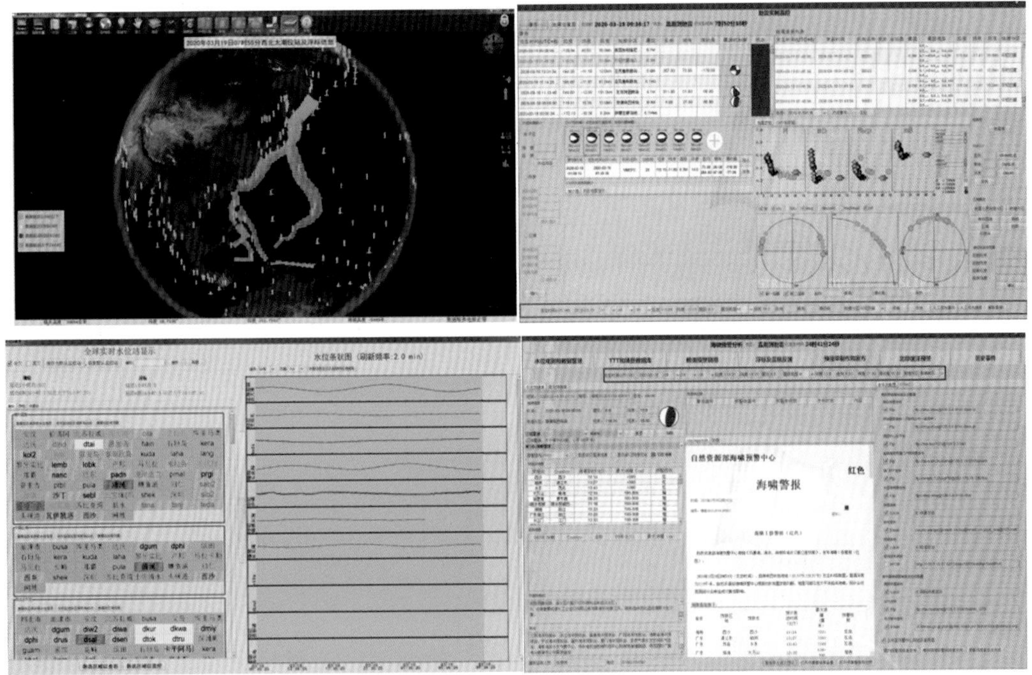

图7.16　海啸预警人机交互平台截图

7.3.2　海底地震监测分析分系统

海底地震监测分析分系统是整个海啸预警人机交互平台的基础部分，也是海啸预警标准流程的入口，主要包括多源地震监测参数的获取和入库处理及地震事件触发报警、地震参数智能化综合分析选取等模块。在地震发生后的短短数分钟内，结合实时地震参数、历史地震事件参数及地震俯冲带模型来综合确定最为合理的地震参数，是该分系统需要着力解决的难题。预报员在长期值班工作中的经验也发挥着重要的作用。

1）多源地震监测参数的获取和入库处理模块

快速获取准确的地震事件自动速报信息和震源参数信息是该分系统的主要功能（图7.17）。该分系统将通过网络快速获取美国地质调查局（USGS）、欧洲地中海地震数据中心（European-Mediterranean Seismological Centre，EMSC）、日本气象厅（JMA）、自然资源部海啸预警中心、中国地震台网中心（CENC）等地震、海啸相关机构发布的地震速报信息及震源参数，包括地震发生时间、震中位置、震级及断层面的走向角、倾角和滑动角等，以提高海底地震事件快速响应能力。

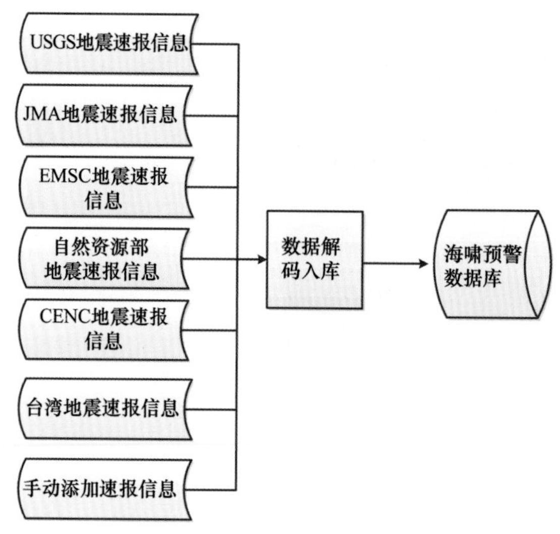

图7.17　多源地震监测信息

2）地震事件触发报警模块

海啸预警人机交互平台的核心目标不是进行地震监控，因此不需要对所有地震事件进行响应。一般根据地震发生的位置、震源深度和震级大小对接收到的地震事件进行筛选。筛选的原则必须谨慎，避免出现遗漏地震事件的问题。例如，根据海啸预警标准业务流程，对于中国近海发生的局地地震海啸，地震震级的阈值设置为5.0级；对于发生在海陆交界处的地震，一般认为在海陆界限100km以外的陆地地震不会引发海啸。此外，同一时刻在不同地点均有可能发生海底强震；或者同一地震事件中，如果不同机构采用了不同的震级标度（如体波震级和矩震级），就有可能出现较大的震级偏差。对于上述情况，需要将地震的发震时刻、位置、震级标度等多种因素结合起来进行判断。

该模块的筛选原则如表7.3所示。较好的筛选方法可以极大地减少预报员的工作量和误判现象。

表7.3　地震触发报警筛选原则

流程	描述
地震位置查询	根据抓取的地震经纬度信息，确定地震发生地理位置
海陆地震判断	根据地震发生地理位置，判断其为海底地震还是陆地地震
地震震级判断	根据地震的震级大小（优先选用快速矩震级、宽频带体波震级），判断是否启动地震报警
地震区域判断	根据海啸预警区域，判断是否启动相应的海啸预警标准流程
同一地震判断	判断获取的地震事件是否为同一地震，若为同一地震且震级变化不大，保持静默不再二次报警
地震报警	建立地震事件名录，按照各机构、各时刻速报信息所确定的震级大小、发布时刻和机构名称进行智能排序，并发出声音报警

3）地震参数智能化综合分析选取模块

海啸预警所需的地震参数包括震级、震源深度、震中位置，以及板块破裂的走向角、倾角和滑动角。对于俯冲带的浅源中强震（震源深度小于70km），震中往往位于板块间，因此从垂直于俯冲带走向的深度切面分布上，可以清楚地看到地震沿着两个板块的倾向分布。对智利中部地震俯冲带历史6.0级以上浅源地震进行统计后发现，该区域中强震的震源机制解大多与俯冲带两个板块界面的空间几何特征有直接联系。因此，该模块集成了全球13个主要板块俯冲断层模型Slab1.0，以及美国NEIC发布的1900年以来全球4.5级以上地震目录和哈佛大学发布的1970年以来的地震震源机制解事件集。其中，Slab1.0把地震俯冲带划分为一定大小的格点，利用统计方法给出了每个格点的走向角、板面深度和倾角，利用上述数据详细刻画了俯冲带的三维几何特征。

实际地震监测过程中，震中位置和震级的确定具有较大的确定性，但震源深度和相应的震源机制解的确定存在较大误差。该模块首先对震源深度进行统计分析，通过三维显示的方式，可以清楚地判断当前地震震源深度参数是否与历史地震事件吻合；在震源深度确定后，可以统计分析该深度处历史上板块间地震的发震机制，从而对地震是为逆冲型还是走滑型有了一定认识。上述判断在海啸预警潜在风险分析中具有重要作用。通过对智利海沟近两年以来7.0级以上地震事件进行分析，该模块可以在尚未得到实时震源机制解的情况下，在地震发生后5～8min准确地给出地震的发震机制，其中走向角的偏差不大于10º，倾角的偏差不大于5º。此外，采用人工智能的方法进行地震参数辅助判断是该模块下一步的改进重点。

7.3.3　全球水位数据分析处理分系统

海啸波是通过水位来进行观测的。大洋上，美国、澳大利亚等国家沿着地震俯冲带布放了大约60个海啸浮标，这些浮标通过铱星或者海事卫星进行数据传输，可在地震发生后15～30min监测到海啸波动；全球140个国家和地区在沿海布放了大量潮位站，这些潮位站分钟级观测数据可用于监测海啸波，尤其是太平洋中大量群岛均分布在地震火山带附近，这些海岛潮位站对于监测海啸十分重要。全球水位数据分析处理分系统的主要功能是对数据进行接收处理，并进行实时监控和提取海啸波动特征值。

1）全球水位数据获取和处理模块

该模块在世界气象组织的全球电传系统（GTS）和联合国教育、科学及文化组织政府间海洋学委员会全球水位观测网下载全球海啸浮标及沿岸水位观测站资料，其中水位观测站达540个。该模块的数据解码工作量较大，因此采用分布式服务器进行部署。绝大多数潮位观测数据通过世界气象组织的全球电传系统（GTS）进行传输，编码格式多样，包括BUFR、CREX等近10种格式。美国太平洋海啸预警中心开发的Tide Tool解码程序可以对绝大多数数据进行正确解码。

数据解码入库后，需要对水位数据进行进一步处理。典型海啸波的周期为10～60min，因此可通过潮汐调和分析的方法或者高通滤波的方法滤除潮汐波动。此外，还应对水位数据做常规的粗大值剔除、缺测值补齐等处理。粗大值剔除采用标准偏差方法，即计算一定时长内水位波动的标准偏差，超过2倍标准偏差的观测值予以剔除，并根据相邻水位观测值进行插值填充；缺测值补齐方法较为简单，对于缺测时段不超过15min的时段采用样条插值方法补齐，超过15min的时段不进行处理（图7.18）。

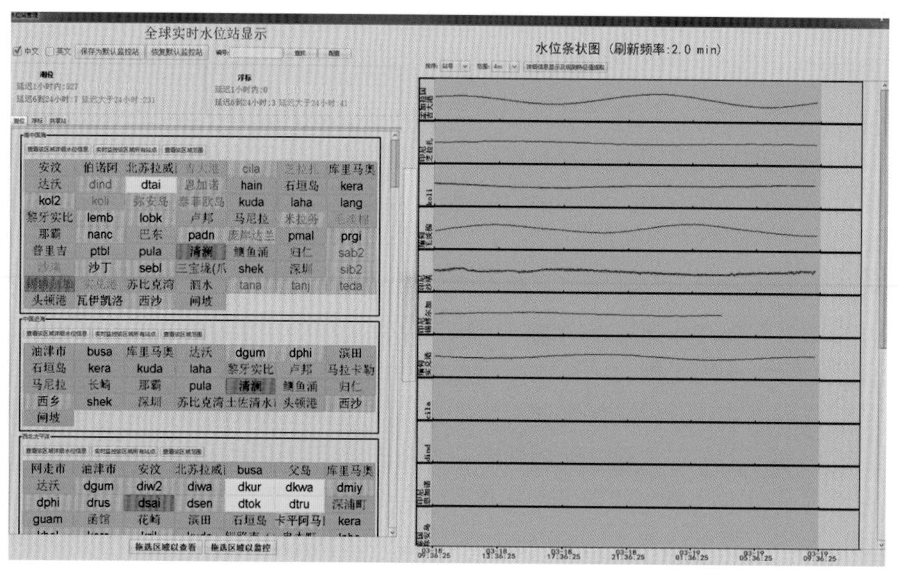

图7.18　全球水位观测站监控界面

2）全球水位数据显示和海啸特征值提取模块

为了便于预报员对水位数据进行实时监控，该模块采用如下原则进行监控。按照地理分区对全球大洋进行划分，如太平洋分为西北太平洋、东北太平洋、西南太平洋、东南太平洋等区域。当某一区域发生中强震后，自动加密监测该区域所有潮位站实时数据，并进行滚动显示。

当海底发生6.5级以上地震时，计算该区域所有潮位站预计海啸到达时间，显著标注在水位观测曲线上，并根据海啸到时自动对水位观测站进行排序。该功能使得预报员可以在预定时间段内对水位站数据进行监控，大大减轻了预报员的监控压力。典型的海啸特征值包括最大海啸波幅、海啸波实际到时和海啸波周期（表7.4），预报员可通过人机交互获取上述特征值并进行入库处理。提取特征值后，可自动链接至预报单的观测信息相关段落，从而大大提高预报单的制作效率（图7.19）。此外，该模块导入了全球有仪器观测以来的所有海啸事件观测报表，该信息有助于预报员对历史地震海啸事件进行综合把握。

表7.4　海啸预警中典型海啸特征值的测量方法

典型海啸特征值	定义
最大海啸波幅	海啸波峰或波谷与未受扰动时的海面水位之差的绝对值；部分机构只选取波峰和海平面的差值作为最大海啸波幅
海啸波实际到时	第一个显著的海啸波动抵达的时间，通常从海啸波幅发生连续变化的开始时间作为实际到时，也有部分机构采用首个显著波幅的波峰或波谷时间作为到时
海啸波周期	水位记录中测得的某个显著波峰与下一个波峰到达时间之差

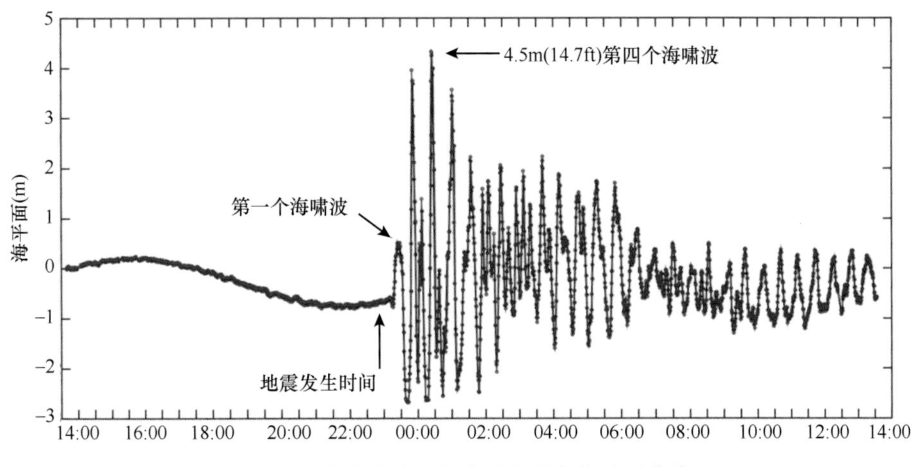

图7.19　海啸波动和潮汐混杂的水位监测曲线

以2015年智利科金博8.1级地震海啸为例

7.3.4　海啸预警分析分系统

海啸预警分析分系统是海啸预警人机交互平台的核心部分。当地震参数确定后，随即启动相应的海啸预警业务流程。对于海底强震，首先需要调用海啸传播时间模型计算海啸波传播至受影响岸段的时间，然后调用海啸情景数据库，根据震级、震中位置和震源深度进行插值处理后，得到受影响岸段的最大海啸波幅和相应的海啸预警级别，上述过程应该在1～2min完成，之后发布第一期海啸预警信息；获取到地震震源机制解后，应立即调用海啸并行数值模型，计算海啸对预报岸段的影响程度。因此，该分系统集成了海啸预警所需的各种预报方法、数据库和模型，需要与海底地震监测分析分系统、全球水位数据分析处理分系统、海啸产品制作发布分系统进行无缝对接。可以说，该分系统的效率和准确性决定了整个海啸预警人机交互平台的效率和准确性。

该分系统主要包括海啸传播时间模块、西北太平洋海啸情景数据库模块、海啸并行数值模拟模块、基于震级反演的海啸预警模块和基于浮标反演的海啸预警模块。其中，基于浮标反演的海啸预警模块本小节不做介绍。

1）海啸传播时间模块

海啸传播时间模型主要根据惠更斯原理，认为球形波面上的每一点都是一个次级球面波的子波源。首先计算震源周围所有网格点的传播时间，然后把时间最短的点定为源点并计算其周围的网格点，依次计算所有网格点。具体原理不在本小节赘述。该模块配置了大量可调参数，例如，将计算区域分为南海、西北太平洋、太平洋和全球等区域，海底地形的分辨率提供了0.5′～10′等多种选项。需要注意的是，对于发生在海陆交界靠陆一侧的地震，该模块可将震中位置自动调整至水域，对于强震，可将震源视为线源，而非点源，从而大大提高了近场海啸波到时的预报精度。海啸传播时间的计算流程如图7.20所示。

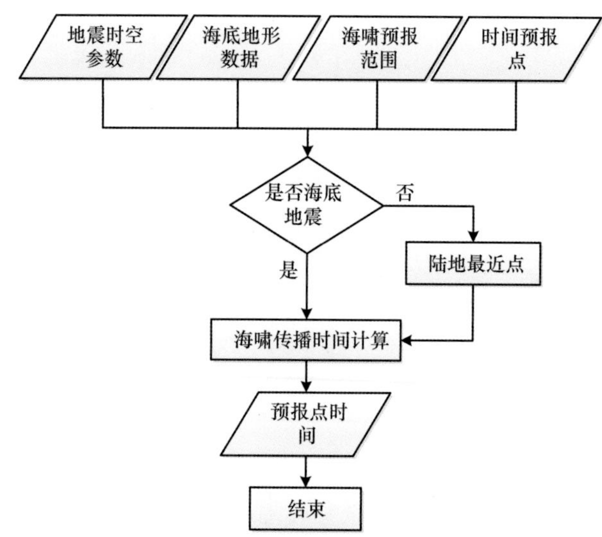

图7.20 海啸传播时间计算流程示意图

对于西北太平洋地震海啸事件，海啸传播时间计算（采用4′海底地形）为4～5s，可以大幅节省海啸预警时长。太平洋海啸预警中心通常采用10′的海底地形计算环太平洋的海啸到时，但这通常带来5～20min的到时误差。

2）西北太平洋海啸情景数据库模块

海啸情景数据库的原理是将某个地震俯冲带可能发生的地震海啸情景进行事先的数值模拟，然后将模拟结果按照规定的格式进行保存，以方便海啸预警实时调用。根据西太平洋板块地震地质大地构造环境，划分海啸震源潜在震源区。西北太平洋海啸情景数据库覆盖0º～60ºN、100º～150ºE的地震俯冲带，该区域板块边界带是一条典型的板块边界带，具有板块俯冲带、板块碰撞带、深海沟、转换断层等大洋板块边界带的特征。这里有密集分布的浅源地震和中深源地震、火山和岩浆活动、大规模的水平错移等，是地球上最活动、最不稳定的地带之一。该区域的日本南海海槽、琉球海沟、中国台湾东部和南部及马尼拉海沟可能发生强震，引发的海啸波均会对我国产生重要影响。

该数据库总共囊括了6万多个海啸情景，按照震中位置—震源深度—震级三级金字塔式存储结构放置于后台服务器中。该模块根据上述三个参数可实时调用多达16个海啸情景并进行插值处理，数据调用、插值计算和可视化时间不超过2s，大大超过了我国上一代海啸情景数据库的效率（图7.21）。数值模拟结果包括我国沿岸342个预报点、11个核电站和60余个岸段的最大海啸波幅与预警级别。为提高岸段预报结果的可信度，将每个岸段内所有的预报点进行平均（或提取中值），并提取各预报点预计到达时间的最小值（最先到达），分别作为该岸段的最大海啸波幅和预计到达时间的代表值。

3）海啸并行数值模拟模块

海啸的全生命周期包括海啸的生成、传播、爬高和淹没。地震海啸的生成阶段主要是由地震引发的海底的突然变形进而引起的海水大范围波动。Okada采用有限域积分模型由震源参数位错形态，为海啸形成的初始形态提供海底边界的变化过程。在得到海底的变形之后，再将海底地形的静态形变直接投影到水面作为初始形态处理。基于浅水波方程的数值模型从N-S（Navier-Stokes）方程出发，忽略速度在垂直方向的变化，适合海啸波在大洋和近海的传播模拟。在海啸预警过程中，一般还对浅水方程进行进一步的简化处理，如忽略非线性对流项和海底摩擦项，使得计算量大大减少。该模块采用基于OpenMP和GPU并行的线性海啸数值模型，计算海啸的产生和传播过程。模型需要的输入参数包括地震震中位置、震源深度、断层长度、断层宽度、走向角、滑动角和倾角，也称海啸模拟的“七要素”。关于模型的详细介绍见其他章节。

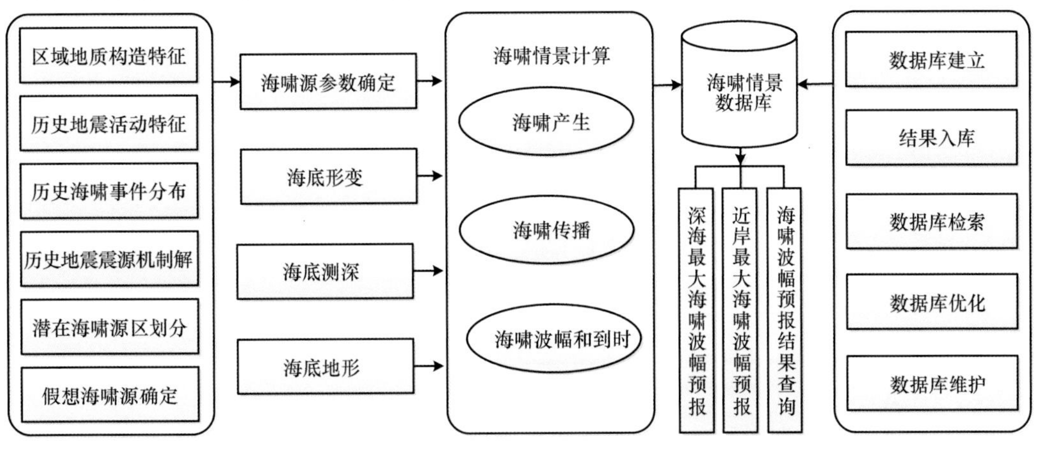

图7.21　西北太平洋海啸情景数据库模块流程图

该模块将上述“七要素”实时传递至GPU计算服务器或大型计算机系统，进行实时海啸模拟计算。模块应配置多个外围计算系统，防止任意一台计算系统失效。计算区域可根据需要进行配置。目前自然资源部海啸预警中心根据海啸预警服务区域和潜在震源区域的不同，分别针对南中国海海盆、西北太平洋、太平洋建立了不同分辨率的海啸数值预报模型，计算分辨率和耗时见表7.5。

表7.5　不同区域海啸实时数值模型参数

区域	模拟分辨率和时长	耗时
南中国海	2′，15h	＜10s
西北太平洋	4′，18h	＜10s
太平洋	5′，40h	＜80s

4）基于震级反演的海啸预警模块

基于震级反演的海啸预警模块是对西北太平洋海啸情景数据库模块和海啸并行数值模拟模块的补充。目前能够应用的范围是环太平洋地震带及马尼拉海沟上发生的地震事件预警。该模块内构建了一个环太平洋地震俯冲带单位源数据库。一个海啸单位源，代表一个长100km、宽50km的板块界面滑移1m所引发的海啸波传播情景。假设一个地震的震源可以离散为若干个单位源，那么该地震引发的海啸波可以认为是上述若干个单位源引发海啸波的线性叠加，而加权叠加的系数是基于地震矩原理得到的震源滑移量。该方法预警速度快，对于发生在西北太平洋和马尼拉海沟以外的环太平洋地震带上的地震而言，可以在第一波预警工作中使用震级反演模块。

地震矩M_0表示地震所释放的能量，是标志地震大小的物理量，亦称“震源矩”，即与引发地震的震源断层位错等效的点源力矩，是表征地震强度及震源力学状态的基本参数之一，其定义为

$$M_0(t) = \mu S d$$

式中，μ是断层岩石的剪切模量（N/m^2）；S是破裂面的面积（m^2）；d是破裂的平均滑移量。地震矩是反映震源区不可恢复的非弹性形变的量度。

一旦矩震级确定，相应的地震矩也确定。根据地震震级和破裂范围S的统计关系，可以反推出俯冲带地震的滑移量d。该模块根据震中位置和破裂范围自动选取一组最优的海啸单位源，结合滑移量，并调用相应的单位源传播情景数据库（或称为格林函数库），从而快速得到海啸预报结果（图7.22）。

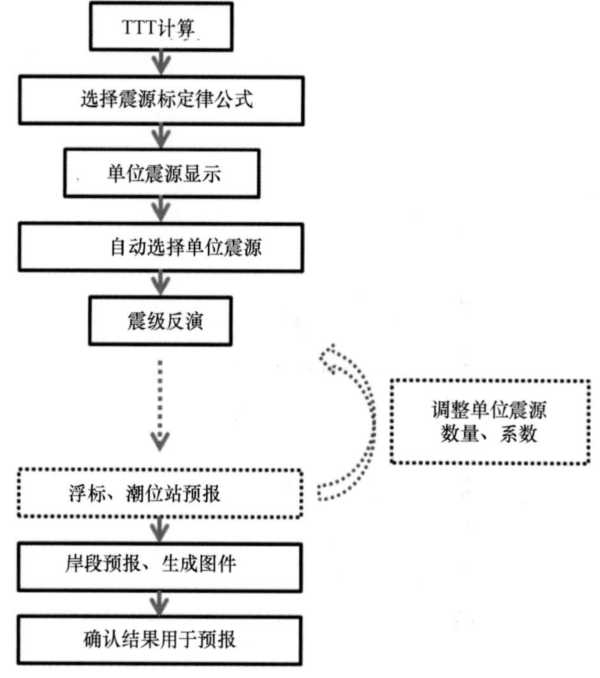

图7.22　基于震级反演的海啸预警流程图

7.3.5　海啸产品制作发布分系统

自动化的海啸产品制作系统依赖于海啸产品模板库。准备海啸产品模板库是一项工作量繁重的工作。按照预警级别来讲，海啸产品一般分为海啸信息和海啸警报；按照产品内容来讲，海啸产品包括标题、地震参数信息、海啸潜在危险性判断、海啸水位观测、岸段和预报点预报结论、防御建议及发送单位等部分，而不同的海啸预警业务流程所对应的产品模板可能包括上述的不同内容；按照发布渠道来讲，通过网络、短信、传真等渠道发布的海啸产品（图7.23），需要不同的编码格式，如html、文本或者word格式文件。

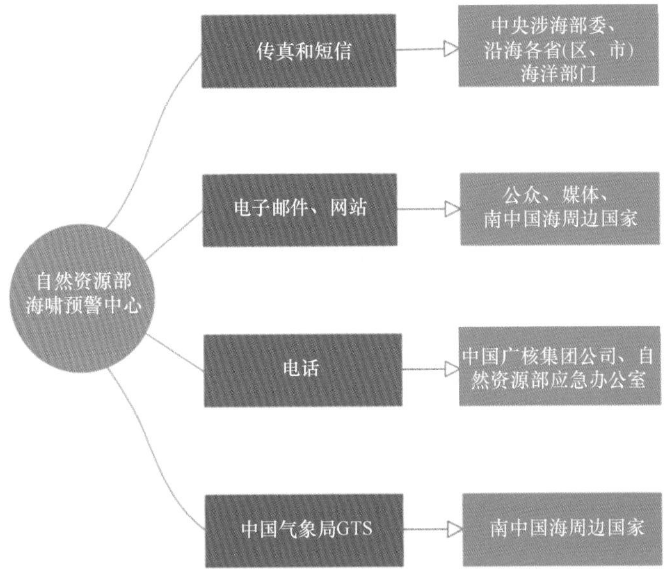

图7.23　自然资源部海啸预警中心海啸预警信息发布渠道

海啸产品制作分系统的主要原理就是将预报单模板中涉及的可变部分，如地震参数、预报结论和表格等，作为变量名编码到产品模板中；而对于不变的静态文本，直接在模板中录入。模板库制作的难点包括与海底地震监测分析分系统和海啸预警分析分系统的对接、产品样式尤其是特殊样式的编码（与国外不同，我国各级政府部门对预报单的格式和行文要求有严格的规定）等。

采用海啸预警标准业务流程的优势在于，一旦确定地震震级、位置、震源深度及其造成的影响，就可以唯一确定海啸产品模板。预报员所需要做的主要是检查地震与海啸的有关参数和预警结论，进而采用海啸产品模板库自动生成预报单（图7.24）。

图7.24　海啸预警平台产品制作和发布界面

海啸产品发布模块原理简单，主要是通过传真、短信、网络、邮件等可利用的发布渠道将产品迅速分发出去。平台需要具备海啸产品接收单位和个人的传真与邮件列表。目前移动或电信通信商都提供标准的传真和短信发布软件与硬件系统。为实现与上述软硬件系统进行对接，需要利用已有的API接口进行二次开发，这部分通常也是耗时耗力的。

7.4 地震监测标准业务流程

自然资源部海啸预警中心海啸地震监测业务化流程，主要是基于SeisComP3实时地震监测与处理软件系统实现地震速报，实现地震事件的自动监测和事件关联、定位、报警、发布等功能，同时用户也可通过图形界面实现地震的人机交互处理，检验地震定位结果的准确性，为海啸预警提供地震基本参数，包括地震发震时刻、经纬度、震级、震源深度和地理位置等参数。自然资源部海啸预警中心也是国内率先将SeisComP3地震监测与处理软件及相关业务流程纳入业务化运行的机构。

SeisComP3系统速报工作通过数据获取、处理与分析系统的scmaster模块实现多个模块之间的数据处理与共享来完成地震定位，主要工作原理简述如下。首先是scautopick模块对各个台站的数据使用STA/LTA地震监测算法计算地震触发位置，然后进行震相组合、关联与筛选，通过scautoloc模块实现地震自动定位，应用scmag模块完成震级计算。在地震发生后，随着越来越多的台站触发，可用的震相越来越多，震相重新组合，系统连续不断地对地震进行重新定位。对于6.0级以上的大地震来说，SeisComP3自动标注的震相已经比较准确，自动定位结果也比较可靠。业务值班中，通过浏览地震事件波形，结合震相自动拾取结果和人机交互筛选震相结果来确定地震参数，这样可以大大提高地震速报的速度。

在地震速报过程中，需要进行台站排序、震相判断、震相标注、地震定位、震级计算、结果提交等多项工作，而地震发生的情况复杂多变，地震速报工作又要求快速而准确，这就对速报员提出了较高的要求，因此根据海啸预警预报工作对地震速报业务的实际需求，自然资源部海啸预警中心制订了海啸地震速报标准操作流程，如图7.25所示。

根据预先设定好的工作流程来完成地震速报，避免在地震速报流程中发生错误，简要的工作流程简述如下。

报警系统报警之后，海啸值班人员迅速查看自动定位结果，判断地震发生的位置和震级大小，如果初步定位结果显示为海底大地震（中国近海或台湾地区5.0级以上地震，其他海域6.0级以上地震），随后查看实时波形界面，通过实时波形振幅大小、事件持续时间经验判断其是否为大地震，如果为大地震，快速调用scolv人机交互界面，读取地震事件波形，运用自动和手动相结合的方式进行地震定位；激活震级计算模块，默认计算m_b、M_L、M_{wp}和m_B四种震级，查看单台震级计算结果，对振幅自动拾取结果进行筛选和删除，重新计算震级，若重新定位和震级计算结果大于海啸预警阈值，提交人机交互地震速报结果，进入海啸预警流程。

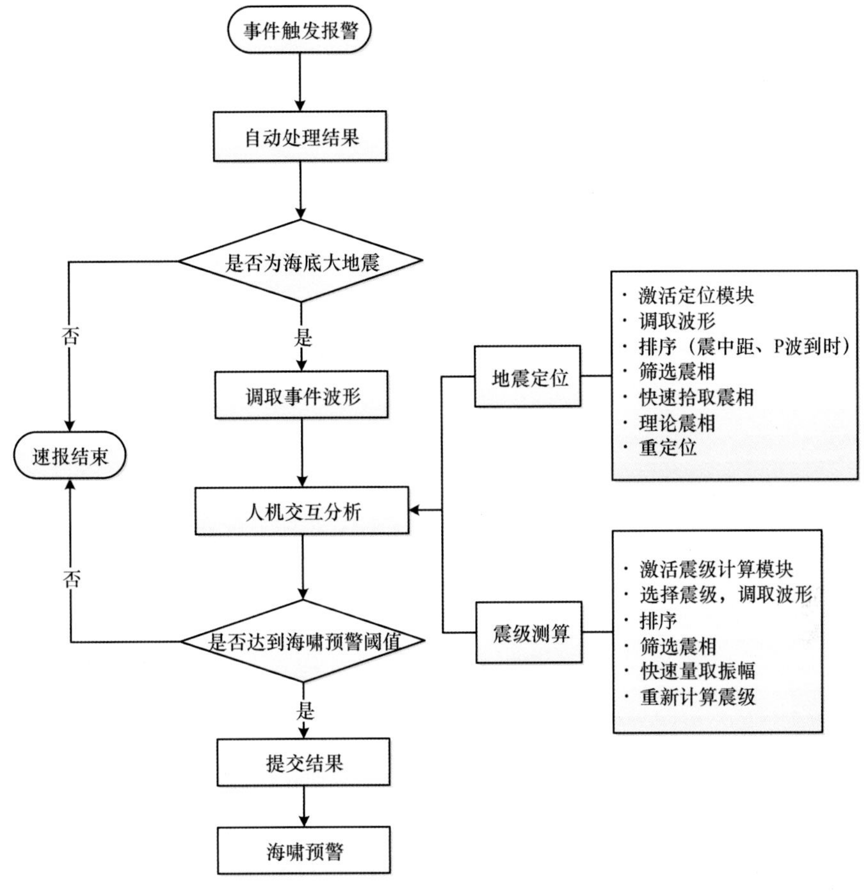

图7.25　海底地震速报标准操作流程

7.4.1　事件触发报警

SeisComP3地震监测处理系统接收并存储实时地震数据，基于多种模块实现地震事件的自动监测和事件关联、定位、报警、发布等功能。地震报警主要是基于事件触发报警，也就是系统在检测到地震事件后，进行初始地震定位与震级测算，系统就会触发报警。

SeisComP3软件系统对接收的地震波进行地震事件的自动检测、关联、定位和报警。地震发生后，如果触发的台站个数满足定位条件，SeisComP3系统计算给出地震速报的参数。例如，地震发生后，系统会自动给出初次地震定位结果和震级计算值，并启动scvoice报警模块，地震报警声将响起，这就是地震事件报警机制。

SeisComP3采用水平分层的速度模型，默认的速度模型为IASPEI91全球速度模型，适用于地方震、近震和远震定位。系统在给出定位结果的同时，也给出定位误差。Locsat定位方法给出的定位误差包括水平误差、垂直误差和走时残差。水平误差和垂直误差是定位过程中基于协方差矩阵给出的。在速报的过程中，预报员可以结合走时残差和台网布局（定位台站个数、最小震中距和最大空隙角）来综合评价定位结果质量。走时残差通常定义为观测走时与理论计算走时之差。拟合残差是评估定位质量的其中一个重要指标，残差越小代表定位质量越好，反之，则较差。定位完成后，scolv界面将弹出定位结果显示界面，在界面上显示测定出的地震参数、定位误差等，并在本地地图和矢量地图上显示震中位置及参与定位的台站射线分布。RMS Res为走时残差的均方根误差，如果定位残差均方根误差较小（残差小于2.0s），基本上认为测定误差较小，结果比较可靠。

SeisComP3软件系统在正常运行情况下，电脑4块显示屏分别显示scmv地图可视化界面、scrttv实时波形显示界面、浏览事件波形界面和scolv用户交互分析界面（图7.26）。

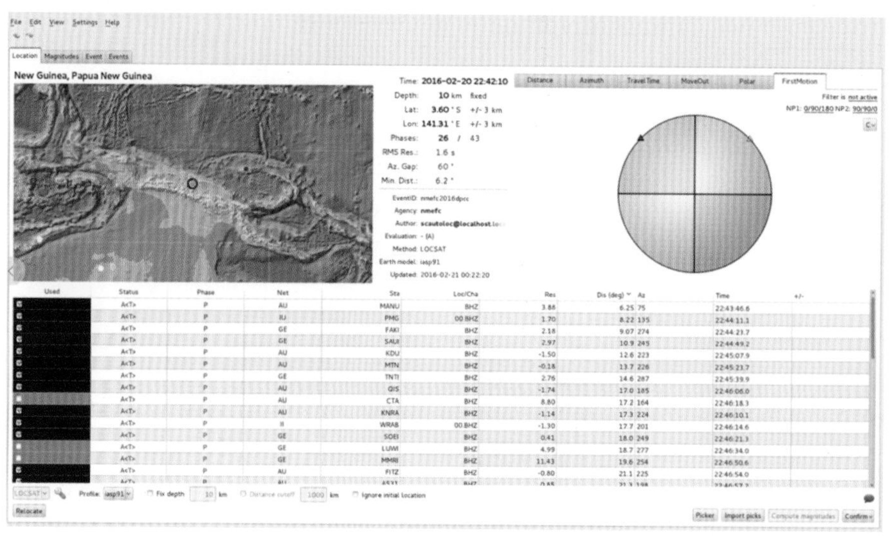

图7.26 SeisComP3软件系统参数显示窗口

7.4.2 自动处理结果

SeisComP3系统是通过地震事件报警来实现的。地震报警后，值班人员应立即查看左上角的scmv地图可视化界面，如图7.27所示，查看地震发生初步位置和震级大小。在地图可视化界面下方显示当前地震事件的自动结果：事件ID、地震发震时刻、震级、地震区域名称、经度、纬度和深度。

地图可视化界面中的圆圈为当前地震的震中位置，不同的颜色和大小代表不同震源深度和震级大小，颜色红—黄—绿分别表示浅源地震—中源地震—深源地震，圆圈越大代表震级越大。地图可视化界面在ground motion状态下，台站三角形的颜色表示台站地面的运动状态，触发的台站三角形闪烁的颜色表示台站记录的地下介质运动速度。如果大地震触发，台站三角形将持续闪烁，地震越大，影响范围越广，台站三角形颜色显示为红色和猩红色。同时，地图可视化界面中将显示动态的圆弧线表示理论的地震波传播曲线。

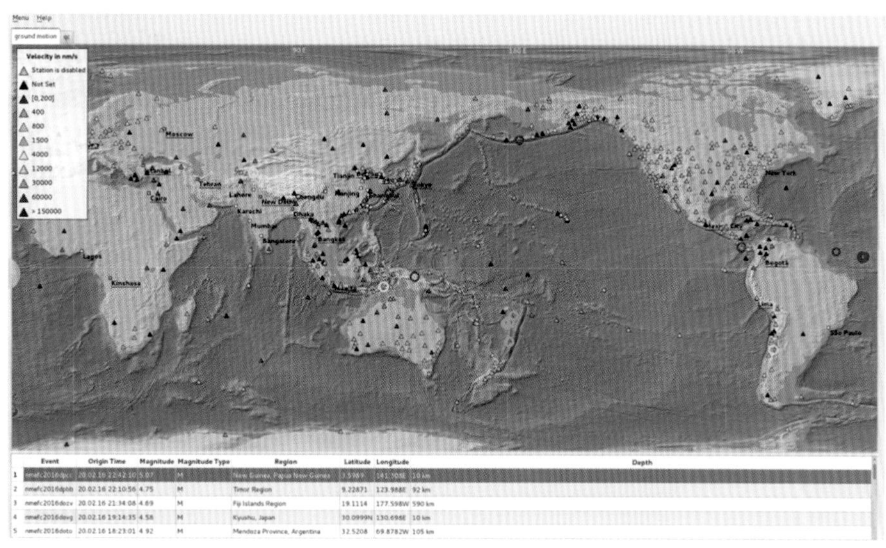

图7.27　地图可视化界面

7.4.3　查看事件波形

预报员在初步判断当前地震为一次较大的海底地震后，调用scolv人机交互界面，需点击scolv交互界面中的Events选项卡（图7.28），浏览事件波形。以2017年8月6日00:15:15发生在所罗门群岛（Solomom Islands）附近海域5.7级地震为例对软件进行操作，查看本次地震的事件波形。

图7.28　Events选项卡事件列表

在Events选项卡中，鼠标左键点击所罗门群岛事件当前定位参数左侧的“+”号（图7.29），会出现origins选项，点击origins左侧的“+”号会展开本次事件当前所有的重定位参数，每条代表该地震事件新的一次地震定位结果，地震发生后，越来越多的台站触发并选择性地参与自动定位，就会出现多次定位结果。Events选项卡中的phases数目代表了计算该结果所应用的震相个数，理论上来说，震相数目越大，参与定位的台站越多，定位结果越准确。

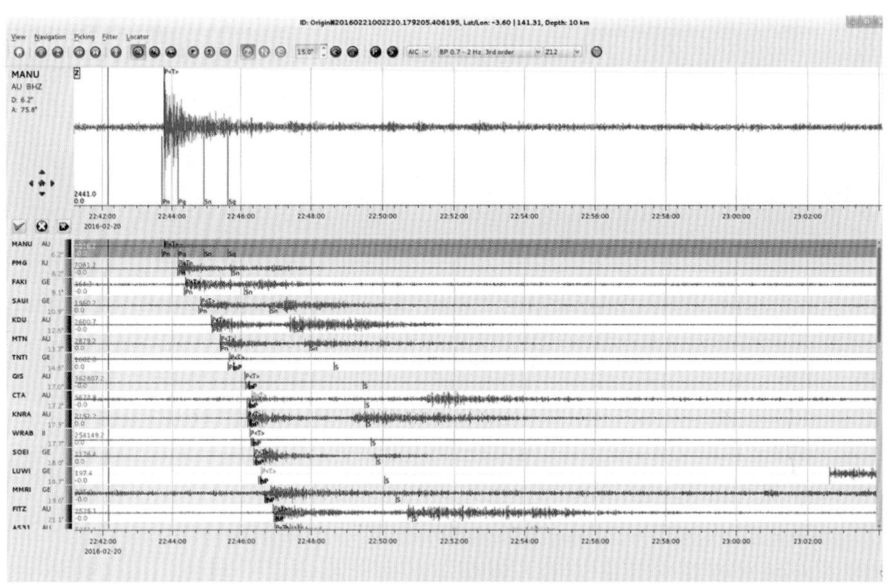

图7.29　事件波形浏览窗口

鼠标双击origins选项中的定位参数，scolv界面窗口由Events选项卡自动跳转至Location选项卡。Location选项卡显示本次事件定位结果、定位残差、最大空隙角及参与定位的最小震中距等参数。Location选项卡还自动给出参与定位台站震中距-残差关系曲线图、方位角-残差关系曲线图、走时曲线图、折合走时图等多种图件，预报员可以参考这些生成图件，判断选定事件定位结果的好坏，为进入人机交互流程做好准备。鼠标左键点击界面右下角的Piker选项按钮，弹出选择事件的波形浏览窗口。用户可以通过界面上的主要按钮选项进行事件波形可视化操作。

SeisComP3实时处理系统给出的地震定位结果全部为自动结果，由于在地震发生后最初的时间，可用的资料相对比较少，仅有少量的台站参与地震定位，并且参与台站的震相和振幅信息都是计算机根据拾取算法自动判定、拾取的，这就有可能使得自动计算地震发生位置、大小等与地震实际发生位置、大小存在一定偏差，难以单纯应用计算机给出十分准确的定位参数。因此，预报员有时需要结合人机交互分析来进一步评估定位结果的质量。

7.4.4　地震震级标度、震级、震源深度的选择

地震速报给定的震级实际上为台网平均震级，是参与测定震级的各台站的震级平均值或中值，台网平均震级能够更好地描述地震的大小。不同的台站对同一地震的震级都存在或大或小的偏差，震级的偏差主要受量规函数、台基、观测仪器、台站方位及人为等因素的影响。自然资源部海啸预警中心计算m_b、m_B、M_L和M_{wp}四种不同标度震级，同时还包括M_w（m_B）和M_w（M_{wp}）两种转换震级。

震级是对地震大小的一种量度，由于地震的复杂性和历史原因，有若干种震级来衡量地震的大小。由于海啸预警的时效性要求，仅能用到有限台站、有限时间段记录的实时波形测定震级，这些信息大部分来自较早到达的P波时间序列，对于大地震震级的测算，优先计算体波矩震级M_{wp}和宽频带体波震级m_B，将其作为海啸预警的发布震级。在实际速报工作中，同时参考不同定位系统或机构测定的地震震级，包括Antelope自动定位系统、中国地震台网中心（http：//www.ceic.ac.cn/）、美国国家地震信息中心（https：//earthquake.usgs.gov/earthquakes/map）、欧洲地中海地震数据中心（https：//www.emsc-csem.org）等机构的结果，做到心中有数，确保海啸预警发布的震级相差不是很大。

震源深度的选择：要注意观察当前地震发生的震源深度是否落在历史地震簇中。因为大地震均发生在俯冲带，海洋板块向大陆板块俯冲时地震均发生在“seismic-genic zone”，即两个板块的接触面上。如果当前地震脱离历史地震的深度分布，说明现阶段地震速报的震源深度可能不准（强震基本发生在板面上）。

震源机制解的选择：一般来讲，同一区域或俯冲带，地震的产状（即震源机制）具有相似性，尤其是强震。因此很多地震的滑动角、倾角和走向角均落在某个角度区间内。例如，强震发生在浅源，具有倾角小（10º～30º）的特征；地震走向角均沿着俯冲带的走向；俯冲带浅源地震很多是逆冲型，滑动角为80º～100º；在大洋中脊发生的地震很多都是浅源和走滑型，或为正断层。需要注意的是，震源机制解具有两组，应该通过断层的大概走向和海陆板块的上下层关系来确定所采用的一组震源机制解。经验性的判断包括：右脚踩在陆地板块上，面向的方向即断层走向角。但是对于双俯冲带（double subduction zone）和岛弧带，这种判断方法往往依靠长期经验。

陆地地震的判断：系统以地震震中位置为圆心，以100km为半径画一个圆，当圆内有海域时，该地震应予以考虑。根据地震震级标定律，一般8.0级地震的破裂长度为100～200km，7.5级地震的最大破裂长度不超过50～100km，可以灵活进行掌握，以保守为原则。

震级标度的选择：常见的震级标度包括近震震级M_L（俗称里氏震级）、短周期体波震级m_b、宽频带体波震级m_B、面波震级M_s、矩震级M_w、体波矩震级M_{wp}（也称快速矩震级）。另外，SeisComP3还提供了综合震级M。该震级标度是对不同地震标度进行加权平均后的结果，一般比较稳定。根据太平洋海啸预警中心的发布规则，用作海

啸预警的地震震级标度一般为矩震级M_w。由于M_w计算需要时间很长，一般都是采用M_{wp}。自然资源部海啸预警中心发布海啸预警一般采用矩震级M_w或M_{wp}。在规定的预警时间内，如果M_{wp}无法获取，一般应采用M综合震级或者m_B震级（应注意震级饱和问题）进行发布。

震级的选择：在海啸预警工作中，估计地震规模的大小存在以下问题。对于传统的震级测定方法，短周期体波（1s）或中长周期面波（20s）并不能表示能够激发海啸震源的低频成分，受频率成分的限定，体波震级（m_b）和面波震级（M_s）存在饱和震级，分别为6.3级和8.2级。随着地震矩的增大，会逐渐达到饱和，实质上，这对海啸预警来说是毫无用处的。而对于矩震级M_w，由于需要更长周期的地震波形成分（长周期体波或面波），实际测定过程中需要较长时间，虽然其能很好地衡量大地震的大小，但由于其测定的时间较长，对于第一期海啸预警来说，该震级也不适合于海啸预警预报业务工作。

M_{wp}震级由于具有只需初至P波即可快速测定地震大小的优势，可应用于大地震的震级和深度范围的发布。当海底大地震发生后，海啸预警值班人员可能快速测定大地震的M_{wp}震级，为海啸预警提供初始地震参数。

对于海啸预警来说，最主要的目标是，地震发生后尽可能快地定量化描述地震，包括震源位置、震级、震源机制和断层破裂范围等参数。例如，2004年苏门答腊岛海域9.1级特大地震持续了近8min，在很短的时间内估算其实际大小是不可能全程的。地震学家对地震成核（nucleation of a large earthquake）并没有完全认识，大地震成核的早期阶段确定地震的实际大小。因此，为了评估潜在海啸危险性，分析整个震源过程也是势在必行的。具体如下。

（1）对于中国近海发生的海底地震，在查阅不同机构地震速报和确定地震震级等参数的时候，要参考中国地震台网中心专线传输的EQIM中的地震速报信息（一般来讲，该速报系统对于台湾周边的地震响应均在2min之内）。台湾测震机构发布的震级标度为近震震级，对于6.5级以上地震会出现严重的饱和现象。

（2）在规定的地震参数测定时间节点内（一般为6～8min），必须密切关注SeisComP3的速报结果，待其测定结果稳定后利用5～8min时的结果。如果USGS或国际主要业务机构的震级参数在这期间已经获取，应比较上述机构与SeisComP3的测定结果，如果震级结果相差较小（如0.2～0.3），优先采用我国定位结果。

（3）优先使用M_{wp}体波矩震级，不能使用m_b震级，8.0级以上地震的M_s震级也逐步饱和，应密切关注M_{wp}震级和其他软件与发布机构的震级变化情况。

（4）当发现后续震级参数变化较大，并且其他机构发布的震级也出现修订后，要立即发布后续海啸消息，对当前地震参数进行订正。原则上，当修订震级与第一份海啸信息的初始震级相差0.4（含）以上时，应立即发布海啸信息进行修订。

地震远近的判断：地震远近主要依据横波与初至波间的时间差、面波最大振幅与初至波之间的时间差、整个事件的振动持续时间等进行判断。利用纵波、横波、面波之间的关系进行地震远近的判断，首先应大致确定出纵波波列、横波波列、面波波列，区分三大波列的主要依据是能量的分布规律。纵波能量在垂直向强，横波能量在水平向强，勒夫波的能量在水平向强，瑞利波的能量在垂直向和其中一个水平向能量强。

（1）地方震：直达纵、横波之间的时间差小于13s，振动持续时间通常为1～2min。

（2）近震：首波纵、横波之间的时间差小于1min 43s，振动持续时间通常为3～5min。

（3）远震：面波的最大振幅（通常是瑞利波的最大振幅）与初至波之间的到时差小于45min；地幔折射纵、横波之间的时间差小于11min 52s；振动持续时间通常小于1h 30min。

（4）极远震：面波的最大振幅与初至波之间的到时差大于45min；振动持续时间通常大于1h 30min；PP波与初至波之间的时差通常小于5h 54s。

判断是否为海底大地震：值班人员根据地震定位圆圈所处位置、大小和颜色并结合scrttv实时波形显示界面（图7.30）来判断是否为海底大地震。当地震事件触发后，实时地震波形将按照震中距由小到大进行排列，显示地震事件波形序列，波形上具有明显的P波初动（自动拾取的P波初动，即红色的竖线）。大地震发生后，多个地震台站触发，P波初动清晰、明显，振幅较大，波形频率成分复杂，明显有别于背景噪声曲线的单一频率特征，随着时间的推移，记录的波形依次出现P波、S波和面波（浅源地震面波明显，中深源地震面波不发育），地震波形序列特征明显，持续几分钟或数十分钟，振动的持续时间在一定距离内几乎和震中距无关。对于6.0级以上地震，几乎全球所有台站都会记录到，地震波形序列特征非常明显。如果触发台站数目较少、地震波形序列持续时间较短，或触发台站波形分布杂乱无章，则可认定为触发较小震级的地震事件或者为误触发事件。海啸预警值班人员在值班过程中，需要认真分析、触发地震波形特征，通过长时间对波形的认知，值班人员可以通过初动波形振幅大小和波形特征经验判断地震的大小。一般来说，地震越大，初动越明显，记录的台站越多，振动的持续时间越长；地震越小，则反之。

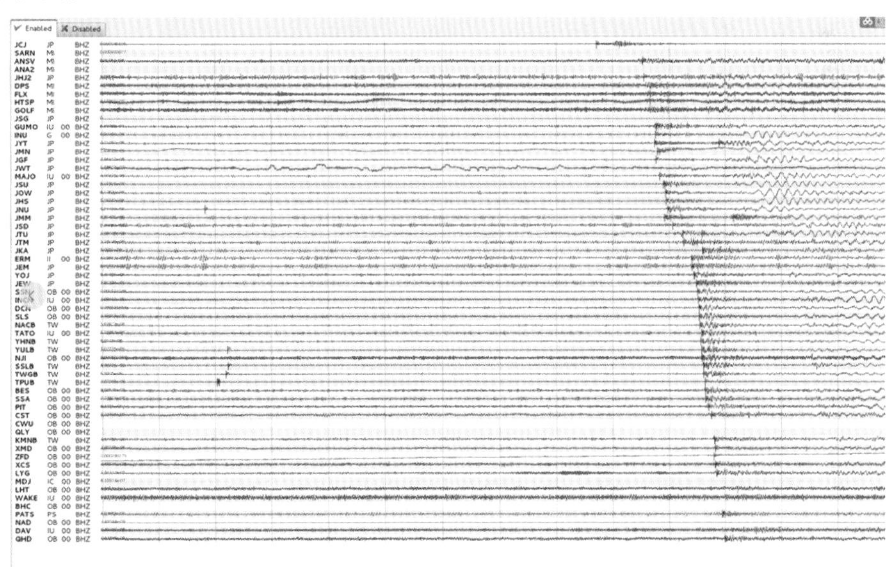

图7.30　实时波形显示界面记录的大地震的波形特征

判断是否大于发布海啸预警震级阈值：目前海啸预警中心主要根据地震震中位置、

震级来判定是否发布海啸预警信息，同时参考地震海啸源划分（局地海啸源、区域海啸源、越洋海啸源和其他海啸源）规定的操作流程来发布海啸预警信息，如表7.6所示。

表7.6 发布海啸预警震级阈值

地震海啸源划分	震级阈值	发布海啸预警信息
局地海啸源	5.5	是
区域海啸源	6.5	是
越洋海啸源	6.5	是
其他海啸源	7.5	是

7.5 海啸预警标准业务流程

当地震报警铃声响起，海啸值班人员需要在数分钟之内完成地震参数确认、海啸数值方法调用、海啸信息制作和发布等业务流程，在该过程中，值班人员还需要面对地震参数的不确定性、海啸数值模型参数的不确定性等诸多难题。在2014年以前，我国的海啸预警响应时间还停留在20～30min的水平，部分个例甚至达到30～60min。例如，2011年日本“3·11”地震海啸事件应对过程中，我国发布的首份海啸信息是震后34min，首份海啸蓝色警报则是在震后1h左右。这与美国太平洋海啸预警中心、日本气象厅5～8min的响应时间相差甚远。我国的海啸数值预报水平与国际相比是不弱的，早在20世纪初我国就成功研发了首个海啸传播数值模型，并在2009年完成了中国近海定量化海啸情景数据库建设，但为何预警效率却无法大幅提升呢？一个主要的原因是我国没有按照海啸预警标准业务流程（standard operating procedure）构建高效的海啸预警业务平台。在实际预警过程中，值班人员不可能在很短的时间内手工输入地震参数、调用海啸数值模型、制作和发布海啸预报单，所有工作都应该由计算机自动完成。计算机必须按照事先设定好的海啸标准业务流程进行工作。

广义的标准业务流程将某项工作的标准操作步骤和要求以统一的、可重复的格式描述出来，用来指导和规范日常工作。所谓标准，在这里有最优化的概念，即不是随便写出来的操作程序都可以称作标准业务流程，而一定是经过不断实践总结出来的在当前条件下可以实现的最优化的操作程序设计。说得更通俗一些，所谓的标准，就是尽可能地将相关操作步骤进行细化、量化和优化。小到每一步软件操作、文字编辑，都可以通过标准业务流程进行规范。对于海啸预警标准业务流程来讲，这一整套流程、步骤和操作规范，必须是服务对象、应急减灾部门和预警中心共同协调一致后，详细解答如下几个问题：谁参与整个海啸预警应急过程；预警过程如何触发，触发后遵循哪些步骤和操作程序；预警产品应包括哪些内容，这些内容如何通过地震监测系统和海啸数值模拟系统定量化地得到；预警产品的服务对象和发布渠道等。

海啸预警标准业务流程是一个较为宽泛的概念，其核心思想是值班人员在海啸预警中所涉及的所有动作必须按照事先规定好的流程、原则和操作方法进行，最大可能地提高应急反应速度和减少应急过程中可能出现的错误，其核心内容是以地震震源参数（主要是震级、震中位置、震源深度）为基础的海啸预警发布标准（主要在7.5.2介绍）、以时间线为导向的海啸预警工作流程（timeline-driven tsunami SOPs，主要在7.5.3介绍）。海啸预警流程的每一步均必须在海啸预警人机交互平台中完成，每一步的衔接必须通过软件系统和计算机来实现（即自动化）；海啸预警流程的每一步均可通过编写完善的海啸预警业务手册进行培训和桌面演习；其正确性和完整性必须通过复查表单（checklist）进行逐项检验。

7.5.1　海啸预警产品种类和海啸源划分

不同国家的海啸预警等级是有一定差异的。如美国、日本、澳大利亚等国，根据海啸预计到达时间和最大海啸波幅，将海啸预警等级划分为海啸信息（tsunami information）、海啸注意报（tsunami watch）、海啸警报（tsunami warning），而海啸警报又可分为多级，澳大利亚根据海啸波幅将海啸警报分为近海警报（marine threat，预计对近海设施造成影响）和沿岸警报（land threat，预计海啸波可能淹没沿海低洼地区）。我国根据预计最大海啸波幅，将海啸预警等级划分为海啸信息和海啸警报。其中，海啸信息指发生的地震事件预计不会引发海啸，或不会对我国沿岸造成较大影响；海啸警报指地震事件预计会引发海啸并对我国沿岸造成重要影响。根据《海啸灾害预警发布标准》，海啸警报按照沿岸最大海啸波幅预报结果和可能造成的灾害性影响分为黄色、橙色和红色三级。

按照地震震中位置与我国沿海岸段的距离，可以将影响我国的海啸源粗略划分为局地海啸源、区域海啸源和越洋海啸源（图7.31）。据此，海啸预警业务流程也有区分。局地海啸源可以在海啸发生后数十分钟至1h影响沿海岸段，危险性最高。据统计，局地海啸造成的人员死亡占比达到90%以上。但对于我国而言，除台湾以外，我国大陆近海海域没有大型地震俯冲带，仅在渤海中部、南黄海、台湾海峡和珠江口局部区域有一些板内断层，历史上发生重大地震的频次不高。对于越洋海啸源，海啸波往往数小时至数十小时才影响我国沿岸。根据计算，8.0级以下的越洋地震海啸，一般不会对我国大陆产生影响。

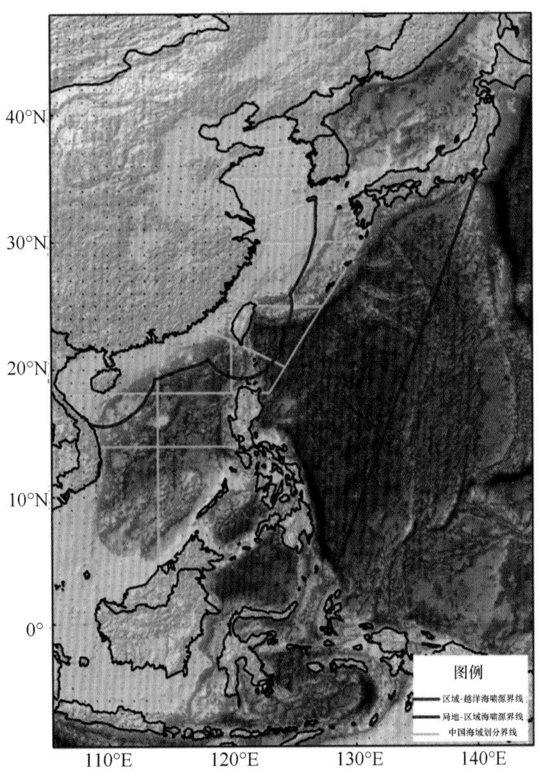

图7.31　地震海啸源划分

局地海啸源：蓝线之内的我国近海，包括台湾近海。区域海啸源：蓝线和红线之间的西北太平洋区域。越洋海啸源：红线之外当地震震中位置确定后，需要进一步根据震级和震源深度判定海啸预警业务流程。例如，当台湾东部的琉球海沟发生8.0级地震（局地海啸源）时海啸预警中心将立即发布海啸警报。海啸警报内容包括地震基本参数、最大海啸波幅分布、受影响岸段和预报点的预计抵达时间与海啸防御指南，以及相关表格和图件。这需要海啸值班人员在应急预警过程中开展海啸传播时间计算、海啸波幅数值模拟分析等操作；而如果仅发生6.0级地震，海啸预警中心仅发布一期海啸信息，内容只包括地震基本参数和预计不会引发海啸的判断。在预警流程中不需要进行数值计算分析等操作，仅根据震级大小对海啸影响进行定性描述，如表7.7所示。如果中国近海发生7.1级及以上级别海底地震或者太平洋其他海域发生8.0以上级别海底地震，其引发的海啸可能会对我国沿海造成一定的影响，这时将视海啸定量预警预报数据情况，发布海啸警报级别信息。国家海洋局《海啸灾害应急预案》中规定的海啸警报级别见表7.8。

表7.7 震级大小对海啸潜在影响的定性描述表

震级范围	定性描述判断
$5.5 \leqslant M_w \leqslant 6.4$	不会引发海啸
$6.5 \leqslant M_w \leqslant 7.0$	在震源附近引发轻微水位振荡
$7.1 \leqslant M_w \leqslant 7.5$	地震可能会在震源周围引发局地海啸
$7.6 \leqslant M_w \leqslant 7.9$	地震可能会在震源周围数百千米范围内引发区域海啸
$8.0 \leqslant M_w \leqslant 8.5$	地震可能会在震源周围数千千米范围内引发大规模海啸
$8.6 \leqslant M_w$	地震可能引发太平洋越洋海啸

表7.8 三色海啸警报级别

海啸警报	启动标准
一级红色	预计海啸波会在我国沿岸产生3m以上的海啸波幅*
二级橙色	预计海啸波会在我国沿岸产生1～3m（含）以上的海啸波幅
三级黄色	预计海啸波会在我国沿岸产生0.3～1m（含）以上的海啸波幅
海啸信息	预计海啸波会在我国沿岸产生0.3m（含）以下的海啸波幅

* 海啸波幅是指特定的海啸波峰或波谷与未受扰动的海平面之间的差值，或者相邻的波峰和波谷差值的一半

1. 中国近海局地海啸源操作流程

针对局地海啸源，海啸预警操作流程粗略描述如下（表7.9，图7.32）。结合海啸预警人机交互平台的详细操作步骤，不再赘述。

表7.9 局地海啸源预警操作流程

震源参数	海啸信息发布流程
$5.5 \leqslant M_w \leqslant 6.4$；任意深度	发布一则海啸消息，海啸潜在危险性判断是不会引发海啸
$6.5 \leqslant M_w$；深度＞100km	发布一则海啸消息，海啸潜在危险性判断是不会引发海啸

续表

震源参数	海啸信息发布流程
6.5≤M_w≤7.0；深度≤100km	发布多期海啸消息，海啸潜在危险性判断是“预计在震源附近引发轻微水位振荡，但不会对我国沿岸造成灾害性影响”。①定位结果确定后发布一则海啸消息，提供地震参数、地震位置图件和潜在危险性判断。②后续跟踪海啸监测结果，如监测到轻微海啸波，发布一则海啸信息，提供海啸监测台站最大海啸波幅和预计抵达时间，主要结论是监测到海啸波，监测及预报结论无重要变化，不发布后续信息；如在预计抵达时间后没有发现海啸波，发布最后一则海啸信息，结论是此次地震没有监测到海啸
7.1≤M_w；深度≤100km	发布多期海啸信息或警报。①确定地震参数后，查询海啸情景数据库或者调用海啸数值模型，确认是否会在我国沿岸出现30cm以上的海啸波，如果不是，发布一则海啸信息；如果是，发布相应级别的海啸警报。②后续跟踪最新的震源机制解和定位结果，通过数值手段确认是否会在我国沿岸出现30cm以上的海啸波，同时跟踪海啸监测站位，提取最大波幅等，综合数值模拟结果和海啸波幅监测结果决定升降级或取消警报发布。如果仍达不到预警级别，继续发布海啸信息；如维持预警发布，根据情况调整海啸警报级别，或降级至海啸信息。③继续滚动监测震源机制解、国际海啸预警机构消息和海啸监测结果，综合上述信息决定警报升降级或取消警报发布。如果多个潮位站在预计抵达时间1～2h之后仍未监测到海啸，可酌情发布海啸信息，判断为“未监测到海啸”，海啸预警流程结束。如果之前发布了海啸预警，最后发布一份海啸警报解除通报，海啸信息则不需解除

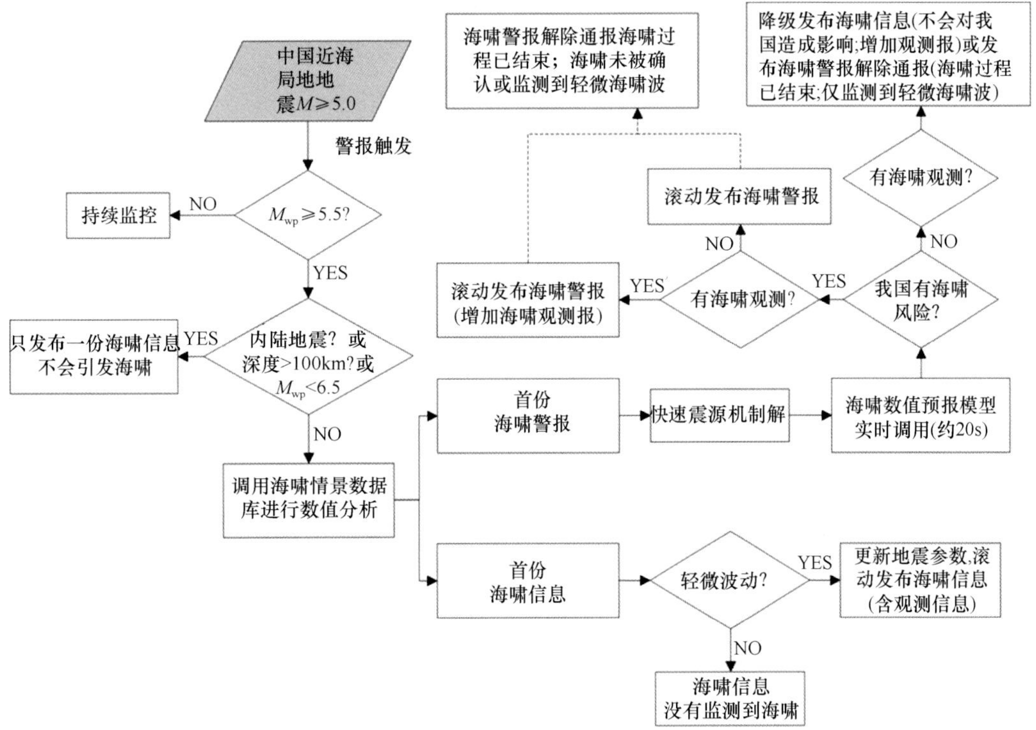

图7.32　中国近海局地海啸源预警操作流程图

2. 区域和越洋海啸源操作流程

针对区域海啸源的海啸预警操作流程如下所述。与局地海啸源不同的是，对于6.5级以上的海底地震才启动预警流程（表7.10，图7.33）。关于越洋海啸的预警操作流程不再赘述。

表7.10　区域海啸源预警操作流程

震源参数	海啸信息发布流程
6.5≤M_w；深度>100km	发布一则海啸消息，海啸潜在危险性判断是不会引发海啸
6.5≤M_w≤7.5；深度≤100km	发布多期海啸消息，海啸潜在危险性判断是“可能在震源周围引发局地海啸，但不会对我国沿岸造成灾害性影响”。①定位结果确定后发布一则海啸消息，提供地震参数、地震位置图件和海啸潜在危险性判断。②后续跟踪海啸监测结果，如监测到海啸波，发布一则海啸信息，提供海啸监测台站最大海啸波幅和预计抵达时间，主要结论是监测到海啸波，若监测及预报结论无重要变化，不发布后续信息；如在预计抵达时间后没有监测到海啸波，发布最后一则海啸信息，结论是此次地震没有监测到海啸
7.6≤M_w；深度≤100km	发布多期海啸信息或海啸警报。①确定地震参数后，查询海啸情景数据库或者调用海啸波幅预报模型，确认是否会在我国沿岸发生30cm以上的海啸波，如果不是，发布一则海啸信息；如果是，发布相应级别的海啸警报。②后续跟踪最新的震源机制解和最新的定位结果，通过数值预报手段确认是否会在我国沿岸出现30cm以上的海啸波，同时跟踪海啸监测站位，提取最大波幅等，综合数值预报结果和海啸波幅监测结果决定升降级或取消警报发布。如果仍达不到预警级别，继续发布海啸信息；如维持预警发布，酌情调整海啸警报级别，也可降级至海啸信息。③继续滚动监测震源机制解、国际海啸预警机构消息和海啸监测结果，综合上述信息决定警报升降级或取消警报发布。如果多个潮位站在预计抵达时间1～2h之后仍未监测到海啸，可酌情发布海啸信息，判断为“未监测到海啸”，海啸预警流程结束。如果之前发布了海啸预警，最后发布一份海啸警报解除通报，海啸信息则不需解除

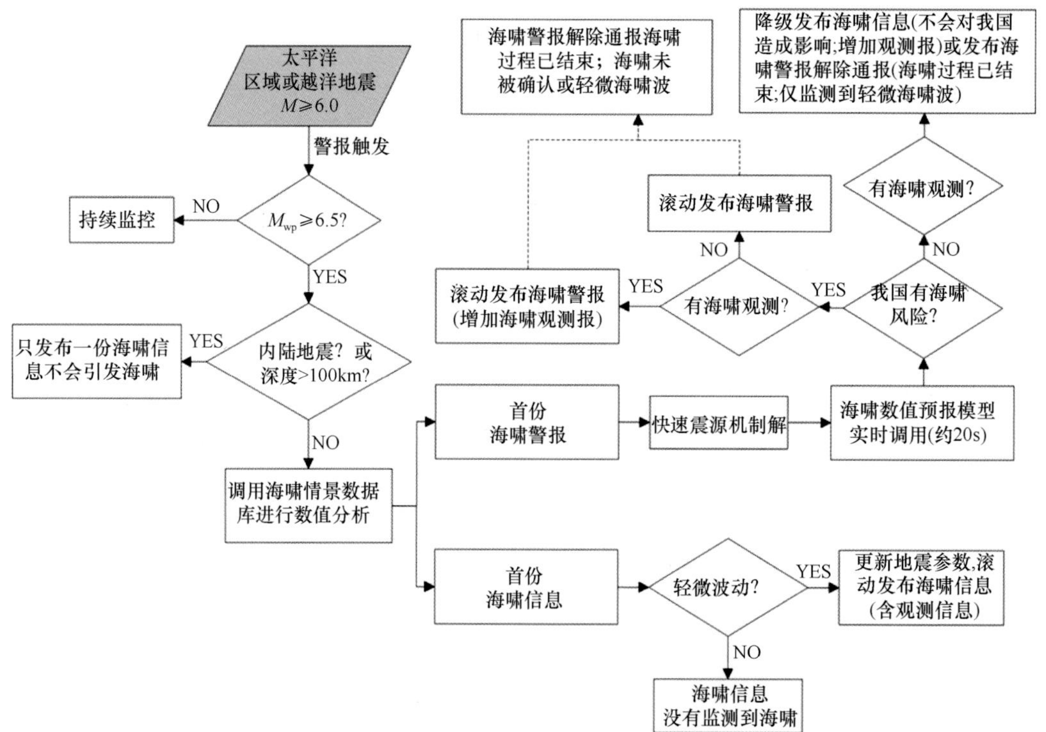

图7.33　太平洋范围内区域和越洋海啸源预警操作流程图

3. 其他大洋海啸源操作流程

印度洋、大西洋（含加勒比海、地中海）发生的地震海啸事件占全球总海啸事件的20%～24%。进入21世纪以来，印度洋苏门答腊岛-爪哇地震俯冲带十分活跃，仅8.6级以上地震就发生了3次。我国针对上述海域发生的主要地震事件（一般指7.6级以上地震）也发布海啸消息。但是根据海啸数值模拟研究，上述海域发生的地震海啸不会对我国沿岸产生影响，如表7.11所示。

表7.11　其他大洋海啸源预警操作流程

震源参数	海啸信息发布流程
$7.6\leqslant M_w$；深度＞100km	发布一则海啸消息，主要结论是不会引发海啸
$7.6\leqslant M_w\leqslant 7.9$；深度≤100km	发布多期海啸信息，主要结论是“可能在震源周围数百公里范围内引发区域海啸，由于震源位于太平洋范围之外，预计不会对我国沿岸造成影响”。①定位结果确定后发布一则海啸消息，提供地震参数、地震位置图件和定性判断。②后续跟踪海啸监测结果，如果监测到海啸波，发布一则海啸信息，提供海啸监测台站最大海啸波幅和抵达时间，主要结论是监测到海啸波，监测及预报结论无重要变化，不发布后续信息；如果在预计抵达时间后没有发现海啸波，发布最后一则海啸信息，结论是此次地震没有监测到海啸
$8.0\leqslant M_w$；深度≤100km	发布多期海啸信息，主要结论是“可能引发大范围海啸，由于震源位于太平洋范围之外，预计不会对我国沿岸造成影响”。流程同上

7.5.2　南中国海区域海啸预警业务流程

太平洋海啸预警与减灾系统（Pacific Tsunami Warning and mitigation System）认定的南中国海区域预警责任区包括南中国海、苏禄海和苏拉威西海，以及马鲁古海的北侧区域。南中国海区域内的国家包括中国、菲律宾、文莱、马来西亚、印度尼西亚、新加坡、泰国、柬埔寨、越南共9个国家（图7.34）。长期以来南中国海区域海啸预警系统一直空白，由美国、日本履行该区域国际海啸预警的职责，以减轻海洋灾害风险。在太平洋海啸预警与减灾系统中长期发展规划中，提出了在南中国海区域充分整合各国已有的观测和预警资源，建立一个区域海啸预警与减灾系统，为此，南中国海区域内各国从2008年开始大力呼吁建设该系统。2009年，在我国和马来西亚等国的积极倡导下，太平洋海啸预警与减灾系统政府间协调组（ICG/PTWS）第23次会议（萨摩亚阿皮亚）决定建立南中国海区域工作组，通过加强区域协作开展南中国海海啸预警与减灾系统建设。2013年9月，ICG/PTWS第25次大会（俄罗斯海参崴）

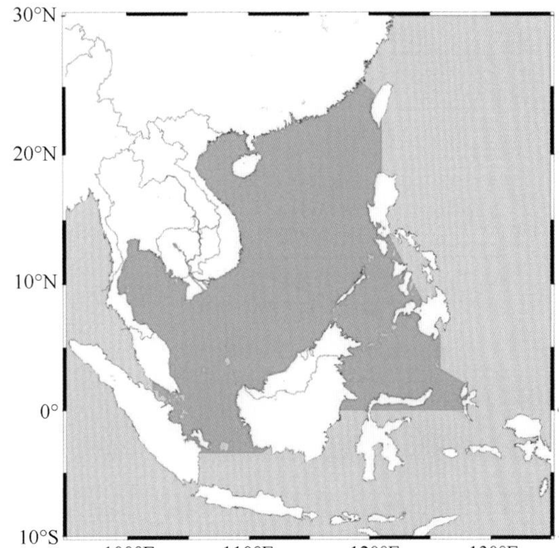

图7.34　南中国海区域海啸预警中心预警服务区域

正式同意建设南中国海区域海啸预警与减灾系统，并依托我国国家海洋环境预报中心建设IOC南中国海区域海啸预警中心。2018年1月，联合国教育、科学及文化组织政府间海洋学委员会正式发布通函，决定南中国海区域海啸预警中心于2018年1月26日开始海啸信息产品试发布。这标志着南中国海区域海啸预警中心由建设阶段正式转入业务化试运行阶段。

南中国海区域海啸预警中心的职责是开展全天候地震海啸监测业务值班工作，通过传真、网络、电子邮件和世界气象组织全球电传系统对发生在南中国海区域范围内的6.0级以上海底地震事件向周边国家和地区及时发布海啸预警信息，同时组织开展该区域的海啸预警和应急响应培训及减灾工作。

对于南中国海区域地震海啸预警，南中国海区域海啸预警中心同样根据震中位置、震级、震源深度来判定后续业务流程。不同震级的地震，可能产生的海啸影响的定性描述如表7.12所示。

表7.12 南中国海区域不同震级的地震对海啸潜在影响的定性描述表

震级	海啸潜在危险性描述
$6.0 \leqslant M_w \leqslant 7.0$	此次地震不会引发海啸
$7.1 \leqslant M_w \leqslant 7.5$	震中附近100～300km可能引发灾害性海啸
$M_w \geqslant 7.6$	可能在南中国海区域内引发灾害性海啸

南中国海区域海啸预警产品分为海啸信息（tsunami information）和海啸危险性信息（tsunami threat message）。其中，海啸信息指当前地震不会引发海啸或对沿岸不会产生灾害性影响（波幅＜0.3m）；海啸危险性信息根据预计最大海啸波幅分为3个等级，分别是：0.3m≤波幅＜1.0m、1.0m≤波幅＜3.0m及波幅≥3.0m。该中心的预警发布启动标准和海啸预警操作流程分别如表7.13和图7.35所示。

表7.13 南中国海区域海啸预警发布启动标准

产品种类		启动标准	内容和结论	发布时间点
海啸信息	一份信息	震级6.0～6.4；或发生在内陆；或深度≥100km	地震参数；此次地震不会引发海啸	5～10min
	一份或多份信息（观测报）	震级6.5～7.0	地震参数；无海啸危险	5～10min
海啸危险性信息	含有定量预警信息的预警产品	震级7.1及以上	地震参数；预报点最大波幅和预计抵达时间预报	8～15min
	观测报		地震参数；预报点最大波幅和预计抵达时间预报；海啸观测资料	不定时发布
	最终报		地震参数；海啸过程结束或未被确认	灾害性海啸波动已经结束，或预计抵达时间1～2h后未监测到海啸波

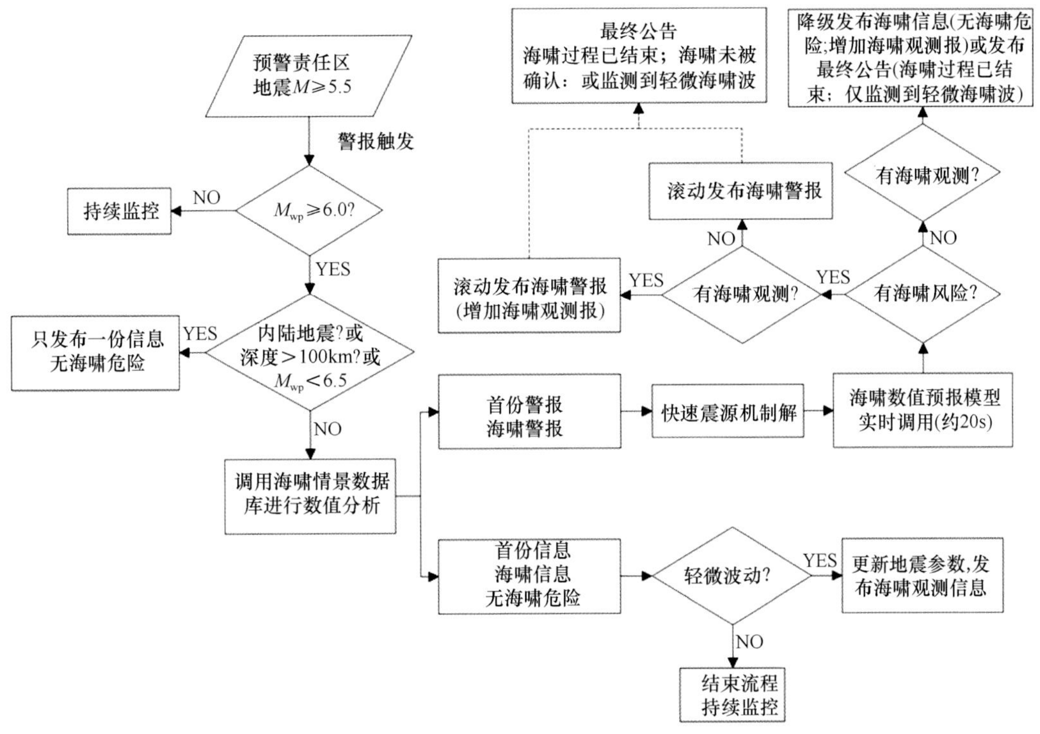

图7.35　南中国海区域海啸预警中心海啸预警操作流程图

7.5.3　以时间线为导向的海啸预警工作流程

当地震发生后，海啸预警过程是以分秒计算的。国际上各海啸预警机构均采取以时间线为导向的海啸预警工作流程（timeline-driven tsunami SOPs），该流程大体上规定了值班人员在地震发生后的每一步操作及其发生的时刻。表7.14对区域或越洋海啸基于时间线的工作流程做了详细描述。表7.15为太平洋海啸预警中心针对2010年智利8.8级地震海啸的应急预警流程。

表7.14　基于时间线的区域或越洋海啸预警工作流程

序号	震后时间	步骤	工作内容
1	3min	地震报警	①地震分析处理系统自动触发报警； ②主班值班人员就位查看单站波形
2	8～10min	地震参数确定和海啸数值分析	①备班到岗； ②值班人员查看地震监测系统（波形特征），确认地震基本参数，重点关注震级和震源深度； ③查看其他地震监测机构参数，适当比对； ④计算海啸预警到时； ⑤如果震级大于阈值，进行海啸定量数值分析
3	13～15min	海啸警报制作和发布	①根据海啸情景数据库或数值模型得到沿海岸段或预报点海啸波幅，检查确认； ②制作传真、短信、网站、GTS等格式预报单； ③发布预报单； ④建议：如果海啸源十分遥远，也可密切监测其近场的海啸浮标或潮位站观测，待确认海啸波后再发布预警

续表

序号	震后时间	步骤	工作内容
4	15min至数小时	重新分析地震参数，重新进行海啸预警分析	①回顾地震波形和震源参数，更新监测结果； ②计算地震震源机制解； ③根据最新参数调用海啸数值模型重新进行模拟分析； ④监测和记录最新海啸监测结果
5	30min至数小时	滚动发布海啸信息（升降级）	①滚动发布海啸信息，根据观测结果和海啸模拟分析结果重新制作发布预报单，升降级或取消预警；②发布海啸观测信息
6	数小时至1d	取消海啸预警	①持续监测海啸传播情况，滚动发布海啸信息和观测报； ②视情况发布海啸警报解除信息
7	一星期内	海啸灾害调查 海啸事件总结	①如果海啸对本国岸线造成破坏，立刻组织灾害现场调查； ②完成地震和海啸总结
8	数星期	海啸标准业务流程修订	根据海啸事件应对过程中出现的问题，确定解决方案，修改业务流程，进行海啸桌面演习

表7.15　2010年智利8.8级地震海啸事件中太平洋海啸预警中心（PTWC）预警时间线总结

时间（UTC）	震后时间	事件	工作内容
2月27日 06：34			地震发生 时间06:34:14（UTC）；M_w 8.8； 35.846ºS，72.719ºW；震源深度35km； 震源位置为智利
06：44	10min	地震观测报	震源参数：震源深度55km；震级M_{wp} 8.3
06：46	12min	PTWC 发布第1期公告	震源参数：36.1ºS，72.6ºW；震源深度55km；震级M_w 8.5 警报：智利、秘鲁 观察报：厄瓜多尔
06：53	19min	智利，塔尔卡瓦诺	海啸波抵达:2.34m
07：08	34min	智利，瓦尔帕莱索	海啸波抵达:1.29m
07：45	1h 11min	发布第2期公告	震源参数：36.1ºS，72.6ºW；震源深度55km；震级M_w 8.6 警报：智利、秘鲁 观察报：厄瓜多尔、哥伦比亚、南极洲、巴拿马等
08：44	2h 10min	发布第3期公告	震源参数：36.1ºS，72.6ºW；震源深度55km；震级M_w 8.8 警报：智利、秘鲁 观察报：厄瓜多尔、哥伦比亚、南极洲、巴拿马等
09：47	3h 13min	发布第4期公告	警报：智利、秘鲁、厄瓜多尔 观察报：哥伦比亚、南极洲、巴拿马、尼加拉瓜、洪都拉斯、萨尔瓦多、法属波利尼西亚等
10：45	4h 11min	发布第5期公告	整个太平洋地区发布海啸警报
11：47	5h 13min	发布第6期公告	整个太平洋地区发布海啸警报
12：49	6h 15min	发布第7期公告	整个太平洋地区发布海啸警报
13：46	7h 12min	发布第8期公告	整个太平洋地区发布海啸警报
14：46～22：41		发布第9～17期公告	整个太平洋地区发布海啸警报
00：12	17h 38min	发布第18期公告	取消太平洋范围预警，仅保留日本和俄罗斯
01：35～07：00		PTWC 发布第19～24期公告	警报：日本、俄罗斯 其余国家和地区全部取消预警
08：59	26h 25min	PTWC 发布第25期公告	警报：日本 俄罗斯预警取消
09：40	27h 06min	PTWC 发布第26期公告	发布最终报，事件结束

7.5.4　海啸预警产品格式及内容

国家海洋局海啸预警中心发布的海啸预警产品一般包括如下内容（图7.36）。

演习使用

国家海洋局海啸预警中心

红色

海啸警报

时间：2017 年 2 月 16 日 10 时 10 分

编号：海啸 2017-0216-1000-1　　签发：

国家海洋局海啸预警中心根据《风暴潮、海浪、海啸和海冰灾害应急预案》，发布海啸Ⅰ级警报（红色）。

2017 年 2 月 16 日 10 时 0 分（北京时间），菲律宾吕宋岛海域（15.44° N, 119.36° E）发生 9.0 级地震，震源深度为 35.0 千米。国家海洋局海啸预警中心根据初步地震参数判断，地震可能引发太平洋越洋海啸，预计会对我国部分沿岸造成灾害性影响。

预报信息如下：

省份	预报区域	预报点	预计抵达时间（BJT）	最大波幅（厘米）	预警级别
澳门	澳门	澳门	14:22	>300	红色
福建	漳州	东山	14:00	>300	红色
福建	泉州	崇武	14:04	100-300	橙色
福建	莆田	莆田	14:22	100-300	橙色
福建	厦门	厦门	14:55	100-300	橙色
福建	福州	平潭	14:32	100-300	橙色
福建	福建福清核电站	福州福清	14:32	100-300	橙色
福建	宁德	三沙	18:06	100-300	橙色
福建	福建宁德核电站	宁德福鼎	18:06	100-300	橙色
广东	江门	江门	14:18	>300	红色
广东	广东台山核电站	江门台山	14:18	>300	红色
广东	茂名	水东	14:43	>300	红色
广东	广东大亚湾核电站	深圳龙岗区	13:26	>300	红色
广东	珠海	大万山	13:52	>300	红色
广东	湛江东	硇洲	14:28	>300	红色
广东	阳江	闸坡	14:19	>300	红色
广东	广东阳江核电站	阳江	14:19	>300	红色
广东	惠州	惠州	13:31	>300	红色
广东	深圳	深圳	13:31	>300	红色
广东	汕尾	遮浪	13:12	>300	红色
广东	东莞	广州	16:13	>300	红色
广东	广州	广州	16:13	>300	红色
广东	中山	中山	16:13	>300	红色
广东	潮州	饶平	13:30	100-300	橙色
广东	汕头	汕头	13:30	100-300	橙色
广东	揭阳	惠来	13:11	100-300	橙色
广东	湛江西	雷州	15:09	100-300	橙色
广西	钦州	钦州	18:56	30-100	黄色
广西	防城港	防城	18:56	30-100	黄色
广西	北海	北海	18:49	30-100	黄色
广西	广西防城港核电站	防城港	18:49	30-100	黄色
海南	西沙	西沙	11:09	>300	红色
海南	陵水黎族自治县	陵水黎族	12:19	>300	红色

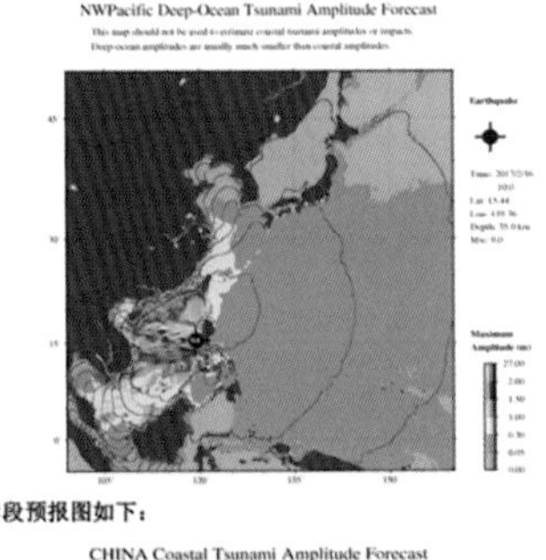

岸段预报图如下：

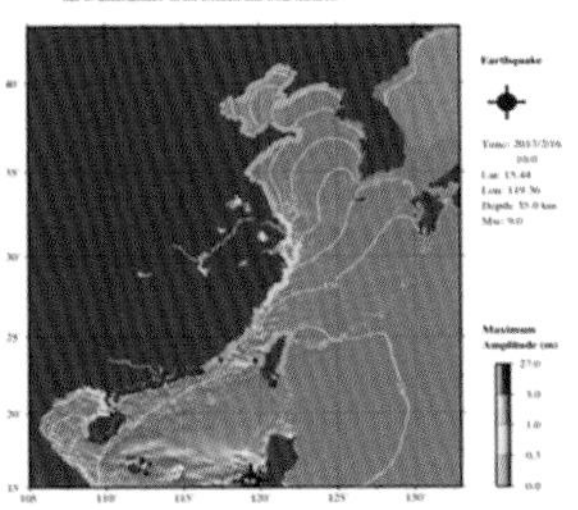

国家海洋局海啸预警中心将继续跟踪分析地震和海啸监测数据，并及时发布信息。

海啸防御指南（红色警报）：

1、沿海政府及相关部门按照职责和应急预案做好海啸防灾减灾工作； 2、波幅为 3 米以上的海啸波可能造成沿岸低洼地带大范围淹没，其引发的巨浪及近岸强流可能会对海上及近岸设施造成严重破坏，应停止近海海上生产作业活动，尽快安排海上作业人员撤离上岸； 3、沿岸低洼地带的人员和居民应密切关注政府部门发布的海啸预警及避灾指令，停止一切活动，疏散至紧急避灾点、高地或稳固建筑物的高层，直到政府部门发布解除警报的信号为止； 4、港口管理机构应参照应急预案组织靠泊船只的船上人员尽快上岸并疏散至紧急避灾点或稳固建筑物，深水区内船只切勿驶向沿岸或浅水区； 5、沿海重要能源化工企业应按照应急预案做好防御工作，避免造成危化品泄漏等次生灾害。

注：根据地震参数测定结果和海啸波幅预报结论，海啸预警产品分为海啸信息和海啸警报两类。其中，海啸信息指发生的地震事件预计不会产生海啸，或不会对我国沿岸造成重要影响；海啸警报指发生的地震事件预计会对我国沿岸造成重要影响。根据《海啸灾害预警发布》标准，海啸警报按照沿岸最大海啸波幅预报结果和可能造成的灾害性影响可分为黄色、橙色和红色三级。

图7.36　海啸警报单首页和尾页样例

（1）警报头：包括警报单发布单位、海啸警报级别、海啸警报标题、发布时间、警报单编号及签发人。

（2）地震参数和海啸危险性定性判断：位于警报单正文前部，列出了地震发生时间、震级、震源深度、地理位置及海啸危险性定性判断。

（3）岸段预报表格：包括我国地级以上行政岸段的最大海啸波幅、预计抵达时间和预警级别。

（4）最大波幅能量分布图和岸段预报图：以图形的形式显示地震海啸事件的最大海啸波幅分布、我国沿海岸段最大海啸波幅分布及预警级别，同时叠加地形光照效果和海啸传播时间等值线。

（5）海啸防御指南：列出不同预警等级沿海地区开展海啸防范的工作建议。

对于包括海啸观测速报的海啸警报单，还包括海啸观测部分，以列表形式给出海啸观测站名称、地理位置、最大海啸波幅、海啸实际抵达时间等观测量。

我国承建的联合国教育、科学及文化组织政府间海洋学委员会南中国海区域海啸预警中心的产品以英文形式向南中国海周边9个国家发布，预报单内容大体上与前述预报单相似。预报产品种类包括文字产品（图7.37）、图形产品（图7.38）和56个预报点表单（图7.39）

```
WMO HEADING

TSUNAMI BULLETIN NUMBER 1
ISSUED BY SOUTH CHINA SEA TSUNAMI ADVISORY CENTER (SCSTAC)
ISSUED 0110 UTC NOV 05 2018

  ...POTENTIAL TSUNAMI THREAT EXISTS FOR
PHILIPPINES,VIETNAM,CHINA,MALAYSIA,BRUNEI,INDONESIA...

**** NOTICE **** NOTICE **** NOTICE **** NOTICE **** NOTICE ***** NOTICE *****
THIS STATEMENT IS ISSUED FOR INFORMATION ONLY IN SUPPORT OF THE UNESCO/IOC SOUTH
CHINA SEA SUB-REGIONAL TSUNAMI WARNING AND MITIGATION SYSTEM. NATIONAL
AUTHORITIES
WILL BE RESPONSIBLE FOR DETERMINATION OF THE APPROPRIATE LEVEL OF ALERT FOR EACH
COUNTRY. THE PUBLIC SHOULD FOLLOW THE GUIDANCE OF NATIONAL AUTHORITIES.
**** NOTICE **** NOTICE ****NOTICE **** NOTICE **** NOTICE ***** NOTICE *****

[ PRELIMINARY EARTHQUAKE PARAMETERS ]
  *MAGNITUDE      8.5
  *ORIGIN TIME    0100 UTC Nov 05 2018
  *COORDINATES    14.40 N,119.50 E
  *DEPTH          30.0 KM
  *LOCATION LUZON, PHILIPPINES

[ EVALUATION ]
  THERE IS A POSSIBILITY OF A DESTRUCTIVE BASIN-WIDE TSUNAMI BASED ON AVAILABLE
INFORMATION.

[ TSUNAMI AMPLITUDE AND ETA FORECASTS ]
  FORECAST POINT COORDINATES ETA(UTC)    MAX. AMPL
  ---------------------------------------------------------------------
  PHILIPPINES
    SUBIC_BAY     14.82 N,120.30 E 0205  >3M
    MANILA  14.60 N,121.00 E 0319  >3M
    LUBANG  13.80 N,120.20 E 0125  >3M
    SAN_FERNANDO 16.60 N,120.30 E 0144  >3M
    CURRIMAO      18.00 N,120.40 E 0145  1-3M
    LAOAG   18.20 N,120.60 E 0153  1-3M
    PUERTO_PRINCESA    9.80 N,118.80 E  0325  0.3-1M
    ILOILO  10.70 N,122.50 E 0255  0.3-1M
  VIETNAM
    QUI_NHON      13.70 N,109.20 E 0333  1-3M
    NHA_TRANG     12.30 N,109.20 E 0402  1-3M
    QUANG_NGAI    15.10 N,108.90 E 0344  1-3M
    DA_NANG 16.00 N,108.30 E 0425  1-3M
    VINH    18.60 N,105.70 E 0837  0.3-1M
    VUNG_TAU      10.34 N,107.07 E 0634  0.3-1M
  CHINA
    HONG_KONG     22.30 N,114.20 E 0543  1-3M
    KAOSHIUNG     22.50 N,120.30 E 0231  1-3M
    QINGLAN 19.60 N,110.90 E 0345  1-3M
    ZHAPO   21.50 N,111.80 E 0524  1-3M
    MACAO   22.20 N,113.60 E 0607  1-3M
    SANYA   18.20 N,109.50 E 0355  1-3M
    SHENZHEN      22.50 N,113.90 E 0647  1-3M
    SHANWEI 22.75 N,115.30 E 0451  0.3-1M
  MALAYSIA
    KOTA_KINABALU6.00 N,116.00 E  0405  1-3M
    BINTULU 3.20 N,113.00 E  0618  0.3-1M
    SANDAKAN     5.90 N,118.10 E  0542  0.3-1M
    KUDAT   6.90 N,116.90 E  0405  0.3-1M
  BRUNEI
    MUARA   5.00 N,115.10 E  0509  1-3M
  INDONESIA
    KEPULAUAN_RIAU     4.00 N,108.50 E  0544  0.3-1M
  * THIS LIST IS GROUPED BY COUNTRIES, AND COUNTRY NAMES ARE ORDERED ACCORDING
TO
  THREAT LEVELS.
  * ETA - ESTIMATED TSUNAMI ARRIVAL TIME FOR INITIAL WAVE. NOTING THAT IN SOME
  COASTAL AREA TSUNAMI WAVES MAY ARRIVE EARLIER THAN OUR ESTIMATE DUE TO COARSE
  BATHYMETRY USED BY MODEL.
  * MAX. AMPL - MAXIMUM WAVE HEIGHT RELATIVE TO NORMAL SEA LEVEL, WHICH ARE
  EXTRACTED FROM MODEL RESULTS AND GROUPED INTO FOUR BINS OF <0.3 M, 0.3 TO 1 M,
  1 TO 3 M and ABOVE 3 M. NOTING THAT THE INITIAL WAVE MAY NOT NECESSARILY THE
  LARGEST, AND WAVE ACTIVITIES MAY VARY SIGNIFICANT ALONG COASTS DUE TO LOCAL
FEATURES.

[ RECOMMENDED ACTIONS ]
  * LOCAL AUTHORITIES SHOULD PAY CLOSE ATTENTION ON EVALUATION OF THEIR NATIONAL
  TSUNAMI WARNING CENTER ON TSUNAMI HAZARD, AND TAKE APPROPRIATE ACTIONS IN
  RESPONSE TO THIS POTENTIAL HAZARD.
  * PERSONS LOCATED IN THREATENED COASTAL AREAS SHOULD KEEP ALERT FOR WARNING
  INFORMATION AND FOLLOW INSTRUCTIONS FROM LOCAL AUTHORITIES.

[ UPDATES ]
  THE NEXT BULLETIN WILL BE ISSUED AS MORE INFORMATION BECOMES AVAILABLE.

[ ADDITIONAL INFORMATION ]
  * MORE DETAILED INFORMATION CAN BE FOUND AT WEBSITE WWW.SCSTAC.ORG.
  * TSUNAMI BULLETIN REGARDING THIS EVENT MAY BE ISSUED BY PACIFIC TSUNAMI
WARNING
  CENTER. IN CASE OF CONFLICTING INFORMATION, MORE CONSERVATIVE INFORMATION
SHOULD
  BE ADOPTED.
  * TEL: +86-10-62104561
  * EMAIL: TSU@NMEFC.CN

--------------------------------END OF BULLETIN ------------------------------
```

图7.37　南中国海区域海啸预警中心警报单样例

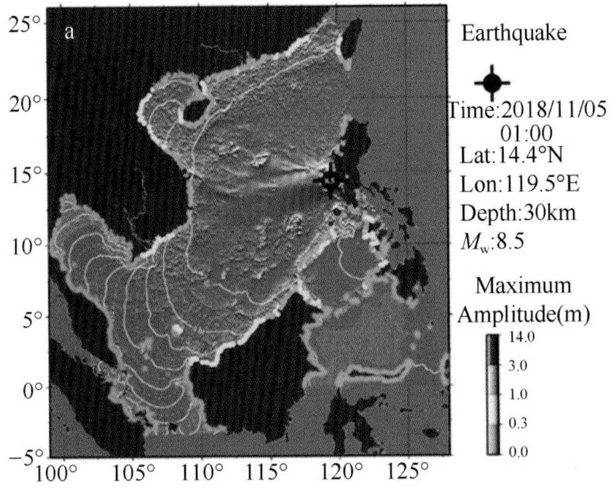

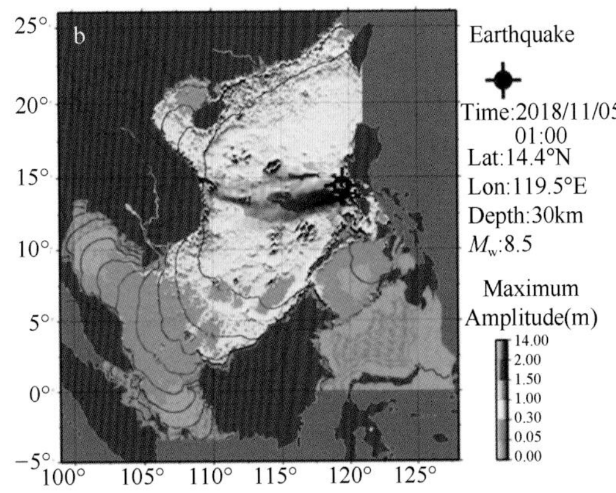

图7.38　南中国海区域海啸预警中心图形预报产品样例

a. 岸段预报图；b. 最大波幅预报图。图中均叠加了海啸传播时间等值线图

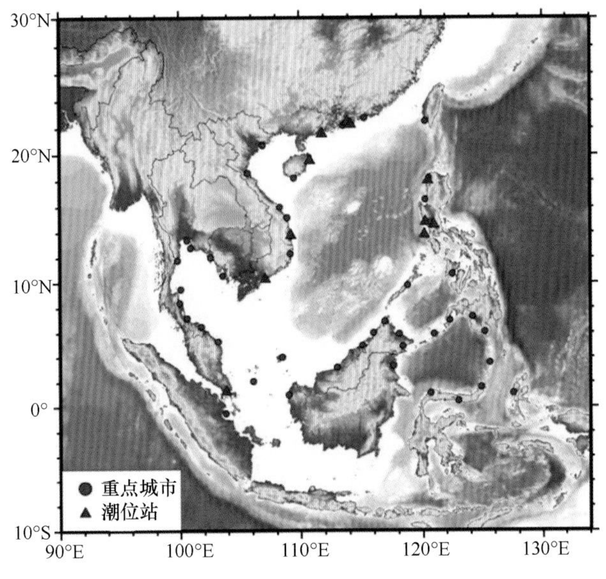

图7.39　南中国海区域海啸预报点（56个）

7.6　海啸预警中心人员和业务文档建设

7.6.1　标准人员配置

一个完整的海啸预警中心至少需要17名全职工作人员来开展24小时全天候不间断的海啸预警值班工作（图7.40）。其中，还包括很多软硬件维护、海啸预警技术研

发和应用、信息网络通信等方面的工作。联合国开发计划署在印度洋大海啸后制定了海啸预警中心建设指南，对海啸预警中心的岗位设置和职责进行了详细阐述，具体如下。

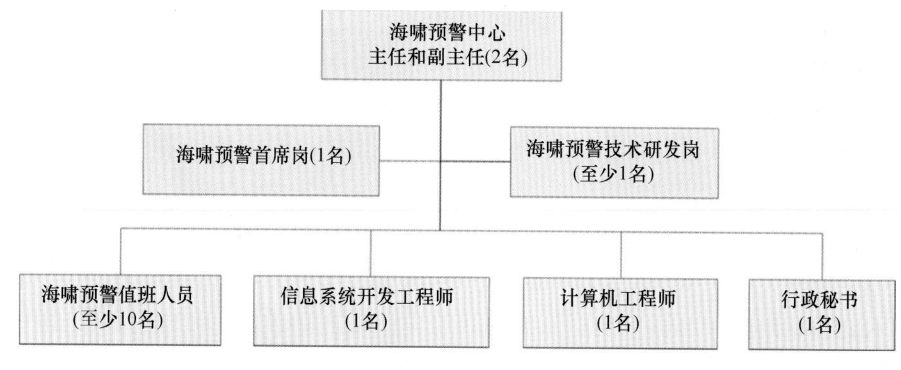

图7.40 海啸预警中心标准人员配备结构图

1）海啸预警中心主任和副主任

海啸预警中心的主任或副主任应该具备地震、物理海洋、信息系统和计算机技术等多方面的学术背景或基础知识，在机构建设、人员使用和培训等方面具有规划意识与领导力。主任或副主任应组织开展海啸标准业务流程的制定和管理，制定值班人员定期培训计划；加强跨部门协调，对预警中心业务发展方向、软硬件设备配置进行提前规划部署；注重地震监测和海啸观测技术的研究与业务化应用，具有一定前瞻性。

更进一步讲，海啸预警中心主任或副主任应重点关注3个方面：第一，对海啸值班人员的管理教育和培训，确保值班人员能够履行地震监测和海啸预警的职责；第二，督促信息系统开发工程师和计算机工程师，对海啸预警所需的人机交互平台、计算机与服务器设施及数据通信专线做好规划、部署和更新工作，确保值班工作可以正常开展，尤其要注重备份能力的建设；第三，督促海啸技术研发人员，对地震监测和海啸预警中出现的技术问题、流程缺陷进行滚动研发和整改，确保海啸预警业务流程不断完善。

2）海啸预警综合岗

作为海啸预警中心、媒体、公众和政府减灾部门相互衔接的重要组成部分，预警综合岗（也可称为海啸预警首席岗）是海啸预警中心中仅次于主任和副主任的关键角色。主要作用是针对历次海啸预警过程中政府、公众和媒体的响应，主动搜集信息和沟通联系，弥补海啸预警中心在业务流程、发布渠道等方面的缺陷，使得预警发布方和信息接收方的联系更加紧密、更加畅通。该岗位有权代表主任或副主任协调中心内部所有人员。此外，海啸预警综合岗负责海啸减灾领域的工作，如制定海啸科普宣传、海啸风险评估和区划等方面的年度工作计划并负责实施。对于承担国际海啸预警职责的海啸预警中心，海啸预警综合岗还代表中心与海啸预警服务区内的各个国家进行沟通，参加政府间海洋学委员会海啸预警与减灾系统政府间协调组的国际会议。海啸预警综合岗要求具备地震学、物理海洋学、信息系统和计算机等领域的知识。具体职责如下。

第一，具体制定地震海啸标准业务流程，组织开展业务培训。重点关注海啸应急响应过程中出现的问题，以及用户使用单位的反馈意见，以此为出发点来不断完善业务流程、产品形式和发布渠道。

第二，定期与用户服务单位，如沿海减灾部门、领导机关、军方，进行沟通协调，确保发布渠道的畅通性，评估地震海啸监测预警产品的有效性。

第三，根据国内用户需求和应国际各成员国请求，制定和研发地震监测与海啸预警产品，提升预警服务质量。

第四，与公众媒体保持密切沟通，接受媒体采访，回应公众关切问题。

第五，代表海啸预警中心参加政府间海洋学委员会海啸预警与减灾系统政府间协调组的国际会议。

第六，组织海啸预警值班人员针对重大地震海啸事件进行回顾，开展研讨，撰写事件总结报告。

第七，参与24小时海啸预警业务值班工作。

3）预警技术研发岗

海啸预警中心的运转是基于先进的地震监测和海啸预警技术的。随着地球系统监测和预警预报科学技术的发展，海啸预警的业务水平不断提升。例如，智利国家海啸预警中心已经将大地测量数据（GPS数据）用于强震的同震形变测量，显著提高了海啸预警的准确性，降低了空报率；美国NOAA也计划联合美国国家航空航天局（National Aeronautics and Space Administration，NASA）在未来5年将GPS数据应用于海啸预警中。海啸预警中心的主要目的不是进行预警技术研发，但是与大学和研究所进行密切合作，关注最新观测预警科学技术的发展，带动值班人员共同开展技术研发和业务应用，是预警技术研发岗的主要职责。该岗位必须具备地球物理、物理海洋等交叉学科背景，熟悉地震的发震机制和海啸的产生与传播理论，熟悉各类数值模型和监测系统，在科学技术发展上具有一定领导力和前瞻性。该岗位应在海啸预警中心主任的授权下，负责整个中心的技术发展方向。具体职责如下。

第一，领导或参加与海啸预警有关的科学研究与技术研发，并进行业务化试验，如地震和水位数据的获取解码与分析技术、海啸数值模拟技术、海啸危险性评估技术等。

第二，发布学术论文和技术报告，用于国内国际学术交流和中心内部交流。

第三，对投入业务化运行的系统、软件和产品进行技术培训。

第四，确保海啸预警中心值班人员参与有关技术研发和业务应用工作。

第五，密切与国际和国内大学及相关研究机构的合作与交流，收集地震海啸监测预警领域的最新研究进展。

第六，联合信息系统开发工程师，对海啸预警中心已投入业务化运行的软件、模型进行日常维护和升级。

第七，参加24小时业务值班工作。

4）信息系统开发工程师

地震监测和海啸预警的时效很大程度上取决于所采用的人机交互平台，因此信息系统开发工程师是必不可少的。对于业务化运行部门，信息系统软件是高度定制化的，并且是适应用户需求和技术进步而快速更新改进的。国际上主流的气象、地震和海啸业务机构的基础业务信息系统全部是自主开发的。因此，预警中心必须配备专门的信息系统开发工程师。该岗位要求必须具备地震、海洋领域的基础知识，能够对接业务需求，并根据需求制定软件研发框架。信息系统开发工程师必须具备一定的软件工程开发能力。

5）海啸预警值班人员

海啸预警涉及地球物理和海洋学的交叉学科知识，要求海啸预警值班人员（watch-standers，至少10名）熟练掌握地震、海啸等相关的基础理论知识和软件操作规范，能够胜任24小时高强度的业务值班工作，尤其是在深夜开展海啸预警应急响应。责任感和业务熟练程度是对其最基本的要求。具体要求和职责如下。

第一，熟练掌握地震发震机理、地震震级类型、地震波形拾取、海啸线性长波理论、海啸数值模型计算等业务基础知识和软件操作；能够正确辨别地震震源机制类型、震源深度合理性、海啸波动特征、海啸数值模拟的正确性等。

第二，熟练掌握海啸预警标准业务流程，发布海啸预警产品。

第三，参与地震海啸监测预警技术研发和业务成果转化工作。

第四，参与重大地震海啸事件的总结，提出合理化建议。

第五，与用户单位、公众媒体进行有效沟通，必要时接受媒体采访。

第六，掌握基本的软硬件系统故障处理方法。

海啸预警中心的人员配备最低要求：按照12小时轮班，一班2名值班人员计算，至少应配备10名值班人员。中心主任和副主任、预警首席岗及海啸技术研发岗均应该参与业务值班工作。自然资源部海啸预警中心目前拥有13名工作人员，所有人员均参与业务值班工作，履行自然资源部海啸预警中心（南中国海区域海啸预警中心）国内和国际海啸预警职责，实行一日双班轮班制度，08:00至20:00为白班，20:00至次日08:00为夜班；每班设置主班（primary watch stander）和备班（standby watch stander）2名值班人员。

主班职责：主班在海啸预警值班过程中负主责，包括填写标准业务流程检查清单、定期巡查业务系统、响应地震系统报警等日常工作，协调备班共同发布海啸预警或信息；主班应在值班平台值守，离岗时需协调备班接岗，避免值班平台空岗。

备班职责：备班在值班过程中发挥辅助作用，根据主班安排做好预警发布、平台临时值守工作；备班可在值班室附近值守，遇突发状况须立即到岗。

6）计算机工程师

海啸预警中心装备了大量计算机、服务器、网络专线等设备。以国家海洋局海啸预警中心为例，装备了大量的计算服务器、值班工作站和网络交换设备，与国际地震台网数据中心、中国地震台网中心、中国气象局GTS、VSAT卫星通信网、国家海洋局数据专网等通过专线相连，硬件设备繁多，网络拓扑结构复杂。此外，该中心还参与建设和运行维护全国沿海25个宽频带地震台站，对数据通信等方面有较高要求。该岗位（1名）的主要职责包括：对海啸预警中心硬件设备的购置、维护、更新和冗余备份提出规划性意见；定期检查和维护计算机设备与通信专线；对中心所有办公设备进行维护；跟踪最新的计算机和网络通信技术发展，推动设备更新换代。

7）行政秘书

行政秘书（1名）的主要职责是协助中心主任和副主任开展行政管理工作，具体职责包括：组织各类业务和行政会议，印发会议纪要，监督工作开展；协助主任开展人事管理工作，统计值班和绩效情况；协助开展年度预算、经费使用等工作。

7.6.2　海啸预警业务文档建设

政府间海洋学委员会海啸预警协调处在2007年规定，海啸预警中心至少应包括如下技术文档，以保证海啸预警中心业务运行和人员培训的要求。

（1）国家海啸灾害应急预案：该应急预案是国家面向海啸灾害的专项应急预案，制定了海啸灾害的灾前、灾中和灾后应急工作措施、响应启动标准及防灾抗灾程序。国家海洋局颁布的《风暴潮、海浪、海啸和海冰灾害应急预案》对我国海洋主管部门及有关监测预警机构开展海洋灾害应急监测预警、灾害调查和风险评估等工作进行了详细规定，是全国海洋灾害业务工作的指导性和纲领性文件。

（2）海啸预警业务运行手册：该手册细致描述了海啸预警中心的业务职责和工作内容，面向的使用对象为中心业务值班人员和其他有关专业技术人员，具体内容至少应该包括地震监测和海啸预警标准业务流程、值班排班规定、预警响应标准、地震海啸监测预警人机交互平台使用指南、海啸产品发布渠道和操作方法，以及海啸预警长期积累的经验和教训等。

（3）业务运行故障手册：描述了关键业务系统失效后，如何解决上述问题，以及如何在上述问题无法立刻解决的情况下开展预警产品制作发布业务。日常业务中常见的系统失效包括硬件故障、人机交互平台及数据库故障、专线数据通信和因特网连接故障等。对于以数据接收-预警分析-产品发布为链条的海啸预警业务工作来讲，任何一个环节出现故障，均有可能导致整个系统失效。海啸预警中心应定期维护故障手册，完整记录业务运行过程中出现的故障、处理手段等，避免类似错误再次发生。

（4）海啸预警用户使用手册：该手册系统描述了海啸预警的名词术语、海啸预警中心业务概况、海啸预警等级划分及其潜在影响、海啸灾害防御指南，以及海啸预警产品样例和适用方法。更细致的用户手册，还应该具有一定的专业性，如描述海啸预警中心的地震和水位数据分布状况、海啸预警的技术手段及其优劣性、海啸预警产品的发布渠道和获取方式等。对于国际海啸预警中心，该手册不仅面向社会公众，还应该面向各成员国的国家海啸预警中心。

（5）海啸预警用户列表和联系方式清单：海啸预警中心应该定期维护一整套预报发布对象及发布方式的列表。对于国家海啸预警工作，应由国家海洋预警报主管部门定期征求各涉海部委和企事业单位、沿海地方政府的意见，收集灾害预警报接收对象和方式。对于国际海啸预警工作，目前由太平洋海啸预警与减灾系统政府间协调组授权政府间海洋学委员会定期向各成员国征集预警信息接收方式。

（6）日常业务和海啸事件应急检查清单（checklist）：这是海啸预警中心日常开展值班业务和发布海啸预警信息时必须履行的工作内容与操作步骤。利用该清单可以大大减少海啸预警误操作。业务检查清单是高度订制化的，必须与海啸标准操作流程相契合。

7.7 2017年墨西哥8.1级地震海啸事件应急预警过程

7.7.1 海啸概述

2017年9月8日12时49分（北京时间），墨西哥瓦哈卡州沿岸近海海域（15.21ºN，93.64ºW）发生8.1级地震，震源深度为30km，震中位置距离墨西哥西海岸50km，位于恰帕斯州托纳拉西南137km的海域，震后监测到700余次余震，最强余震达6.0级以上。据新闻资料报道，此次地震海啸事件至少造成70余人遇难、上百万人受灾，其中瓦哈卡州胡奇坦市是受灾最严重的地区。根据历史资料统计，此次墨西哥地震是自1985年9月21日地震海啸和1995年10月9日强震以来，墨西哥沿岸遭受的最严重强震，此次地震还引发了海啸。

监测资料显示，墨西哥地震引发的海啸在震中附近产生了较为严重的影响，其中，墨西哥南部恰帕斯站监测到的最大海啸波高为1.75m。地震发生后的10余小时里，墨西哥、东南太平洋马克萨斯群岛及萨摩亚群岛等地先后监测到海啸波，最大波高超过1m，最小仅有几厘米。我国未监测到海啸波，也未在此次地震海啸事件中遭受损失。

7.7.2 国内外预警报发布

1. 太平洋海啸预警中心

2017年9月8日墨西哥南部海域大地震海啸发生后，太平洋海啸预警中心对其职责范围内的太平洋区域各国发布了海啸警报，确定地震震级为8.2，震源深度33km（图7.41）。由于地震震级较大，太平洋海啸预警中心在随后的14小时里对此次事件进行了高密集预警，对环太平洋多国家和地区总共发布了17期海啸警报和信息产品。

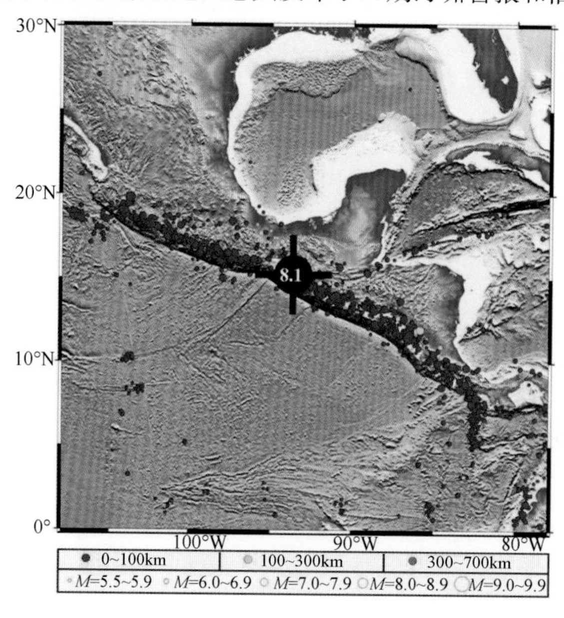

图7.41 震中位置图

2. 国家海洋局海啸预警中心

地震发生后，国家海洋局海啸预警中心（国家海洋环境预报中心）立即启动海啸应急响应，分析预测了此次地震海啸可能会对我国沿海造成的影响。海啸预警中心预警人员认为，该地震有可能在震源附近引发大规模海啸，但不会对我国沿岸造成灾害性影响。

针对此次地震海啸我国一共发布了2期海啸信息。2017年9月8日12时49分（北京时间），国家海洋局海啸预警中心先后接收到我国地震监测系统Antelope和SeisComP3、太平洋海啸预警中心及美国地质调查局的地震监测结果和第一期海啸警报。13时7分（地震发生18min后），国家海洋局海啸预警中心预警人员发布了第一期海啸信息，确定地震震级为8.3，震源深度为10km。由于地震发生在东太平洋海域（震源不在海啸情景数据库中），预警人员调用数值模型进行计算，地震震源参数采用Slab1.0，结果显示，我国沿海预警级别全部为蓝色，因此此次事件发布海啸信息，未启动海啸警报。

第一期海啸信息发布后，预警人员持续跟踪最新的地震和海啸数据监测结果及各大相关机构媒体的新闻信息。地震发生数小时后，墨西哥附近海域监测到海啸波。同时，根据最新的地震震源机制解，海啸预警人员调用数值模型进行重新计算海啸传播情况。国家海洋局海啸预警中心于当日14:13发布了第二期海啸信息，地震震级由最初的8.3级修正为8.1级，震源深度修正为30km。模式结果显示，此次海啸仍然不会影响我国（图7.42）。通过分析和整理监测数据，由于监测信息和预报结论未产生重要变化，海啸预警中心未发布后续信息。

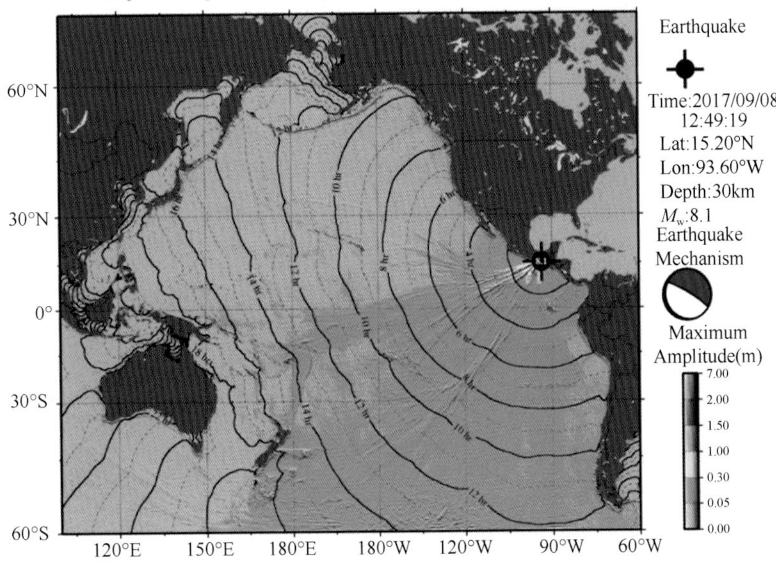

图7.42　太平洋海啸传播时间及最大海啸波幅预测图（单位：m）

7.7.3　地震监测

1. 地震概况

据国家海洋局海啸预警中心测定：2017年9月8日12时49分（北京时间），墨西哥瓦哈卡州沿岸近海海域发生8.1级强震。SeisComP3海底地震监测系统在地震发生4min 34s后，快速测定了此次地震的基本参数，初始测定结果为14.84ºN、93.94ºW，震源深度为96km，震级为8.3。随着越来越多地震台站触发并参与定位，SeisComP3地震监测系统连续对地震进行多次定位，对初始测定结果进行修订和更新。作为备份运行的Antelope地震定位系统，在地震发生8min 3s后，利用104个台站的初至震相进行地震定位，系统自动测定了墨西哥地震的基本参数，其地震基本参数和SeisComP3系统测定的大体相同。太平洋海啸预警中心（PTWC）在震后约6min，发布了此次地震的相关信息，表7.16中列出了不同地震机构测定的墨西哥地震基本参数和定位时间。

表7.16　墨西哥8.1级地震基本参数列表

纬度	经度	深度（km）	震级M_{wp}	定位时间	震相个数	结果来源
14.84ºN	93.94ºW	96	8.3	4min 34s	9	SeisComP3
15.31ºN	93.67ºW	10	8.3	7min 47s	79	SeisComP3
15.19ºN	93.74ºW	67	8.1	8min 3s	104	Antelope
14.9ºN	94.00ºW	33	8.2	约6min	—	PTWC
15.07ºN	93.71ºW	70	8.1	—	125	USGS

注：SeisComP3和Antelope为国家海洋环境预报中心地震监测系统自动测定结果；PTWC为太平洋海啸预警中心测定结果；USGS为美国地质调查局测定结果

2. 区域地质构造及历史地震事件

墨西哥8.1级地震发生在太平洋东部的科克斯板块（Cocos）与北美洲板块交界的附近，科克斯板块以72～81mm/a的速度向东北方向俯冲至北美洲板块之下（图7.43），俯冲速度由南至北逐渐减小，其俯冲至北美洲板块之下，导致该区域强烈的地震活动，此区域常常发生大地震，还有一系列活跃的火山链；该区域的中源地震大多发生在科克斯板块300km深的位置。

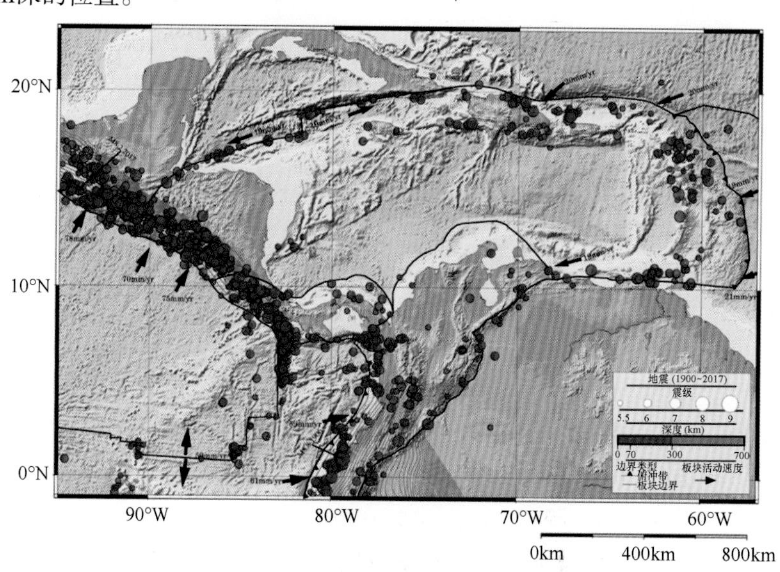

图7.43　区域构造及历史地震分布

数据来源：美国地质调查局（USGS）

自1900年以来，该区域内发生过多次中源深度的中强震事件，包括1915年9月7日发生于萨尔瓦多的7.4级地震及1950年10月5日发生于哥斯达黎加的7.5级地震。该区域内历史最大地震事件为1932年6月3日发生在墨西哥的8.1级地震，震后当月在该区域又分别发生了1次7.7级和1次7.8级强震。

3. 震源机制解

海底强震震源机制解反演系统采用全球虚拟地震台网（GSN、FDSN）长周期（LH）三分量地震波形数据，应用W-Phase震相反演方法和全球一维速度结构模型PREM计算的格林函数，自动计算了墨西哥8.1级地震事件的震源机制解，并于震后19min左右得到了稳定的计算结果（图7.44）。根据余震分布和历史震源机制解特征，初步判断节面Ⅱ为发震断层面，其走向角、倾角和滑动角分别为300°、81°和–97°。我们分别收集了全球矩心矩张量解（global centroid moment tensor，GCMT）和美国地质调查局（USGS）地震机构反演的震源机制解（表7.17）。由表7.17可知，此次地震机制为典型的高角度正断层性质，不同机构反演的震源机制解大致相同，存在的微小偏差可能与参与反演的台站资料、地壳速度模型或网格搜索间隔不同有关。

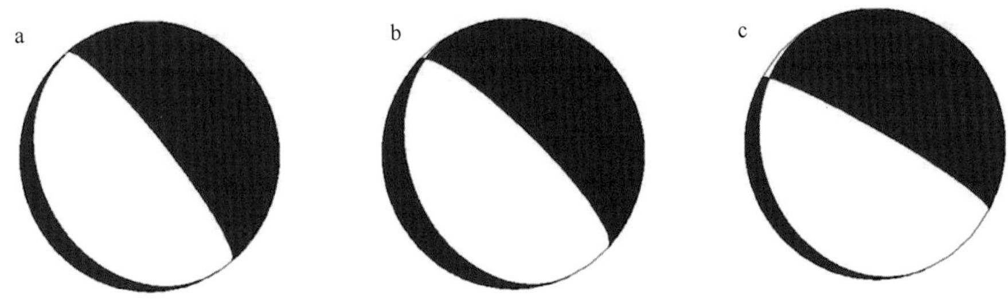

图7.44　震源机制解计算结果

a. 全球矩心矩张量解；b. 美国地质调查局地震机构反演的震源机制解；c. 国家海洋局海啸预警中心反演的震源机制解

表7.17　地震断层节面参数

序号	结果来源	节面Ⅰ			节面Ⅱ			M_w	矩心位置		
		走向角（°）	倾角（°）	滑动角（°）	走向角（°）	倾角（°）	滑动角（°）		纬度	经度	深度（km）
1	GCMT	148	13	–83	320	77	–92	8.2	15.34°N	94.62°W	50
2	USGS	155	18	–70	315	73	–96	8.1	—	—	70
3	NTWC	158	11	–52	300	81	–97	8.3	15.18°N	94.09°W	40

注：GCMT代表全球矩心矩张量解；USGS代表美国地质调查局地震机构反演的震源机制解；NTWC代表国家海洋局海啸预警中心反演的震源机制解

4. 有限断层反演结果

本次有限断层反演结果主要来源于美国地质调查局网站（https：//earthquake.usgs.gov/earthquakes/eventpage/us2000ahv0#finite-fault）。该结果主要是基于Chen等（2002，2003）的有限断层模型反演算法，应用远震波形资料反演大地震的破裂过程。基于数据质量和方位角分布，选取了37个宽频带远震P波资料、15个宽频带台站的SH波及57个长周期的面波数据，联合反演此次地震的破裂过程。反演结果如图7.45所示，地震破裂方向为北西向，破裂长度约为200km，宽度约为50km。断层滑移量最大可超过10m（图7.46）。

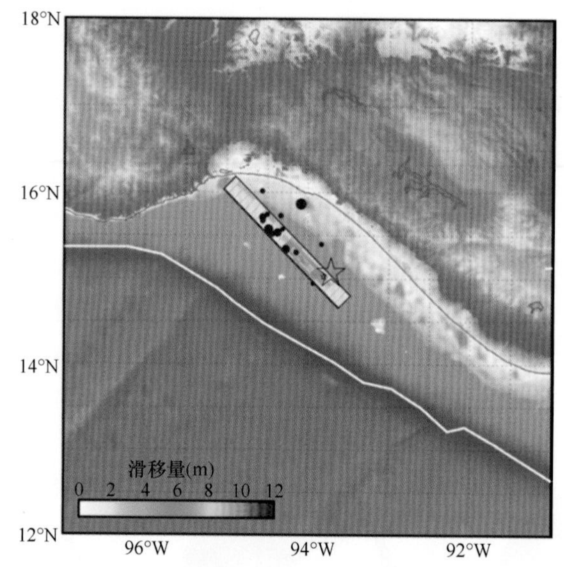

图7.45 有限断层模型反演结果

白线为板块边界线；五角星为震源位置；黑色圆圈为余震位置，其大小表示震级

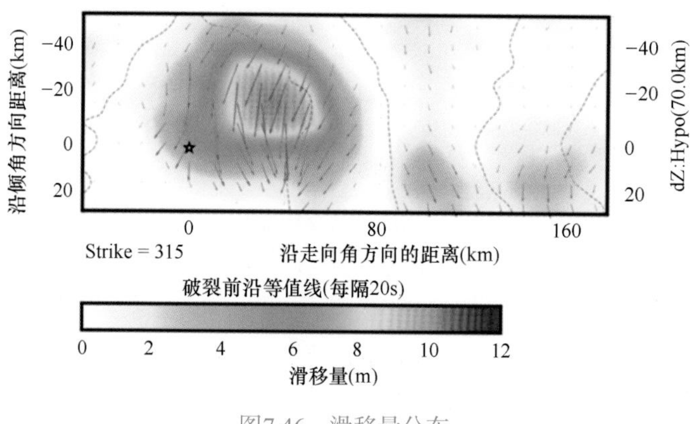

图7.46 滑移量分布

7.7.4 海啸监测

针对此次墨西哥地震海啸，海啸值班人员实时进行了震源附近潮位站和海啸浮标的水位监测。潮位站和浮标的名称及其所监测到的最大波幅如图7.47所示。其中，距离震中约250km范围内的萨利纳克鲁斯（Salina Cruz）和马德罗港（Puerto Madero）潮位站监测到了超过1.0m的海啸波；距离震中800km内的阿卡普尔科（Acapulco）、瓦图尔科（Huatulco）、阿卡胡特拉（Acajutla）、拉利伯塔德（La Libertad）潮位站的海

啸波均达到了0.4m以上；加拉帕戈斯群岛也监测到了0.2m左右的海啸波；距离震中较近的深水浮标43413监测了0.08m的海啸波；浮标32411和浮标32413分别监测到了0.03m和0.02m的海啸波。

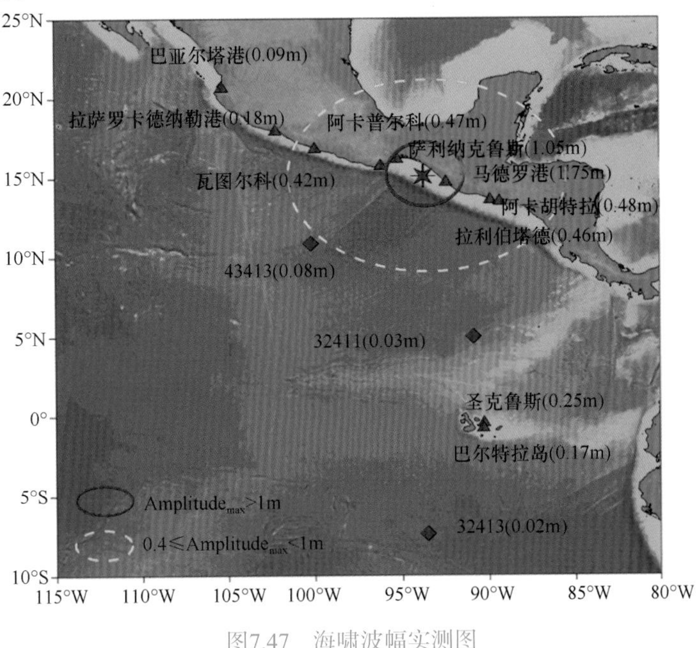

图7.47　海啸波幅实测图

7.7.5　海啸数值模拟

1. 海啸源模型

本文选取USGS有限断层模型和均一滑动量断层模型作为海啸源模型。其中，有限断层模型子断层单元长度为10.0km，宽度为8.0km；断层长度为220km，宽度为80km；走向角为315º，倾角为73º，最大滑移量为10.05m（表7.18）。利用37个宽频带远震P波波形数据、15个宽频SH波波形数据和57个长周期面波波形数据进行反演计算，并与历史地震的滑移量分布进行对比，其主要能量释放集中在地震破裂的10～40s。均一滑动量模型断层长度为200.29km，宽度为72.72km，走向角为315º，倾角为73º，滑动角为–96º，滑移量为5.78m（表7.19）。

表7.18　2017年墨西哥地震海啸有限断层模型参数

参数	符号	参数值
子断层单元长度（km）	dx	10.0
子断层单元宽度（km）	dy	8.0
断层单元长度个数	n_x	22
断层单元宽度个数	n_y	10
断层长度（km）	L	220.0
断层宽度（km）	W	80.0

续表

参数	符号	参数值
倾角（°）	δ	73
滑动角（°）	λ	多个
走向角（°）	φ	315
滑移量（m）	Slip	10.05
深度（km）	d	70.5
震源位置	（x_0，y_0）	（15.068°S，93.715°W）

表7.19　2017年墨西哥地震海啸均一滑动量断层模型参数

参数	符号	参数值
断层长度（km）	L	200.29
断层宽度（km）	W	72.72
倾角（°）	δ	73
滑动角（°）	λ	–96
走向角（°）	φ	315
滑移量（m）	Slip	5.78
深度（km）	d	70.5
震源位置	（x_0，y_0）	（15.068°S，93.715°W）

利用Okada基于弹性错位理论的断层模型计算了海啸传播所需的初始位移场（图7.48）。从海啸源的形态特征可以看出，海面形变场能量均具有西北西向带状分布特征，且增水方向远离海岸线，其中有限断层模型的海面最大增水为0.6m，最大减水为1.4m，均一滑动量断层模型的最大增水为0.7m，最大减水为1.7m。

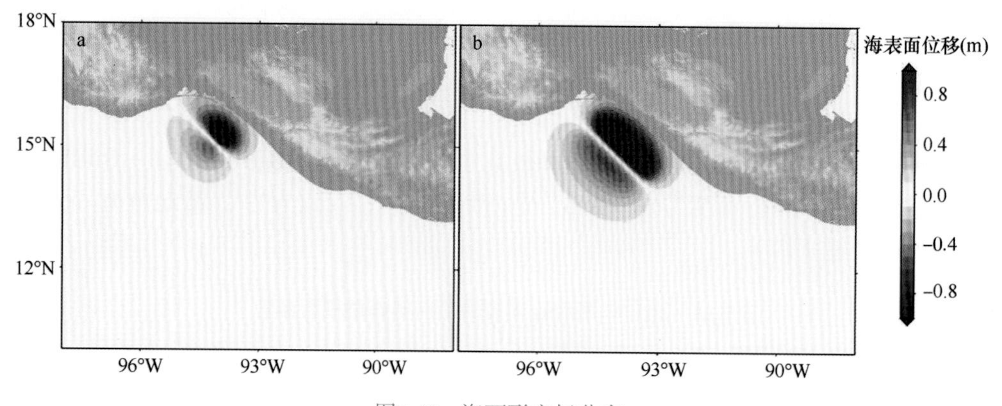

图7.48　海面形变场分布

a. 有限断层模型；b. 均一滑动量断层模型

2. 数值模型建立

数值模拟计算范围是65°S～45°N、160°E～60°W，基本涵盖了此次地震海啸的影响范围，如图7.49所示。考虑到大洋中海啸波长的尺度为数百千米，故大洋中采用2′分辨率进行网格计算，可以提高计算效率，地理信息数据来自ETOPO1。当海啸波传播到近岸区域后，水体波动特性因受到地形影响而改变，ETOPO系列水深分辨率在模拟港口海底高程的精细模型中还不够精确。因此，在墨西哥近岸沿海区域补充了GEOBCO_08数据，其分辨率为30s。

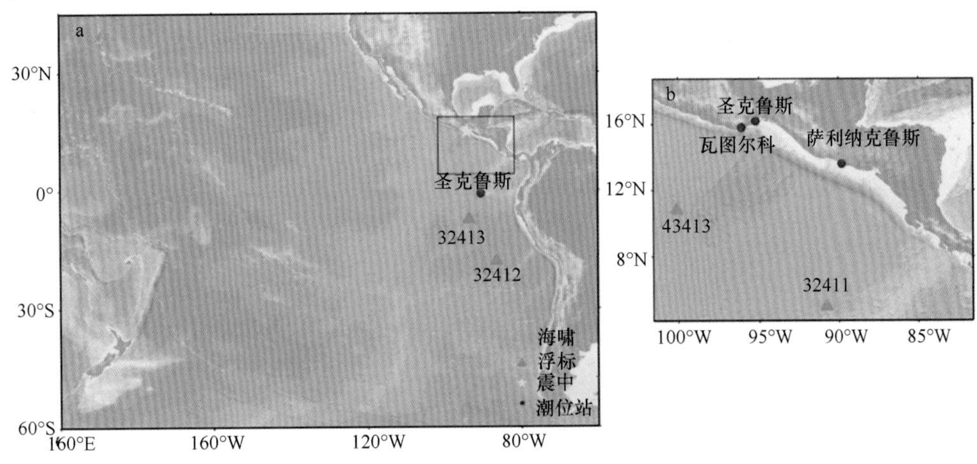

图7.49　深海-近海水位海啸监测站（a）及近岸监测站位置示意图（b）

3. 数值模拟结果

本研究选取了4个DART浮标数据用来分析深海及远场海啸波的传播特征，如图7.50所示，其中43413浮标距震源位置最近，地震发生约1h就记录到了最大7cm的波高。通过模拟对比发现，有限断层模型计算得到的海啸先导波的相位和波幅与实际观测数据更贴近。均一滑动量模型在距离震源较远的32412浮标和32413浮标出现了先导波比实测数据快的现象。

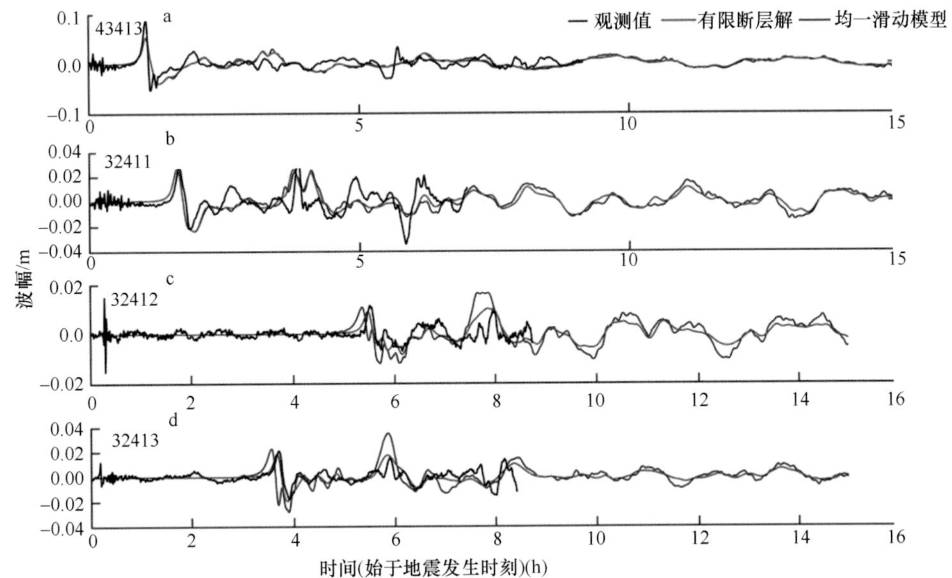

图7.50　深海浮标海啸波幅时间序列模拟对比

从最大海啸波幅分布（图7.51）来看，此次海啸波能的主要传播方向为西南方向，西北西和东南东两个方向为海啸波能的次传播方向。这种海啸波量分布特征主要受断层走向的影响，其次远场海啸波能的传播方向还与特定的地形有关。由此可见，海底地形决定了海啸波能在大洋中的传播方向，其主要的能量流聚集在主要的海岭处，并以带状分布。计算结果表明，海啸源为均一滑移量模型时海啸波影响的范围更大。均一滑移量模型与有限断层模型的区域面积相近，虽然最大滑移量小于有限断层，但整个断层具有相同的滑移量，因此均一滑移量模型海啸源具有更大的能量。

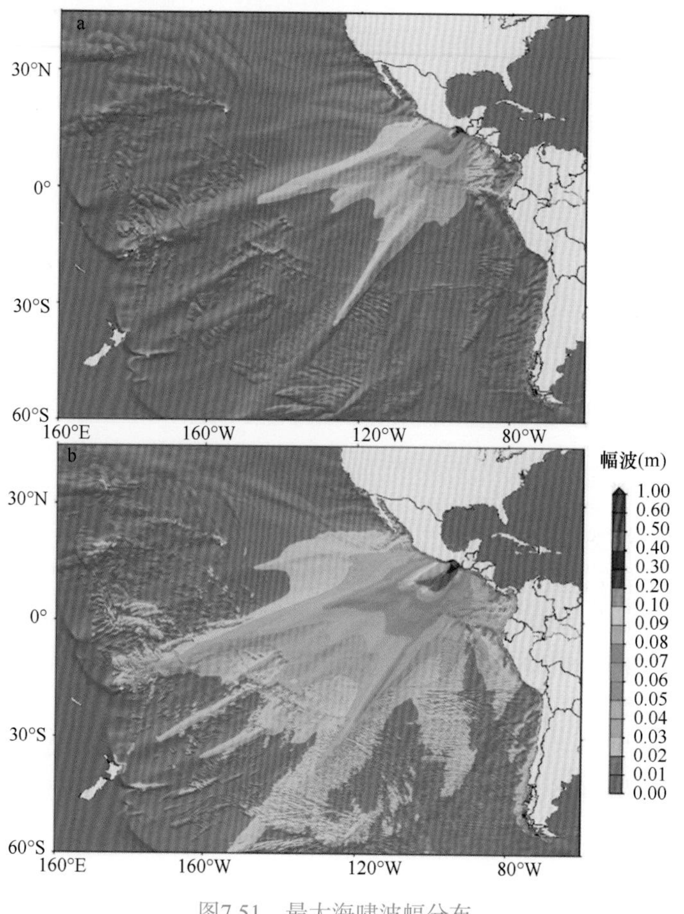

图7.51　最大海啸波幅分布

a. 有限断层模型；b. 均一滑移量模型

地震发生25min后，海啸波抵达近岸，Huatulco潮位站记录到0.69m的海啸波。Chiapas和Salina潮位站显示遭受到超过1.0m的海啸波袭击，波幅分别为1.75m和1.01m。图7.52是数值计算得到的时间序列与潮位站实测数据的对比图。从对比结果可以看出，无论是有限源模型还是均一滑移量模型，模式计算得到的海啸先导波的相位和波幅与实际数据相吻合，此外模型基本可以准确刻画近场海啸波第一个波序列中的前3～5个波形。尽管如此，对比大多数潮位站的记录和模拟结果发现，虽然首波和最大波幅模拟较为理想，但不够精确的近岸地形资料，可能导致尾波的拟合都不是很理想。尤其在Acajutla潮位站最大波幅出现在地震发生后10h，波幅为0.47m。

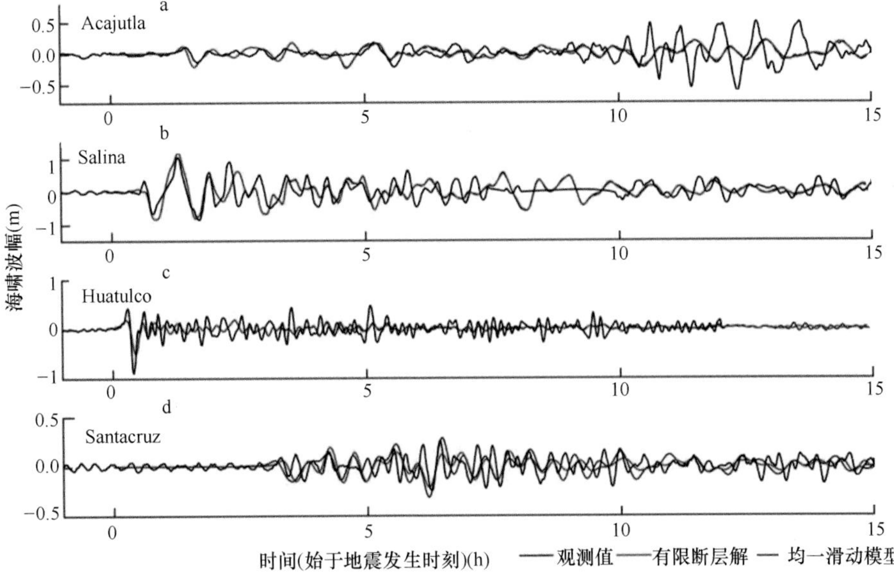

图7.52　近岸潮位站海啸波幅时间序列模拟对比

参考文献

Chen J，Helmberger D V，Wald D J，et al. 2003. Slip history and dynamic implications of the 1999 Chi-Chi，Taiwan，earthquake.，Journal of Geophysical Research，108（B9）：2412.

Chen J，Wald D J，Helmberger D V. 2002. Source description of the 1999 Hector Mine，California earthquake；Part Ⅰ：Wavelet domain inversion theory and resolution analysis. Bulletin of the Seismological Society of America，92（4）：1192-1207.

Kanamori H，Rivera L. 2008. Source inversion of W phase：speeding up seismic tsunami warning. Geophysical Journal International，175（1）：222-238.